普通高等院校材料工程类规划教材

硅酸盐热工基础

主　编　田文富
副主编　韩彩霞　张丽霞　姚通稳
参　编　钱慧丽　孙素贞　武海燕
　　　　王　超　解传美　李　雯
主　审　隋良志

中国建材工业出版社

图书在版编目（CIP）数据

硅酸盐热工基础/田文富主编．—北京：中国建材工业出版社，2017.3（2021.1重印）

普通高等院校材料工程类规划教材

ISBN 978-7-5160-1721-0

Ⅰ.①硅… Ⅱ.①田… Ⅲ.①硅酸盐-热工学-职业教育-教材 Ⅳ.①TQ170.1

中国版本图书馆CIP数据核字（2016）第289819号

内 容 简 介

本书主要介绍了硅酸盐工业流体流动、燃料燃烧、热量传递和质量传递等内容，注重节能、环保及可持续发展等现代工业要求。全书包括绪论、流体力学基础及流体输送设备、传热过程与传质过程、燃料及其燃烧过程、固体燃料的气化过程及设备、干燥过程与设备等6个情境。在结构上采用学习要求、任务目标、知识内容、小结、思考题、习题等模式，以便学生更好地学习。本书内容具有系统性、实用性和可操作性等特点，适合模块教学，对巩固课堂知识、提高学生的动手能力有重要作用。

本书既可作为高职高专材料工程技术（硅酸盐材料）专业的教学用书，也可作为中等职业学校相关专业的参考书，同时还可以作为企业职工岗位技术培训用书。

硅酸盐热工基础

主　编　田文富

副主编　韩彩霞　张丽霞　姚通稳

出版发行：中国建材工业出版社

地　　址：北京市海淀区三里河路1号

邮　　编：100044

经　　销：全国各地新华书店

印　　刷：北京鑫正大印刷有限公司

开　　本：787mm×1092mm　1/16

印　　张：16.5

字　　数：420千字

版　　次：2017年3月第1版

印　　次：2021年1月第3次

定　　价：49.80元

本社网址：www.jccbs.com　　微信公众号：zgjcgycbs

本书如出现印装质量问题，由我社市场营销部负责调换。联系电话：（010）88386906

前　言

随着我国“十三五”规划的实施，用新技术改造传统的硅酸盐产业进入一个快速发展期，促进供给侧结构性改革，培养中国制造2025需要的高素质技能型人才，已势在必行。在调整结构、提高效益和降低消耗的基础上，到2020年国内生产总值和城乡居民人均收入比2010年翻一番。“十三五”时期单位GDP能源消耗累计降低15％，到2020年实现单位国内生产总值二氧化碳排放比2005年下降40％～45％，非化石能源占一次能源消费的比重达到15％左右。因此，本书编写时，主要围绕硅酸盐工业流体流动、燃料燃烧、热量传递和质量传递进行编写，注重满足节能、环保及可持续发展等现代工业要求。

“硅酸盐热工基础”属于专业基础课程，为了适应我国高等职业教育发展的需要，本书根据全国建材职业教育教学指导委员会关于教材建设和改革的要求编写而成，力求实用性，脱离传统的教科书模式，尽量避开烦琐的理论指导，尽量适应高职高专的教学特点。为了加深对课堂知识的理解，书中列举了实例，并配有相对应的实验和常用附录，从而突出职业教育的特点，培养学生的动手能力。同时，为了精简篇幅，对不常用的图片和表格采用扫描二维码方式识读。

本书由黑龙江建筑职业技术学院田文富担任主编；由新疆建设职业技术学院韩彩霞、河北建材职业技术学院张丽霞、山西综合职业技术学院姚通稳担任副主编；河北建材职业技术学院钱慧丽、山西综合职业技术学院孙素贞、内蒙古化工职业学院武海燕、无锡工艺职业技术学院王超、宁夏建设职业技术学院解传美和李雯参与本书编写。

本书由黑龙江建筑职业技术学院隋良志教授主审。

由于编者水平所限、时间仓促，书中错误和不当之处在所难免，敬请广大读者批评指正。

编　者

2017年3月

目　录

情境一　绪　　论

【学习要求】通过学习本情境，使学生掌握硅酸盐材料、硅酸盐工业特点和硅酸盐工业的节能等知识，培养学生运用这些知识进行分析问题和解决问题的能力，为后续职业技能课（专业课）的学习打好基础，也为今后进一步提高和从事材料类的技术工作创造良好的条件。

任务目标

本情境着重介绍在硅酸盐材料生产过程中，热工过程是最重要的生产环节。热工过程需要燃料，硅酸盐工业能源消耗高，节能减排尤为重要。

知识内容

一、硅酸盐材料的定义和分类

材料是人类一切生产和生活活动的物质基础，历来是生产力的标志，被看成是人类社会进步的里程碑。

20世纪下半叶开始，历史进入新技术革命时代，材料与能源、信息一道被公认为现代文明的三大基础支柱。材料科学的发展不仅是科技进步、社会发展的物质基础，同时也改变着人们在社会活动中的实践方式和思维方式，极大地推动了社会进步。

（一）硅酸盐材料的定义

硅酸盐材料属无机非金属材料。硅酸盐指的是硅、氧与其他化学元素（主要是铝、铁、钙、镁、钾、钠等）结合而成的化合物的总称。硅酸盐的种类很多，它通常可用二氧化硅和金属氧化物的形式来表示其组成。它还包括用不含硅的氧化物、氮化物、碳化物、硼化物、卤化物和碳素材料（如石墨）以及其他非金属单质（如Se）等原料经高温处理制成的材料和制品。虽然它们的成分不是硅酸盐，但因制备方法与人造硅酸盐相同，在我国也把这些材料概括在广义的硅酸盐材料范畴之内。近几十年来，由于工业的需要和科学技术的飞跃发展，新型的无机材料不断出现。硅酸盐材料组成范围广，结构多种多样，具有各种优异性能，因此在工业生产和科学研究中发挥着越来越大的作用。

硅酸盐材料或硅酸盐制品是指以天然的硅酸盐矿物为主要原料，经高温处理制成的材料或制品，生产这种材料或制品的工业称为硅酸盐工业。硅酸盐工业在国民经济中占有很重要的地位。传统的硅酸盐材料是无机非金属材料的主要构成部分。

（二）硅酸盐材料的分类

直到20世纪初期，水泥、玻璃、陶瓷、耐火材料四大家族在无机非金属材料王国中一直占有绝对统治的地位，被统称为硅酸盐材料。

硅酸盐材料是以含硅物质为原料经加热制成的。这一制造工业称为硅酸盐工业，如制造水泥、玻璃、陶瓷等产品的工业。

1. 水泥

水泥是当前工业建设中用量最大的材料，高楼大厦、公路、桥梁、隧道、机场、机床的基座等都是用水泥堆积而成，目前全世界的水泥年产量达二十多亿吨，我国水泥年产量列世界第一，约占总产量的一半。最常用的硅酸盐水泥是以黏土、石灰石和铁矿石为主要原料，经研磨、混合后在水泥回转窑中煅烧，再加入适量石膏，并磨成细粉而得到。

这一制造过程可概括为“两磨一烧”。硅酸盐水泥的主要成分是硅酸三钙（$3CaO \cdot SiO_2$）、硅酸二钙（$2CaO \cdot SiO_2$）、铝酸三钙（$3CaO \cdot Al_2O_3$）和铁铝酸四钙及少量 MgO。

水泥具有水硬性，跟水掺合搅拌后，静置一段时间后可自动凝固形成坚硬的固体，所以也称为胶凝材料。它可把砖、石等粘结起来。水泥和砂子、石子混合即构成耐压强度较高的混凝土，如用钢筋做结构即为钢筋混凝土，是建筑工程中的基础。

2. 陶瓷

陶瓷一般是由黏土、长石、石英，或其他原料经粉碎、混合、成型、干燥、烧制而成的制品的统称。陶瓷的种类很多，在工业和日常生活中应用非常广泛，根据原料、烧制温度等的不同，主要分为土器、陶器、瓷器、炻器等。长期以来是冶金、化工、建筑、机电等工业中不可缺少的基本材料之一。

3. 耐火材料

耐火材料一般是指耐火度在1580℃以上的无机非金属材料，具有一定的高温力学性能、良好的体积稳定性，是各种高温设备必需的材料。耐火材料与高温技术相伴出现，大致起源于青铜器时代中期。中国东汉时期已用黏土质耐火材料做烧瓷器的窑材。20 世纪初，耐火材料向高纯、高致密和超高温制品方向发展，同时出现了完全不需烧成、能耗小的不定形耐火材料和耐火纤维。现代，随着原子能技术、空间技术、新能源技术的发展，具有耐高温、抗腐蚀、抗热振、耐冲刷等综合优良性能的耐火材料得到了应用。

4. 玻璃

约公元前 3700 年前，古埃及人已制出玻璃装饰品和简单玻璃器皿，当时只有有色玻璃。约公元前 1000 年前，中国制造出无色玻璃。公元 12 世纪，出现了商品玻璃，并开始成为工业材料。制造普通玻璃的原料是纯碱、石灰石和石英。生产时，把原料粉碎，按适当的比率混合后，放入玻璃窑中加强热。在熔融时形成连续网络结构，冷却过程中黏度逐渐增大并硬化，形成不结晶的硅酸盐类非金属材料。

如常用的平板玻璃的成分为：SiO_2 约 72%，Na_2O 约 13%，CaO 约 11%，MgO 约 3%。它也是以 SiO_2 为主体的多种氧化物的复合体，不过这种物质熔点比较低，在熔点附近黏度大大降低，逐渐转为液态，然后以较快的速度冷却下来，形成了透明的、非晶态的固体材料。玻璃具有优良的光学性能和化学稳定性，可以通过化学组成的调整和各种处理工艺来大幅度地改变其物理和化学的性能，以适应多种不同的实用要求。人们可以用吹、压、拉、铸等多种方法，制成空心、薄壁或实心的各种物品，还可以实现器件之间的焊接，在建筑、化工、光学仪器、化学分析仪器、轻工、医疗器械等领域均有广泛而重要的用途，还可做成精美的工艺美术作品。

二、硅酸盐材料的共性

硅酸盐材料虽然分为四大类，但各类硅酸盐材料在其微观结构、宏观性能和生产工艺方面有共同点，简述如下。

1. 结构特点

硅酸盐材料的基本结构单元均为硅氧四面体 $[SiO_4]^{4-}$ 的稳定结构。

2. 特性

由于硅氧化学键键强很高，结合牢固，硅酸盐材料或制品一般都具有良好的机械性能，化学稳定性强，硬度高，熔点高，难溶于水，绝缘，耐腐蚀等。

3. 制作工艺

各种硅酸盐材料制作的工艺的主要共同点是高温处理（烧结或烧融），不同点是原料组成和工艺流程存在显著差别，工艺流程包括原料处理、原料组成、成型过程、烧成温度和冷却速度等环节。

三、硅酸盐工业的特点

1. 硅酸盐工业能耗大

由于硅酸盐工业对天然的硅酸盐矿物进行热加工，且要求部分熔融或全部熔融，加之对天然矿物的粉碎，所以需要消耗大量的热能和电能。

2. 硅酸盐工业运输量大

由于硅酸盐工业是以天然的硅酸盐矿物为主要原料，且产品体积大，所以进入工厂、工厂内部生产车间及产品出厂的运输量都非常大。

3. 硅酸盐工业污染较大

由于燃烧产生大量气态、固态污染物及生产中产生大量粉尘，所以污染较大。

4. 硅酸盐工业需水量大

主要是生产直接用水和生产过程中的冷却水用量较大。

四、能源利用与硅酸盐工业节能

（一）能源及其分类

能源是指可能为人类提供各种能量和动力的物质资源。迄今为止，由自然界提供的能源有太阳能、风能、水力能、地热能、燃料的化学能、原子核能、海洋能以及其他一些形式的能量。

能源种类繁多，而且经过人类不断的开发与研究，更多新型能源已经开始能够满足人类需求。根据不同的划分方式，能源也可分为不同的类型。

1. 按来源分类

（1）来自地球外部天体的能源（主要是太阳能）。除直接辐射外，并为风能、水能、生物能和矿物能源等的产生提供基础。人类所需能量的绝大部分都直接或间接地来自太阳。正是各种植物通过光合作用把太阳能转变成化学能在植物体内贮存下来。煤炭、石油、天然气等化石燃料也是由古代埋在地下的动植物经过漫长的地质年代形成的。此外，水能、风能、波浪能、海流能等也都是由太阳能转换来的。

（2）地球本身蕴藏的能量。通常指与地球内部的热能有关的能源和与原子核反应有关的能源，如地热能、原子核能等。地球内部为地核，地核中心温度为2000℃。可见，地球上的地热资源贮量也很大。

（3）地球和其他天体相互作用而产生的能量。如潮汐能。

2. 按能源的基本形态分类

（1）一次能源。指自然界中以天然形式存在并没有经过加工或转换的能量资源，即天然能源，如煤炭、石油、天然气、水能等。

（2）二次能源。指由一次能源直接或间接转换成其他种类和形式的能量资源，即人工能源，如电力、煤气、蒸汽及各种石油制品等，例如电力、煤气、汽油、柴油、焦炭、洁净煤、激光和沼气等能源都属于二次能源。

3. 按能源的性质分类

按能源性质分为有燃料型能源（煤炭、石油、天然气、泥炭、木材）和非燃料型能源（水能、风能、地热能、海洋能）。人类利用自己体力以外的能源是从用火开始的，最早的燃料是木材，以后用各种化石燃料，如煤炭、石油、天然气、泥炭等。现正研究利用太阳能、地热能、风能、潮汐能等新能源。当前化石燃料消耗量很大，但地球上这些燃料的储量有限。未来铀和钍将提供世界所需的大部分能量。一旦控制核聚变的技术问题得到解决，人类实际上将获得无尽的能源。

4. 按能源消耗是否污染环境分类

根据能源消耗后是否造成环境污染可分为污染型能源和清洁型能源。污染型能源包括煤炭、石油等，清洁型能源包括水力、电力、太阳能、风能以及核能等。

5. 按能源使用的类型分类

根据能源使用的类型可分为常规能源和新型能源。常规能源包括一次能源中的可再生的水力资源和不可再生的煤炭、石油、天然气等资源。新型能源是相对于常规能源而言的，包括太阳能、风能、地热能、海洋能、生物能以及用于核能发电的核燃料等能源。

6. 按能源是否可再生分类

一次能源又分为可再生能源和非再生能源。凡是可以不断得到补充或能在较短周期内再产生的能源称为再生能源，反之称为非再生能源。风能、水能、海洋能、潮汐能、太阳能和生物质能等是可再生能源，煤、石油和天然气等是非再生能源。地热能基本上是非再生能源，但从地球内部巨大的蕴藏量来看，又具有再生的性质。

7. 按能源能否进入商品流通领域分类

可分为商品能源和非商品能源。凡进入能源市场作为商品销售的如煤、石油、天然气和电等均为商品能源。国际上的统计数字均限于商品能源。非商品能源主要指薪柴和农作物残余（秸秆等）。

还有一些其他分类方法。但对于能源工作者而言，更多的是采用一次能源和二次能源的概念，着眼于一次能源的开发和利用，并按常规能源和新能源进行研究，这样的分类见表1-1。

表1-1　能源分类

类别	常规能源	新能源
一次能源	煤、石油、天然气、水力能等	核能、太阳能、风能、地热能、海洋能、生物能等
二次能源	煤气、焦炭、汽油、柴油、液化石油气、电力、蒸汽等	沼气、氢能等

（二）能源对生态系统的影响

经济的发展、社会的进步和人类物质文明、精神文明及生活水平的提高，都离不开能源。然而，作为人类赖以生存基础的能源，在其开采、输送、加工、转换、利用和消费过程中，都必然对生态系统产生各种影响，成为环境污染的主要根源。

1. 温室效应

所有的带热物体都能以不同的波长放出不同能量的辐射。炽热的太阳发出波长较短的高能辐射，凉爽的地球表面发出波长较长的低能辐射。地球的大气层起着温室玻璃的作用，允许波长较短的太阳辐射穿过，抵达地球表面，但是却能够捕获波长较长的地球的红外辐射热，使地球保持着一种温暖的状态，这种现象被形象地称为“温室效应”。大气之所以起到温室效应的作用，是因为大气本身含有大量的温室气体。当温室气体过多时，会使地球的平均温度升高，全球气候会因此变暖。

在温室效应当中，二氧化碳起到了举足轻重的作用。随着工业革命的发展，人类越来越多地从地球上获取大量的化石燃料作为能源，化石燃料在燃烧过程中释放出大量的二氧化碳，大大增加了大气中二氧化碳的浓度，使温室效应加剧。二氧化碳浓度的升高还是由于人类缺乏生态环境知识，为了追求短期利益，毁林造田造成的。

温室效应的危害主要有：①海平面上升。②影响农业和自然生态系统。③急剧洪涝、干旱及其他气象灾害。④影响人类健康，气候变暖有可能加大疾病危险和死亡率，增加传染病。高温会给人类的循环系统增加压力，热浪会引起死亡率的增长。

自从20世纪80年代以来，全球温室效应导致的增温现象非常明显，专家估计，在未来的100年里，气温将增加1.5～3.0℃，南北极地冰山将大幅度融化，导致海平面大大上升，一些岛屿国家和沿海城市将淹于水中。控制全球气候的变化，人们应该做的工作就是控制温室气体的排放。

2. 酸雨

酸雨是指由于人类活动的影响，使得pH值降低至5.6以下的酸性降水。形成酸雨的基本原因主要与煤炭和石油燃烧以及工业生产等释放到大气中的二氧化硫和氮氧化物污染物有关。二氧化硫和氮氧化物污染物在大气中通过化学反应分别转化成硫酸和硝酸，混入雨水或雪水中，使其酸度增加。同时酸雨的形成还与大气中其他许多碱性物质有关，如飞灰中的氧化钙、土壤中的碳酸钙以及其他碱性物质可与酸发生中和反应。酸雨的酸度实际上是大气中阴阳离子酸碱反应的综合结果，涉及复杂的大气化学和物理过程。

酸雨的危害：一是危害人体健康。由于酸雨在降落过程中可以溶解空气中的重金属离子，使其变成对人体有害的金属盐，特别是对体弱多病、抵抗力较差的人们，酸雨可诱发出各种呼吸道疾病。二是破坏生态系统。土壤酸度增加、结构受到破坏，植物的正常生长受到危害，肥沃的土壤甚至变为贫瘠的不毛之地；森林遭受严重毁坏；河流、湖泊发生酸化，影响鱼类生长。三是超级腐蚀剂。酸雨能腐蚀建筑材料、金属构件和油漆等，使大批建筑物包括名胜古迹遭受损害。

3. 臭氧层的破坏

自然界中的臭氧（O_3）大多分布在距离地球表面20～50km的大气中，称之为臭氧层。臭氧层是人类赖以生存的保护伞，保护地球上的人类和动植物免遭短波紫外线的伤害。但是，由于工业革命以来能源消费的不断增加，人类过多地使用氟氯烃类物质（用CFCs表示）作为制冷剂和其他用途，以及燃料燃烧产生的 N_2O，造成臭氧层中的臭氧被大量循环反应消耗而迅速减少，形成臭氧层空洞，导致臭氧层的破坏。

臭氧层被破坏造成地球紫外线增加，紫外线会破坏包括DNA在内的生物分子，增加了患皮肤癌、白内障的几率，而且和许多免疫系统疾病有关。海洋中的浮游生物受致命的影响，海洋生态系统受破坏。农作物减产，加强温室效应。

4. 热污染

热污染是指现代工业生产和生活中排放的废热所造成的环境污染。热污染可以污染大气和水体。火力发电厂、核电站和钢铁厂的冷却系统排出的热水，以及石油、化工、造纸等工厂排出的生产性废水中均含有大量废热。这些废热排入地面水体之后，能使水温升高。

热污染首当其冲的受害者是水生物，由于水温升高使水中溶解氧减少，水体处于缺氧状态，同时又使水生生物代谢率增高而需要更多的氧，造成一些水生生物在热效力作用下发育受阻或死亡，从而影响环境和生态平衡。此外，河水水温上升给一些致病微生物造成一个人工温床，使它们得以滋生、泛滥，引起疾病流行，危害人类健康。

热污染的防治措施如下：

（1）废热的综合利用。充分利用工业的余热，是减少热污染的最主要措施。生产过程中产生的余热种类繁多，有高温烟气余热、高温产品余热、冷却介质余热和废气废水余热等。这些余热都是可以利用的二次能源。我国每年可利用的工业余热相当于5000万t标准煤的发热量。在冶金、发电、化工、建材等行业，通过热交换器利用余热来预热空气、原燃料、干燥产品、生产蒸汽、供应热水等。此外还可以调节水田水温，调节港口水温以防止冻结。

对于冷却介质余热的利用方面主要是电厂和水泥厂等冷却水的循环使用，改进冷却方式，减少冷却水排放。

（2）加强隔热保温，防止热损失。在工业生产中，有些窑体要加强保温、隔热措施，以降低热损失，如水泥窑筒体用硅酸铝毡、珍珠岩等高效保温材料，既减少热散失，又降低水泥熟料热耗。

（3）寻找新能源。利用水能、风能、地能、潮汐能和太阳能等新能源，既解决了污染物，又是防止和减少热污染的重要途径。特别是太阳能的利用上，各国都投入大量人力和财力进行研究，取得了一定效果。

5. 放射性污染

放射性元素的原子核在衰变过程放出 α、β、γ 射线的现象，俗称放射性。由放射性物质所造成的污染称为放射性污染。放射性污染的来源有：原子能工业排放的放射性废物，核试验的沉降物，以及医疗、科研排出的含有放射性物质的废水、废气、废渣等。

放射性对人体的危害：在大剂量的照射下，放射性对人体和动物存在着某种损害作用。放射性也能损伤遗传物质，引起基因突变和染色体畸变，使一代甚至几代受害。

放射性“三废”处理：放射性废物中的放射性物质，采用一般的物理、化学及生物学的方法都不能将其消灭或破坏，只有通过放射性核素的自身衰变才能使放射性衰减到一定的水平。

（1）放射性废水的处理。放射性废水的处理方法主要有稀释排放法、放置衰变法、混凝沉降法、离子变换法、蒸发法、沥青固化法、水泥固化法、塑料固化法以及玻璃固化法等。

（2）放射性废气的处理。

① 铀矿开采过程中所产生废气、粉尘，一般可通过改善操作条件和通风系统得到解决。

② 实验室废气，通常是进行预过滤，然后通过高效过滤后再排出。

③ 燃料后处理过程的废气，大部分是放射性碘和一些惰性气体。

（3）放射性固体废物的处理。放射性固体废物主要是被放射性物质污染而不能再用的各种物体。处理方法有①焚烧、②压缩、③去污、④包装。

除核燃料存在核污染问题外，烧煤电站也存在值得重视的核污染。资料分析表明：火电厂通过烟囱排放的放射性元素（主要是氡-222）造成的放射性污染甚至超过正常运行的核电站的污染。

6. 其他污染

大量燃烧煤等化石燃料会排放大量烟尘、SO_2、NO_x 和 H_2S 等大气污染物。它们直接污染了人们生活必需的大气环境，危害人类健康与生活。

（三）中国工业的节能减排

1. 中国能源工业面临的问题

（1）高耗能让能源供应雪上加霜。2005 年以来，我国高耗能产业扩张惊人，例如水泥增长 19%，钢材增长 22%，而国内一次能源生产总量仅增长 11%，其中原油只增长 1.8%。

（2）利用效率低下，能源浪费严重。目前我国能源利用效率仅为 34%，相当于发达国家 20 年前的水平，相差 10 个百分点。

（3）21 世纪前 20 年，我国城市化进程大大加快，城市基础建设引起钢材、水泥、电力等能源大量消耗，能源需求快速增长。

（4）能源供应结构失衡，长期依赖煤炭。我国能源储量具有“多煤、贫油、少气”的特点，煤炭占 92%，石油占 2.9%，天然气仅占 0.2%。

（5）能源分布不均，“产销”距离遥远。我国接续能源主要集中在新疆、内蒙古、山西和贵州等地，这 5 个省区共占全国能源总资源量的 83%，而经济发达的华东和华南不到 5%。

（6）能源开发造成环境污染严重。高耗能产业扩张、以煤炭为主的生产模式使全国尤其是能源产区的生态环境遭受严重“内伤”。

（7）石油安全受到严重威胁。我国应利用法律、市场杠杆实行节约用能，同时促进可再生能源、核能等对常规能源的替代，维护国家石油安全。

我国能源资源从绝对数量上看是丰富的，但按人口平均的能源资源占有量很低。表 1-2 为我国与部分国家人均能源消费比较。从表中不难看到，我国人均能源消费与发达的国家相差悬殊。

表 1-2　部分国家人均能源消费比较　（kg 标准煤/人）

年份	中国	日本	韩国	美国	加拿大	法国	英国	德国	意大利
1980	421	2972	1087	7908	7854	3539	3572	4587	2466
1994	664	3856	2982	7819	7854	4042	3772	4128	2707

2. 中国工业的节能

大力开发新能源和清洁能源是解决能源危机及可持续发展的一条途径。作为解决能源问题的另一战略措施是节约能源，即节能。它已成为各国政府和能源专家所关注的解决能源问题和实现可持续发展的重要途径。

"节能"是指加强用能管理，采取技术上可行、经济上合理以及环境和社会可以承受的措施，减少从能源生产到消费各个环节中的损失和浪费，更加有效、合理地利用能源。由于常规能源资源有限，而世界能源的总消费量则随着工农业生产的发展和人民生活水平的提高越来越大，世界各国十分重视节能技术的研究，千方百计地寻求代用能源，开发利用新能源。

节能不仅仅是能源消费数量的减少，更重要的是开发利用新能源。节能是一种不要资源的"开源"，由于它能从提高能源利用率中获得能源，而无需煤矿、油田和电厂等建设，因此是最好的开源和保护资源的方法。同时，节能是减少污染保护环境的一个重要方面，提高能源利用率不但能减少能源的消耗量，而且可以减少烟尘、烟雾、温室效应气体、NO_x、SO_2 和其他有害气体的排放量，同时使排放到环境中的废热量也相应减少。

做好节能减排可以从以下几个方面着手：

（1）产业结构调整在产业结构性调控过程中，高耗能、高污染、低技术水平的行业将继续受到政策的抑制。据测算，如果我国服务业占 GDP 比重提高 1%，工业比重下降 1%，单位 GDP 能耗可相应降低约 1%；如果工业中的高技术产业比重提高 1%，而高耗能行业比重相应下降 1%，单位 GDP 能耗可相应降低 1.3%。

（2）电力工业是我国能耗和污染大户。数据显示，电力能耗占全国 1/3，二氧化硫排放量占全国一半。据测算，如果使用大机组替代 5000 万 kW 燃煤小机组，"十一五"期间，我国节能降耗目标将一举完成 1/5。节能减排应从能耗高、污染重的小火电入手。

（3）加强对高耗能产业的控制。钢铁、有色金属、煤炭、化工、建材、建筑等重点行业是能耗排污大户，同时也是当前节能减排潜力最大的领域。节能减排不仅关系国民经济的可持续发展，对于企业来说，也意味着降低成本，提升竞争力。

（4）加快推进市场机制发展，通过实行税费政策等"经济杠杆"政策措施，可以有效地激励节能环保行动，遏制污染行为。

（5）确立有效的约束手段。节能环保需要健全约束机制，建立科学的监督管理体系，严格现有法律的执行，加大惩戒力度，由原来的软约束变成严惩污染行为的硬约束。

3. 硅酸盐工业的节能

（1）硅酸盐工业能源消耗高的主要原因。①能源管理机构不健全，管理水平较低，缺少必要的计量测试手段，计量统计工作重视不够。②生产效率和技术水平落后。③产业结构和产品结构不合理。④设备（窑炉）材质差。

（2）硅酸盐工业节能途径。①加强能源的科学管理，对老企业进行节能技术改造，提高能源利用率，降低单位产品的能源消耗量。②通过调整企业结构和产品结构，加强节能监测，降低原燃材料消耗，提高产品质量，提高劳动生产率达到少用能源的目的。③加强余热的回收和利用。

五、硅酸盐工业热工基础的研究内容和学习要求

（一）研究内容

硅酸盐工业热工基础是研究热能利用的基本原理和规律，以提高热能利用经济性为主要目的的一门学科。它主要围绕硅酸盐生产过程的窑炉，研究热能直接利用中的燃料燃烧、流体的流动和热能传递方式及效率问题。

热工理论基础的研究在不断深入，所涉及的内容随着科学技术的发展不断拓宽，应用领域也不断扩展。为了增强学生的工程实践观点和创新精神，扩大他们的视野，本书在可能的范围和篇幅内将更多地介绍一些新的应用领域。

（二）学习要求

在硅酸盐材料生产中，热工过程是最重要的生产环节。通过本课程的学习，应掌握热工过程的有关理论、规律以及相关的工艺过程及燃烧设备。考虑到教学改革过程中课程设置的调整，本课程主要内容为：流体力学基础及应用、传热过程、燃料及燃烧过程、干燥过程等。

在学习本课程时要注重理论与实际的相结合。

本情境小结

本情境主要讲述了硅酸盐材料定义、硅酸盐材料分类、硅酸盐工业特点及硅酸盐工业节能等内容。

思考题

1. 什么是硅酸盐材料？如何分类？
2. 能源是如何分类的？
3. 硅酸盐工业的特点是什么？
4. 试述能源利用与国民经济发展之间的关系。
5. 试述能源利用与人民生活之间的关系。
6. 为什么在发展能源事业的同时必须加强环境保护？
7. 节能的重要意义是什么？
8. “热工基础”课与节能有怎样的关系？
9. 你认为硅酸盐工业能源消耗高的主要原因有哪些？
10. 如何提高硅酸盐工业的能源利用效率？
11. 可以从哪些方面做好节能减排工作？
12. 中国能源工业面临的问题有哪些？
13. 硅酸盐工业节能途径有哪些？
14. 何谓温室效应？它的危害主要有哪些？
15. 酸雨是怎样形成的？它会产生哪些危害？
16. 何谓臭氧层？臭氧层被破坏会造成哪些危害？
17. 热污染是怎样形成的？它会产生哪些危害呢？如何防治热污染？
18. 何谓放射性污染？它对人体会产生哪些危害？

情境二　流体力学基础及流体输送设备

【学习要求】通过学习本情境，使学生掌握流体力学的基础知识和流体输送设备的使用知识，培养学生运用这些知识进行分析问题和解决问题的能力，为后续职业技能课（专业课）的学习打好基础，也为今后进一步提高和从事材料类的技术工作创造良好的条件。

任务目标

本情境着重讨论流体流动过程的基本原理以及流体在管道内的流动规律，并应用这些原理与规律去分析和计算流体的输送问题。主要研究流体静力学基础；流体动力学基础，即介绍三大方程（连续性方程、伯努利方程和动量方程）及其应用；颗粒流体力学（固体颗粒流态化）；流体的输送设备（风机和泵、烟囱、喷射器等）。

知识内容

单元一　流体力学基础

液体和气体统称为流体。研究流体平衡和运动规律的学科称为流体力学。现代硅酸盐工业生产中会遇到许多涉及流体力学的问题，例如水、燃料油及各种气体的输送，磨料的分级、粉料的选分以及气力输送，泥浆的输送与过滤、高温玻璃液的流动以及收尘等。了解并掌握流体力学的基本原理，对于从事硅酸盐工业生产和科研的技术人员来说是颇为重要的。

一、流体的主要力学性质

（一）流体的基本性质

1. 流体的流动性

从力学观点来看，流体与固体的区别主要在于受剪应力后的表现有很大的差异。固体受剪应力后与受张应力或压应力有类似的表现，即在弹性极限范围内，产生弹性变形，当应力超过弹性极限时就会产生永久畸变或称为塑性变形，应力再大时则被破坏。流体受剪应力后即使剪应力很小，也会不断变形并流动，这就是说流体只能承受压应力，不能承受拉力和剪力，否则就会变形流动，即流体具有流动性。

2. 流体的连续性

流体由大量的不断做无规则运动的分子组成，各个分子之间以及分子内部的原子之间均保留着一定的空隙，所以说流体内部是不连续而存在空隙的。若从单个分子运动出发来研究整个流体的平衡及运动规律很困难，因此，欧拉在 1753 年提出了以连续介质的概念为基础的研究方法。在流体力学中不研究个别分子的运动，只研究由大量分子组成的分子集团。假设整个流体由无数个分子集团组成，每个分子集团称为“质点”，质点的大小与容器或管路相比是微不足道的。这样可以设想在流体的内部各个质点相互紧挨着，它们之间没有任何空隙而成为连续体。用这种处理方法就可以不研究分子间的相互作用以及复杂的分子运动，主要研究流体的宏观运动规律，也就是说把流体看作是由大量的连续质点所组成的连续介质。那么表征流体特性的各物理量的变化，在时间与空间上是连续变化的。也就是说，这些物理量是空间坐标与时间的单值连续函数。因此，可以利用以连续函数为基础的高等数学来解决流体力学的问题。但是，并不是在任何情况下都可以把流体视为连续介质，如果所研究问题的特征尺度接近或小于分子的自由程，连续介质的概念将不再适用。如在高空飞行的火箭、导弹，由于空气稀薄，分子的间距很大，可以与物体的特征尺度相比拟，虽然能找到可获得稳定平均值的分子团，但显然这个分子团是不能当做质点的。

（二）流体的密度

1. 密度的定义

单位体积的流体具有的质量称为流体的密度。其表达式是：

$$\rho=\frac{m}{V} \tag{2-1}$$

式中　ρ——流体的密度，kg/m^3；

m——流体的质量，kg；

V——流体的体积，m^3。

流体的密度通常由实验测得，常用流体的密度值可由表 2-1 中查得。

表 2-1　几种常见流体的密度值

流体名称	密度（kg/m^3）	测试条件	流体名称	密度（kg/m^3）	测试条件
纯水	1000	4℃	空气	1.293	标准状态
海水	1020	15℃	燃烧产物	1.30～1.34	标准状态
汞	13600	15℃	CH_4	0.716	标准状态
汽油	680～790	15℃	SO_2	2.858	标准状态
重油	900～950	15℃	H_2S	1.521	标准状态
O_2	1.429	标准状态	CO_2	1.963	标准状态
H_2	0.090	标准状态	H_2O	0.804	标准状态
CO	1.250	标准状态	N_2	1.250	标准状态

2. 液体混合物的密度

实际生产中经常遇到若干单纯液体的混合物，即混合液体。液体混合时体积变化不大，为了便于计算，一般忽略这种变化，认为各纯液体混合后总体积等于各纯液体的体积之和。因此，以 1kg 混合液体为基准得到液体混合物的密度计算公式为：

$$\frac{1}{\rho_m}=\frac{\varphi_1}{\rho_1}+\frac{\varphi_2}{\rho_2}+\cdots+\frac{\varphi_n}{\rho_n}=\sum_{i=1}^{n}\frac{\varphi_i}{\rho_i} \tag{2-2}$$

式中　ρ_m——液体混合物的密度，kg/m^3；

φ_1，φ_2，…，φ_n——液体混合物中各组分的质量分数；

ρ_1，ρ_2，…，ρ_n——液体混合物中各纯态组分的密度，kg/m^3。

3. 气体混合物的密度

气体混合物的密度可用加和法则计算，以 1m³ 混合气体为基准，得出计算公式：

$$\rho_m = a_1\rho_1 + a_2\rho_2 + \cdots + a_n\rho_n = \sum_{i=1}^{n} a_i\rho_i \tag{2-3}$$

式中　　ρ_m——气体混合物的密度，kg/m³；

a_1，a_2，…，a_n——气体混合物中各组分的体积分数；

ρ_1，ρ_2，…，ρ_n——气体混合物中各纯态组分的密度，kg/m³。

应用时需注意：同一物质在不同单位制中，密度的单位与数值均不同。

还应指出：在计算中，常采用密度的倒数，称为比容，其定义为单位质量物质具有的体积。以 v 表示，单位为 m³/kg。

【例 2-1】 将密度为 1600kg/m³ 的糖浆按 1∶1 的质量比用清水稀释，求稀释后糖浆溶液的密度。

解： 按题意，糖浆和水的质量分数都是 0.5，根据式（2-2）进行计算：

$$\frac{1}{\rho_m} = \frac{\varphi_1}{\rho_1} + \frac{\varphi_2}{\rho_2}$$

$$\frac{1}{\rho_m} = \frac{0.5}{1600} + \frac{0.5}{1000} = 8.125 \times 10^{-4}$$

于是得 $\rho_m = 1230$kg/m³。

【例 2-2】 已知烟气的体积组成：H_2O　0.12，CO_2　0.18，N_2　0.70，求此烟气在标准状态时的密度。

解： 上述三种气体在标准状态时的密度可查表 2-1 得到，于是烟气在标准状态时的密度依据式（2-3）得：

$$\rho_{m,0} = \sum_{i=1}^{3} a_i\rho_i = 0.12 \times 0.804 + 0.18 \times 1.963 + 0.7 \times 1.250 = 1.325\ (\text{kg/m}^3)$$

（三）流体的压缩性和膨胀性

如果温度不变，流体的体积会随压强的增加而缩小，这种特性称为流体的压缩性。如果压强不变，流体的体积随温度的升高而增大，这种特性称为流体的膨胀性。

流体的压缩性，一般用压缩系数 β 来表示，它表示压强每增加 1Pa 时，流体体积或密度的相对变化率，用数学式表示为：

$$\beta = -\frac{1}{V} \cdot \frac{\Delta V}{\Delta p} \tag{2-4a}$$

或

$$\beta = \frac{1}{\rho} \cdot \frac{\Delta \rho}{\Delta p} \tag{2-4b}$$

流体的膨胀性一般用膨胀系数 α 来表示，它表示温度每增加 1（K）℃时，流体体积或密度的相对变化率，用数学式表示为：

$$\alpha = \frac{1}{V} \cdot \frac{\Delta V}{\Delta T} \tag{2-5a}$$

$$\alpha = -\frac{1}{\rho} \cdot \frac{\Delta \rho}{\Delta T} \tag{2-5b}$$

液体一般被看作不可压缩流体，因为液体的膨胀系数（α）和压缩系数（β）很小，例如水、汞、液化石油气在 15℃左右的平均压缩系数值是 5×10^{-10}、4×10^{-11}、7×10^{-9} m²/N，相应的膨胀系数平均值分别为 1.5×10^{-4}、1.8×10^{-4}、2.2×10^{-3}（1/K）。可见，除非压强变化非常大，一般都可把液体看作不可压缩流体。但必须注意的是，当液体充满容器时，液体温度的升高会产生很大的附加应力，可能损坏容器甚至发生爆炸事故。例如，10℃时将液化石油气充满钢瓶，当瓶中的液态石油气升高到 30℃时，产生的附加应力是 6.29MPa，这样大的附加应力会使钢瓶破裂而酿成事故。因此，凡是盛装液体的密封容器都不允许装满，必须留出足够的气体空间以起缓冲的作用。

气体一般被看作可压缩流体，即气体的膨胀系数（α）和压缩系数（β）很大，压缩系数约 $10^{-5}m^2/N$，是水的 20000 倍，膨胀系数为 1/273（1/K），是水的 24 倍。但是一般当压强不太高、温度不太低时，可以按理想气体来处理，遵守理想气体的状态方程：

$$pV=\frac{m}{M}RT \tag{2-6}$$

所以说气体的密度与温度及压强都有关系，其计算公式为：

$$\rho=\frac{m}{V}=\frac{pM}{RT}\ (\text{kg/m}^3) \tag{2-7}$$

式中　p——气体的压强，Pa；

M——气体的千摩尔质量，kg/kmol；

T——气体的绝对温度，K；

R——气体常数，其值为 8.3143，kJ/(kmol・K)。

由式（2-7）很容易得出理想气体在某一状态下的密度 ρ 与标准状态（0℃，101.325kPa）下密度 ρ_0 之间的关系：

$$\rho=\rho_0\frac{T_0p}{Tp_0} \tag{2-8}$$

式中：T_0 和 p_0 分别为标准状态（0℃，101.325kPa）下的温度和压强；T 和 p 分别为某一状态下的温度和压强。

在硅酸盐工业窑炉中，通常认为其压强近似等于外界标准大气压，即 $p\approx p_0$，于是有：

$$\rho=\rho_0\frac{T_0}{T}=\frac{273}{273+t}\rho_0 \tag{2-9}$$

对于窑炉系统中的低压空气和烟气，其压强近似等于外界大气压强，且其流速远低于当地音速，在流动过程中压强的变化不超过 0.5%。虽然整个系统的温度变化比较大，但若分段处理，使每段的温度变化不太大，以致气体密度变化不超过 20%时，可以看作不可压缩流体，这样可使问题的讨论大为简化，所得结论亦符合工程要求。当气体的流速在 100m/s 以上或压强和温度变化较大，如高压气体外射流动等，就必须按可压缩流体来处理。

把液体看作不可压缩流体，气体看作可压缩流体，都不是绝对的。在实际工程中，要不要考虑流体的压缩性，视具体情况而定。例如，研究管道中水击和水下爆炸时，水的压强变化较大，而且变化过程非常迅速，这时水的密度变化就不可以忽略，即要考虑水的压缩性，把水当作可压缩流体来处理。又如，在锅炉尾部烟道和通风管道中，气体在整个流动过程中，压强和温度的变化都很小，其密度变化很小，可作为不可压缩流体处理。再如，当气体对物体流动的相对速度比声速要小得多时，气体的密度变化也很小，可以近似地看成常数，也可当作不可压缩流体处理。

（四）流体的黏滞性

当流体运动时在流体层间产生内摩擦力的特性，称为流体的黏滞性。

设在圆管内放一根直径与管内径十分接近的圆木杆，在杆的一端施以一定的推力来克服杆的表面与管壁间的摩擦力，木杆才能在管内通过，这种摩擦力就是两个固体壁面间发生相对运动时出现的阻力。又如，水在圆管内流过时也有类似现象，但也有特殊地方，木杆是作为一个不可分割的整体向前滑动，杆内部各点的速度都相同，摩擦阻力作用于木杆的外周与管内壁接触的表面上。水在管内流过时，由实测知任一截面上各点水流速度并不相同，管子中心速度最大，越接近管壁，速度就越小，在贴近管壁处速度为零。所以，流体在管内流动时，实际上被分割成无数极薄的一层套着一层的“流筒”，各层以不同速度向前流动，如图 2-1 所示。速度快的“流筒”对慢的起带动作用，而速度慢的“流筒”对快的又起拉曳作用，因此“流筒”间的相互作用形成了流动阻力，因为它发生在流体内部，故称为内摩擦力。内摩擦力是流体黏性的表现，所以又称为黏滞力或黏性摩擦力。

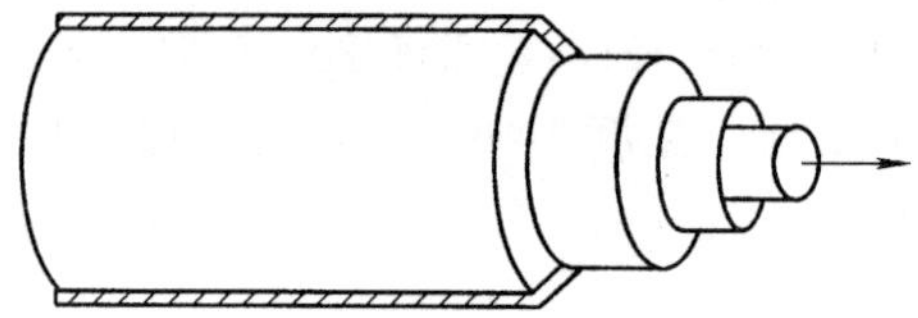

图 2-1　流体在管道内分层流动示意图

1. 牛顿黏性定律

设想在两块面积很大、相距很近的平板中间夹着某种液体，如图 2-2 所示。若令上面平板固定，以恒定的力 F 推动下板，使它以速度 u 向 x 方向运动。此时两板间的液体也分为无数薄层向 x 方向运动，附在下层板表面的一薄层液体也以同样速度 u 随下板运动，其上各层液体的速度依次减慢，到上层板底面时速度降为零。

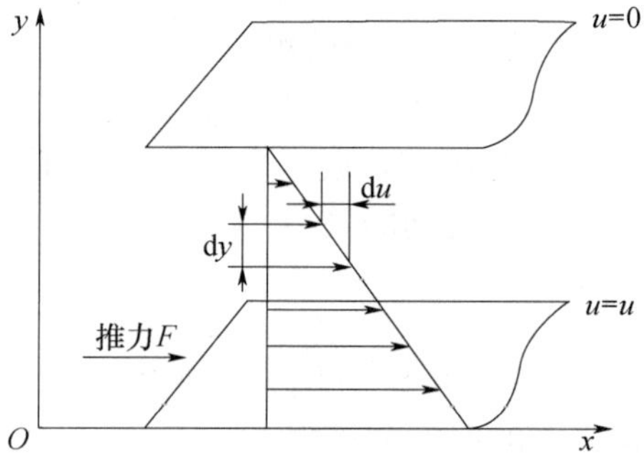

图 2-2　平板间液体速度变化图

实际上图中作用力 F 相当于内摩擦力，又称为剪力，单位接触面上的剪力称为剪应力。牛顿用实验证明，运动流体之间内摩擦力 F 的大小与两层流体之间的接触面积 S 成正比，与两层流体之间的速度梯度成正比，即：

$$F \propto \frac{\Delta u}{\Delta y} S \tag{2-10}$$

式中　F——剪力，N；

u——速度，m/s；

y——距离，m；

S——接触面积，m^2。

用数学表达式表示为：

$$F = -\mu S \frac{\Delta u}{\Delta y} \tag{2-11}$$

或

$$\tau = \frac{F}{S} = -\mu \frac{\Delta u}{\Delta y} \tag{2-12}$$

式中　τ——单位面积上的剪力，也称剪应力，Pa；

μ——比例系数，称为动力黏度系数。

负号表示内摩擦力的方向与流体运动方向相反。

若令 $F=1\mathrm{m}^2$，$\frac{\Delta u}{\Delta y}=1$，则 $F=-\mu$。说明流体的黏度系数是单位接触面积和单位速度梯度时，两层流体之间的内摩擦力。

式（2-11）和式（2-12）只适用于 u 与 y 成直线关系的场合，当流体在管内流动时的速度分布如图 2-3 所示的曲线关系时，则式（2-12）应改写成：

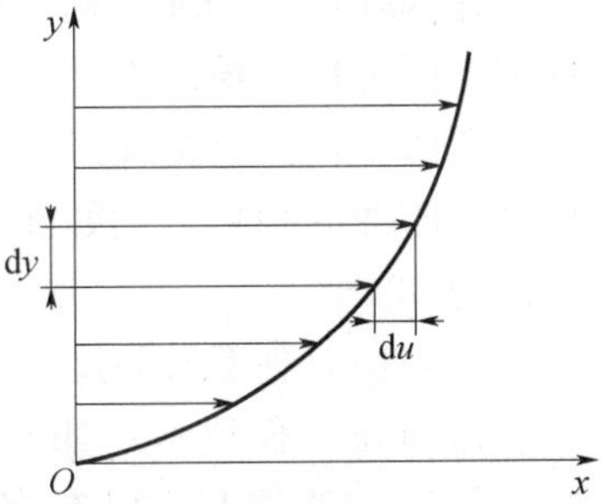

图 2-3　一般速度分布示意图

$$\tau=\mu\frac{\mathrm{d}u}{\mathrm{d}y} \tag{2-13}$$

式中　$\frac{\mathrm{d}u}{\mathrm{d}y}$——速度梯度，表示流体在与流动方向垂直的 y 方向上流动速度的变化率。

式（2-12）和式（2-13）均称为牛顿黏性定律，说明流体的黏度越大，流动时产生一定速度梯度的剪应力就越大。对于气体和大多数液体如水、汽油、酒精等都服从牛顿黏性定律，因此被称为牛顿型流体。而对于某些高分子溶液、胶体溶液、油漆以及泥浆等液体不服从牛顿黏性定律，被称为非牛顿型流体。另外还有一种流体，称为理想流体，理想流体是指黏度为零的流体。实际上理想流体是不存在的。在流体力学中引入理想流体的假设是因为在实际流体的黏性作用表现不出来的场合（像在静止流体中或匀速直线流动的流体中），完全可以把实际流体当理想流体来处理。在许多场合中，要求得黏性流体流动的精确解是很困难的，因此对于某些黏性不起主要作用的问题，可以先不计黏性的影响，使问题的分析大为简化，从而有利于掌握流体流动的基本规律。至于黏性的影响，则可根据实验引进必要的修正系数，对由理想流体得出的流动规律加以修正。

2. 流体的黏度

（1）绝对黏度

式（2-13）中的比例系数 μ 随流体性质而异，流体黏性越大，μ 值就越大，所以 μ 又称为流体的绝对黏度或动力黏度，简称黏度。

从式（2-13）可得动力黏度：

$$\mu=\frac{\tau}{\mathrm{d}u/\mathrm{d}y} \tag{2-14}$$

由此可知，动力黏度 μ 的物理意义是：当速度梯度为单位 1 时，流体单位面积上的内摩擦力的大小就是 μ 的数值。μ 越大表明流体的黏性越大，内摩擦作用越强，对流体的影响越大。μ 的国际单位制是 $\mathrm{N\cdot s/m^2}$ 或 $\mathrm{Pa\cdot s}$，物理单位制是泊（P）和工程单位制是 $\mathrm{kgf\cdot s/m^2}$，它们之间的换算关系列在表 2-2 中。

表 2-2　黏度单位换算表

单位	P	Pa·s	$\mathrm{kgf\cdot s/m^2}$
1P	1	0.1	10.2×10^{-3}
1Pa·s	10	1	0.102
$1\mathrm{kgf\cdot s/m^2}$	98.1	9.81	1

在工程实际计算中，常采用动力黏度 μ 与密度 ρ 的比值来表示，这个比值称为运动黏度，以 ν 表示，即：

$$\nu=\frac{\mu}{\rho} \tag{2-15}$$

在国际单位制和工程单位制中 ν 的单位均为 m^2/s，物理单位制为 St 称为斯托克斯，简称斯。因为这个单位太大，应用不便，故常用 cSt（厘斯），1cSt=1/100St。

我国生产的全损耗系统用油和液压油常采用 40℃时的运动黏度值（cSt）为其黏度等级标号，即油的牌号。例如牌号为 L-HL32 的液压油，就是指这种油在 40℃时的运动黏度平均值为 32cSt。

（2）相对黏度及黏度的换算

目前在工程技术（如石油产品）中还广泛采用各种相对黏度。相对黏度也称条件黏度，视测试条件的不同有多种表示方法。我国和东欧国家多采用恩格拉黏度，简称恩氏黏度，用符号°E 表示。恩氏黏度是指 200mL 的试液在测定温度下从恩式黏度计（图 2-4）中流出所需要的时间 t 与同量的蒸馏水在 20℃时从同一仪器中流出所需的时间 t_0（约为 50s）之比。

$$°E=\frac{t}{t_0} \tag{2-16}$$

恩氏黏度是一个无单位的纯数，当°$E>2$ 时，它与运动黏度的关系式为：

$$\nu=0.0731°E-\frac{0.0631}{°E}\ (cm^2/s) \tag{2-17}$$

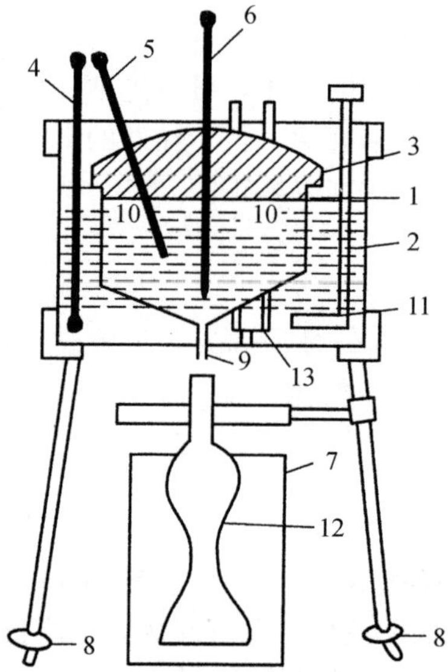

图 2-4　恩氏黏度计的构造

1—不锈钢容器；2—水浴；3—保温盖；4—测水浴温度的温度计；
5—测被测液体温度的温度计；6—开止栓；7—防止液体溢出的烧杯；
8—调水平用螺丝；9—被测液体流出孔；10—液面标志夹；
11—手动搅拌器；12—承受被测液体的容量瓶；13—加热蛇形管

（3）流体的黏度与温度的关系

实验证明，压强在 5MPa 以下及真空度在 3000Pa 以上时，压强的变化对流体黏度几乎没有影响，但温度的变化对黏度影响很大。由于液体产生内摩擦力的主要原因是分子引力，温度升高时，液体体积膨胀，分子间距离加大，引力减小，所以液体的黏度随着温度的升高而减小。气体产生内摩擦力的主要原因是分子热运动的动量交换。温度升高时，气体分子热运动的速率增大，所以黏度随着温度的升高而增大。

水的黏度与温度的关系可近似地表示为：

$$\mu=\frac{1.787\times10^{-3}}{1+0.0337t+0.00022t^2}\ (\text{Pa}\cdot\text{s}) \tag{2-18}$$

水的黏度可从表 2-3 或图 2-5 饱和水的黏度与温度的关系中查出。

气体的黏度与温度的关系可近似地表示为：

$$\mu=\mu_0\left(\frac{273+C}{T+C}\right)\left(\frac{T}{273}\right)^{\frac{3}{2}}\ (\text{Pa}\cdot\text{s}) \tag{2-19}$$

式中　T——气体的温度，K；

μ_0——273K 时气体的黏度，Pa·s；对于空气 $\mu_0=1.720\times10^{-5}$ Pa·s；对于烟气 $\mu_0=1.578\times10^{-5}$ Pa·s；

μ——温度为 T 时气体的黏度，Pa·s；

C——与气体性质有关的常数；对于空气 $C=122$；对于烟气 $C=173$。

高温烟气的黏度可由图 2-6 高温烟气黏度与温度的关系中查得。

空气的的黏度可由表 2-4 空气黏度与温度的关系中查得。

表 2-3　水的黏度与温度的关系

温度（℃）	$\mu\times10^3$（Pa·s）	$\nu\times10^6$（m^2/s）	温度（℃）	$\mu\times10^3$（Pa·s）	$\nu\times10^6$（m^2/s）
0	1.792	1.792	40	0.656	0.661
5	1.519	1.519	45	0.599	0.605
10	1.308	1.308	50	0.549	0.556
15	1.140	1.141	60	0.469	0.477
20	1.005	1.007	70	0.406	0.415
25	0.894	0.897	80	0.357	0.367
30	0.801	0.804	90	0.317	0.328
35	0.723	0.727	100	0.284	0.296

表 2-4　空气的黏度与温度的关系

温度（℃）	$\mu\times10^6$（Pa·s）	$\nu\times10^6$（m^2/s）	温度（℃）	$\mu\times10^6$（Pa·s）	$\nu\times10^6$（m^2/s）
0	17.09	13.00	260	28.06	42.40
20	18.08	15.00	280	28.77	45.10
40	19.04	16.90	300	29.46	48.10
60	19.97	18.80	320	30.14	50.70
80	20.88	20.90	340	30.80	53.50
100	21.75	23.00	360	31.46	56.50
120	22.60	25.20	380	32.10	59.50
140	23.44	27.40	400	32.77	62.50
160	24.25	29.80	420	33.40	65.60
180	25.05	32.20	440	34.02	68.80
200	25.82	34.60	460	34.63	72.00
220	26.58	37.10	480	35.23	75

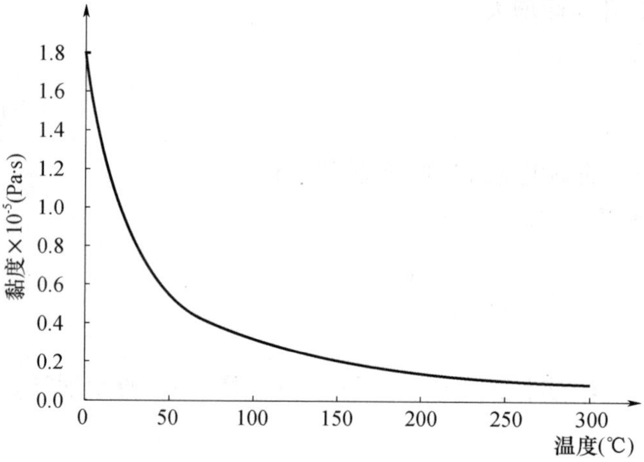

图 2-5　饱和水的黏度与温度的关系

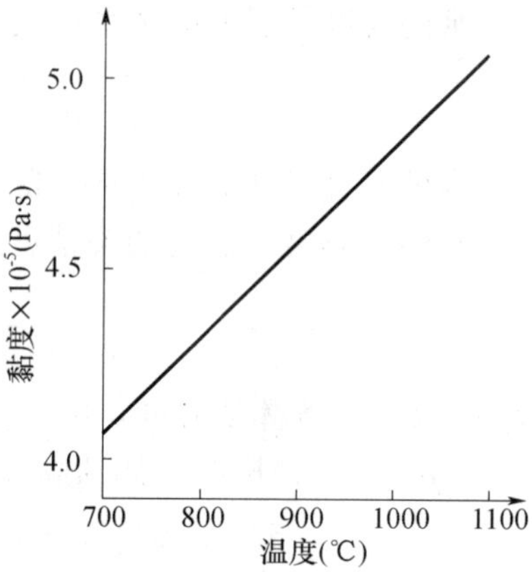

图 2-6　高温烟气黏度与温度的关系

【例 2-3】 试求烟气在 1000℃时的黏度。

解：根据式（2-19）进行计算：

$$\mu=1.578\times10^{-5}\times\frac{273+173}{1273+173}\times\left(\frac{1273}{273}\right)^{1.5}\approx4.90\times10^{-5}\ (\mathrm{Pa\cdot s})$$

也可由图 2-6 迅速查得 $\mu=4.8\times10^{-5}$（Pa·s）。

二、流体静力学基础

（一）流体静压力

处于相对静止状态下的流体，由于本身的重力或其他外力的作用，在流体内部及流体与容器壁面之间存在着垂直于接触面的作用力，这种作用力称为流体的静压力，用 P 表示，单位为 N（牛顿）。

在静止流体中，流体静压力具有下列两个特征：

（1）流体静压力垂直于其作用面，其方向与该作用面的内法线方向相同。

（2）静止流体中任意点的流体静压力的大小与其作用面的方位无关，即同一点上各个方向的流体静压力都相等。

（二）流体的静压强

流体的静压强是指单位面积上所受到的流体静压力，即：

$$p=\frac{P}{A} \tag{2-20}$$

式中　P——垂直作用于流体截面积 A 上的压力，N；

A——作用面的面积，m^2；

p——流体的平均静压力强度，又称静压强，简称压强，N/m^2 或 Pa。

流体的静压强还具有能量的含义。把静压强的单位 N/m^2 改写成$\frac{N\cdot m}{m^3}$，表示单位体积流体的能量，说明流体膨胀可以对外界做功的本领，因此流体的静压强也称为静压能。单位重量流体的静压能因其单位为 m，习惯上常称为静压头。

在国际单位制（SI）中，压强的单位是 Pa 或 N/m^2。工程上有时还用其他单位，如 atm（标准大气压）、at（工程大气压）、mH_2O（米水柱）、mmHg（毫米汞柱）、bar（巴）、kgf/cm^2（千克力每平方厘米）。它们之间的换算关系为：

$$1atm = 101325Pa = 10.332mH_2O = 760mmHg = 1.0133bar = 1.033kgf/cm^2$$

$$1at = 1kgf/cm^2 = 10mH_2O = 735.6mmHg = 98100Pa$$

按基准点不同，流体的压强有两种表示方法：一种是以绝对真空为起点，称为绝对压强，用 p 表示。另一种是以周围环境大气压强为起点，称为表压强或真空度，用 Δp 表示。用各种测压仪表测得的流体压强都是表压强或真空度。令 p_a 表示环境大气压强，则被测流体的绝对压强与表压强的关系为：

$$\Delta p = p - p_a \tag{2-21}$$

当 $\Delta p > 0$ 时，表示被测流体的压强大于环境大气压强；

当 $\Delta p = 0$ 时，表示被测流体的压强等于环境大气压强；

当 $\Delta p < 0$ 时，表示被测流体的压强小于环境大气压强，此时流体的压强用真空度表示。即：真空度＝大气压强－绝对压强。在该部分中所提到的压强，如未加说明均指绝对压强。

绝对压强、表压强以及真空度三者之间的关系可以用图 2-7 表示。

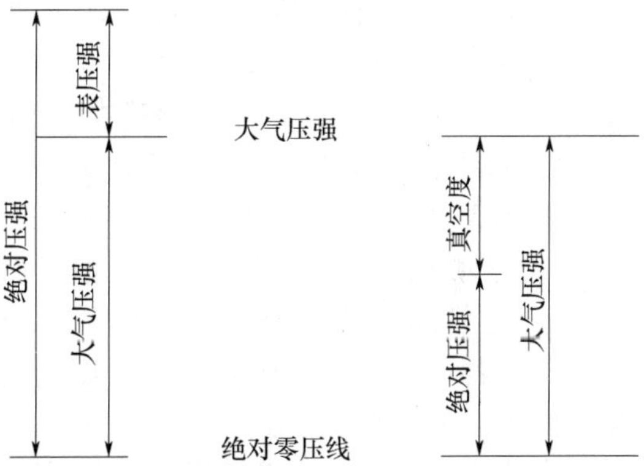

图 2-7　绝对压强、表压强和真空度之间的关系

【例 2-4】　圆柱形煤气贮气柜的内径为 6m，顶盖为半球形，柱形部分高 6m。煤气的表压强为 50kPa，外界大气压为 100kPa，求煤气柜顶盖和侧壁所受到的静压力。

解：先求煤气柜中煤气的绝对压强：

$$p = \Delta p + p_a = 50 + 100 = 150\ (kPa)$$

由于煤气柜是静止的，各个方向上的合力代数和为零。作用在顶盖上的总压力应等于作用在柜底的总压力，于是煤气柜顶盖受到的静压力为：

$$P = p\pi D^2/4 = 150 \times 3.14 \times 6^2/4 = 4239\ (kN)$$

假设用 $ABCD$ 平面将圆柱形煤气柜分成两部分，则气柜的两半部分仍然是静止的，即作用在平面 $ABCD$ 上的总压力与作用在半个圆柱面上的总压力相等，即作用于侧壁上的总压力为：

$$P = DHp = 6 \times 6 \times 150 = 5400\ (kN)$$

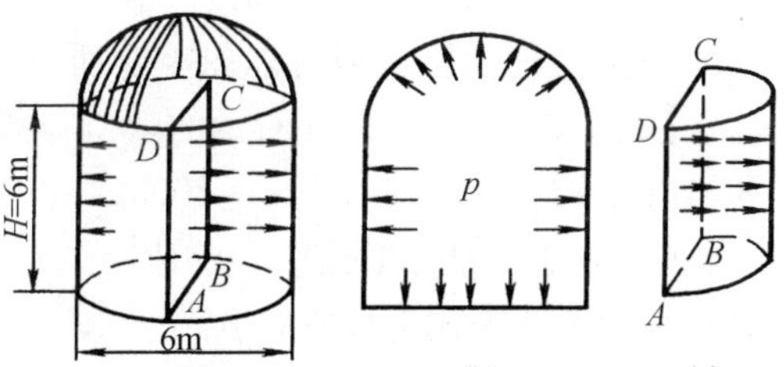

图 2-8　例 2-4 附图

从计算过程中可知，气体作用在曲面上的总压力等于气体的平均压强与曲面面积在垂直于作用力方向上投影面积之乘积，而不是压强与曲面面积之乘积。

（三）流体静力学基本方程式

1. 方程式的推导

如图 2-9 所示，容器中装有密度为 ρ（kg/m^3）的静止流体，今在流体内部任取一个截

面积为 A（m^2）、高为 h（m）的垂直液柱，由于流体是静止的，作用在其上的各方向外力的代数和等于零。在 x 轴和 y 轴方向上只有流体的静压力，它们大小相等、方向相反。在 z 轴方向上不仅有流体的静压力，还有柱体本身的重力 W。设作用在液柱上表面的静压力为 P_1（N），作用于下表面的静压力为 P_2（N），按力的平衡条件得：

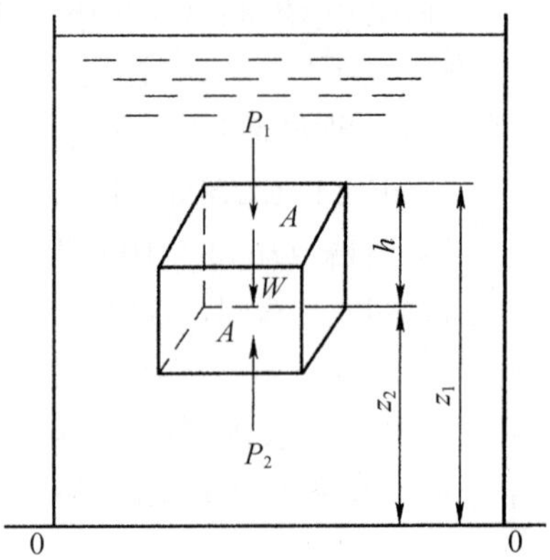

图 2-9 静止流体力的平衡

$$P_2 - P_1 - \rho Agh = 0 \tag{2-22}$$

式中 $\rho Ahg = W$ 表示柱体本身的重力，把式（2-22）除以面积 A 得：

$$p_2 - p_1 - \rho gh = 0 \tag{2-23}$$

由于 $h = z_1 - z_2$，所以式（2-23）可写为：

$$p_1 + \rho g z_1 = p_2 + \rho g z_2 \tag{2-24}$$

式（2-24）称为流体静力学基本方程式，说明静止流体内部压强的变化规律。

2. 流体静力学基本方程式的意义

（1）式（2-24）也可以写成 $p_2 = p_1 + \rho g\ (z_1 - z_2)$，说明：当液体内任一点 z_1 上的压强 p_1 有任何大小改变时，液体内部其他各点 z_2 上的压强 p_2 也有同样的改变。也就是说当作用于液面上方的压强有任何大小改变时，液体内部各点上的压强也有同样的改变。

（2）若 $z_1 = z_2$，则有 $p_1 = p_2$。因此得到：在静止的同一种连续液体内，处于同一水平面上的各点压强都相等。

在静止流体中，压强相等的各点所组成的面称为等压面。等压面是求解静止流体中不同位置之间压强关系时经常用到的概念，使用此概念的条件必须是连通的同种流体。

液体与气体的分界面，即液体的自由液面就是等压面，其上各点的压强等于在分界面上各点气体的压强。互不相混的两种液体的分界面也是等压面。仅受重力作用下的静止液体，水平面就是等压面。但应用时要注意，上述结论只适用于同一种并且是相互连通的液体，而且只受重力这一种质量力的作用。

（3）气体的密度除随温度变化外还随压强发生变化，因此会随它在容器内的位置高低而变化。但这种变化一般可以忽略，所以说式（2-24）也适用于气体。

【例 2-5】 如图 2-10 所示的敞口容器内盛有油和水，油层高度和密度分别为 $h_1 = 1$m，$\rho_1 = 800$kg/m^3，水层高度和密度分别为（指油、水分界面与小孔中心的距离）$h_2 = 0.8$m，$\rho_2 = 1000$kg/m^3。（1）判断下列等式是否成立 $p_A = p_A'$，$p_B = p_B'$；（2）计算水在玻璃管内的高度 h。

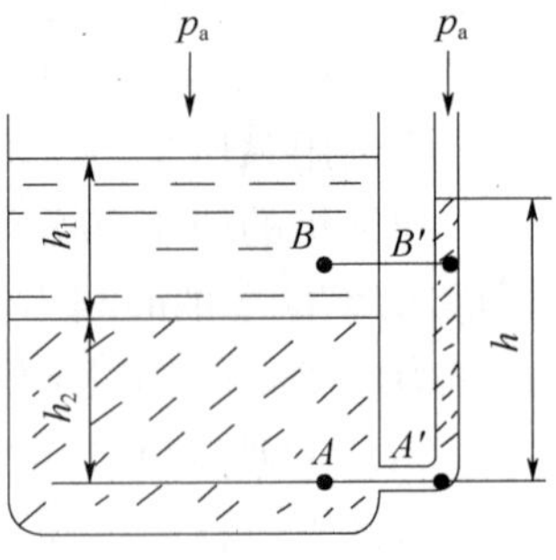

图 2-10 例 2-5 附图

解：（1）由于 A 与 A' 两点在静止的连通着的同一种流体的同一水平面上，故 $p_A = p_A'$。

又由于 B 与 B' 两点虽在静止流体的同一水平面上，但不是连通着的同一种流体，因此 $p_B = p_B'$ 不成立。

（2）由上面的讨论知，$p_A = p_A'$，而 p_A 与 p_A' 都可以用流体静力学方程计算，即：

$$p_A = p_a + \rho_1 g h_1 + \rho_2 g h_2,\quad p_A' = p_a + \rho_2 g h$$

于是

$$p_a + \rho_1 g h_1 + \rho_2 g h_2 = p_a + \rho_2 g h$$

简化上式并代入已知数值，得：

$$800\times1+1000\times0.8=1000h$$

解得 $h=1.6\text{m}$，说明水在玻璃管内的高度为 1.6m。

3. 流体静力学基本方程式的应用

（1）液压机的工作原理

图 2-11（a）是油压千斤顶的工作原理简图。令 D 与 d 各代表大小活塞的直径，P 与 f 代表大小活塞上的作用力，根据静力学基本方程式，在连通着的相同液体的同一水平面上，其静压强相等，即帕斯卡原理 $\dfrac{f}{\frac{\pi}{4}d^2}=\dfrac{P}{\frac{\pi}{4}D^2}$。

所以
$$P=f\left(\frac{D}{d}\right)^2 \tag{2-25}$$

图 2-11（b）是油压千斤顶的构造简图。令 G 代表作用在手柄一端的压力，则大活塞能顶起的货物重量为：

$$P=G\frac{a}{b}\left(\frac{D}{d}\right)^2 \tag{2-26}$$

式中　a——外力作用点到支点的距离，即手柄的长度，m；

　　　b——小活塞上的力的作用点到支点的距离，m。

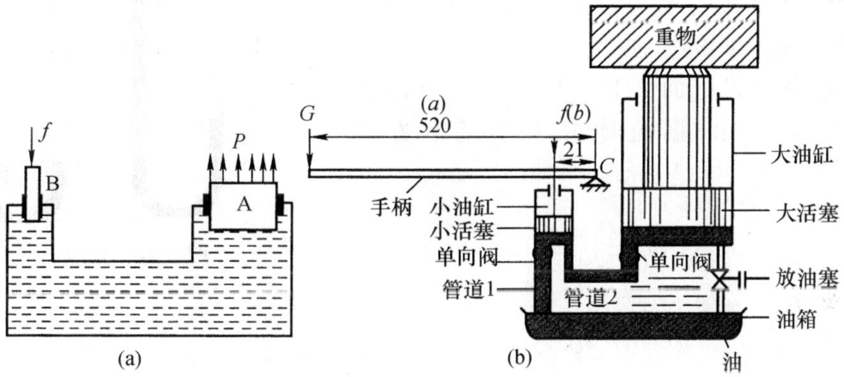

图 2-11　油压千斤顶的工作原理及构造简图

（a）工作原理；（b）构造简图

【例 2-6】 设图 2-11 的油压千斤顶的大小活塞的直径比 $\dfrac{D}{d}=5$，$a=520\text{mm}$，$b=21\text{mm}$，作用力 $G=100\text{N}$，求此油压千斤顶的起重能力。

解： 油压千斤顶的起重能力根据式（2-26）得：

$$P=G\frac{a}{b}\left(\frac{D}{d}\right)^2=100\times\frac{520}{21}\times5^2=61905\ (\text{N})$$

（2）U 形管压差计

U 形管压差计是流体压强测量仪表中最简单的一种，它是一根如图 2-12 所示的 U 形玻璃管，内装有指示液 A，它与被测液体 B 不能互溶，也不能发生化学作用，其密度 ρ_A 大于被测流体的密度 ρ_B，将 U 形管两端与管道

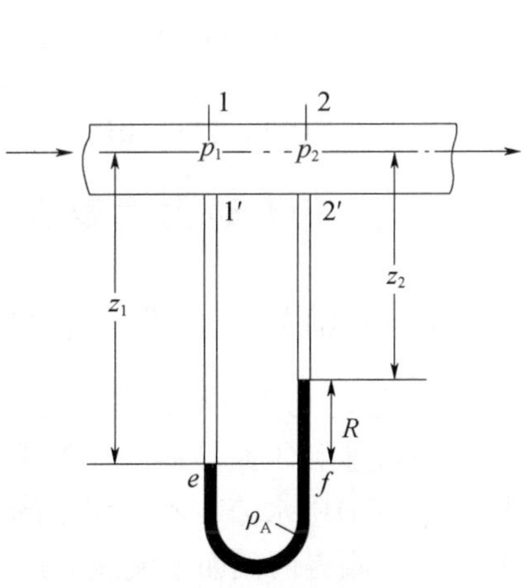

图 2-12　U 形管压差计

上两截面1-1′与2-2′相连，如果作用于两截面上的静压强不等，则对于等压面 e-f 应用式（2-24)得：

$$p_1+\rho_B g z_1=p_2+\rho_A gR+\rho_B g z_2$$

把 $z_1=z_2+R$ 代入上式，并整理得：

$$p_1-p_2=(\rho_A-\rho_B)\ gR \tag{2-27}$$

若被测流体是气体，则因为气体的密度远小于液体的密度，所以：

$$p_1-p_2=\rho_A gR \tag{2-28}$$

于是得到式（2-27）为测量液体压强差的计算公式，式（2-28）为测量气体压强差的计算公式。当U形管一端连接大气时，测得的就是管道内流体的表压强或真空度。

U形管压差计常用于测定低压流体的压强或压强差，常用的测量指示液有水、酒精、水银等。

【例2-7】 常温的水在图2-13所示的管道中流过，为了测量 a-a' 与 b-b' 两截面间的压强差，安装了两个串联的U形管压差计，压差计中的指示液为水银。两个U形管间的连接管内充满了水，指示液的各个液面与管道中心线的垂直距离为：$h_1=1.2$m，$h_2=0.3$m，$h_3=1.3$m，$h_4=0.35$m，试计算 a-a' 与 b-b' 两截面间的压强差。

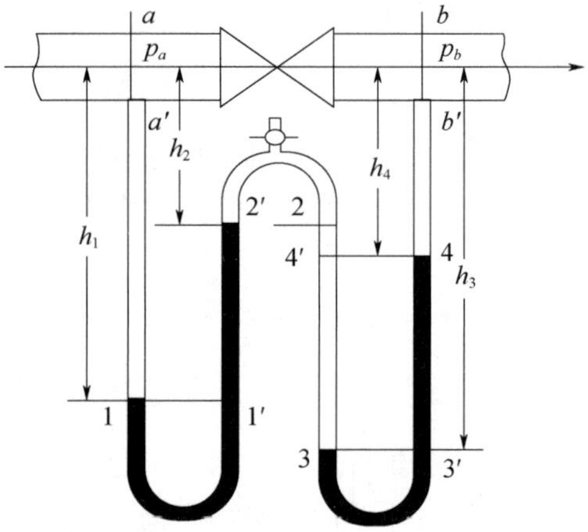

图2-13 例2-7附图

解： 首先确定等压面1-1′，2-2′，3-3′（注意4-4′不是等压面），根据流体静力学基本方程式（2-24)可知：

$p_4=p_b+\rho_水 gh_4$

$p_3=p_3'=p_4+\rho_{水银}g\ (h_3-h_4)$

$p_2=p_2'=p_3-\rho_水\ g\ (h_3-h_2)$

$p_1=p_1'=p_2'+\rho_{水银}g\ (h_1-h_2)$

$p_a=p_1-\rho_水\ gh_1$

将上述各式相加，得：

$p_a-p_b=(\rho_{水银}g-\rho_水\ g)[(h_1-h_2)+(h_3-h_4)]$

$=(13600\times9.81-1000\times9.81)\times[(1.2-0.3)+(1.3-0.35)]$

$=228.671$（kPa）

三、流体动力学基础

（一）流体动力学的基本概念

1. 稳定流动与不稳定流动

按流速和压强等运动参数是否随时间变化，把流体运动分为稳定流动和不稳定流动。图2-14（a)中水箱在不断充水的同时，通过溢流使水位保持不变，任取两个不同的截面1-1′和2-2′，测得两截面上流速和压强始终保持恒定。像这种运动参数（流速、压强等）不随时间而变化，仅随所在空间位置而改变的流动过程称为稳定流动。图2-14（b）中水在流动过程中，测得排水管1-1′和2-2′两截面上流速和压强随时间而改变，像这种系统的运动参数，

（流速、压强）不但随所在空间位置变化，而且随时间而变化的流动过程称为不稳定流动。

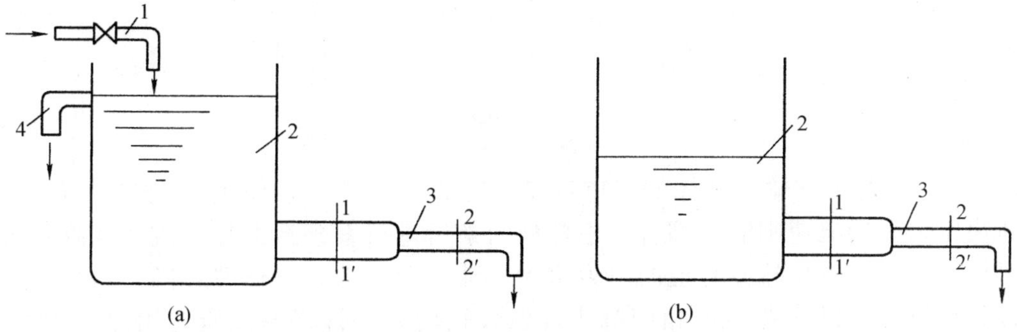

图 2-14　流体流动情况示意图

（a）稳定流动；（b）不稳定流动

1—进水管；2—贮槽；3—排水管；4—溢流管

实际流体的运动很难有完全的稳定流动。但是在工程实践中，一般都按稳定流动来考虑。这是因为，一方面为了便于研究和简化问题，另一方面工程中的设计和运行工况通常都是以稳定流动为基础的。例如，启动泵（风机）或调节阀门时，在短时间内，管道中流体的流速、压强等随时间迅速发生变化，是不稳定流动。但是泵（风机）启动后或阀门调节后的长时间内，流体的运动参数是不随时间而变化的，属于稳定流动过程。这样，在整个过程中，显然稳定流动是主要的，因此本书只介绍稳定流动。

2. 流量与流速

（1）流量

单位时间内流过管道任一截面的流体数量称为流量。常用的流量表示方法有两种：体积流量和质量流量。

① 体积流量。单位时间内流过管道任一截面的流体体积，用 Q_V 表示，单位是 m^3/s、m^3/h 或 m^3/min。

② 质量流量。单位时间内流过管道任一截面的流体质量，用 Q_G 表示，单位是 kg/s 或 kg/h。质量流量与体积流量的关系为：

$$Q_G=\rho Q_V \tag{2-29}$$

不可压缩流体，如液体和低压气体流动，由于密度变化不大，常用体积流量表示，而可压缩流体的流动常用质量流量来表示。

（2）流速

单位时间内流体在流动方向上流过的距离称为流速。

实际上流体在管道任一截面沿径向各点上的速度都不同，管道中心处速度最大，越近管壁处流速越小，管壁处流速为零。工程中，为了计算方便，常采用平均流速和质量流速表示。

① 平均流速。单位面积上的体积流量，常用 ω 表示，单位是 m/s。

$$\omega=\frac{Q_V}{A} \tag{2-30}$$

② 质量流速。单位面积上的质量流量，常用 G 表示，单位是 $kg/(m^2\cdot s)$。

$$G=\frac{Q_G}{A} \tag{2-31}$$

管道中以圆形截面居多，若以 d 表示管道内径，则平均流速为：

$$\omega=\frac{Q_V}{\frac{\pi}{4}d^2}=\frac{4Q_V}{\pi d^2} \tag{2-32}$$

或

$$d=\sqrt{\frac{4Q_V}{\pi\omega}} \tag{2-33}$$

式（2-33）是确定输送流体的管道直径的最基本公式。流体的体积流量一般由生产任务所决定，平均流速则需要综合考虑各种因素后进行合理地选择。流速选择得过高，管径可以减小，但流体流经管道的阻力增大，动力消耗大，操作费用随之增加。反之，流速选择得过低，操作费用可相应减少，但管径增大，管路的投资费用随之增加。因此，适宜的流速需根据经济权衡决定。表 2-5 列出了一些流体在管道中流动时流速的常用范围。

表 2-5　某些流体在管道中的常用流速范围

流体及其流动类别	流速范围（m/s）	流体及其流动类别	流速范围（m/s）
自来水（3×10^5Pa 左右）	1～1.5	高压空气	15～25
水及低黏度液体（1×10^5～1×10^6Pa）	1.5～3.0	一般气体（常压）	10～20
		鼓风机吸入管	10～20
高黏度液体	0.5～1.0	鼓风机排出管	15～20
工业供水（8×10^5Pa 以下）	1.5～3.0	离心泵吸入管（水类液体）	1.5～2.0
锅炉供水（8×10^5Pa 以下）	>3.0	离心泵排出管（水类液体）	2.5～3.0
饱和蒸汽	20～40	往复泵吸入管（水类液体）	0.75～1.0
过热蒸汽	30～50	往复泵排出管（水类液体）	1.0～2.0
蛇管、螺旋管内的冷却水	<1.0	液体自流速度（冷凝水等）	0.5
低压空气	12～15	真空操作下气体流速	<50

【例 2-8】 某厂需要敷设一条输送自来水的管道，输水量为 42000kg/h，试设计所需的管道直径。

解： 水的密度 ρ 约为 1000kg/m³，体积流量为：

$$Q_V=\frac{42000}{3600\times1000}=0.0117\ (m^3/s)$$

查表 2-5 得到输送自来水时的流速，取 $\omega=1.3$m/s。

依据式（2-33）得：

$$d=\sqrt{\frac{4Q_V}{\pi\omega}}=\sqrt{\frac{4\times0.0117}{\pi\times1.3}}=0.1071\ (m)=101.7\ (mm)$$

设计管道直径取整，若取 100mm，得实际的流速 1.49m/s。

3. 流体的流动类型与雷诺准数

（1）雷诺试验

1876～1883 年，英国物理学家奥斯本·雷诺经过多次试验发现，在不同的条件下，流体流动有不同的运动状态。图 2-15 是雷诺实验装置的示意图。图中采用溢流装置维持箱内液面稳定，水箱 3 中的水通过水平玻璃管 4 流出，有色液体由小水箱 1 通过细管 2 注入水平玻璃管 4 入口的轴线上。

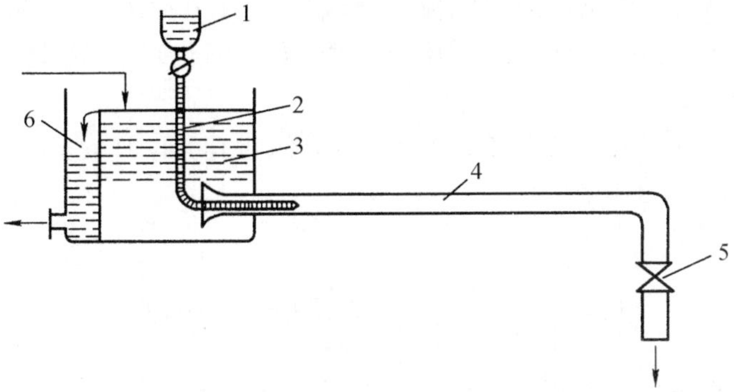

图 2-15　雷诺实验装置

1—小水箱；2—细管；3—水箱；4—水平玻璃管；5—调节阀门；6—溢流装置

雷诺在实验中观察到下列现象：

① 当水在玻璃管内流速不大时，有色液体呈一条直线在整个管子中心线位置上流过，如图 2-16（a）所示。这说明玻璃管 4 中水的流线都与轴线平行，互不干扰。雷诺称这种流动状态为滞流或层流。

② 当水平玻璃管 4 中水的流速增大到一定程度时，有色液体线发生弯曲，如图 2-16（b）所示。这说明水的质点在沿轴向前进的同时，在垂直于轴向的方向上也有分速度，水的流线已不再是平行于轴的直线而是呈不规则的曲线。雷诺称这种流动状态为过渡流。

③ 当流速增大到某种程度时，有色线已混淆在主流中而消失，这表明玻璃管 4 中水的垂直于轴向的分速度已达到足以产生漩涡，使水质点的运动轨迹错综复杂，但整个主流仍沿轴向流动。如图 2-16（c）所示。雷诺称这种流动状态为湍流或紊流。

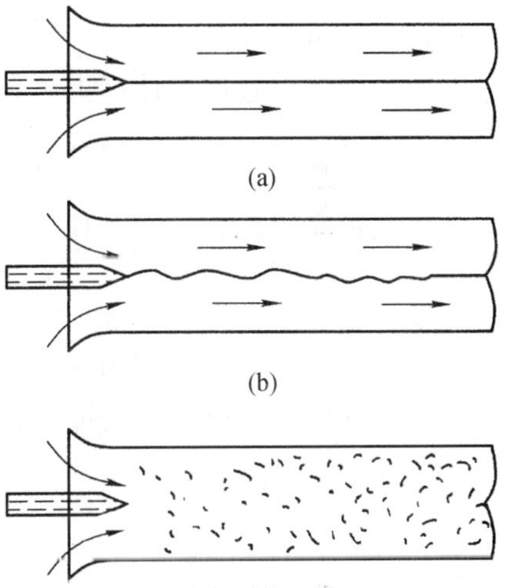

图 2-16　流体的流动类型

（a）滞流（层流）；（b）过渡流；（c）湍流（紊流）

（2）流动类型的判定——雷诺准数

雷诺通过对大量实验数据的研究发现，除了流速影响运动情况外，管子的直径、流体的黏度和密度也都对流体运动有影响，把这四个物理量写成一个无因次数群，即：

$$Re=\frac{\rho d\omega}{\mu}=\frac{d\omega}{\nu} \tag{2-34}$$

式中　d——管道的内径，m；

ρ——流体的密度，kg/m^3；

ω——流体的平均流速，m/s；

μ——流体的动力黏度，Pa・s；

ν——流体的运动黏度，m^2/s。

无因次数群 Re 称为雷诺准数或简称雷诺数，它的数值不论用哪种单位制，计算的结果都相同。

大量的实验表明，对于在平直圆管中流动的流体，当 $Re\leqslant 2300$ 时，流动状态是层流

（滞流）；当 $Re\geqslant4000$ 时，流动状态是湍流（紊流）；当 $2300<Re<4000$ 时，流体流动状态是不稳定的，可能转向层流也可能转变为湍流，所以称为过渡流。因此，依据雷诺数的大小可以判断流体流动的类型。

【例 2-9】 有一送风管道，其直径 $d=350\text{mm}$，风量 $Q=1.31\text{m}^3/\text{s}$，风温 $t=26℃$。试问管道中气体的流动是层流还是湍流？

解：管内平均风速：

$$\omega=\frac{Q}{\frac{\pi}{4}d^2}=\frac{1.31}{\frac{\pi}{4}\times0.35^2}=13.62\ (\text{m/s})$$

据 $t=26℃$ 查附录 3 得空气的运动黏度 $\nu=15.67\times10^{-6}$（m^2/s）。

$$Re=\frac{d\omega}{\nu}=\frac{0.35\times13.62}{15.67\times10^{-6}}=3.04\times10^5>4000$$

因此管道中气体的流动状态为湍流。

（3）当量直径

对于非圆形管道，计算雷诺数时可以用当量直径 d_e 来代替圆管的直径 d。

当量直径其定义为：当量直径（d_e）$=4\times\dfrac{管道截面积}{浸润周边}$

按此定义边长为 a、b 的矩形截面，其当量直径为：

$$d_e=4\times\frac{ab}{2\ (a+b)}=\frac{2ab}{a+b} \tag{2-35}$$

当 $b=a$ 时，得到正方形截面管道的当量直径为 $d_e=a$。

对于圆环形管道，其当量直径为：

$$d_e=4\times\frac{\frac{\pi}{4}\ (D^2-d^2)}{\pi\ (D+d)}=D-d \tag{2-36}$$

式中 D——外管的内径，m；

d——内管的外径，m。

4. 流体在圆管中的速度分布

无论是层流还是湍流，流体在管内流过时各截面上任一点的速度随该点与管中心的距离而变化，这种变化关系称为速度分布。

（1）层流时的速度分布

理论分析和实验都已证明，流体在层流状态时的速度沿管径按抛物线的规律分布，如图 2-17（a）所示。管道截面上的平均流速等于管道截面中心处最大流速的一半。

（2）湍流时的速度分布

湍流时，流体质点的运动情况比较复杂，目前尚不能完全由理论推出速度分布的规律，实验测得的湍流速度分布曲线如图 2-17（b）所示。由于流体质点的强烈分离与混合，使管道截面上靠中心部分各点的速度彼此接近，速度分布比较均匀，所以速度分布曲线不再是严格的抛物线。

实验表明，不论湍流程度如何，由于流体的黏性和管壁的摩擦作用，在紧贴管壁附近总有一个数量级为千分之几到几毫米厚的一层流体保持层流运动状态，这一薄层流体称为层流底层。层流底层的厚度随着雷诺数的增大而减小。层流底层的厚薄对流体运动时的摩擦阻力损失以及传热、传质等都有很大的影响。紧挨层流底层的是一层起伏不定的过渡流，又称过渡区。其数量级大致与层流底层相同。过渡区与层流底层一起又称为边界层或附面层。湍流区或主流内的流速分布比较均匀，接近中心部分几乎有相等的流速。德国学者普朗特先生首先忽略边界层，把整个管道截面都看成湍流，通过实验得出结论，然后再乘以系数得出普朗特方程。由于方程式计算复杂，因此直接采用平均速度与最大流速的近似关系式：

$$\omega=(0.8\sim0.85)\ u_{max} \tag{2-37}$$

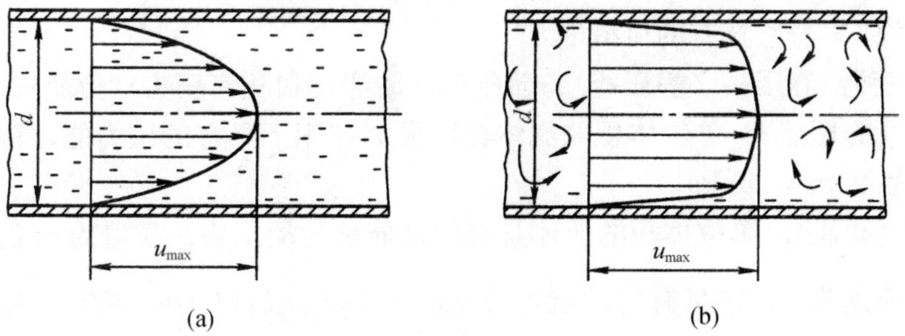

图 2-17　圆管内速度的分布

（a）滞流（层流）；（b）湍流（紊流）

（二）流体动力学基本方程式

1. 质量方程——连续性方程

设流体在变截面的管道中稳定流动，从截面积为 A_1 的截面流入，从截面积为 A_2 的截面流出，如图 2-18 所示。截面积为 A_1 的截面上的流体其密度为 ρ_1，流速为 ω_1，截面积为 A_2 的截面上的流体密度为 ρ_2，流速为 ω_2。因为是稳定流动，在流动过程中，管道各截面上的流速、压强、温度等参数均不随时间而改变。如果在管道两截面之间的流体既无积聚也无漏失，根据质量守恒定律，单位时间内通过管道各截面的流体质量即质量流量应当相同，即：

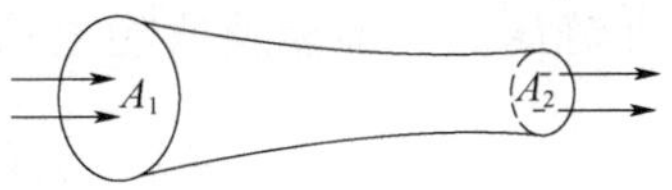

图 2-18　连续性的分析

$$Q_{G1}=Q_{G2}=\text{常数} \tag{2-38}$$

式（2-38）指明了流体稳定流动时的连续性条件，故称为流体稳定流动的连续性方程。于是：

$$\rho_1\omega_1A_1=\rho_2\omega_2A_2=\rho\omega A=\text{常数} \tag{2-39}$$

对于不可压缩流体，因流体的密度为常数，式（2-39）可写为：

$$\omega_1A_1=\omega_2A_2=\omega A=\text{常数} \tag{2-40}$$

即各个截面上流体的体积流量均相等。

【例 2-10】 在稳定流动系统中，水连续地从粗管流入细管，粗管内径为细管的两倍，求细管内水的流速是粗管内的多少倍？

解： 以下标 1 和 2 分别表示粗管和细管。对于水应用连续性方程式（2-40）：

$$\omega_1A_1=\omega_2A_2$$

因为圆管的截面积 $A=\frac{\pi}{4}d^2$，于是上式可以写为：

$$\omega_1\frac{\pi}{4}d_1^2=\omega_2\frac{\pi}{4}d_2^2$$

由此得$\frac{\omega_2}{\omega_1}=\left(\frac{d_1}{d_2}\right)^2$，因为$d_1=2d_2$，所以：

$$\frac{\omega_2}{\omega_1}=\left(\frac{2d_2}{d_2}\right)^2=4$$

可见，体积流量一定时，流速与管径的平方成反比。

2. 流体稳定流动时的能量方程——伯努利方程

（1）流动流体本身所具有的机械能

通常分为三种：静压头（静压能）、动压头（动能）和几何压头（位能）。

① 静压头（静压能）。单位体积的流体在压强 p 作用下具有的压力能，称为静压头或静压能。其单位为 N/m^2，或 Pa。

② 动压头（动能）。单位体积的流体具有的动能称为动压头。质量为 m 的流体，体积为 V，密度为 ρ，流速为 ω，它具有的动能为$\frac{1}{2}m\omega^2=\frac{1}{2}\rho V\omega^2$。以 $1m^3$ 流体为基准，则其动压头为$\frac{1}{2}\rho\omega^2$，单位为 N/m^2，或 Pa。

③ 几何压头（位能）。单位体积的流体具有的势能称为几何压头（位能），又称位压头。它是由于流体对于某一基准面所处的相对位置高低而具有的位能。设质量为 m 的流体，其体积为 V，密度为 ρ，其距离某一基准面的高度为 z，则流体具有的位能为 $\mathrm{mg}z=\rho Vgz$。对于 $1m^3$ 流体，其几何压头为 ρgz，其单位为 N/m^2 或 Pa。

（2）理想流体的伯努利方程

如图 2-19 所示，理想流体在管道中流动，从截面 1 流向截面 2 时，其总能量保持不变，即静压能、动能及位能之和在两个截面上应相等。对于单位体积（$V=1m^3$）的流体而言：

$$p_1+\frac{1}{2}\rho\omega_1^2+\rho gz_1=p_2+\frac{1}{2}\rho\omega_2^2+\rho gz_2 \ (N/m^2)\ 或\ (Pa) \tag{2-41a}$$

上式是瑞士学者丹尼尔—伯努利于 1738 年首先导出的，所以又称为伯努利方程，它是能量守恒与转化定律在运动流体中的表现形式。

伯努利方程还有其他的表达形式，如对于单位重量（$\rho Vg=1N$）的流体有：

$$\frac{p_1}{\rho g}+\frac{\omega_1^2}{2g}+z_1=\frac{p_2}{\rho g}+\frac{\omega_2^2}{2g}+z_2\ 或\ \frac{p}{\rho g}+\frac{\omega^2}{2g}+z=常数\ (m) \tag{2-41b}$$

对于单位质量（$\rho V=1kg$）的流体有：

$$gz_1+\frac{1}{2}{\omega_1}^2+\frac{p_1}{\rho}=gz_2+\frac{1}{2}{\omega_2}^2+\frac{p_2}{\rho}\ 或\ gz+\frac{1}{2}\omega^2+\frac{p}{\rho}=常数\ (J/kg) \tag{2-41c}$$

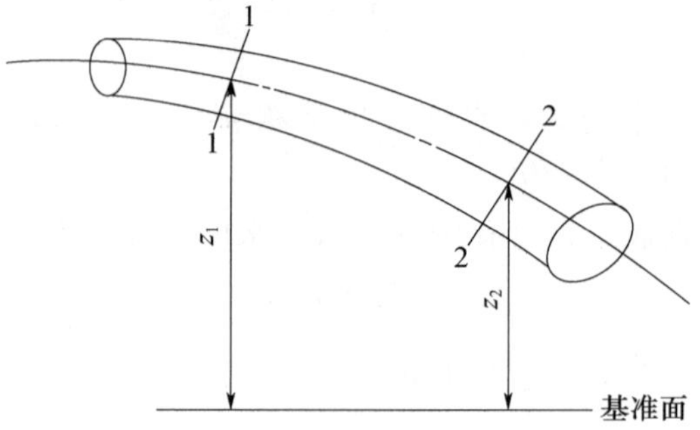

图 2-19　伯努利方程的导出

（3）实际流体的伯努利方程

实际流体与理想流体有两点不同。第一，由于具有黏性，在流动时就会产生摩擦阻力，又由于在管路上一些局部装置会引起流动的干扰、突然变化而产生附加阻力，这两种阻力都是在流动过程中产生的，称之为流动阻力。流体流动时必然要消耗一部分机械能来克服这些阻力，在流体力学中称为能量损失用 Σh 表示。第二，实际流体流过管道各截面时各点的流速不同，实际动能要比平均动能大。因此实际流体的伯努利方程为：

$$p_1+\alpha_{k1}\frac{1}{2}\rho\omega_1^2+\rho g z_1=p_2+\alpha_{k2}\frac{1}{2}\rho\omega_2^2+\rho g z_2+\Sigma h\ (\mathrm{N/m^2})\ 或\ (\mathrm{Pa}) \tag{2-42a}$$

式中 α_{k1} 和 α_{k2} 是动能修正系数，层流时 $\alpha_{k1}=\alpha_{k1}=2$，湍流时动能修正系数随雷诺数 Re 的增大而趋向于 1。在工程上，流体大多呈湍流运动，因此可以近似认为 $\alpha_{k1}=\alpha_{k2}=1$，于是实际流体的伯努利方程为：

$$p_1+\frac{1}{2}\rho\omega_1^2+\rho g z_1=p_2+\frac{1}{2}\rho\omega_2^2+\rho g z_2+\Sigma h\ (\mathrm{N/m^2})\ 或\ (\mathrm{Pa}) \tag{2-42b}$$

流体实际流动中，如果有输送机械（如泵和风机）对流体做功，会使流体的压头增加，这部分外加能量通常用 H 表示。常用 $\frac{H}{\rho g}$（m）表示扬程。此时伯努利方程变为：

$$H+p_1+\frac{1}{2}\rho\omega_1^2+\rho g z_1=p_2+\frac{1}{2}\rho\omega_2^2+\rho g z_2+\Sigma h\ (\mathrm{N/m^2})\ 或\ (\mathrm{Pa}) \tag{2-43}$$

（4）伯努利方程的讨论

① 伯努利方程是机械能守恒与转化定律在运动流体中的表现形式。理想流体的伯努利方程说明不可压缩的理想流体在流动过程中，在管道的任一截面上流体的静压能、动能及位能之和是不变的，但三者之间可以相互转化。

② 对于静止流体，其流速为零，伯努利方程变为：

$$p_1+\rho_A g z_1=p_2+\rho_A g z_2$$

上式就是流体静力学基本方程，也就是说流体静力学方程是伯努利方程的一个特例。

③ $\rho g z$、$\frac{1}{2}\rho\omega^2$、p 与 H、Σh 的区别。p、$\frac{1}{2}\rho\omega^2$、$\rho g z$ 这三项指的是在某截面上流体本身所具有的能量，即静压能、动能、位能。H、Σh 指的是流体在 1-1′截面与 2-2′截面间流动时从外界获得的能量以及消耗的能量。H 是输送机械对单位体积流体所做的有效功，是选用流体输送机械的重要依据。

（5）应用伯努利方程时应注意的问题

① 截面的选取。一定要沿着流体的流动方向确定上、下游截面。所选的两个截面必须与流动方向相垂直，在两个截面之间的流体必须是连续的而且充满整个空间。伯努利方程式严格来说仅适用于缓变流断面，但在断面流速不大以致流速的大小或方向的变化造成的惯性力不显著，或者动能一项在总能量中所占的比例很小时，也允许将断面取在急变流处，作为近似求解。

② 水平基准面的选取。水平基准面是作为计算位能时的参考，而且式中涉及的是 $\Delta z=z_2-z_1$，所以水平基准面可以任意选取，计算出的 Δz 都是一样的，但必须与地面保持平行。习惯上总是取两个截面中较低的截面为基准面，这样可以使计算简化。

③ 单位的选取。伯努利方程中各物理量应采用同一单位制中的单位，两种单位制不能同时并用。两个截面上的压强除了要求单位一致外，还要求表示方法要一致。也就是说，伯

努利方程中的静压能一项或者都用绝对压强，或者都用表压强，等号两侧一定要一致，计算结果才是一样的。

④ 伯努利方程是由不可压缩流体导得的，但对工程上所遇到的大多数气体，当压强和温度变化不大时也近似适用。只有在压强和温度变化很大或流速接近声音的传播速度时，伯努利方程是不适用的。在这些情况下伯努利方程不仅会造成很大的偏差，而且会导致错误的结论。

【例 2-11】 如图 2-20 所示，20℃的低压空气以 20m/s 的速度进入断面积逐渐缩小的管道，已知进口面积 $A_1=5A_2$，试求空气在两个断面上的压强差（不计能量损失）。

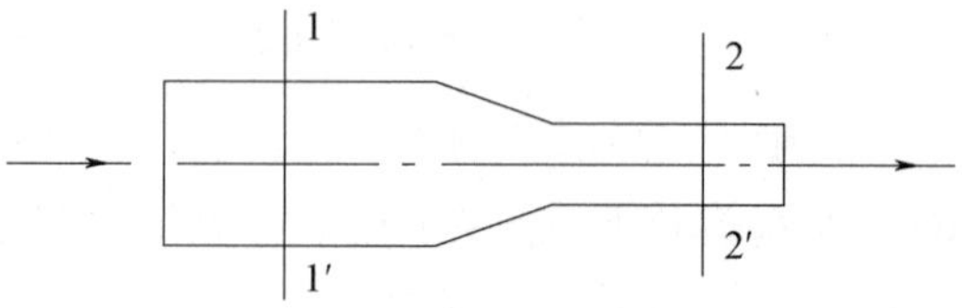

图 2-20　例 2-11 附图

解： 对于 1-1′截面和 2-2′截面列伯努利方程：

$$p_1+\frac{1}{2}\rho\omega_1^2+\rho g z_1=p_2+\frac{1}{2}\rho\omega_2^2+\rho g z_2+\Sigma h$$

由于是水平流动，所以 $z_1=z_2$，因为不计能量损失，故 $\Sigma h=0$。

根据连续性方程 $\omega_1 A_1=\omega_2 A_2$，得 $\omega_2=5\omega_1=5\times20=100$（m/s）。

查附录 3 得，空气在 20℃时的密度为 1.2kg/m^3。

于是，得 $p_1-p_2=\frac{\omega_2^2-\omega_1^2}{2}\rho=\frac{100^2-20^2}{2}\times1.2=5760$（Pa）。

说明气体通过截面积逐渐缩小的管道后，静压能转变为动能。这种将静压能转变为动能的装置称为加速管。同样道理，气体通过截面积逐渐扩大的管道后动能转变为静压能，这种装置称为扩压管。

【例 2-12】 如图 2-21 所示为一个上水泵工作图。为了测定水泵的功率，在吸水管和出水管上各安装一个压力计，测得进水管截面 1 处的压强为−25.48kPa，出水管截面 2 处的压强为 245kPa。两测点 1 和 2 的高度差为 1m。进水管内径为 80mm，流速为 1.5m/s，出水管内径为 68mm，试求水泵的功率。（不计压头损失）

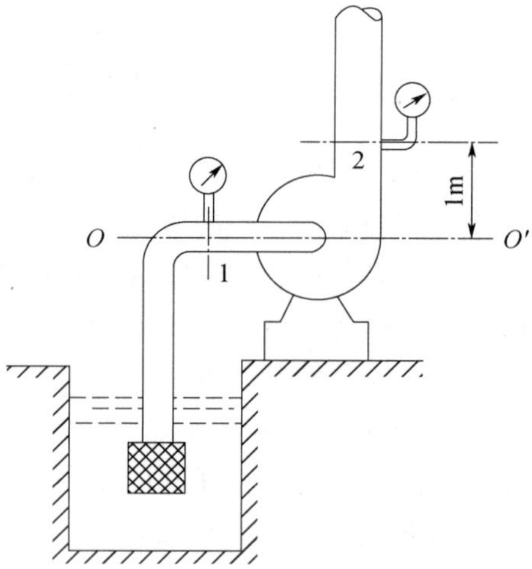

图 2-21　例 2-12 附图

解： 以测压点 1 为基准，列出截面 1 和 2 处的伯努利方程：

$$H+\Delta p_1+\frac{1}{2}\rho\omega_1^2+\rho g z_1=\Delta p_2+\frac{1}{2}\rho\omega_2^2+\rho g z_2+\Sigma h$$

由于不计压头损失 $\Sigma h=0$，根据连续性方程 $\frac{\omega_2}{\omega_1}=\left(\frac{d_1}{d_2}\right)^2$。把 $\omega_1=1.5$m/s，$d_1=80$mm，$d_2=68$mm 代入上式得 $\omega_2=2.08$m/s。把已知数据 $\rho=1000$kg/m^3，$z_1=0$，$z_2=1$m，$\Delta p_1=-25.48\times10^3$Pa，$\Delta p_2=245\times10^3$Pa，代入伯努利方程，解得 $H=281\times10^3$Pa。

水泵的流量　　$Q_V=\omega A=1.5\times\frac{\pi}{4}\times0.08^2=7.54\times10^{-3}$（m^3/s）

水泵的功率　　$N=HQ_V=281\times10^3\times7.54\times10^{-3}=2119$（W）

3. 动量方程

由物理学可知，一个质量为 m（kg）的物体沿 x 轴方向做匀速直线运动，当该物体受到外力作用时就做变速运动。若令 Σf_x 代表作用力在 x 轴方向上的投影代数和，则根据牛顿第二定律得：

$$\Sigma f_x=\frac{\mathrm{d}(m\omega_x)}{\mathrm{d}\tau}\ \text{(N)} \tag{2-44a}$$

式中　ω_x——物体在 x 轴向的速度，m/s；

τ——时间，s。

如果作用力 Σf_x 和物体质量不随时间而变也就是为常量时，式（2-44a）可以写为：

$$\Sigma f_x=\frac{m(\omega_2-\omega_1)_x}{\tau_2-\tau_1} \tag{2-44b}$$

式中　ω_1 和 ω_x——物体在 τ_1 和 τ_2 时刻的速度。

上式表明作用在物体上的外力在 x 方向上的分力的代数和等于物体在同一方向上单位时间的动量增量。这个关系称为动量方程或动量定理。动量定理也适用于流体，因流体具有流动性和黏性，动量定理应用于流体时有不同的表现形式。如果令 m 表示在 $\Delta\tau$ 时间内流过管道任一截面的质量，则流体的质量流量为：

$$Q_G=\frac{m}{\Delta\tau}\quad\text{(kg/s)} \tag{2-45}$$

根据连续性方程，质量流量在管道任一截面上是不变的，于是得：

$$\Sigma f_x=Q_G(\omega_2-\omega_1)_x\quad\text{(N)} \tag{2-46}$$

这就是动量定理在流体中的表达形式。用文字表述为：作用于管道两个截面间的流体上的外力在 x 轴方向上分力的代数和等于此二截面上的动量流量在同一方向上的增量。

【例 2-13】 密度 $\rho=1.2\text{kg/m}^3$ 的低压空气在同心的直圆管中流动，如图 2-22 所示。已知 $d_1=10$cm，$d_2=40$cm，$\omega_1=53$m/s，$\omega_2=14$m/s，试求 1-1 与 2-2 截面间的压强差。（不计摩擦阻力）

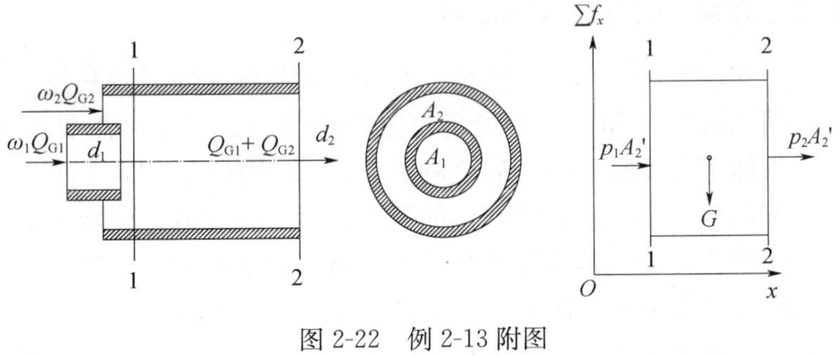

图 2-22　例 2-13 附图

解： 作用在截面 1-1 和 2-2 之间流体上的外力有 pA_1、pA_2 及重力 G，但重力 G 在 x 轴上的投影为零。由图 2-22 可知：

$$A_1=\frac{\pi}{4}d_1^2=\frac{\pi}{4}0.1^2=0.00785\ (\text{m}^2)$$

$$A_2=\frac{\pi}{4}\ (d_2^2-d_1^2)=\frac{\pi}{4}\ (0.4^2-0.1^2)=0.118\ (\text{m}^2)$$

$$A'_2=A_1+A_2=0.00785+0.118=0.1259\ (\mathrm{m^2})$$

进入截面 1-1 的动量流量为 $Q_{G1}\omega_1+Q_{G2}\omega_2$，离开截面 2-2 的动量流量为（$Q_{G1}+Q_{G2}$）$\omega'_2$，其中 $\omega'_2=\dfrac{Q_{G1}+Q_{G2}}{\rho A'_2}$。

$$Q_{G1}=\rho\omega_1 A_1=1.2\times 53\times 0.00785=0.5\ (\mathrm{kg/s})$$

$$Q_{G2}=\rho\omega_2 A_2=1.2\times 14\times 0.118=2\ (\mathrm{kg/s})$$

根据动量定理：

$$\sum f_x = p_1A'_2-p_2A'_2=(p_1-p_2)A'_2=(Q_{G1}+Q_{G2})\omega'_2-(Q_{G1}\omega_1+Q_{G2}\omega_2)$$

于是：

$$(p_1-p_2)=\frac{(Q_{G1}+Q_{G2})^2}{\rho\ (A'_2)^2}-\frac{Q_{G1}\omega_1+Q_{G2}\omega_2}{A'_2}=\frac{(0.5+2)^2}{1.2\times 0.1259^2}-\frac{0.5\times 53+2\times 14}{0.1259}=-104\ (\mathrm{Pa})$$

本例中若截面 2-2 为大气压，则截面 1-1 为负压，外界空气就被吸入管中，并与高速气流 Q_{G1} 混合后从截面 2-2 排出。喷射器和喷射式煤气烧嘴就是根据这个原理制造的。

本例中 1-1 截面产生负压的原因是速度分布不均匀性比断面 2-2 上大得多，因而 1-1 截面上的实际动量和动能比 2-2 截面上的大，按能量守恒定律，1-1 截面上的静压能就小于 2-2 截面上的静压能。如用伯努利方程解本题时，对 1-1 和 2-2 截面有：

$$p_1+\frac{(\omega'_1)^2}{2}\rho=p_2+\frac{(\omega'_2)^2}{2}\rho$$

式中

$$\omega'_1=\frac{Q_{G1}+Q_{G2}}{\rho A'_2}=\omega'_2$$

所以 $p_1=p_2$，$p_1-p_2=0$。

为什么同一个问题用动量方程和伯努利方程求得的解不同？是否有矛盾？如果回顾一下伯努利方程适用的条件，问题就迎刃而解了。伯努利方程仅适用于流态已充分稳定的缓变流。但本例中 1-1 截面不是缓变流而是急变流，Q_{G1} 和 Q_{G2} 进入大管后流速突然变化，流态未稳定，所以不能运用伯努利方程解本题。

四、硅酸盐窑炉内的气体流动

一般地说，对于连续生产的窑炉，任何一个部位的气体流速以及其他和流动有关的参数都可看成是不随时间而改变，即可认为处于稳定流动状态。另外还需要看气体密度是否不变。前面已指出，气体密度是随压强、温度的变化而改变的。因此，这就要看窑炉内压强、温度的变化如何。实际生产中，窑炉内气体的温度是逐渐变化的，若将整个窑炉系统划分为若干区段，在每一区段内，当气体温度变化不大，就可以近似地把气体温度看成不变而取其平均值。因而，气体在窑炉内流动时，对于划定的某一区域来说，可认为气体密度不随温度而变化。另外，窑体是砖砌筑的，管道也往往是砖砌成的，并且窑墙上还留一些看火孔。因而，窑炉系统是不严密的，有溢出或吸入气体的现象。例如，常看到窑内有热气向外冒出，这时窑内处于正压，即窑内气体的绝对压强大于窑外同一水平面上的大气压强（$p>p_a$）。窑内如果是负压，则窑内气体的绝对压强将小于外界同一水平面上的大气压强（$p<p_a$），外界空气就会被吸入窑内，造成窑炉内温度不均匀。因此，正常操作的各种窑炉一般都不希望正压过大，也不希望负压过大，也就是说，窑炉内压强变化范围很小，往往只相差 2～20mmH_2O。这样微小的压强变化并不会引起气体体积的显著改变，因而窑炉内压强变化对

气体密度的影响也可以忽略不计。

（一）两气体的伯努利方程

根据阿基米德原理，单位体积流体在大气中所受到的空气浮力等于单位体积空气的重力 $\rho_a g$（N/m^3），浮力的方向与重力相反。单位体积流体在大气中所受到的重力与浮力的代数和为（$\rho-\rho_a$）g。对液体而言，因为液体的重力远大于大气的浮力，$\rho \gg \rho_a$，所以液体通常不考虑空气浮力的影响。但是在硅酸盐工业窑炉系统中，窑炉与大气相通，对于窑炉内的热气体，大气的浮力作用不能忽略，由于窑炉内热气体的密度小于空气的密度 $\rho<\rho_a$，所以在没有外界机械能加入的情况下，窑炉内的热气体具有自下而上自然流动的趋向。

于是，对于硅酸盐工业窑炉内的热气体，得到两气体伯努利方程：

$$p_1+(\rho_m-\rho_a)\ gz_1+\frac{\rho_m\omega_1^2}{2}=p_2+(\rho_m-\rho_a)\ gz_2+\frac{\rho_m\omega_2^2}{2}+\Sigma h \tag{2-47}$$

对于垂直方向的流体而言，其截面积相等，流速相等。窑炉内的垂直方向任意两个截面间距离很小，能量损失可以忽略。于是得到实际应用的两气体伯努利方程（其形式和两气体静力学方程式相同）：

$$(p_1-p_a)+(\rho-\rho_a)\ gz_1=(p_2-p_a)+(\rho-\rho_a)\ gz_2 \tag{2-48}$$

由此可知
$$p_1-p_2=(\rho_a-\rho)\ g\ (z_1-z_2)$$

可见当 $z_1>z_2$ 时，有 $p_1>p_2$，说明在两气体的静力学方程中，上部截面的静压强大于下部截面，这与单一流体静力学方程得到的结论恰巧相反。产生这种差异的原因是前者的浮力大于重力，而后者是重力大于浮力或浮力等于零。住在高层楼房底层的居民常常感到自来水水压较大，而燃气压力较小；高层楼房顶层的居民却往往感到自来水水压较小，而燃气压力较大，就是上述原因造成的。

【例 2-14】 玻璃池窑内烟气的平均温度 $t=1500$℃，烟气的标况密度为 $1.32kg/m^3$，外界空气的温度为 30℃，窑大碹顶距玻璃液面 1.8m，如图 2-23 所示。（1）若保持玻璃液面的表压强为 4.9Pa，则碹顶处的表压强为多少？（2）若测得碹顶处的表压强为 15Pa，液面的表压强多大？此时零压面在何处？

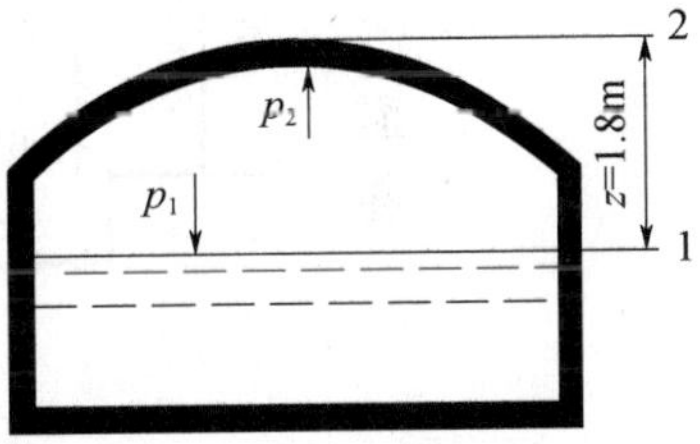

图 2-23　例 2-14 附图

解： 空气在 30℃时的密度为：

$$\rho=\rho_0\frac{273}{273+t}=1.293\times\frac{273}{273+30}=1.165\ (kg/m^3)$$

烟气在 1500℃时的密度为：

$$\rho=\rho_0\frac{273}{273+t}=1.32\times\frac{273}{273+1500}=0.203\ (kg/m^3)$$

令玻璃液面上的气体的表压强为 Δp_1，碹顶处的表压强为 Δp_2，以玻璃液面为基准面，写出两气体伯努利方程式：

$$\Delta p_1+(\rho-\rho_a)\ gz_1=\Delta p_2+(\rho-\rho_a)\ gz_2$$

把已知条件 $z_1=0$，$z_2=1.8m$，$\Delta p_1=4.9Pa$ 代入上式得碹顶处的表压强 $\Delta p_2=22Pa$。

（2）把已知条件 $\Delta p_2=15Pa$，$z_1=0$，$z_2=1.8m$ 代入两气体伯努利方程式，得液面的表压强 $\Delta p_1=-1.97Pa$。

设零压面在液面上方 z（m）处，据题意，写出零压面与液面间的两气体伯努利方程：

$$\Delta p_1+0=0+(\rho-\rho_a)\ gz$$

由于 $\Delta p_1=-1.97\text{Pa}$，于是得 z=0.21m，说明零压面在液面上方 0.21m 处。

（二）气体的特殊流动

如果气体的几何压头起主导作用，当热气体流过通道被冷却时，应自上而下流动；当冷气体流过通道被加热时，应自下而上流动。这样气体就会在各通道中均匀分布，否则气流分布将不均匀。其原理可做如下分析：设气体垂直流过两个并联的等截面管道 a 和 b，如图 2-24所示。当热气体自上而下流动通过温度较低的通道时，气体被冷却。如果取气体的平均温度计算气体的各种压头，以截面 1-1 为基准，列出两气体的伯努利方程：

$$p_2+(\rho_m-\rho_a)\ gz_2+\frac{\rho_m\omega_2^2}{2}=p_1+(\rho_m-\rho_a)\ gz_1+\frac{\rho_m\omega_1^2}{2}+\Sigma h$$

由于是等截面管道，依据连续性方程可得 $\omega_2=\omega_1$，$z_1=0$，$z_2=H$，于是方程简化为：

$$p_2-p_1=(\rho_a-\rho_m)\ gH+\Sigma h$$

上式说明 p_2-p_1 是推动气体流动的动力，用于克服几何压头和阻力损失。也就是说几何压头在此起阻力的作用。通道 a 和 b 是并联的，在相同的压差作用下，欲使两通道流过的流体流量相等，则必须使它们的总阻力相等，即：

$$(\rho_a-\rho_{ma})\ gH+\Sigma h_a=(\rho_a-\rho_{mb})\ gH+\Sigma h_b$$

当几何压头远大于流体的摩擦阻力时，则得 $(\rho_a-\rho_{ma})\ gH=(\rho_a-\rho_{mb})\ gH$，于是得 $\rho_{ma}=\rho_{mb}$。

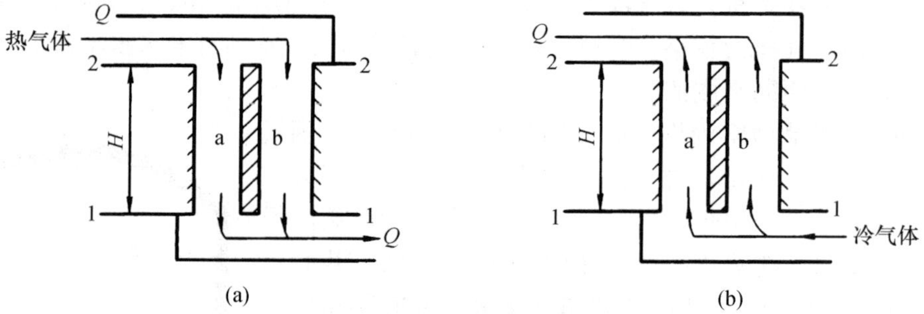

图 2-24　气体垂直流动分流定则

（a）热气体被通道壁冷却；（b）冷气体被通道加热

因此得到结论，要使两通道的流体流量相等，必须使气体的密度相同，也就是说气体的温度要相等，即 $t_a=t_b$。若由于某种原因造成 $t_a>t_b$，则 $\rho_{ma}<\rho_{mb}$，于是 a 通道的阻力大于 b 通道，a 通道的气体流量就会减少，单位体积气体的散热量增大，因而温度就会下降，直到 $t_a=t_b$。可见热气体被冷却时采用自上而下的流动方式，流量在各通道中会自动分布均匀。

若热气体自下而上流动时，几何压头不是阻力而是推动力，温度越高，几何压头越大，推动力越大，气体流量也越大。温度低的通道中气体流量就越来越少，造成恶性循环，气流分布将严重不均匀。同样可以证明，冷气体自下而上流动被加热时会自动均匀分布，相反的流动方向分布不会均匀。

上述气体垂直流动的分流定则，仅适用于几何压头占优势而摩擦阻力很小的情况，如玻璃熔窑蓄热室格子体中的气体流动及陶瓷、耐火材料倒焰窑中气体通过制品间空隙的流动。

如果阻力较大，几何压头已不占优势，则气体流量将取决于阻力的大小，阻力越小的地方，气体流量越大。气体通过立窑中料层的情况就是如此。

（三）气体的流出和流入

1. 气体从小孔流出

设容器中低压气体的压强为 p_1（Pa），密度为 ρ（kg/m^3），容器侧壁上有一个出口面积为 A_0（m^2）的小孔。外界大气压为 p_a（Pa），在压差的推动下气体从小孔流出。由于惯性的作用，气体流股会发生收缩，在离孔口一定距离处，流股断面达到最小值，如图 2-25 所示。略去小孔的摩擦阻力损失，列出容器内任一断面和小孔外流股的最小截面间的伯努利方程：

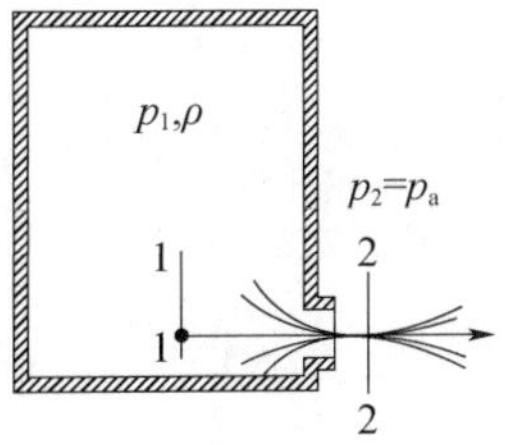

图 2-25　气体从小孔流出

$$p_1+\frac{\omega_1^2}{2}\rho=p_2+\frac{\omega_2^2}{2}\rho$$

由于容器的断面 A_1 远大于流股断面 A_2，故 $\omega_1 \ll \omega_2$，于是得小孔的流速为：

$$\omega_2=\sqrt{\frac{2(p_1-p_a)}{\rho}}=\sqrt{\frac{2\Delta p}{\rho}} \tag{2-49}$$

由于实际上存在摩擦阻力，静压能不会全部转为动压能，所以实际速度 ω'_2 小于上述理想情况下的速度 ω_2，实际流出速度为：

$$\omega'_2=\varphi\omega_2=\varphi\sqrt{\frac{2\Delta p}{\rho}}\ (m/s)$$

式中　φ——考虑摩擦阻力的修正系数，称为速度系数，其值小于 1，具体数值与小孔或喷嘴的形状及构造有关。

从小孔流出的气体体积流量为：

$$Q=\omega'_2A_2=\varphi\frac{A_2}{A_0}A_0\sqrt{\frac{2\Delta p}{\rho}}=\varphi\varepsilon A_0\sqrt{\frac{2\Delta p}{\rho}}=\mu A_0\sqrt{\frac{2\Delta p}{\rho}}\ (m^3/s) \tag{2-50}$$

式中　ε——流股最小截面与小孔截面的比值，称为缩流系数，$\varepsilon-\frac{A_2}{A_0}$。

μ——小孔的流量系数，$\mu=\varphi\varepsilon$。

各种喷嘴和小孔的速度系数及流量系数见表 2-6。

上述通过小孔或喷嘴流出的速度及流量计算式适用于液体和表压强在 50kPa 以下的气体，表压强再大时气体的压缩性已相当可观，不仅误差增大，还可能导致错误的结论。

【例 2-15】 表压强 $\Delta p=200mmH_2O$、密度为 $1.2kg/m^3$ 的煤气，由内径 $d=10mm$ 的直角圆柱形喷嘴流出，求煤气流出的速度和每小时的流量。

解： 查表 2-6 得直角圆柱形喷嘴的速度系数和流量系数 $\varphi=\mu=0.82$。

煤气的喷出速度为：

$$\omega=\varphi\sqrt{\frac{2\Delta p}{\rho}}=0.82\times\sqrt{\frac{2\times200\times9.80}{1.2}}=46.9\ (m/s)$$

煤气的小时流量为：

$$Q=3600\left(\frac{\pi d^2}{4}\right)\omega=3600\times\frac{\pi}{4}\times0.01^2\times46.9=13.3\ (m^3/h)$$

表 2-6　气体通过孔嘴时的系数

孔嘴类型	示意图	ε	φ	μ
薄壁孔口 （圆形或正方形）	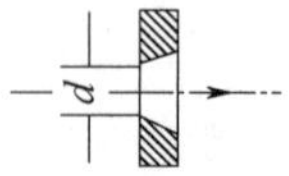	0.64	0.97	0.62
厚壁孔口 （圆形或正方形）	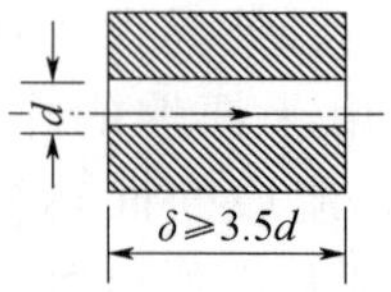	1	0.82	0.82
棱角圆柱形外管嘴	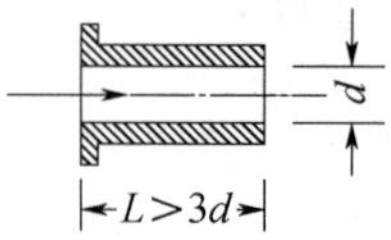	0.82	1	0.82
圆角圆柱形管嘴	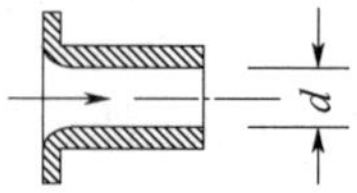	1	0.9	0.9
棱角圆柱形内管嘴	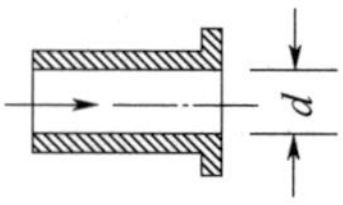	1	0.71	0.71
流线圆柱形管嘴	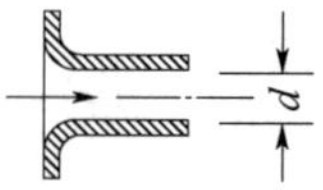	1	0.97	0.97
圆锥形收缩管嘴	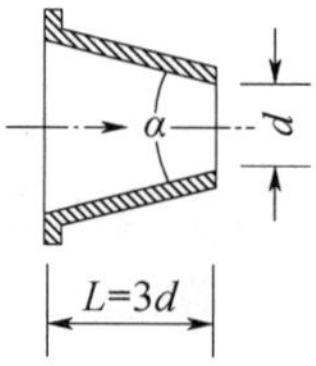 $\alpha=13°$ $\alpha=30°$ $\alpha=45°$ $\alpha=90°$	0.98 0.92 0.87 —	0.96 0.975 0.98 —	0.945 0.896 0.85 0.75
圆锥形扩散管嘴	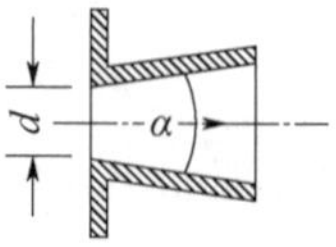 $\alpha=8°$ $\alpha=45°$ $\alpha=90°$	1 1 1	0.98 0.55 0.58	0.98 0.55 0.58

2. 炉门溢气

在硅酸盐工业窑炉中，有时窑墙上开有孔洞或炉门。若窑内为正压，热气体就会从炉门或孔洞流出；若窑内为负压，冷空气就会被吸入窑内。这时通常采用炉门或墙孔平面图形的重心（或形心）处的表压强作为整个炉门或墙孔的平均表压强，则小孔流速及流量的计算式同样适用于流体通过大孔洞或炉门的溢流计算。

【例 2-16】 耐火材料倒焰窑的炉门高 1.8m，宽 0.9m，炉内热烟气的平均温度为 1400℃，烟气的标况密度为 1.32kg/m³，外界空气的密度为 1.22kg/m³，已知窑炉底面的表压强为−6Pa，求当炉门开启时通过炉门的小时溢气量。

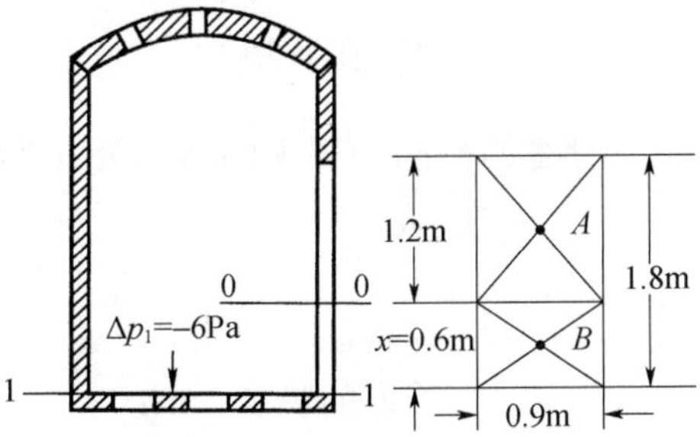

图 2-26　例 2-16 附图

解： 热烟气在 1400℃时的密度为：

$$\rho=\rho_0\frac{273}{273+t}=1.32\times\frac{273}{273+1400}=0.215\ (\text{kg/m}^3)$$

欲求炉门溢气，必须先求出零压面，零压面以上为正压，热气体溢出；零压面以下为负压，冷空气被吸入炉内。因炉内气体流速较小，动压头所占比例不大，可以认为 1-1 面与零压面的动压头相等。如略去摩擦阻力，设零压面在窑底上方 z_0 (m) 处，则对窑底 1-1 截面与零压面列出两气体伯努利方程：

$$\Delta p_1+(\rho-\rho_a)\ gz_1=\Delta p_0+(\rho-\rho_a)\ gz_0$$

$$\Delta p_1+0=0+(\rho-\rho_a)\ gz_0$$

$$z_0=\frac{\Delta p_1}{(\rho-\rho_a)\ g}=\frac{-6}{(0.215-1.22)\times 9.81}\approx 0.6\ (\text{m})$$

零压面以上 1.2m 的炉门溢气，面积形心（A 点）的静压强为 Δp_A，对窑底 1-1 截面和 A 点所在的截面列出两气体伯努利方程：

$$\Delta p_1+(\rho-\rho_a)\ gz_1=\Delta p_A+(\rho-\rho_a)\ gz_A$$

$$\Delta p_1+0=\Delta p_A+(\rho-\rho_a)\ g\left(\frac{1.2}{2}+0.6\right)$$

得
$$\Delta p_A=-6-(0.215-1.22)\times 9.81\times 1.2=5.82\ (\text{Pa})$$

零压面以下 0.6m 的炉门吸入冷空气，面积形心（B 点）的静压强为 Δp_B，对窑底 1-1 截面和 B 点所在的截面列出两气体伯努利方程：

$$\Delta p_1+(\rho-\rho_a)\ gz_1=\Delta p_B+(\rho-\rho_a)\ gz_B$$

$$\Delta p_1+0=\Delta p_B+(\rho-\rho_a)\ g\ \frac{0.6}{2}$$

得
$$\Delta p_B=-6-(0.215-1.22)\times 9.8\times 10.3=-3.05\ (\text{Pa})$$

零压面上方炉门溢气量（设流量系数取 0.7）为：

$$Q_A=\mu A\sqrt{\frac{2\Delta p_A}{\rho}}=0.7\times 1.2\times 0.9\times\sqrt{\frac{2\times 5.82}{0.215}}=5.56\ (\text{m}^3/\text{s})\ \approx 20000\ (\text{m}^3/\text{h})$$

零压面下方炉门吸入冷空气量为：

$$Q_B=\mu A\sqrt{\frac{2|\Delta p_B|}{\rho_a}}=0.7\times 0.6\times 0.9\times\sqrt{\frac{2\times 3.05}{1.22}}=0.845\ (\text{m}^3/\text{s})=3043\ (\text{m}^3/\text{h})$$

所以，当炉门开启时，通过炉门的溢气量为 20000−3043=16957 (m³/h)。

五、流体阻力及管路计算

流体在管路中流动时的阻力可分为摩擦阻力 h_f 和局部阻力 h_j 两种。摩擦阻力是流体流经一定管径的直管时，由于流体的内摩擦而产生的阻力，又称为沿程阻力，以 h_f 表示。局部阻力主要是由于流体流经管路中的管件、阀门以及管道截面的突然扩大或缩小等局部部位所引起的阻力，又称形体阻力，以 h_j 表示。流体在管道内流动时的总阻力为 $\sum h = h_f + h_j$。

（一）摩擦阻力损失

计算摩擦阻力损失的通用公式为达西公式：

$$h_f = \lambda \cdot \frac{l}{d} \cdot \frac{\rho\omega^2}{2} \tag{2-51}$$

式中 h_f——摩擦阻力损失，Pa；

l——管道的长度，m；

d——管道的直径或当量直径，m；

ω——流体的平均速度，m/s；

ρ——流体的密度，kg/m^3；

λ——摩擦阻力系数，简称摩阻系数。

由式（2-51）可见，摩擦阻力的大小与管长和动压头成正比，与管道的直径成反比。即管道越长，直径越小，流速越大，流体的摩擦阻力损失就越大。此外，摩擦阻力损失还与流体的流动状态及管壁的粗糙度有关，这些因素包含在摩擦阻力系数 λ 中。

实验和理论分析表明，摩擦阻力系数 λ 与雷诺数 Re 及管壁的相对粗糙度 $\frac{\varepsilon}{d}$ 有关，即：

$$\lambda = f\left(Re, \frac{\varepsilon}{d}\right)$$

式中 d——管道的内径；

ε——管壁内表面上凸出物高度的平均值，称为管壁的粗糙度。

$\frac{\varepsilon}{d}$——相对粗糙度，其倒数称为相对光滑度。表 2-7 列出了某些工业管道的绝对粗糙度。

流体做层流流动时，管壁上凹凸不平的地方都被有规则的流体层所覆盖，而流动速度又比较缓慢，流体质点对管壁突出部分没有碰撞作用，所以摩擦系数与管壁粗糙度无关。流体做湍流流动时，紧贴管壁附近总有一层数量级为千分之几到几毫米厚的保持层流运动的层流内层。其厚度用 δ_b 表示，如果 $\delta_b > \varepsilon$，如图 2-27（a）所示，管壁粗糙度对摩擦系数的影响与滞流相近，这种管道称为光滑管。随着雷诺数的增大，滞流内层的厚度逐渐变薄，当 $\delta_b < \varepsilon$ 时，如图 2-27（b)所示，壁面突出部分与流体质点发生碰撞，使湍流加剧，因此管壁粗糙度对摩擦系数有很大的影响，这种管道称为粗糙管。光滑管与粗糙管只是相对概念，当流动条件发生变化时，雷诺数就会随着发生变化，于是 δ_b 相应的也会发生变化，因此同一管道可能是光滑管也可能是粗糙管。

表 2-7 各种管子的绝对粗糙度

金属管	绝对粗糙度 ε（mm）	非金属管	绝对粗糙度 ε（mm）
无缝黄铜管、铜管及铝管	0.01～0.05	干净玻璃管	0.0015～0.01
新的无缝钢管或镀锌铁管	0.1～0.2	橡皮软管	0.01～0.03
新的铸铁管	0.3	木管道	0.25～1.25
具有轻度腐蚀的无缝钢管	0.2～0.3	陶土排水管	0.45～6.0
具有显著腐蚀的无缝钢管	0.5 以上	很好整平的水泥管	0.33
旧的铸铁管	0.85 以上	石棉水泥管	0.03～0.8

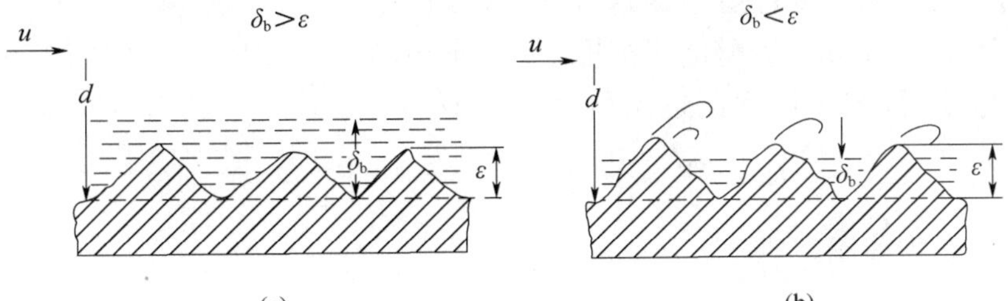

(a)　　　　　　　　(b)

图 2-27　流体流过管道壁面的情况

(a) 光滑管；(b) 粗糙管

摩擦阻力系数 λ 的计算公式很多，但都比较复杂，用起来很不方便。尼古拉兹和莫迪通过流体在管道中流动的实验，获得了摩擦阻力系数 λ 与雷诺数 Re 及管壁的相对粗糙度 $\frac{\varepsilon}{d}$ 之间的关系的数据，把这些数据绘成曲线，分别是尼古拉兹实验曲线和莫迪实验曲线。工程实践中，往往通过查莫迪实验曲线图来求摩擦阻力系数 λ。

摩擦系数 λ 与雷诺数 Re
及相对粗糙度 ε/d 的关系

摩擦系数 λ 与雷诺数 Re 及相对粗糙度 $\frac{\varepsilon}{d}$ 的关系可以分为四个不同的区域：

(1) 滞流区（层流区）$Re \leqslant 2300$。摩擦系数 λ 仅与雷诺数 Re 有关，与相对粗糙度 $\frac{\varepsilon}{d}$ 无关，λ 与 Re 成直线关系，即 $\lambda=\frac{64}{Re}$。摩擦阻力的计算公式为：

$$h_f=\frac{64}{Re}\cdot\frac{l}{d}\cdot\frac{\rho\omega^2}{2}=\frac{64\mu}{\rho d\omega}\cdot\frac{l}{d}\cdot\frac{\rho\omega^2}{2}=\frac{32\mu l\omega}{d^2}\ (\text{Pa}) \tag{2-52a}$$

对于圆形直管中水平流动的流体：

$$\Delta p_f=h_f=\frac{32\mu l\omega}{d^2}\ (\text{Pa}) \tag{2-52b}$$

式（2-52）称为哈根—泊谡叶（Hagen-Poiseuille）公式，在许多场合起着重要的作用。

(2) 过渡区 $2300<Re<4000$。在这个区域内流态是不稳定的，如果仍保持层流，则 λ 随 Re 的增大而减小，若已经转变为湍流，则 λ 随 Re 的增大而增大，与相对粗糙度 $\frac{\varepsilon}{d}$ 无关。

(3) 湍流区 $Re \geqslant 4000$ 及虚线以下的区域。在这一区域内，摩擦系数 λ 不仅与雷诺数 Re 有关，还与相对粗糙度 $\frac{\varepsilon}{d}$ 有关。当 $\frac{\varepsilon}{d}$ 一定时，λ 随 Re 的增大而减小，Re 增大到某一数值后 λ 的值下降缓慢；当 Re 一定时，λ 随 $\frac{\varepsilon}{d}$ 的增加而增大。

(4) 完全湍流区（阻力平方区），图中虚线以上的区域。此区内摩擦系数 λ 的曲线趋于水平线。这时，摩擦系数 λ 的值只随相对粗糙度 $\frac{\varepsilon}{d}$ 而变，与雷诺数 Re 的大小无关。对于确定的管道，相对粗糙度为一定值，λ 等于常数，流体流过的两个截面间的长度一定时，得到的阻力 h_f 与动能 $\frac{\omega^2}{2}$ 成正比，所以此区又称为阻力平方区。

【例 2-17】 某热水采暖管道，输送 80℃的热水，已知管内流速 $\omega=0.6\text{m/s}$，管长 $l=10\text{m}$，管道内径 $d=50\text{mm}$，管壁的粗糙度 $\varepsilon=0.2\text{mm}$，试求该管道的阻力损失。

解： 查附录 10 得 80℃时水的运动黏度为 $\nu=0.0037\text{cm}^2/\text{s}=0.37\times10^{-6}\text{m}^2/\text{s}$。

$$Re=\frac{\omega d}{\nu}=\frac{0.6\times0.05}{0.37\times10^{-6}}=81000>4000$$

故流体的流态为湍流。

查图求摩擦阻力系数 λ 的值。依据 $Re=81000$，$\frac{\varepsilon}{d}=0.004$，得 $\lambda=0.027$。

则管道的摩擦阻力损失为：

$$h_{\text{f}}=\lambda\frac{l}{d}\cdot\frac{\omega^2}{2}=0.027\times\frac{10}{0.05}\times\frac{0.6^2}{2}=0.972\ (\text{J/kg})$$

（二）局部阻力损失

局部阻力损失通常用式（2-53）来计算：

$$h_{\text{j}}=\zeta\frac{\rho\omega^2}{2}\ (\text{Pa}) \tag{2-53}$$

式中 h_{j}——局部阻力损失，Pa；

ω——流体的平均速度，m/s；

ρ——流体的密度，kg/m³；

ζ——局部阻力系数。

由式（2-53）可知，局部阻力损失与动压头成正比，与局部阻力系数 ζ 有关。局部阻力系数 ζ 一般由实验测得，可通过手册及有关资料查到。下面介绍几种常遇到的局部阻力系数的求法。

1. 突然扩大与突然缩小

管路由于直径改变而突然扩大或缩小所产生的能量损失，按式（2-53）计算。局部阻力系数可以根据小管与大管的截面积之比从图 2-28 的曲线上查得。式中的流速均以小管的流速为准。

$$\zeta=\left(1-\frac{A_1}{A_2}\right)^2$$

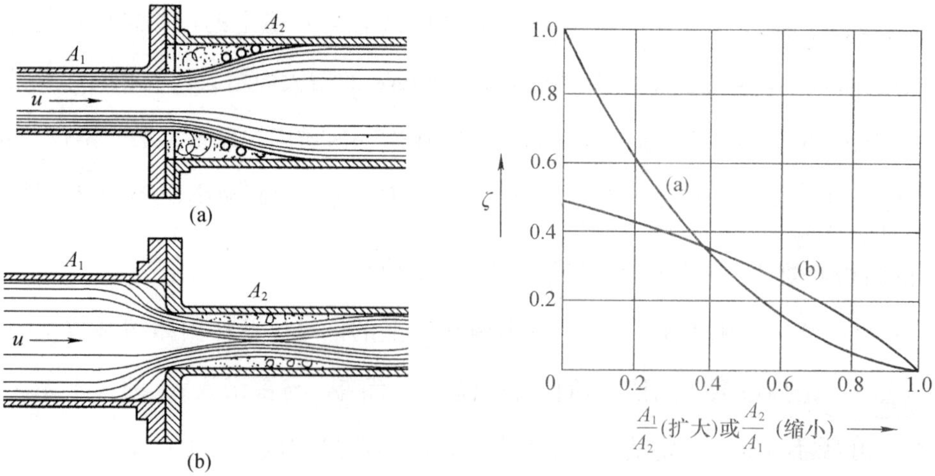

图 2-28 突然扩大和突然缩小的局部阻力系数

（a）突然扩大；（b）突然缩小

2. 进口与出口

进口是指流体从设备进入管道。出口是指流体从管道流到设备或空间。

流体由设备流入管内，实质上是截面突然缩小，一般设备截面积比管道截面积大得多，故 $A_2/A_1 \approx 0$，由图 2-28 查得 $\zeta=0.5$，这种损失称为进口损失，相应的阻力系数称为进口阻力系数。若管道进口制成喇叭状或圆滑管口，阻力系数可以减至 0.05～0.25。

流体由管道流入设备或空间，实质上是截面积突然扩大，一般设备或空间的截面积比管道截面积大得多，故 $A_1/A_2 \approx 0$，由图 2-28 查得 $\zeta=1$，这种损失称为出口损失，相应的阻力系数称为出口阻力系数。

流体从管道直接排放到管外空间时，管道出口内侧截面上的压强可以取管外空间的压强。应当指出，若出口截面处在管道出口的内侧，表示流体未离开管路，截面上仍具有动能，出口损失不应计入系统的总能量损失内，即 $\zeta=0$；若截面处在管道出口的外侧，表示流体已经离开管路，截面上的动能为零，但出口损失应当计入系统的总能量损失内，此时 $\zeta=1$。

在设计管道时，应尽可能地减少管路中局部扩大、收缩和拐弯的次数，避免突然扩大、缩小和急转弯，以减少涡流，降低局部阻力损失。通常在工业窑炉的烟道或通风管中，当管径较大、管长较小及拐弯较多时，往往局部阻力损失占主要地位。而在较细长的直管中，管道的摩擦阻力损失占主要地位。

几种常用的局部阻力系数 ζ 的值见附录 9。

【例 2-18】 有一直径由 d_1 突然扩大到 d_2（$d_1/d_2=0.632$）的水平管道，设通过的水流量为 Q。求（1）突然扩大的水头损失；（2）两段管道中水流的压强差。

解：（1）根据公式 $h_j=\zeta\frac{\rho\omega^2}{2}$（Pa）换算为 $h_j=\zeta\frac{\omega^2}{2g}$（m）。

$$\zeta=\left(1-\frac{A_1}{A_2}\right)^2=0.36,\quad \omega=\frac{Q}{A_1}=\frac{4Q}{\pi d_1^2}$$

于是水头损失　$h_j=\zeta\frac{\omega^2}{2g}=0.36\times\frac{1}{2g}\left(\frac{4Q}{\pi d_1^2}\right)^2=\frac{2.88}{g\pi^2 d_1^4}Q^2$（m）

（2）在突然扩大管道的前后处对 1-1 截面和 2-2 截面列伯努利方程，忽略摩擦阻力损失，$p_1+\frac{1}{2}\rho\omega_1^2+\rho g z_1=p_2+\frac{1}{2}\rho\omega_2^2+\rho g z_2+h_j$。

由于 $z_1=z_2$，所以压强差：

$$\Delta p=p_2-p_1=\frac{\rho\ (\omega_1^2-\omega_2^2)}{2}-h_j=\frac{\rho Q^2}{\pi^2 d_1^4 d_2^4}\ (5.12d_2^4-8d_1^4)\ (\text{Pa})$$

（三）管路计算

管路计算实际上是连续性方程、伯努利方程以及能量损失计算式的具体运用。由于已知量与未知量情况不同，计算方法也随之改变。

1. 简单管路的计算

已知管径、管长、管件和阀门的设置及流体的输送量，求流体通过管路系统的能量损失，以便进一步确定输送设备所加入的外功、设备内的压强或设备间的相对位置等。

单线、直径不变的管路称为简单管路。对简单管路的两端列伯努利方程：

$$p_1+\frac{1}{2}\rho\omega_1^2+\rho g z_1=p_2+\frac{1}{2}\rho\omega_2^2+\rho g z_2+\Sigma h$$

因为管径不变 $\omega_1=\omega_2=\omega$，上式可写成：

$$p_1+\rho g z_1=p_2+\rho g z_2+\Sigma h$$

其中

$$\Sigma h=\left(\lambda\,\frac{l}{d}+\Sigma\zeta\right)\frac{\rho\omega^2}{2} \tag{2-54}$$

上式说明，管路总阻力为直管阻力与局部阻力之和，它与管内流速或体积流量的平方成正比。

2. 管路的串联与并联

串联管路：有许多不同直径的管道首尾相接就构成串联管路，如图 2-29 所示。

其特点是：各管的流量都相等，管路的总阻力等于各段管路阻力的和。

$$Q_1=Q_2=Q_3 \tag{2-55}$$

$$\sum h=h_1+h_2+h_3 \tag{2-56}$$

并联管路：两根或两根以上的管道，进口与进口、出口与出口相接，就构成并联管路，如图 2-30 所示。

其特点是：总流量等于各支管流量之和，各支管两端的压差相等，即各支管的总阻力都相等。

$$Q=Q_1+Q_2+Q_3 \tag{2-57}$$

$$\Sigma h_{ab}=h_1=h_2=h_3 \tag{2-58}$$

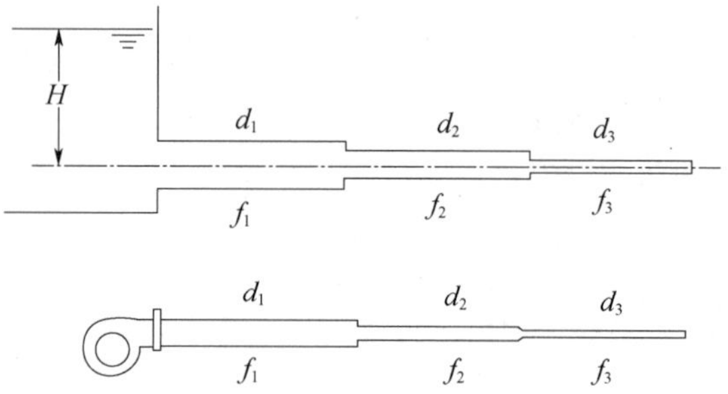

图 2-29　串联管路示意图

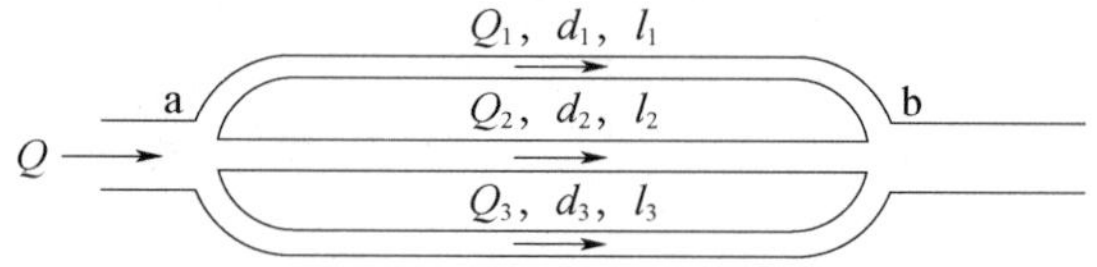

图 2-30　并联管路示意图

水泥窑外分解系统中的回转窑与进分解炉的热风管便是一对并联管路，如图 2-31 所示。由于分解炉后面的排风机的抽吸，使分解炉内产生负压，热气体分成两路进入分解炉，一路经回转窑，一路经热风管。由于回转窑比热风管的直径大，阻力较小，因此窑内风量往往偏大，常用窑尾缩口及闸板调节。

在通风除尘系统中往往是几个除尘点共用一台风机，各除尘点至收尘器之间的管道便组成并联管路，这时应根据工艺要求的风速、风量及管长来设计风管的直径，使各并联管路的总阻力相等（相差不大于 10%）。如果各并联管路的阻力状况不一样，则阻力系数小的管路风量将过大；而阻力系数大的管路风量将过小，达不到收尘的要求。

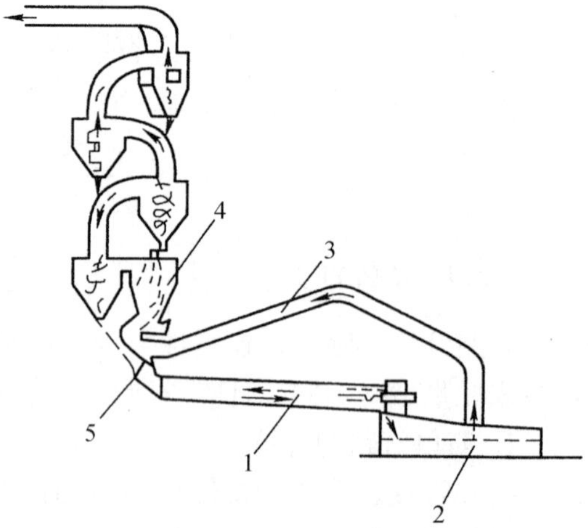

图 2-31　水泥窑外分解系统与热风管的并联管路

1—回转窑；2—冷却机；3—热风管；4—分解炉；5—窑尾缩口及闸板

【例 2-19】 有一通风除尘系统如图 2-32 所示。吸风罩吸入的空气温度为 20℃，吸风管直径 $d_1=320mm$，总长 20m，管内风速 $\omega_1=14m/s$，排风管直径 $d_2=400mm$，总长 8m，风速 $\omega_2=9m/s$，求此收尘系统的流体阻力。(不计灰尘的影响)

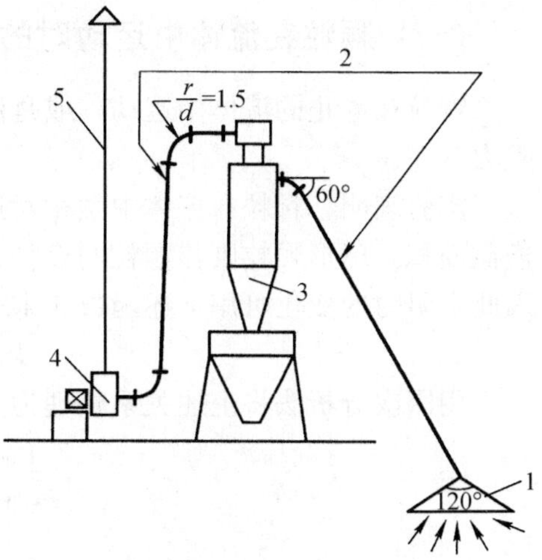

图 2-32　通风除尘系统示意图
1—吸尘罩；2—吸风管；3—旋风收尘器；4—排风机；5—排风管

解：20℃时空气的密度：

$$\rho=1.293\times\frac{273}{273+20}=1.20\ (kg/m^3)$$

旋风收尘器的阻力根据其型号规格及入口风速查有关手册得 1079Pa。

查附录表及有关手册得：吸尘罩的阻力系数 $\zeta_1=0.2$，60°弯头的阻力系数 $\zeta_2=0.55$，2 个 90°弯头的阻力系数 $\zeta_3=0.15\times2=0.3$，烟囱帽的阻力系数 $\zeta_4=0.65$。

局部阻力损失为：

$$h_j=(\zeta_1+\zeta_2+\zeta_3)\frac{\rho\omega_1^2}{2}+\zeta_4\frac{\rho\omega_2^2}{2}$$
$$=(0.2+0.55+0.3)\times\frac{1.20\times14^2}{2}+0.65\times\frac{1.20\times9^2}{2}$$
$$=155.7\ (Pa)$$

吸风管 $l_1=20m$，$d_1=0.32m$，$\omega_1=14m/s$，摩擦阻力系数取 $\lambda_1=0.025$。

排风管 $l_2=8m$，$d_2=0.4m$，$\omega_2=9m/s$，摩擦阻力系数取 $\lambda_2=0.025$。

摩擦阻力损失为：

$$h_f=\lambda_1\frac{l_1}{d_1}\cdot\frac{\rho\omega_1^2}{2}+\lambda_2\frac{l_2}{d_2}\cdot\frac{\rho\omega_2^2}{2}$$
$$=0.025\times\frac{20}{0.32}\times\frac{1.20\times14^2}{2}+0.025\times\frac{8}{0.4}\times\frac{1.2\times9^2}{2}$$
$$=207.9\ (Pa)$$

整个系统的总阻力=1079+155.7+207.9=1442.6 (Pa)

六、颗粒流体力学

颗粒流体力学是流体力学的一个分支，它主要研究两相流动，其中一相是均匀的流体，而另一相是颗粒状物体。颗粒流体力学的任务是研究颗粒在流体中相对运动时颗粒运动的方向、速度和阻力等运动规律。现代科学技术和工业生产中有很多领域涉及颗粒流体力学，如气象学中关于雨、雪、冰雹的形成和降落的研究，军事学中关于弹丸在大气中的飞行研究等。在硅酸盐工业生产中，如玻璃液中气泡的排除、粉状或颗粒状物料的选分、物料的悬浮干燥和沸腾煅烧、液体燃料的雾化等都是颗粒流体力学研究的范畴。因此了解和掌握一些颗粒流体力学的基本知识，对于组织生产和技术管理有着重要的意义。本节介绍颗粒流体力学的基本知识及其在硅酸盐工业中的应用。

（一）颗粒在流体中运动时的阻力

颗粒在静止的流体中运动，或是流动的流体从静止的颗粒中流过，只要有相对运动就有阻力存在。

实验表明，颗粒在流体中做相对运动时，所受到的阻力 F_d 大小垂直于运动方向的颗粒横截面积。球形颗粒则与颗粒的直径、流体的黏度和密度以及相对速度的大小等因素有关。因此，阻力的变化可用下述函数式来表示。

$$F_d=f(d_p, \mu, \rho, u)$$

用因次分析法将上述关系整理为无因次数群之间的关系：

$$\frac{F_d}{d_p^2\rho u^2}=\frac{f(d_p u\rho)}{\mu}=f(Re_p)$$

或
$$F_d=d_p^2\rho u^2 f(Re_p) \tag{2-59}$$

习惯上，往往将式（2-59）改写为：

$$F_d=\zeta A\rho\frac{u^2}{2} \tag{2-60}$$

式中 F_d——颗粒在流体中遇到的阻力，N；

A——颗粒在垂直于运动方向的平面上的投影面积，m^2，对于球形颗粒 $A=\frac{\pi}{4}d_p^2$；

u——颗粒在流体中的相对运动速度，m/s；

d_p——球形颗粒直径，m；

ρ——流体的密度，kg/m^3；

ζ——阻力系数，无因次 $\zeta=\frac{8}{\pi}f(Re_p)$，颗粒雷诺数 $Re_p=\frac{d_p u_0\rho}{\mu}$；

μ——流体的黏度。

式中阻力系数 ζ 与 Re_p 的关系要通过实验来确定。因颗粒在流体中的相对运动的情况不同，与流体在管道中的流动一样也有几种不同的流态。流态不同，阻力的性质也不同，因而阻力系数 ζ 与 Re_p 的关系也就不同。

当 Re_p 值较小时，流体能一层层地平缓绕过颗粒，在后面合拢，流线不致受到破坏，层次分明，呈层流状态，如图 2-33（a）所示。这时颗粒在流体中运动的阻力主要是各层流体相互滑动时的黏性阻力，阻力大小与雷诺数 Re_p 有关。当 Re_p 值较大时，由于惯性关系，仅靠颗粒尾部边界层发生分离，流体脱离了颗粒的尾部，在后面造成负压区，吸入流体而产生漩涡引起动能损失，呈过渡流状态，如图 2-33（b）所示。这时颗粒在流体中运动的阻力就包括颗粒侧边各层流体相互滑动时的黏性摩擦力和颗粒尾部动能损失所引起的惯性阻力，它们的大小按不同的规律变化着。当 Re_p 值极大时，颗粒尾部产生的涡流迅速破裂并形成新的涡流，一直达到完全湍动，处于湍流状态，如图 2-33（c）所示。此时黏性阻力已变得不大重要，阻力的大小主要决定于惯性阻力。因而阻力系数与 Re_p 值的变化无关，而趋于某一固定值。当 Re_p 值更高，流速很大，颗粒尾部产生的涡流迅速被卷走，仅在紧靠颗粒尾部表面残留一层微小的小湍流，总阻力随之减少，这一状态在工业生产中一般很少遇到。因此，在不同的 Re_p 值下，阻力系数服从不同的规律。根据实验研究，球形颗粒（$\varphi_s=1$）ζ 与 Re_p 的关系如图 2-34 所示。

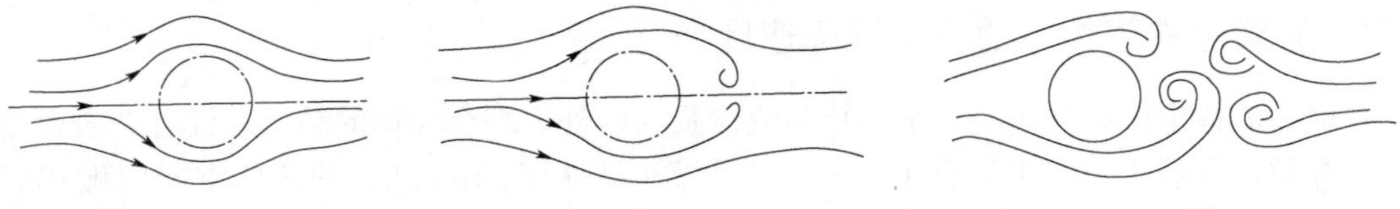

图 2-33　颗粒在流体中产生相对运动时的流动状态

（a）层流状态；（b）过渡流状态；（c）湍流状态

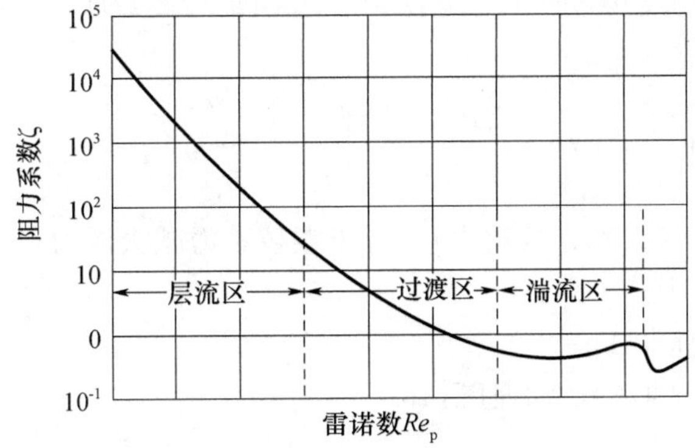

图 2-34　球形颗粒阻力系数与雷诺数的关系

ζ 与 Re_p 的关系曲线大致可以划分为四个区域。

（1）$Re_p<1$ 时，属层流区，此时：

$$\xi=\frac{24}{Re_p} \tag{2-61}$$

此关系式又称为斯托克斯（Stokes）定律。此时阻力：

$$F_d-3\pi\mu d_p u \tag{2-62}$$

（2）$1<Re_p<1000$ 时，属过渡流区。公式较多，计算误差也比较大，其中较为准确的公式为：

$$\xi=\frac{24}{Re_p}(1+0.15Re_p^{0.687}) \tag{2-63}$$

或

$$\xi=\frac{24}{Re_p}+\frac{3}{16} \tag{2-64}$$

或者用下列简便公式：

$$\xi=\frac{18.5}{Re_p^{0.6}} \tag{2-65}$$

（3）$1000<Re_p<2\times10^5$ 时，属湍流区，此时：

$$\zeta=0.44 \tag{2-66}$$

阻力系数 ζ 为一常数。此关系式又称为牛顿（Newton）定律。

（4）$Re_p>2\times10^5$ 时，属高度湍流区。这时边界层本身也变为湍流。实验结果显示为不规则现象，阻力系数 $\zeta\approx0.1$。这一区域在工业生产中一般很少遇到。

以上划分的几个区域以及相应的 ζ—Re_p 关系式，是按不同的流动状态人为划分的。实际上，ζ—Re_p 的关系是一条连续的曲线，各计算公式只适用于一定的雷诺数范围内，但又应当互相衔接。

（二）颗粒在流体中的垂直沉降速度

颗粒在流体中做相对运动，是颗粒与流体及其他外力综合作用的结果。设有一表面光滑的球形颗粒，在静止流体中做自由沉降，亦即单一颗粒在无限广阔的流体空间内做相对运动，颗粒不会受到其他颗粒及容器壁的影响而做自由运动。实际上，在有限的流体空间内，当颗粒群的体积浓度较低，各颗粒之间既不直接也不通过流体间接地影响彼此的沉降时，也可以当作自由沉降。

颗粒在静止流体内自由沉降时，不仅受到重力而且还受到浮力和阻力的作用，在诸力的作用下颗粒的运动方程式为：

$$\Sigma F=G_0-F_d=m\frac{du}{dt} \tag{2-67}$$

式中 ΣF——合力，N；

G_0——剩余重力（又称有效重力），等于颗粒重力减去浮力；

F_d——流体的阻力；

m——颗粒的质量，kg；

u——在时间为 t 时的运动速度，m/s。

对于球形颗粒：

$$m=\frac{\pi}{6}d_p^3\rho_p \tag{2-68}$$

$$G_0=\frac{\pi}{6}d_p^3(\rho_p-\rho)g \tag{2-69}$$

$$F_d=\zeta\frac{\pi d_p^2}{4}\rho\frac{u^2}{2} \tag{2-70}$$

将 G_0、F_d、m 等值代入式（2-67）经整理得：

$$\frac{du}{dt}=g\frac{\rho_p-\rho}{\rho_p}-\zeta\frac{3}{4}\cdot\frac{u^2}{d_p}\cdot\frac{\rho}{\rho_p} \tag{2-71}$$

从运动方程式可以看出，颗粒在静止流体内的降落加速度决定剩余重力和流体阻力。对于一定尺寸的颗粒在一定流体中降落时，G_0 为常数，而流体阻力则随着运动速度的提高而增加。经过片刻，当流体阻力增大到等于颗粒剩余重力时，颗粒受力处于平衡，加速度等于零，以后颗粒便以不变的速度降落，这一速度被称为沉降速度，以 u_0 表示。

当 $F_d=G_0$ 时，$\frac{du}{dt}=0$，颗粒做匀速运动，$u=u_0$，于是求得：

$$u_0=\sqrt{\frac{4gd_p(\rho_p-\rho)}{3\rho\zeta}} \tag{2-72}$$

把不同情况下的阻力系数分别代入式（2-72）得到沉降速度的具体计算公式。

（1）层流区，$Re_p<1$ 时，$\xi=\frac{24}{Re_p}$。

$$u_0=\frac{d^2(\rho_p-\rho)g}{18\mu} \tag{2-73}$$

适用于层流时球形颗粒的自由沉降，称为斯托克斯（Stokes）公式。

（2）过渡流区，$1<Re_p<1000$ 时，$\xi=\frac{18.5}{Re_p^{0.6}}$。

$$u_0=0.27\sqrt{\frac{d\ (\rho_p-\rho)\ g}{\rho}Re^{0.6}} \tag{2-74}$$

此式称为艾伦（Allen）公式。

（3）湍流区，$1000<Re_p<2\times10^5$ 时，$\zeta=0.44$。

$$u_0=1.74\sqrt{\frac{d\ (\rho_p-\rho)\ g}{\rho}} \tag{2-75}$$

此式称为牛顿（Newton）公式。

要使用上述各式计算沉降速度，首先需要知道颗粒雷诺数 Re_p 的数值，可是 $Re_p=\frac{d_p u_0 \rho}{\mu}$ 中又包括有待求的沉降速度的值。所以在计算时需要用尝试误差法求解。即先根据颗粒尺寸的大小估计出颗粒沉降所属的范围，用公式计算出沉降速度，再用颗粒雷诺数 Re_p 校验结果是否正确。

【例 2-20】 求直径为 30μm 的球形石英颗粒，在 20℃空气中时的沉降速度。石英颗粒的密度为 2650kg/m³。

解： 空气在标准状态时的密度为 1.293kg/m³，20℃时的密度为：

$$\rho=1.293\times\frac{273}{273+20}=1.205\ (\mathrm{kg/m^3})$$

查附录 3 得其黏度为 0.0185×10^{-3} Pa·s，假设沉降在层流区，应用式（2-73）得：

$$u_0=\frac{d^2\ (\rho_p-\rho)\ g}{18\mu}=\frac{(30\times10^{-6})^2\times(2650-1.205)\times9.81}{18\times0.0185\times10^{-3}}=0.0702\ (\mathrm{m/s})$$

校核颗粒雷诺数 Re_p：

$$Re_p=\frac{d_p u_0 \rho}{\mu}=\frac{30\times10^{-6}\times0.0702\times1.205}{0.0185\times10^{-3}}=0.137<1$$

故计算结果正确。

（三）固体颗粒流态化

使固体颗粒与气体或液体混合使其变成类似流体状态的过程称为流态化。这一现象称为固体颗粒的流化状态。近几十年来，流态化技术发展很快，在化工、冶金、石油等工业中已广泛应用，在硅酸盐工业中主要用气体使固体颗粒流态化，如用空气搅拌粉料，流态化干燥，水泥生产中的窑外分解技术以及沸腾炉煅烧物料等。

1. 固体流态化的机理

固体颗粒流态化的过程，可用实验说明。实验装置如图 2-35 所示，在称为流化管的圆柱形容器 1 下部，装有多孔的分布板 2，板上装有固体颗粒堆，气体从容器的下部进口 3 进入，由上部出口 4 流出。流化管上下开孔接差压计 5，以测量流体通过床层时的压降。

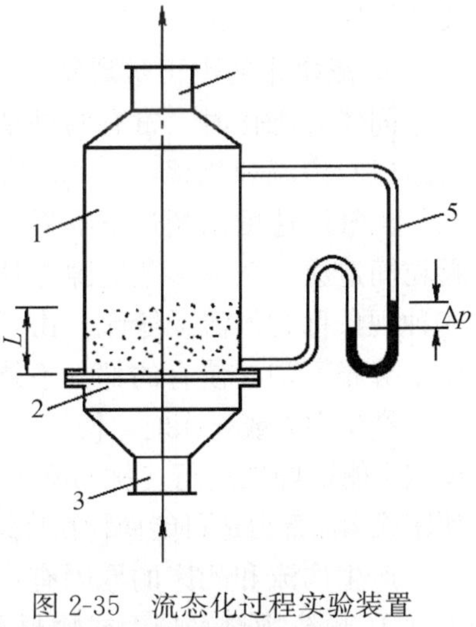

图 2-35　流态化过程实验装置

1—圆柱形容器；2—多孔分布板；3—气体进口；4—气体出口；5—差压计

当流体的速度很小时，颗粒不会运动，流体的压降也很小。在流速增大到某一数值之前，颗粒仍不能自由移动，但有时可稍改变其原来排列的形式，使流体通过的空隙加大。这种情况又称为固定床阶段。在此阶段内流体的压降随流速的增大而迅速增加。随着流速继续增大，颗粒开始松动而使空隙率达到固定床时的最大值。流速再增大一点时，固体颗粒便产生明显的移位，犹如液体的沸腾状态，一般情况下，其运动形式是自中间上升而沿着器壁下降，形成剧烈的扰动和翻腾，但整个床层仍具有一个较清晰的床层表面，这种现象就称为流态化，此时的床层称为流化床或沸腾床。若流速进一步增大，达到颗粒的沉降速度时，颗粒便悬浮在气流中而被气流带走，这种现象称为扬析，成为气力输送状态。

2. 气体流化床的性质

气体流化床看起来非常像沸腾的液体，并在许多方面表现出类似液体的性质，如图 2-36所示。例如一密度较小的物料压入床层，一旦松开，就会弹起并浮在表面上。当容器倾斜时，床层上面保持水平。这种流化床也能像液体那样从容器壁上的小孔喷出。两个有小孔相连的容器，如果床层高度不同，流化床也能像液体一样从一个容器流入另一个容器，使床面自动找平。还有，床层中任意两点间的压差大致等于这两点间床层高度所产生的静压力。

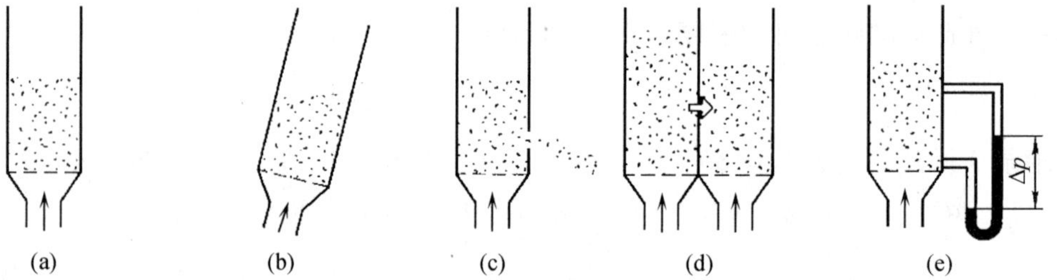

图 2-36 气体流化床类似液体的性质

（a）密度小的物体浮起；（b）表面保持水平；（c）小孔喷出；（d）床面自动找平；（e）床层静压差

在工业上利用气体流化床这种类似液体的性质，可以设计出各种气体与固体的接触方式（如逆流、交叉流等）使固体颗粒像液体一样顺利地流动，在流动过程中，气固相紧密接触，增大接触面积，使理化反应过程加速进行。这就是固体颗粒流态化得以在工业上应用的最重要的性质。

3. 流化床的不正常现象

固体流态化时，常有两种现象妨碍操作的正常进行。

（1）沟流和死床

当气流速度已超过下临界速度时，颗粒仍未流态化，气流在颗粒间造成一条或多条缝隙并从缝隙流走，如图 2-37（a）所示，这种现象称为沟流或缝流。由于气体从沟缝流走，气体在床层截面上分布不匀，使有的部分不能流化，这些部位称为死床。

产生沟流或死床时，使气—固相接触不良，传热、传质和化学反应不能很好地进行，从而降低了设备的功能。若高温处理物料，死床或沟流部分还可能使物料烧结形成大块，使流化床形成故障。

产生沟流和死床的原因有：

① 颗粒物料水分大或物料黏性大，使固体颗粒难以流态化。不少水泥厂的生料粉由于水分较大，往往不能正常地流化搅拌或输送。

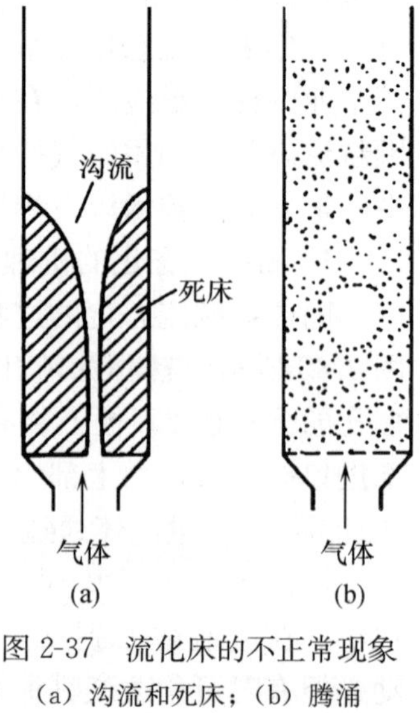

图 2-37 流化床的不正常现象

（a）沟流和死床；（b）腾涌

② 床层太薄或床层直径过大。

③ 颗粒过细（0.01～0.1mm）或颗粒间松紧不匀。

④ 分布器或流化管结构不合理，使气流分布不匀或气流速度过低等，均能促使床层中产生沟流或死床。

（2）腾涌

又称截流或腾冲流态化。其现象是容器上部物料被大的气泡像活塞一样推向高处，然后再分散落下。产生的原因是容器的直径太小或气流速度过大，使物料中的小气泡合并成大气泡，当气泡的直径等于容器的直径时，就会产生类似活塞的作用，将物料冲到高处，再分散落下，如图 2-37（b）所示。

产生腾涌时，床层阻力波动很大，床层很不稳定，使物理化学反应难以正常进行，固体颗粒被严重磨蚀，并被气流带出，严重时，设备零件也会被冲击而损坏。

实践证明，当固体颗粒过大，床层高与直径之比过大，以及气流速度较高时，均会导致腾涌的产生。

4. 流化床的优缺点

流态化技术在工业生产中的应用愈来愈广，因为它有很多优点：

（1）由于固体颗粒直径很小，并且悬浮在流体介质中，与流体接触面积大。

（2）由于固体颗粒和流体介质间存在着较强烈的相对运动，因此界面的传质和传热系数较大，提高了过程进行的速率。

（3）流化床内固体颗粒强烈搅动，使床层各处温度均一不致有局部过热现象发生。

（4）颗粒如同液体一样可以平稳的流动，操作可以自动连续进行。

（5）设备较简单，基建费用较低。

流化床主要缺点是：

（1）床层容易产生不均匀现象，特别是气体流化床，气体容易形成大气泡通过床层能与固体颗粒很好地接触，因此对设备结构设计和操作管理要求严格。

（2）新加入的固体颗粒和流体介质进入床层后，与原床层混合，降低了过程进行的平均推动力。可以采用多层流化床，使颗粒和流体介质逆向流动分层接触，但这样设备结构和操作管理都复杂了。

（3）颗粒在运动中容易相互碰击而破碎，同时颗粒对器壁产生摩擦，容易使器壁磨损。

单元二　硅酸盐热工设备系统中流体输送设备与装置

一、风机与泵

风机与泵是硅酸盐工业上最常用的流体输送设备。输送气体的设备称为风机，输送液体的设备称为泵。下面将着重介绍离心式风机的工作原理和性能，对其他类型的风机和泵仅简要介绍。

（一）离心式通风机

离心式通风机是硅酸盐工业上广泛使用的风机，如窑炉系统、除尘系统、粉磨系统等一般常选用离心式通风机来通风。

1. 离心式通风机的结构和工作原理

离心式通风机主要由工作叶轮和螺旋机壳组成，如图 2-38 所示。它的轴通过联轴器或皮带轮、皮带与电动机轴相连。当电动机带动叶轮转动时，空气也随叶轮旋转，在惯性的作用下，被甩向四周，汇集到螺形机壳中。空气从螺形机壳流向排气口的过程中，由于截面不断扩大，速度逐渐变慢，大部分动压能转化为静压能，最后以一定的压力从排气口压出。当叶轮中的空气被排出后，叶轮中心形成一定的真空度，吸气口外面的空气在大气压力的作用下被吸入叶轮。叶轮不断旋转，空气就不断被吸入和压出。

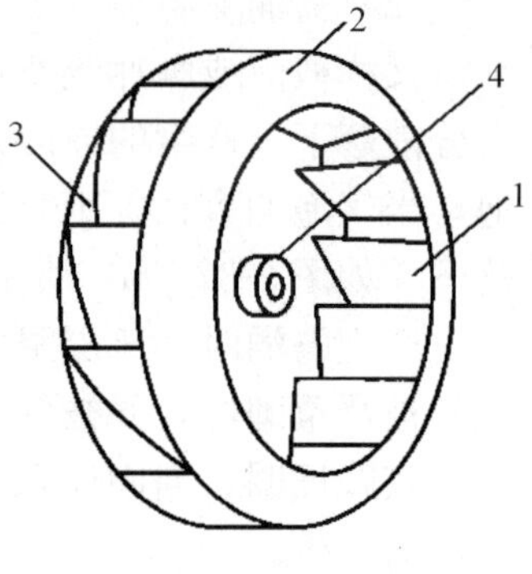

图 2-38　风机的叶轮
1—叶片；2—前盘；3—后盘；4—轮毂

(1) 叶轮

叶轮的构造如图 2-38 所示，由叶片 1、前盘 2、后盘 3 和轮毂 4 组成。叶轮是通风机最关键的部件，特别是叶轮上叶片的型式对通风机的性能影响最大。离心式通风机的叶片型式，根据其出口方向同叶轮旋转方向之间的关系，可以分为后向式、径向式和前向式三种，如图 2-39 所示。叶片出口端切线方向与叶轮该处圆周速度的方向之间的夹角 $\beta>90°$的称为后向式叶片，$\beta=90°$的称为径向式叶片，$\beta<90°$的称为前向式叶片。

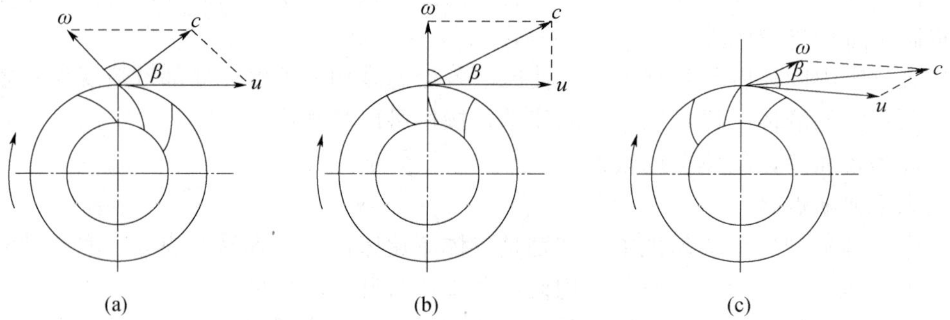

图 2-39　离心式风机叶片的形式
(a) 后向式 $\beta>90°$；(b) 径向式 $\beta=90°$；(c) 前向式 $\beta<90°$

这三种型式的叶片各有优缺点：

① 后向式叶片的弯曲方向和气体的自然运动轨迹完全一致，所以气体在后向式叶片槽道中流动时，气体与叶片之间的撞击很小，因此能量损失和噪声都较小，效率较高。

② 前向式叶片的弯曲方向和气体的自然运动轨迹完全相反，气体沿叶片之间的槽道运动时，被强行改变方向，因此气体和叶片之间的撞击剧烈，能量损失和噪声都较大，效率较低。

③ 在叶轮的尺寸和转速相同情况下，后向式叶片只能使气体以较低的流速从叶轮中甩出，气体所获得的动压较低，因此气体从通风机排出时所获得的静压（靠动压转化而来）也较低。而前向式叶片则能使气体获得较大的静压。关于此点，可用图 2-39 中的速度图加以证明。气体出叶轮的速度 c，等于气体沿叶片槽道的相对速度 w 与叶轮圆周速度 u 的矢量和。对于尺寸和转速相同、叶片型式不同的叶轮，其相对速度 w 和圆周速度 u 在数值上都相等，但 w 与 u 的矢量和 c 则不相同。从图 2-39 的速度图上可以看出，后向式最小，前向式最大，径向式处于二者之间。

④ 径向式叶片的优缺点介于后向式和前向式之间。

目前生产上使用的中、低压通风机，多采用后向式叶片。如最近几年研制成功并大量生产的 4-72-11 型通风机，就是采用后向式叶片，其最高效率达到 91%以上。老产品中，一些采用前向式叶片的中、低压通风机，正逐步被淘汰。而高压通风机，如 9-19-8D 型、9-27-12 型等型号的离心式通风机，则采用前向式叶片，使通风机在较小的外形尺寸和较低的转速下能产生较高的风压。

离心式通风机的大小是用号数来表示的，一般离心式通风机的号数等于叶轮直径的分米数。

（2）机壳

通风机性能的好坏、效率的高低，主要决定于叶轮，但机壳的形状和大小、吸气口的形状等，对通风机的性能也有重要影响。

机壳的作用是收集从叶轮中甩出的气体，使它流向排气口，并在此过程中使气体从叶轮获得的动压能转化为静压能。机壳一般做成螺线形，因为气体在螺线形机壳中流动阻力最小。螺线形机壳的断面是沿叶轮转动方向逐渐扩大，至排气口断面积最大。机壳可用钢板制成或铸铁铸成。一般机壳用钢板焊成，做成方形断面；高压通风机的机壳，常用铸铁铸成，做成圆形断面。

吸气口有直管和锥形管之分。新型风机多采用锥形或曲线锥形管，以减小进口气体阻力，提高风机的效率。

为了适应工作地点布置的要求，一种型号的通风机往往做成多种排气口位置，用旋转方向和角度来表示，从电动机或皮带轮一端正视，如叶轮顺时针方向旋转，称为右旋通风机；相反，则称为左旋通风机，但以右旋为基本的旋转方向，如图 2-40 所示。

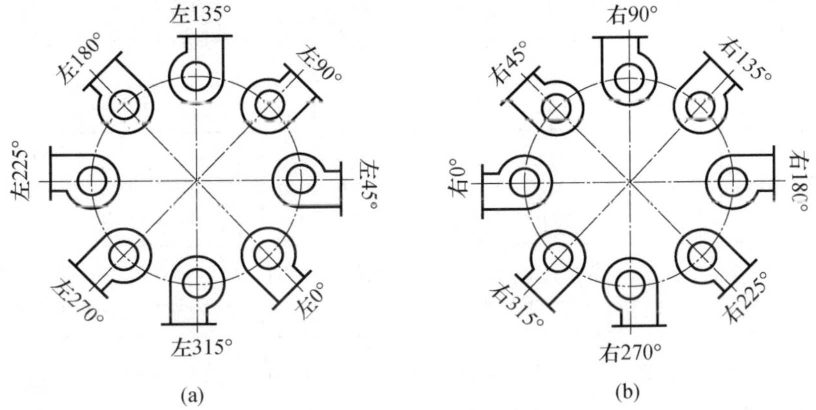

图 2-40　排气口的位置

离心式通风机还可以按照进风口的数目分为单侧吸入和双侧吸入两种结构型式，一般风机为单侧吸入，大型风机可采用双侧吸入。单侧吸入用代号“1”表示，双侧吸入用代号“0”表示。如果通风机吸入口有接管，则以排气口角度作分子，吸气口角度作分母，以分数形式表示，如图 2-41 所示。其表示方法为：右 0°/45°、右 180°/90°和右 270°/135。

通风机的机座用建筑钢板焊接或用生铁铸造而成。通风机的轴承大多采用滚动轴承。目前，我国生产的通风机有 6 种传动方式（图 2-42），分别用 A、B、C、D、E、F6 个代号表示，A—悬臂支承，电机直接带动；B—悬臂支承，皮带轮传动；C—悬臂支承，皮带轮外传动；D—悬臂支承，联轴器联动；E—双支承，皮带带动；F—双支承，联轴器连接。

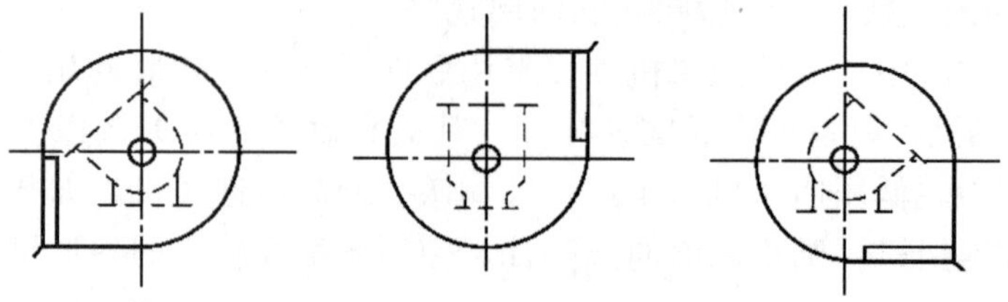

(a)　　(b)　　(c)

图 2-41　排吸气口位置表示方法

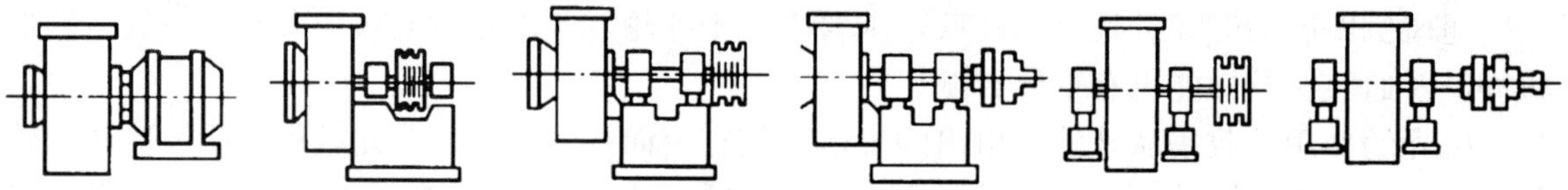

A式　B式　C式　D式　E式　F式

图 2-42　通风机的传动方式

硅酸盐工厂常用的离心式通风机的型号、规格和性能见表 2-8。

表 2-8　硅酸盐工厂常用的离心式通风机的型号、规格和性能

风机名称和型号			风机规格	性能范围		用　途
名称	现行型号	新型号		全压范围（Pa）	流量范围（m^3/h）	
离心通风机	4-72-11	4-72	No2.8A～No6A No6C～No12C No6D～No12D No16B～No20B	280～3240 230～3180 350～3220 300～3180	1330～14720 3780～77500 4520～66500 3600～227500	一般通风用或净化后排出气体，允许气体含尘量不大于 150mg/m^3，气体温度不高于 80℃
排尘离心通风机	C4-73-11	C4-73	No3C～No5.5C	300～4000	1725～19350	输送含尘浓度较高的气体，可以用作水泥厂正压操作除尘系统的排风设备
	6-46-11	C6-46Ⅰ	No3A～No6A No3C～No12C No8D～No12D	580～1640 410～1900 620～1680	1183～11520 708～48770 7410～46320	
高压离心通风机	8-18-101	8-18	No4A～No10D No12F～No16F	3450～15000 7880～16200	619～12250 8350～48800	低压雾化空气、回转窑和立窑的鼓风，允许气体含尘量不大于 150mg/m^3，气体温度不高于 80℃
	8-18-12	8-18Ⅲ	No7D～No16F	3450～16900	2470～48800	
煤粉离心通风机	7-29-11	M7-29	No11D～No141/2D No16D～No17D	4520～9320 9420～12250	2250～72500 2850～102000	煤磨排风或回转窑鼓风
锅炉通风机	G4-73-11	G4-73	No8～No28	590～6490	11600～238000	熟料箅式冷却机鼓风，气体温度不超过 80℃
锅炉引风机	Y4-73-11	Y4-73	No8～No28	370～4340	15900～434000	回转窑窑尾排风，风机介质温度低于 250℃
轴流通风机	30K4-11		No3～No4	25～290	675～7700	车间通风、热修窑炉吹风、助燃空气、冷却窑炉和制品

2. 离心式通风机的性能参数

在风机、泵的铭牌上或产品样本上，标有风机（泵）的性能参数：风压（H 或 P）、风量（Q）、功率（N）、效率（η）和转数（n）等，它们表示一台风机（泵）的整体性能。风机的性能参数是工厂在标准技术条件下实验而得到的，常见的几种通风机的标准技术条件见表 2-9。如果风机的使用条件和制造厂规定的标准技术条件不同，则必须对性能参数进行换算，换算公式如下：

$$h_{st}=h_t\frac{\rho_{st}}{\rho_t} \tag{2-76}$$

式中　h_{st}、ρ_{st}——标准技术条件下通风机的全压和气体的密度；

h_t、ρ_t——使用条件下通风机的全压和气体的密度。

表 2-9　通风机的标准技术条件

空气参数	风机类型		
	一般通风机	锅炉引风机	煤粉通风机
空气温度（℃）	20	200	70
大气压力（Pa）	101325	101325	101325
空气密度（kg/m³）	1.20	0.745	1.02

（1）风压（压头）H

单位体积的气体通过风机时所获得的能量，其单位与压强的单位（Pa）相同，称为风压。

离心通风机的风压取决于风机的结构、叶轮尺寸、转速与进入风机的气体密度。

目前还不能用理论的方法精确计算离心通风机的风压，而是由实验测定。一般通过测量风机进、出口处气体的流速与压强的数据，利用伯努利方程来计算风压。

$$H=(p_2-p_1)+\rho g(z_2-z_1)+\frac{\rho(\omega_2^2-\omega_1^2)}{2}+\Sigma h$$

式中第二项较小可忽略，风机进出口间管路很短，能量损失一项也可以忽略。

显然，通风机的风压等于其静压与动压之和，称为全压。

（2）风量 Q

通风机单位时间内所排送的气体体积称为风量。风量是单位时间内从风机出口排出的气体体积，并以风机进口处气体的状态计，单位为 m^3/s 或 m^3/h。

离心通风机的风量取决于风机的结构、尺寸（叶轮直径与叶片宽度）和转速。

（3）功率 N

用风机输送气体时，气体从通风机获得能量，而通风机本身则消耗能量，通风机单位时间内传递给气体的能量称为通风机的有效功率，即：

$$N=HQ \tag{2-77}$$

式中　N——通风机的有效功率，W；

Q——通风机所输送的风量，m^3/s；

H——通风机所产生的全风压，Pa。

（4）效率 η

实际上由于通风机运转时，气体在通风机中流动有能量损失，因此输入通风机的功率要比 N 大，即：

$$N_{sh}=\frac{N}{\eta}=\frac{HQ}{\eta} \tag{2-78}$$

式中　N_{sh}——通风机的轴功率，W；

η——通风机的效率，后向式叶片一般为 0.8～0.9；前向式叶片一般为 0.6～0.65。

风机配置的电动机功率可由式（2-79）计算：

$$N_m=\frac{HQ}{\eta\eta_n}k_m \tag{2-79}$$

式中　N_m——电动机所需的功率，W；

η_n——传动效率，直接传动时 $\eta_n=1$，用联轴器直联传动时 $\eta_n=0.98$，三角皮带传动时 $\eta_n=0.95$；

K_m——安全系数，视电动机容量而定，可参考表 2-10 中的数据。

表 2-10　电动机安全系数

电动机功率（kW）	<0.5	0.5～1	1～2	2～5	>5
安全系数	1.5	1.4	1.3	1.2	1.15

【例 2-21】 有一台离心通风机，全压 $H=2200$Pa，风量 $Q=13\text{m}^3/\text{s}$，用电动机通过联轴器传动。试计算风机的有效功率、轴功率及应配带的电动机功率（风机的效率 $\eta=0.78$）。

解：风机的有效功率为：$N=HQ=2200\times13=28600$（W）$=28.6$（kW）

轴功率为：
$$N_{sh}=\frac{N}{\eta}=\frac{28.6}{0.78}=36.7\text{（kW）}$$

查表 2-10，取电动机安全系数 $k_m=1.15$，联轴器传动传动效率 $\eta_n=0.98$，则得电动机配带功率为：
$$N_m=\frac{N_{sh}}{\eta_m}K_m=\frac{36.7}{0.98}\times1.15=43.1\text{（kW）}$$

3. 基本方程式

设通风机叶轮的叶片数目是无限多个（因此气体在同一圆周上的速度是相同的）；气体在叶轮中连续、稳定地流动；气体为理想流体（流动过程中其密度不变，且无阻力损失）。

气体在风机的叶轮中运动的情况如图 2-43 所示。气体质点先沿着风机轴线方向运动，到达叶轮进口处则离开轴向而转向径向（即沿半径方向运动），以绝对速度 c_1 进入叶片间，此时气体一方面以相对速度 ω_1 沿叶片运动，另一方面以圆周速率 u_1 随叶轮旋转。气体沿叶片运动过程中绝对速度不断增加，到叶轮外周进入机壳时，绝对速度变为 c_2，其值为气体沿叶片移动至末端的相对速度 ω_2 和叶片末端的圆周速度 u_2 的合速度。

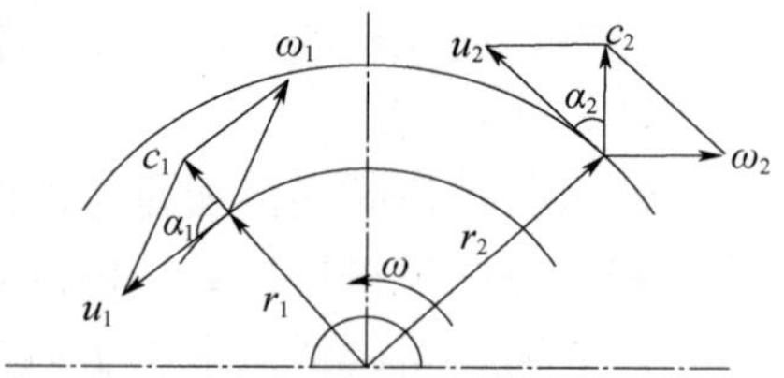

图 2-43　气体在叶轮中的运动

气体通过叶轮，受到旋转叶轮的作用获得能量，压头增大。

根据动量定理及动量矩定律，可导得离心式通风机的基本方程式为：

$$H_T=\rho\ (c_2u_2\cos\alpha_2-c_1u_1\cos\alpha_1) \tag{2-80}$$

式中　H_T——单位体积（m^3）气体通过叶轮获得的能量，称理论压头，Pa；

ρ——气体的密度，kg/m^3；

c_1、c_2——气体质点在叶轮进口及出口处的绝对速度，m/s；

u_1、u_2——叶轮进口处及出口处的圆周速度，m/s；

α_2、α_1——叶轮出口处及进口处圆周速度 u 与绝对速度 c 之间的夹角。

实际上，由于离心式通风机叶轮的叶片数目有限，气体在叶片间会产生涡流，输送的气体也不是理想气体，所以气体在通风机内不可避免地会有压头损失。风机的实际压头 H 必小于上述理想压头 H_T，当风机的效率为 η 时，其实际压头 H 为：

$$H = H_T\eta = \rho\ (c_2u_2\cos\alpha_2 - c_1u_1\cos\alpha_1)\ \eta \tag{2-81}$$

4. 风机的相似律

依据离心式通风机的基本方程式，运用相似定理，可求得两台相似风机性能参数间的关系即所谓风机的相似律。

$$\frac{H}{H'} = \frac{\rho}{\rho'}\left(\frac{D_2}{D_2'}\right)^2\left(\frac{n}{n'}\right)^2 \tag{2-82}$$

$$\frac{Q}{Q'} = \frac{n}{n'}\left(\frac{D_2}{D_2'}\right)^3 \tag{2-83}$$

$$\frac{N}{N'} = \frac{\rho}{\rho'}\left(\frac{n}{n'}\right)^3\left(\frac{D_2}{D_2'}\right)^5 \tag{2-84}$$

式中　H、H'——甲、乙两台相似风机的压头，Pa；

Q、Q'——甲、乙两台相似风机的风量，m^3/s；

N、N'——甲、乙两台相似风机的功率，W；

ρ、ρ'——甲、乙两台相似风机输送气体的密度，kg/m^3；

D_2、D_2'——甲、乙两台相似风机叶轮的直径，m；

n、n'——甲、乙两台相似风机的转速，r/min。

(1) 对于同一台风机，当它的转速发生改变时，其风压、风量和功率与转速的关系为：

$$\frac{H_1}{H_2} = \left(\frac{n_1}{n_2}\right)^2 \quad \frac{Q_1}{Q_2} = \frac{n_1}{n_2} \quad \frac{N_1}{N_2} = \left(\frac{n_1}{n_2}\right)^3 \tag{2-85}$$

式中　H_1、Q_1、N_1——转速为 n_1 时离心通风机的性能参数；

H_2、Q_2、N_2——转速为 n_2 时离心通风机的性能参数。

式 (2-85) 说明，通风机的风压与风机转速的平方成正比，风量随着风机转速成正比例变化，所需功率与转速的三次方成正比。

(2) 同一台风机，当输送气体的密度发生改变时，其风压、风量和功率的变化为：

$$\frac{H_1}{H_2} = \frac{\rho_1}{\rho_2} \quad Q_1 = Q_2 \quad \frac{N_1}{N_2} = \frac{\rho_1}{\rho_2} \tag{2-86}$$

式 (2-86) 说明，当输送气体的温度改变时，气体的密度将随之变化，这时通风机的风压及功率发生与气体的密度成正比例的变化，而输出风量与气体的密度无关。

风机或泵的相似律表明了同一系列相似机器的相似工况之间的相似关系。相似律是根据相似原理导出的，除用于设计风机或泵外，对于从事本专业的工作人员来说，更重要的在于用来作为运行、调节和选型等的理论根据和实用工具。

5. 无因次参数及比转数

基于相似定律及风机基本方程式，对同系列的任意两台风机有：

$$\frac{H}{\rho u_2^2} = \frac{H'}{\rho' u_2'^2}$$

于是得

$$\overline{H} = \frac{H'}{\rho' u_2'^2} \tag{2-87}$$

同理

$$\overline{Q}=\frac{Q}{\frac{\pi}{4}D_2'^2u_2'} \tag{2-88}$$

$$\overline{N}=\frac{N'}{\rho'\frac{\pi}{4}D_2'^2u_2'^2} \tag{2-89}$$

式中 $\overline{H}$——无因次风压或风压系数；

$\overline{Q}$——无因次风量或风量系数；

$\overline{N}$——无因次功率或功率系数。

比转数指的是几何形状与所给类型风机相似，在最高效率下产生 9.8Pa 压头，每秒输出 $1m^3$ 空气的标准叶轮的转数。通常用的公式为：

$$n_s=5.54n\frac{Q^{1/2}}{H^{3/4}} \quad 或 \quad n_s=93.6\times\frac{\overline{Q}^{1/2}}{(\rho\overline{H})^{3/4}} \tag{2-90}$$

由比转数公式可以看出，比转数 n_s 与转数 n 成正比，与流量 Q 的平方根成正比，与压头 H 的 3/4 次方成反比。如果流量不变，n_s 越小，H 就越大。为了提高压头，就只能加大叶轮出口直径 D_2，相对地出口宽度 b_2 减小，因而叶形变得窄而长。但叶轮外径 D_2 不能过大，过大则使出口宽度 b_2 过分变窄，这样不但增加了铸造上的困难，而且大大增加了叶轮内的流动损失和圆盘摩擦损失，使效率降低，所以对离心泵一般 n_s 不小于 30，对离心风机 n_s 不小于 10。

6. 离心式通风机的特性曲线

由上述讨论可知，离心式通风机的风压（压头）H、功率 N、效率 η 等参数都与流量有关，即它们都随着流量的变化而变化。它们之间的关系难以用精确的数学式来表达，目前都通过实验测定，并绘成曲线，称为离心通风机的特性曲线。

（1）单机特性曲线

图 2-44 所示为 4-72-11 型 5 号通风机 2900r/min 时的特性曲线。从图中可以看出，通风机运转时，存在一最高效率点 η_{max}，相应于该点的风量、风压、轴功率称为通风机的最佳工况。在选择和使用风机时，应注意使其实际运转效率不低于 $0.9\eta_{max}$，根据这个要求，就可以确定通风机风量的允许调节范围，这个范围称为通风机的经济使用范围。

从离心式通风机的单机特性曲线图上可以看出，风量为零时，所需功率最小，所以这类风机启动时，应该把进风口或出风口的阀门关闭，以免电动机过载。

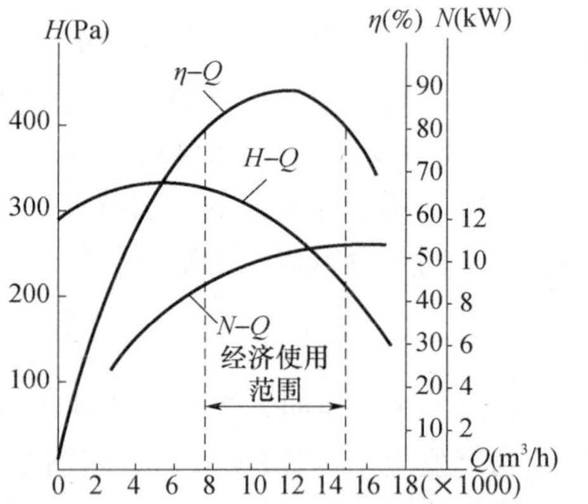

图 2-44 4-72-11No. 5A 通风机的特性曲线

（2）综合特性曲线

单机特性曲线只能表示某一通风机在特定转速下的性能，对选用通风机很不方便。综合特性曲线是将同型号不同机号，同一机号不同转速的特性曲线绘在一张图上，而且只标出经济使用范围一段 $H—Q$ 曲线。图上标明了机号、转速、功率等。选型时，根据要求的风压、风量、可以较快地从图上找出要求的通风机的型号和转速，并可估计出所需功率。

Y4-73-11 锅炉引风机综合特性曲线

（3）无因次特性曲线

由无因次的性能参数组成的特性曲线，称为无因次特性曲线。同一类型的通风机是一组相似的通风机，虽然它们的尺寸不同并在不同转速下工作，它们的特性曲线是类似的，但是它们的无因次性能曲线却是相同的，如图 2-45 所示。

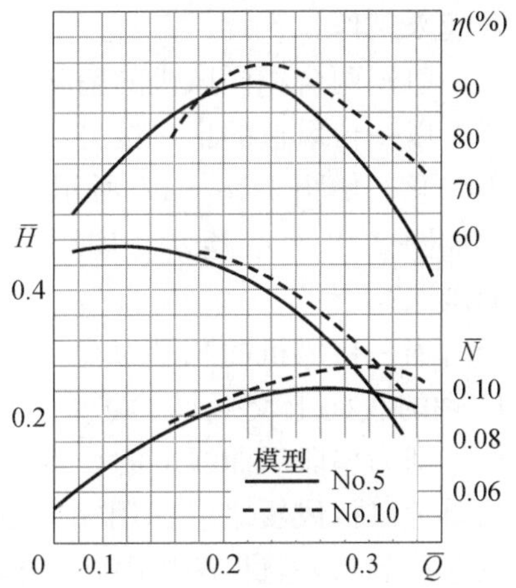

图 2-45　4-72-11 型通风机的无因次特性曲线

7. 通风机在通风系统中的工作特性

通风系统是由通风机和管道组成的。此处管道泛指包括热工设备在内的通风管路。通风机的风量和风压不仅取决于通风机本身的性能，而且还取决于和它连接的管道。因此，不仅要了解通风机的性能，还需了解通风管路的特性，才能正确地设计和管理通风系统。

（1）管路特性曲线

通风管路特性是指气体在管路中流动时，通风量与阻力损失之间的关系。当通风管道及管道中气体性质已经确定时，通风系统的总阻力与流速的平方或流量的平方成正比。

$$\Sigma h_L = \Sigma\left(\lambda \frac{l}{d}\frac{\rho\omega^2}{2} + \zeta\frac{\rho\omega^2}{2}\right) = KQ^2 \tag{2-91}$$

以 Σh_L 为纵坐标，以 Q 为横坐标作图，便得管路特性曲线，如图 2-46 所示。

（2）通风机的工作点

通风机的转速一定时，有一固定的 $H—Q$ 曲线，通风机可以在 $H—Q$ 曲线上任一点的风量和风压下进行工作，究竟在哪一点工作与管道特性有关，因为通风机的风量应该等于通风管道中的风量，而通风机的风压应该等于通风管道中的阻力损失。如果把通风机特性曲线和管道特性曲线画在同一坐标上（图 2-47），其交点 A 即为通风机的工作点，相应的 Q_A 即为通风机及管道的风量；H_A 为通风机的工作风压，即管道的阻力损失。

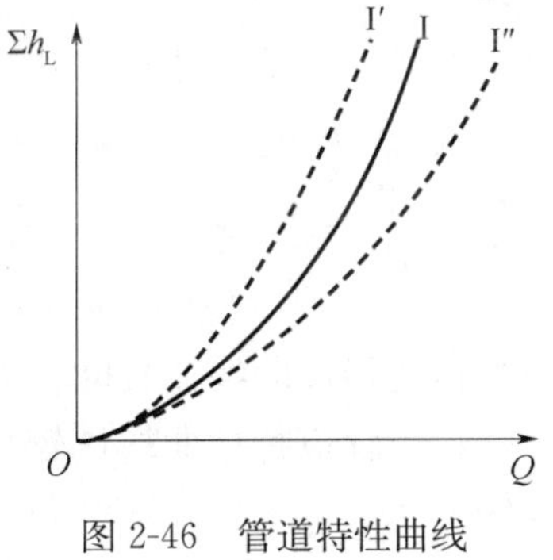

图 2-46　管道特性曲线

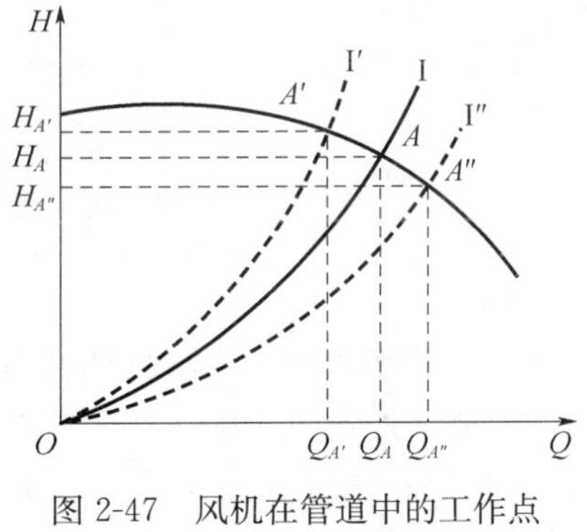

图 2-47　风机在管道中的工作点

当管道阻力系数发生变化时，管道特性曲线也发生变化，通风机的工作点将随之变化。如管道的闸门关小，管道特性曲线变陡，风机工作点就上移到 A' 点，风压增大（与管道总阻力相适应），风量减小；如管道的闸门开大，则工作点就下移到 A'' 点，风压减小（与管道总阻力相适应），风量增大。

8. 通风机的串联与并联

在实际生产中，如果一台通风机不能满足风压和风量的要求，常以两台小容量的风机联合起来工作。

（1）两台相同风机的串联

以一台风机的出口接另一台风机的入口的连接方法称为串联，如图 2-48（a）所示，两台风机串联后的特性曲线如图 2-48（b）所示。串联后的特性曲线 $(H-Q)_{\text{I串II}}$ 的画法如下：

当一台风机的风量为 Q，在 Q 轴上得 c 点，作平行于 H 轴的线向上交 $(H-Q)_{\text{I}}$ 于 d 点，取 cd 长的 2 倍得 e 点，即为串联后曲线上的一点，该点的风量为 Q，风压为两单独风机风压之和。用相同方法可得许多 e 点，将各 e 点连接起来，就得两机串联后的特性曲线 $(H-Q)_{\text{I串II}}$。

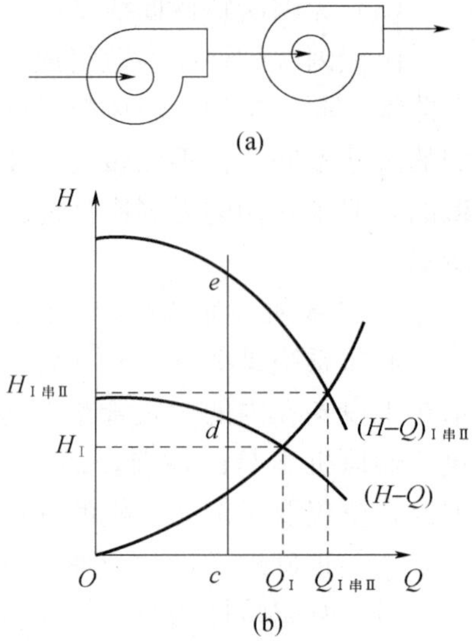

图 2-48　两台相同通风机的串联

（a）串联方式；（b）串联工作特性曲线

从图 2-49（b）可见，两机串联后主要是风压 H 提高，工作风量也增加，但串联后的风压小于单风机风压的两倍，即 $H_{\text{I串II}}<2H_{\text{I}}$。

（2）两台相同风机的并联

两台相同风机进口与进口相接或出口与出口相接为并联，如图 2-49（a）所示，并联工作的特性曲线如图 2-49（b）所示。由图可见，两机并联后主要是风量增加，工作风压也增大，但 $Q_{\text{I并II}}<2Q_{\text{I}}$。

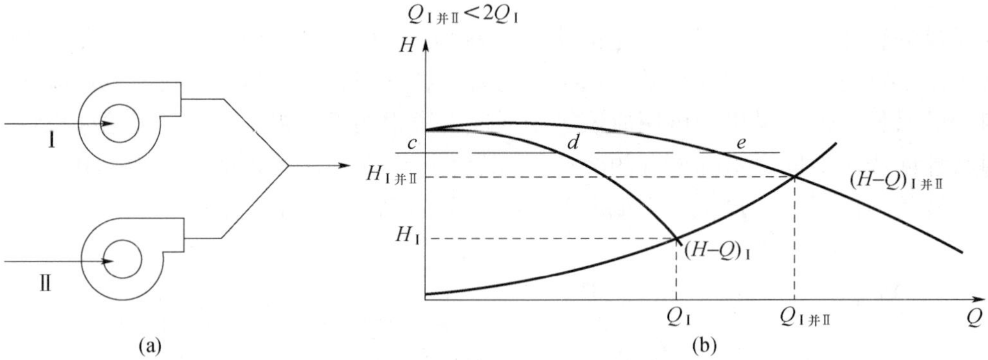

图 2-49　两台相同通风机并联工作

（a）并联方式；（b）并联工作特性曲线

由两台风机串、并联后的工作特性曲线分析：当管路的特性曲线比较陡，即管道的阻力系数比较大时，需要增加通风机的风压，串联效果较好；当管道特性曲线比较平缓，即阻力系数比较小时，需要增加通风机的风量，并联效果较好。

（3）两台规格不同的风机的串联

由图 2-50 可见，当管道特性曲线 1 通过 A 点时，通风机 I 和 II 串联工作的风量 Q_A 大于两台风机单独工作的风量 Q_{I} 或 Q_{II}；当工作点通过 B 点时，风机 II（规格较小的风机）将失去作用，工作点在 B 点以下时，也即要求输出的风量大于小号风机的最大风量时，小号风机不仅失去作用，反而起妨碍作用，实际生产中应避免这种现象。

（4）两台规格不同的风机的并联

由图 2-51 可见，当管道特性曲线 1 通过 A 点时，通风机 I 和 II 并联工作的风量 Q_A 大于风机Ⅰ或Ⅱ单独工作的风量 Q_{I} 或 Q_{II}；当管路总阻力系数增加时，管路特性曲线变陡，当通过 B 点时，Ⅱ号风机将不出风而失去作用；当工作点再上移，亦即要求输出的风压高于小号风机的最高风压时，小号风机不但不供风，反而有部分泄漏，实际生产中亦应避免这种现象。

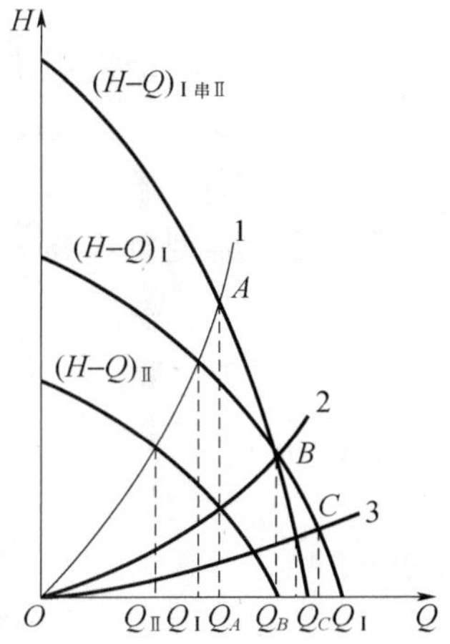

图 2-50　两台不相同风机串联工作图
1、2、3—管道特性曲线

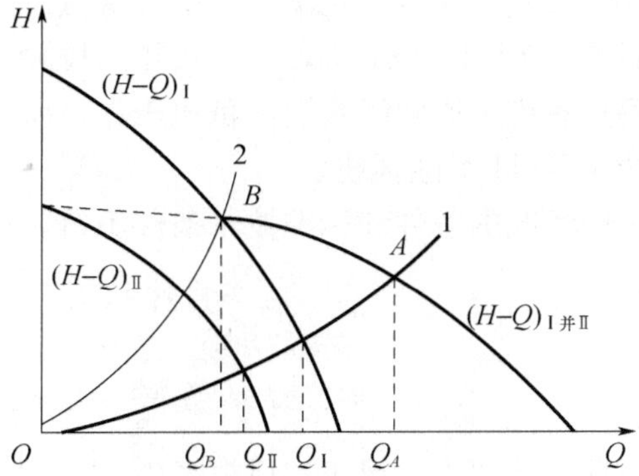

图 2-51　两台不相同通风机并联工作
1、2—管道特性曲线

9. 通风系统风量的调节

由离心式通风机及管路组成的通风系统，有时需要改变风量，调节的方法有管路节流、采用导流器和改变风机的转速。采用节流装置（闸板、翻板等）调节流量的方法操作简单，但是会有一部分能量浪费在关小闸门所引起的附加阻力上。采用导流器产生的阻力损失较小，效率较节流式高。通过改变风机的转速，可使通风机的流量、全压都发生变化。这种调节方法效率最高，但要调节改变电动机的转速需要调速设备，费用较高。

10. 离心式通风机的选择

离心式通风机选型的步骤一般为：

（1）根据工作条件（如气体含尘浓度、温度高低）选定通风机的类型。

（2）根据工艺系统所需的风量和风压（最大负荷时的风量和风压），再加上一定的储备能力（一般为 10%～20%），作为选型的依据。通风机的类型确定后，就可从通风机的产品样本中的性能表或选择曲线图上选取合适的通风机。

（3）通风机样本中列出的是通风机在标准技术条件下的性能参数，若实际使用情况（温度、压力、气体的密度）与标准技术条件相差较远，则应按前面的公式进行换算。

（4）在满足工艺要求的前提下，应尽量选用效率较高，价格较低的通风机。

11. 风机全称的编制方法

离心式通风机的全称内容及顺序如下：

名称	全压系数×10（取整数）	—	比转数（取整数）	—	进风型式	设计顺序	机号	传动方式	旋转方向	出风口位置

名称即用途名称，也有的省略不写。用途名称一般用汉语拼音字母表示，如：一般通

(TONG) 风换气，用 T 表示；排尘 (CHEN) 通风，用 C 表示；锅炉引 (YIN) 风，用 Y 表示。进风型式：0 表示双进风，1 表示单进风。

例如，根据工艺设计计算和布置要求，某回转窑窑尾排风，选定锅炉引风机 Y4-73-11 型 14 号风机，传动方式为 D 式；左转，出风口位置为 45°，则通风机的全称表示为：Y-4-73-11 No. 14 D 左 45°

订货时，除了写出通风机全称外，还要写明通风机的转速、配用电动机规格等。

【例 2-22】 某厂水泥磨通风除尘系统（两级除尘）阻力为 2060Pa，要求排风量（包括系统漏风）为 12000m^3/h，负压操作，排除气体的温度为 45℃，试选一台排风机。

解： 系统采用两级除尘，负压操作，所以出口气体含尘率低，温度也不高，可以选用高效率的 4-72-11 型通风机。

工作状况的条件和标准技术条件不符，应该进行换算：

$$\rho_t = 1.293 \times \frac{273}{273+45} = 1.11\ (kg/m^3)$$

$$h_{st} = h_t\frac{\rho_{st}}{\rho_t} = 2060 \times \frac{1.2}{1.11} = 2226\ (Pa)$$

根据工艺要求，风压和风量考虑 10% 的储备能力，得：

$$风压 = 1.1 \times 2226 = 2450\ (Pa)\ (250mmH_2O)$$

$$风量 = 1.1 \times 12000 = 13200\ (m^3/h)$$

查风机样本选用表，可选 4-72-11No. 6C 通风机。

（二）轴流式通风机

轴流式通风机的工作原理如图 2-52 所示。风机叶轮上的叶片做成螺旋面。叶轮旋转时，气体从轴向吸入，在叶片的作用下，又沿着轴向排出，获得动能及静压能。

轴流式通风机的转速较高，气流沿着轴向吸入和排出，转折涡流较小，而且根据气体动力学的计算可使叶轮叶片具有最佳的翼型，故在流量较大的情况下仍有较高的效率。因此，轴流式通风机的效率比离心式通风机高，结构上也比较紧凑，宜在要求风量大、风压低的情况下使用。

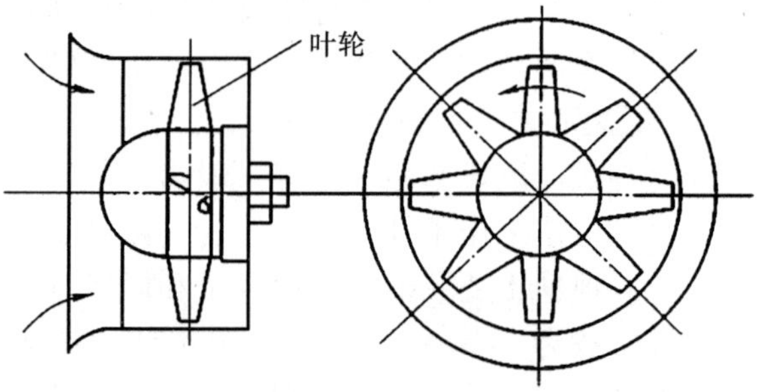

图 2-52　轴流式通风机

（三）回转式鼓风机

回转式鼓风机又称容积式鼓风机，主要有罗茨鼓风机和叶氏鼓风机两种类型。其特点是排气量基本上不随输出风压的大小而改变，适用于工艺上要求风量较稳定、风压较高的场合。通常用于硅酸盐工厂中粉料的气力输送、均化以及水泥立窑的鼓风等需要高压鼓风的场所。

1. 回转式鼓风机的构造和工作原理

(1) 罗茨鼓风机

罗茨鼓风机由两只渐开线腰形转子及长圆形机壳组成，如图 2-53 所示。

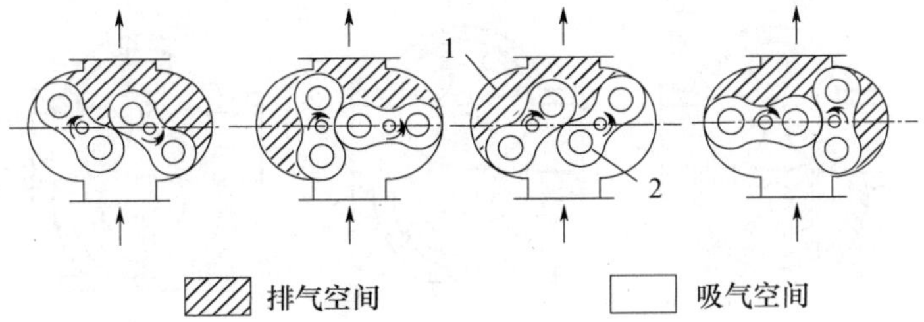

图 2-53　罗茨鼓风机的工作过程

1—机壳；2—转子

罗茨风机的转子装在两根平行的轴上，轴端装有大小及式样相同的齿轮配合传动，使之带动两只转子做等速相对旋转，完成吸气和排气过程。

罗茨风机按转子结构可分为两种类型：一种转子是两瓣的，即前面所说的腰形转子；另一种转子是三瓣的，如图 2-54 所示。大多数罗茨风机用两瓣转子。

罗茨风机的转子和机壳是用铸钢或铸铁制成的。小型风机的转子一般为实心的，大型风机的转子一般做成空心，以减轻重量。转子与转子及转子与机壳之间保持 0.3～0.5mm 的间隙，转子长期使用后会磨损而使间隙加大，降低效率。为便于修配，常在转子的外层安装一层镶边，磨损后可以调换。

(2) 叶氏鼓风机

叶氏鼓风机有机壳和两个形状不同的转子组成，装在主动轴上的转子称为鼓风翼，装在从动轴上的转子称为阻风翼。图 2-55 (a) 为鼓风翼，它是在一个圆盘上按 120°角向盘两侧伸展的空心翼。图 2-55 (b) 为阻风翼，它是一个按 120°角开有三条槽的空心圆柱体，在圆柱的中部有一圈缺口槽以备鼓风翼的中间圆盘通过。

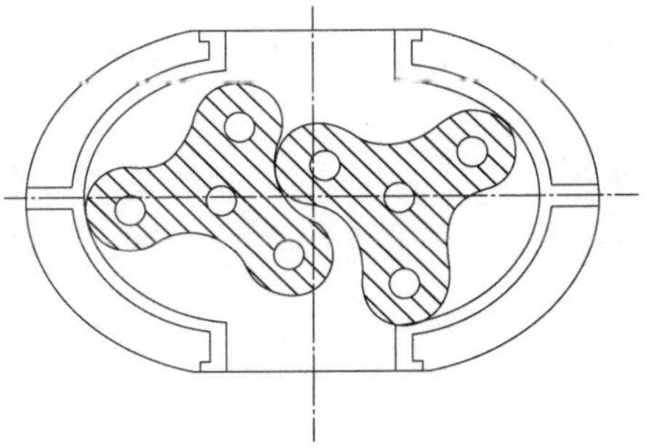

图 2-54　罗茨鼓风机三瓣形转子

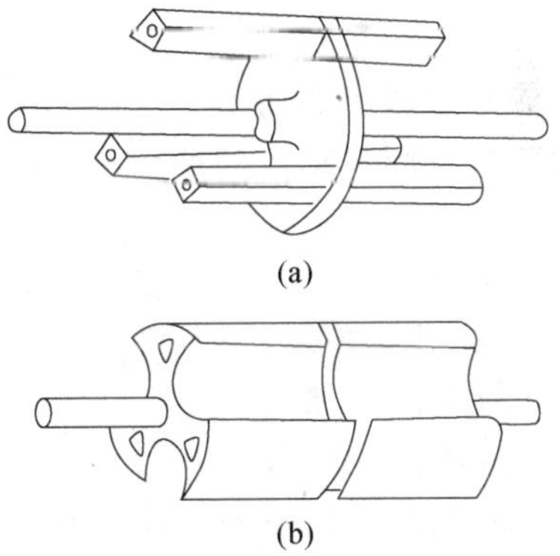

图 2-55　叶氏鼓风机的转子

(a) 鼓风翼；(b) 阻风翼

叶氏鼓风机的工作过程如图 2-56 所示。阻风翼 1 和鼓风翼 2 等速相对旋转。鼓风翼靠三只翼起括风的作用，将气体从风机进风口刮向出风口。阻风翼起阻风的作用，不让气体从排气空间漏回进气空间。阻风翼上的三条槽是让三条鼓风翼在槽中通过。图中Ⅰ表示气体已入进气室 a；当鼓风翼转到Ⅱ的位置时，气室 b 正在排气，气室 a 中的气体正被刮向出风口；当鼓风翼到达Ⅲ的位置时，气室 a 排气；当鼓风翼再转到Ⅰ时开始了另一个循环，使气体不断地从进口压向出口。

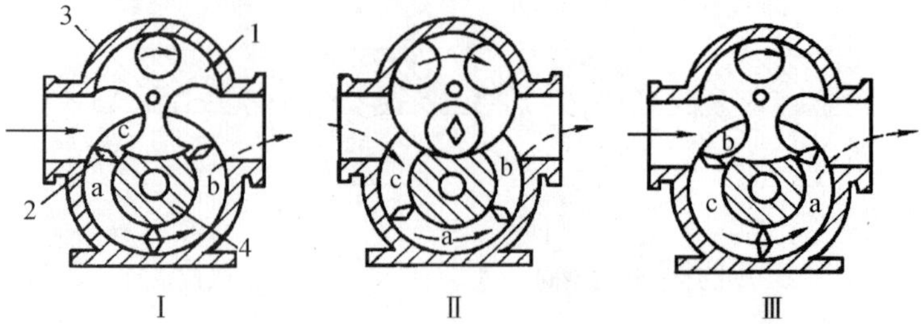

图 2-56　叶氏鼓风机的工作原理

1—阻风翼；2—鼓风翼；3—机壳；4—鼓风翼盖

2. 回转式鼓风机的规格和性能

(1) 罗茨鼓风机的规格和性能

罗茨鼓风机分为气冷式（D 型）和水冷式（SD 型）两种，静压小于或等于 49kPa 的产品采用气冷结构，静压大于 49kPa 的产品采用水冷结构。

D 系列鼓风机的风量范围为 20～60m^3/min，风压范围为 20～49kPa。

SD 系列鼓风机的风量范围为 120～200m^3/min，风压范围为 68～108kPa。

罗茨鼓风机型号的含义举例如下：

D36×60–60/5000

- 5000：表示风机的静压力为5000mm$H_2$0
- 60：表示风机的风量为60 m^3/min
- 60：表示风机的叶轮的长度为60cm
- 36：表示风机的叶轮的直径为36cm
- D：表示风机的结构型式为气冷式

(2) 回转式鼓风机的功率

回转式鼓风机用电动机的功率与离心式风机相似，可用式（2-92）计算：

$$N=\frac{k_{mo}h_sQ}{\eta_v\eta_m} \tag{2-92}$$

式中　N——鼓风机所需功率，W；

h_s——鼓风机的静压，Pa；

Q——鼓风机的流量，m^3/s；

η_v——鼓风机的容积效率，一般可取 75%；

η_m——鼓风机的机械传动效率，一般取 90%；

k_{mo}——备用系数，一般可取 1.1～1.2。

3. 回转式鼓风机的选择和使用方法

回转式鼓风机主要用于要求风压较高、输出风量不随风压而变化的场所。鼓风机的规格主要根据工艺所要求的风量及风压而定。

回转式鼓风机与离心式风机不同，启动时必须先打开出口阀门，然后才能启动电机。停车时，先停电机，后关出口阀门。

回转式鼓风机输出的风压，正好等于输出风量在通风系统中的流体阻力，流体阻力小时，输出的风压也小，流体阻力大时，输出风压亦高。输出最高风压不应高于铭牌上规定的风压，以保证安全。

回转式鼓风机输出的风量，基本上不受输出风压的影响，因而比较稳定，调节流量不能用管路节流的方法。当输出的风量偏大时，不能用关小阀门的方法，关小阀门，只能使输出风压增大，而不能调小风量。因此常用支管放风的方法，将多余的风量从支管放掉。为了回收放掉风的能量，可将放风管接入风机吸气管，并采用喷射法将压能回收。所以，这类鼓风机风量调节是采用调节支管放风阀门开度的方法。

调节风量的另一个方法是调节风机的转速，此法节省能量，但需变速设备，同时应注意提高转速的幅度不宜过大，以免影响风机使用寿命，甚至造成损坏。

（四）离心泵

1. 离心泵的构造和工作原理

离心泵是最常见的一种液体输送机械，硅酸盐工业中常用离心泵输送水、重油、泥浆等液体。离心泵的工作原理与离心风机基本相同，只是构造、输送的流体及操作上各有特点。如图 2-57 所示为离心泵的构造示意图，最主要的部件是叶轮和泵壳，叶轮通常由电机直接带动做高速旋转。

离心泵在工作前须先将泵壳内充满液体，然后启动电机带动叶轮旋转。叶轮旋转时带动液体一起旋转并对液体做功，提高了液体的静压能和动能。叶轮中的液体在离心力的作用下从叶轮中心沿着叶片被甩向叶轮的边缘，然后沿着螺线形泵壳流向排液管，被排除泵壳，从而使泵壳内形成真空，于是外部液体在大气压强的作用下，源源不断地流入泵壳。只要叶轮不停地旋转，离心泵就不停地吸入和排出液体。

2. 离心泵的特性曲线

与离心风机一样，离心泵的性能参数也可用特性曲线表示。图 2-58 为 4B20 型离心泵在转速 $n=2900\text{r/min}$ 时的特性曲线。它表明离心泵在某一转速下扬程、轴功率、效率与流量的关系，包括 H—Q、N—Q、η—Q 三条曲线。

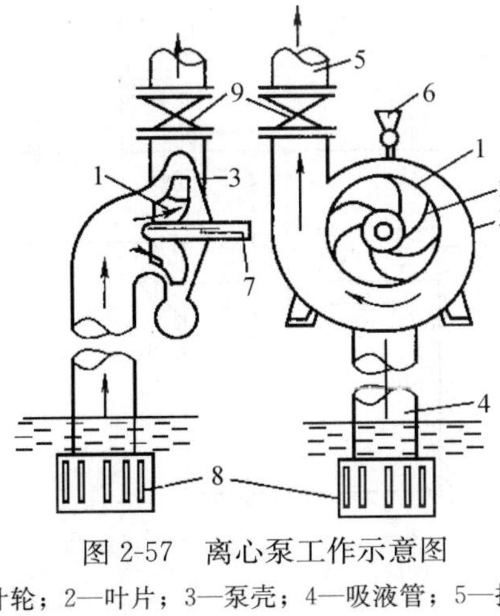

图 2-57　离心泵工作示意图

1—叶轮；2—叶片；3—泵壳；4—吸液管；5—排液管；6—充水设备；7—轴；8—过滤器及单向阀；9—单向阀

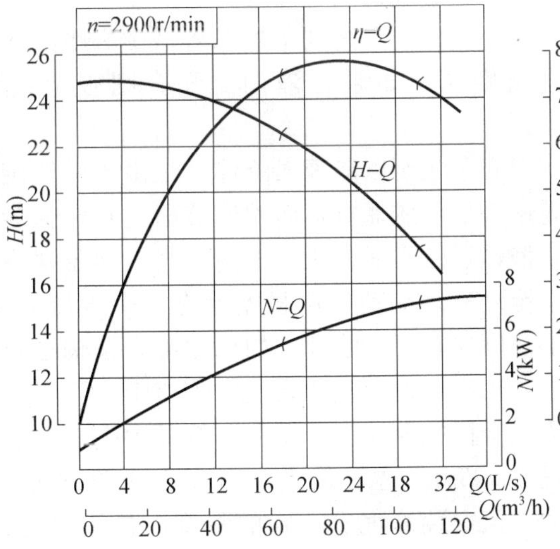

图 2-58　离心泵的特性曲线

3. 输送系统的工作特性

离心泵在输送系统中工作，其工作点也受输送系统管道特性曲线所决定，其工作特性和离心式通风机相似，这里不再重复。

4. 输送系统的流量调节

在使用离心泵时，往往要使流量做某些改变，以适应生产需要，调节流量可用下列方法：

(1) 改变管道的特性曲线，即改变压出管上阀门的开度。阀门开大，流量增加；反之，流量减小。这种调节流量的方法很方便，在泵的运转中就可以调节，但阀门引起了附加压头损失，不经济。

(2) 改变离心泵的特性曲线。

① 车削水泵叶轮。沿着叶轮的外周将叶轮车小，可以降低离心泵的压头和流量曲线。

② 改变泵的转速。

这两种方法不会引起附加的压头损失，比较经济，不过车削叶轮的方法是永久性的，流量调节小了，将不能在调大。改变泵的转速来调节流量是比较好的方法，但需要变速设备。

5. 离心泵的气蚀现象与安装高度

(1) 离心泵的气蚀现象

离心泵是靠液面与入口处的压强差来吸入液体的，当液面上的大气压强 p_a 一定时，泵入口处的绝对压强 p_1 越小，则压强差 $\Delta p = p_a - p_1$ 越大，即吸上高度越高。但 p_1 不能无限减小，当 $p_1 \leqslant p_v$（输送温度下液体的饱和蒸汽压）时，液体在泵的入口处开始汽化，产生气泡，含气泡的液体进入高压区后，气泡就急剧凝结或破裂。因气泡的消失而产生了局部真空，周围的液体便以极高的速度冲向原气泡中心，瞬间产生了极大的局部冲击压力，造成对叶轮和泵壳的冲击，这种力的反复作用，使材料表面疲劳，从开始点蚀到形成严重的蜂窝状孔洞，使叶轮受到损坏，这种现象称为气蚀。气蚀发生时，泵体因受到冲击而产生噪声和振动。此外，由于气蚀时产生大量气泡，占据了流道的部分空间，致使泵的流量、扬程与效率等性能显著下降，甚至使泵不能正常工作。

(2) 离心泵的安装高度

离心泵的吸上高度是指泵入口中心距贮槽液面的垂直距离。如泵在液面之下，则吸上高度为负值。

离心泵之所以能吸入液体，是由于叶轮旋转时叶轮中心处形成真空，而贮槽液面上的压强为大气压，液体靠此压强差压入泵内。当液面压强为定值时，推动液体流动的压强差就有一个限度，所以，吸上高度也有一个限度。如果用离心泵输送水，并假设叶轮进口处为绝对真空，管路阻力为零，液面上为一个标准大气压，那么它的最大吸上高度也不超过 10.33m。这就是说，用离心泵输送液体时，泵的几何安装高度有一定的限度，若超过此限度，泵就无法吸液，如图 2-59 所示。

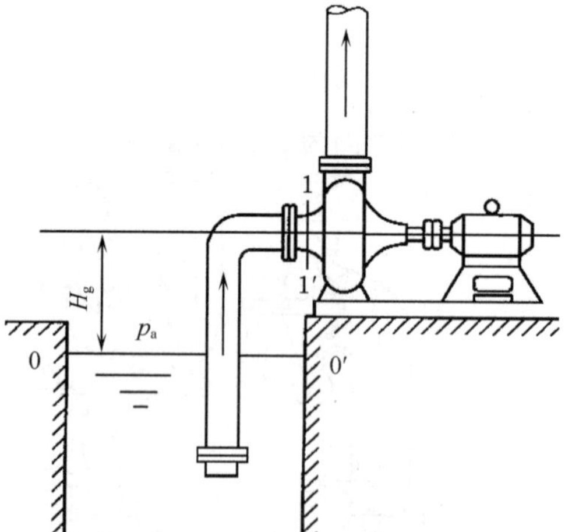

图 2-59 离心泵的吸液示意图

6. 离心泵的安装与使用

离心泵的安装与使用一般应注意以下问题：

① 泵的安装高度必须低于允许安装高度；

② 泵启动前必须向泵内灌满被输送的液体；

③ 泵启动时应关闭出口阀门，使启动功率最小；

④ 停泵前一般应先关闭出口阀门，以免排出管内的液体倒流入泵内，使叶轮受损；

⑤ 泵运转中应定时检查、维修等。

二、烟囱

(一) 烟囱的工作原理

烟囱是窑炉的自然通风设备，其工作原理与虹吸作用类似。

将一段充满液体的塑料软管的一段浸于液体中，然后将软管中的液体倒出，管中形成负压，外界大气压将容器中的液体压入管中，源源不断地从管中排出，如图 2-60（a）所示。烟囱相当于一个倒置的虹吸管，烟囱中的热气体的重力小于空气的浮力，于是烟囱中的热气体自下而上流动自顶部排出，如图 2-60（b）所示。

下面以玻璃池窑排烟系统为例，定量地讨论烟囱的工作原理，如图 2-61 所示。

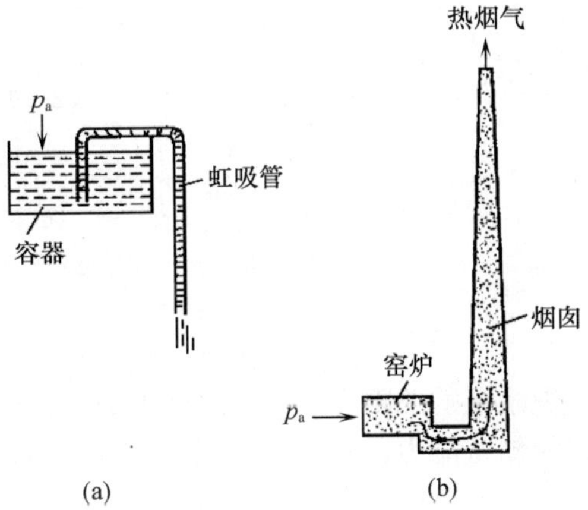

图 2-60　烟囱的工作原理

（a）虹吸原理；（b）烟囱

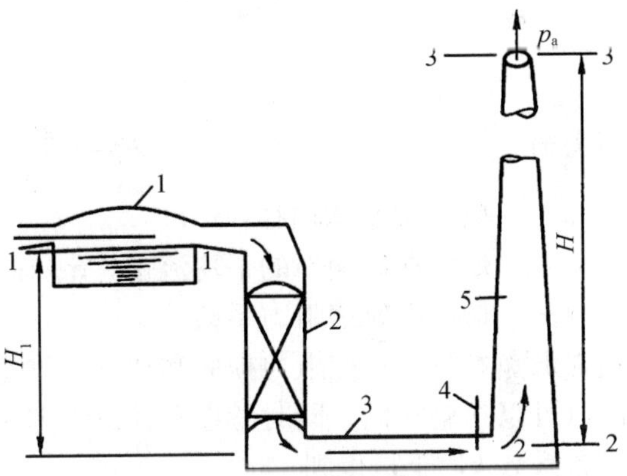

图 2-61　玻璃池窑排烟系统

1—池窑；2—蓄热室；3—烟道；4—烟道闸板；5—烟囱

设玻璃液面为 1-1 截面，烟囱底部为 2-2 截面，烟囱顶部为 3-3 截面。从 1-1 截面到 2-2 截面的烟气平均密度为 ρ_{m1}（kg/m^3）；从 2-2 截面到 3-3 截面的烟气平均密度为 ρ_{m2}（kg/m^3）；外界大气压强为 p_a（Pa）。

（1）以烟囱底部（2-2 截面）为基准面，对 1-1 截面和 2-2 截面列出两气体伯努利方程：

$$p_1+(\rho_{m1}-\rho_a)\ gH_1+\frac{\rho_{m1}\omega_1^2}{2}=p_2+0+\frac{\rho_{m1}\omega_2^2}{2}+\Sigma h_{1-2} \tag{2-93a}$$

式中　Σh_{1-2}——1-1 截面到 2-2 截面间所有摩擦阻力与局部阻力之和，Pa。

由于 $p_1 \approx p_a$，式（2-93a）移项可得：

$$-\Delta p_2=p_a-p_2=(\rho_a-\rho_{m1})\ gH_1+\frac{\omega_2^2-\omega_1^2}{2}\rho_{m1}+\Sigma h_{1-2} \tag{2-93b}$$

（2）以烟囱底部（2-2 截面）为基准面，对 2-2 截面和 3-3 截面列出两气体伯努利方程：

$$p_2+0+\frac{\rho_{m2}\omega_2^2}{2}=p_a+(\rho_{m2}-\rho_a)\ gH+\frac{\rho_{m2}\omega_3^2}{2}+\Sigma h_{2-3} \tag{2-93c}$$

式（2-93c）移项可得：

$$-\Delta p_2=p_a-p_2=(\rho_a-\rho_{m2})\ gH-\frac{\omega_3^2-\omega_2^2}{2}\rho_{m2}-h_f \tag{2-93d}$$

式（2-93d）说明烟囱底部负压的绝对值（俗称抽力）主要决定于三个因素，即烟囱的高度 H、烟气的平均温度和周围空气的温度。烟囱越高，“抽力”就越大，同样，若烟囱高度一定，则周围空气的密度 ρ_a 与烟囱中烟气的平均密度 ρ_{m2} 的差越大，“抽力”就越大。因此，当空气的温度和烟气的平均温度发生变化时，对烟囱的“抽力”将会有很大的影响。在天气潮湿时，烟囱的“抽力”会减小，这是因为湿空气的密度小的缘故；冬季烟囱的“抽力”比夏季的大是因为冬季空气温度较低、空气密度较大的原因。

式（2-93b）右边表示单位体积气体在窑炉系统中的总能量损失（或称总阻力）可用 Σh 表示。将式（2-93b）代入式（2-93d）有：

$$(\rho_a-\rho_{m2})\ gH=\Sigma h+h_f+\frac{\omega_3^2-\omega_2^2}{2}\rho_{m2}$$

上式表明，烟囱中热烟气的几何压头是推动力，它用于克服气体在窑炉系统流动过程中的总阻力 Σh 以及烟囱本身的动压头增量和摩擦阻力损失。如果窑炉系统的总阻力 Σh 已知，则烟囱的高度为：

$$H=\frac{\Sigma h+h_f+\frac{\omega_3^2-\omega_2^2}{2}\rho_{m2}}{(\rho_a-\rho_{m2})\ g} \tag{2-94}$$

其中阻力损失为：
$$h_f=\lambda\frac{H}{d_m}\cdot\frac{\omega_m^2}{2}\rho_{m2}$$

式中 d_m——烟囱的平均内径，m；

ω_m——烟气在烟囱中的平均流速，m/s；

λ——烟囱的摩擦阻力系数。

通常烟囱本身的摩擦阻力损失和动压头增量比窑炉系统的总阻力小得多，在近似计算烟囱高度时可以忽略它们，同时考虑到计算误差和一定的储备能力，实际计算烟囱高度时通常乘以储备系数 k，于是得到：

$$H\approx k\frac{\Sigma h}{(\rho_a-\rho_{m2})\ g} \tag{2-95}$$

一般 $k=1.1\sim1.3$。

由于窑炉中气体的压强近似等于环境大气压 p_a，故：

$$\rho_a=1.293\frac{p_a}{p_0}\cdot\frac{273}{273+t_a}\ (\mathrm{kg/m^3})\qquad \rho_{m2}=\rho_0\frac{p_a}{p_0}\cdot\frac{273}{273+t_m}\ (\mathrm{kg/m^3})$$

代入式（2-95）有：

$$H=k\frac{\Sigma h}{(\rho_a-\rho_{m2})\ g}\cdot\frac{p_0}{p_a} \tag{2-96}$$

式中 ρ_0——烟囱中烟气的标态密度，$\mathrm{kg/m^3}$；

p_0——标态大气压，101325Pa 或 760mmHg；

p_a——烟囱工作时环境大气压，Pa 或 mmHg；

t_a——空气的温度，℃；

t_m——烟气的平均温度，℃。

可见烟囱的抽力与大气压强有关。窑炉系统的总阻力一定时，大气压越低，则要求烟囱的高度越高。

（二）烟囱的热工计算

烟囱的热工计算包括烟囱直径和高度的计算。

1. 烟囱的顶部内径

$$d=\sqrt{\frac{4Q}{\pi\omega}} \tag{2-97}$$

式中　Q——烟气排出量，m^3/s；

ω——烟囱顶部排气速度，m/s，自然通风时 ω 为 2.5～4.0m/s，机械通风时 ω 为 8～15m/s。

为便于施工，砖砌烟囱与混凝土烟囱的顶部内径不小于 0.8m，厚度不小于一块标准建筑砖 24cm。

2. 烟囱的底部内径

铁皮烟囱通常上下直径一样大。砖、混凝土和钢筋混凝土烟囱的底部直径较大。用 D 表示，通常 $D=(1.3\sim1.5)\ d$。

烟囱越高，上下直径相差越大。烟囱外壁的斜度通常为 1.5%左右。

3. 烟囱高度的计算

计算烟囱高度可用式（2-94）～式（2-96）。所以仅知道烟气进入烟囱底部的温度是不够的，还要知道烟气的平均温度。这要依据烟囱的高度和烟气的温度降落来确定，在砖砌烟囱中烟气的温度降落为 1～1.5℃/m，不衬耐火砖的铁皮烟囱中，烟气的温度降落为3～4℃/m。

烟囱的高度除了满足系统通风的需要，还应考虑环境卫生、防火等方面的要求，一般不低于 16m，并且比方圆 100m 之内的建筑物高出 5m 以上。

【例 2-23】 已知进入砖烟囱底部的烟气量为 $8m^3/s$，烟气温度为 350℃，标准状态下的密度为 $1.32kg/m^3$，窑炉系统的总阻力为 290Pa，当地夏季最高气温为 35℃，最低大气压为 580mmHg，假定储备系数 $k=1.2$，计算烟囱的直径和高度。

解： 设烟气在烟囱中的温降为 1.5℃/m，取烟气排出速度 $\omega=4m/s$，则顶部内径为：

$$d=\sqrt{\frac{4Q}{\pi\omega}}=\sqrt{\frac{4\times8}{\pi\times4}}=1.60\ (m)$$

底部直径取 $D=1.3d=1.3\times1.60=2.08$ (m)。

假设烟囱高为 90m，则顶部烟气温度为 $t_3=t_2-1.5\times90=350-1.5\times90=215$ (℃)。

烟囱中烟气的平均温度为 $t_m=\frac{t_2+t_3}{2}=\frac{350+215}{2}=282.5$ (℃)。

烟囱高度按近似式计算：　$H\approx k\frac{\Sigma h}{(\rho_a-\rho_{m2})\ g}\cdot\frac{p_0}{p_a}$

其中 $\rho_a=\frac{273}{273+35}\times1.293$，$\rho_{m2}=\frac{273}{273+282.5}\times1.32$，$p_0=760$，$p_a=580$，于是得 $H=93.6m$。

计算结果与假设基本一致，不必重算，取烟囱高度 $H=94m$。

三、喷射器

喷射器是一种利用高速气体的动能来输送另一种流体的装置，硅酸盐工业中的无焰燃烧器就是喷射器的例子。喷射器的构造示意图如图 2-62 所示。

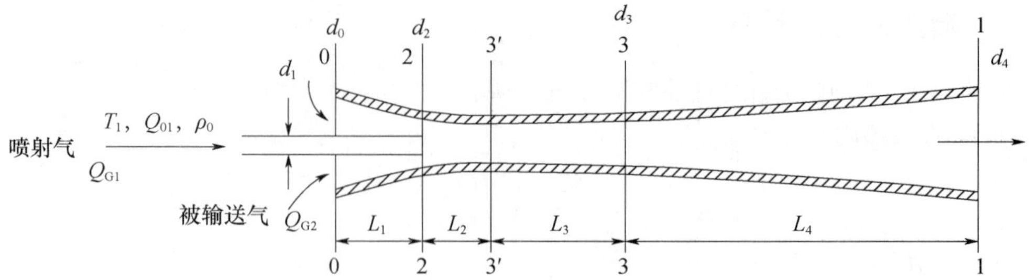

图 2-62　喷射器构造示意图

喷射器主要有以下几部分组成：

（1）喷射管 d_1 又称喷嘴。高速气流从喷射管 d_1 进入混合管的入口处（2-2 截面），喷嘴的作用是将喷射气体的静压能转变成动能。

（2）喇叭形的入口段 L_1 又称吸气管。两端直径为 d_0 和 d_2。入口段呈喇叭形的目的是降低被输送流体的阻力，达到增加输送量的要求。这一段的要求是 $d_0=L_1=(1.5\sim2)\ d_3$。

（3）带有一个渐缩段和直圆筒段的混合管，目的是使喷射气体与被输送气体的速度趋于均匀而动量减小，在混合管的两端产生压差。根据实验，合理尺寸应为：$L_2=(0.3\sim2)\ d_3$，$L_2+L_3\geqslant5d_3$。

（4）扩压管 L_4，其直径为 d_4。扩压管的作用是降低气体的出口速度，提高出口截面上气体的压强，以增大 2-2 截面的负压，提高喷射器的效率。本段合理尺寸应为：$d_4=(1.5\sim2)\ d_3$，$L_4=\dfrac{d_4-d_3}{2\tan\dfrac{\alpha}{2}}$，$\alpha=6\sim8°$。

喷射器的工作原理是基于动量定理：高速气流 Q_{G1} 与被输送的低速气流 Q_{G2} 同时通过 2-2 截面进入混合管，并在管中混合，从 3-3 截面流出的混合气体的动量小于 2-2 截面的动量，根据动量定理可知，2-2 截面上的压强 p_2 一定小于 3-3 截面上的压强 p_3，更小于 4-4 截面上的压强 p_4，即 p_2-p_4 是负压。喷射器入口截面（0-0 截面）上的压强 p_0 一般是小于 p_4 而大于 p_2，即 p_0 是微负压。

喷射器混合管的截面积 $A_3=\dfrac{\pi d_3^2}{4}$，喷射管的截面积 $A_1=\dfrac{\pi d_1^2}{4}$，两者的比值可用下式表示：

$$\frac{A_3}{A_1}=(2-\eta_2)\left(1+\frac{Q_{G2}}{Q_{G1}}\right)\left(1+\frac{\rho_1}{\rho_2}\cdot\frac{Q_{G2}}{Q_{G1}}\right)-\frac{1}{1+\zeta}\cdot\frac{\rho_1}{\rho_2}\left(\frac{Q_{G2}}{Q_{G1}}\right)^2$$

式中　Q_{G1}——高速喷射气体的质量流量，kg/s；

Q_{G2}——被输送气体的质量流量，kg/s；

ρ_1——高速喷射气体的密度，kg/m^3；

ρ_2——被输送气体的密度，kg/m^3；

η_2——混合管和扩压管的效率系数，其值为 0.5～0.6；

ζ——喷射器喇叭形进口段的阻力系数，其值为 0.2～0.3。

混合管进口环形截面积 $A_2=(1+\zeta)\ A_3$。

喷射器进口与出口截面的压差及喷射器的效率可由下式计算：

$$p_4-p_0=\frac{A_1}{A_3}\cdot\frac{\rho_1\omega_1^2}{2} \tag{2-98}$$

$$\eta=\frac{\frac{\rho_1}{\rho_3}\cdot\frac{Q_{G2}}{Q_{G1}}}{\frac{A_3}{A_1}-\left[1+\frac{1}{1+\zeta_2}\cdot\frac{\rho_1}{\rho_2}\left(\frac{Q_{G1}}{Q_{G2}}\right)^2\left(\frac{A_1}{A_3}\right)\right]}\times 100\% \tag{2-99}$$

【例 2-24】 某窑炉用喷射器排烟，已知排烟量 $Q_{02}=41500\text{m}^3/\text{h}$，烟气在标准状态下的密度 $\rho_{02}=1.30\text{kg/m}^3$，烟气的温度 $t_2=485℃$，喷射器扩压管的效率系数 $\eta_2=0.5$，阻力系数 $\zeta=0.2$。采用通风机的低压空气作喷射气体，风量 $Q_{01}=36000\text{m}^3/\text{h}$，风速 $\omega_{01}=64\text{m/s}$。试计算喷射器的尺寸、喷射器两端的压差及喷射器的效率。

解：

$$Q_{G1}=\rho_{01}Q_{01}=1.293\times\frac{36000}{3600}=12.93\ (\text{kg/s})$$

$$Q_{G2}=\rho_{02}Q_{02}=1.30\times\frac{41500}{3600}=14.99\ (\text{kg/s})$$

$$\frac{Q_{G2}}{Q_{G1}}=\frac{14.99}{12.93}=1.160 \qquad \frac{\rho_1}{\rho_2}=\frac{1.293}{1.30}\times\frac{(273+485)}{(273+20)}=2.573$$

喷射管的出口面积为：$A_1=\frac{\pi d_1^2}{4}=\frac{Q_{G1}}{\rho_{01}\omega_{01}}=\frac{12.93}{1.293\times 64}=0.1563\ (\text{m}^2)$

喷射管的内径为：$d_1=\sqrt{\frac{4A_1}{\pi}}=\sqrt{\frac{4\times 0.1563}{3.142}}\approx 0.446\ (\text{m})=446\ (\text{mm})$

$$\frac{A_3}{A_1}=(2-\eta_2)\left(1+\frac{Q_{G2}}{Q_{G1}}\right)\left(1+\frac{\rho_1}{\rho_2}\cdot\frac{Q_{G2}}{Q_{G1}}\right)-\frac{1}{1+\zeta}\cdot\frac{\rho_1}{\rho_2}\left(\frac{Q_{G2}}{Q_{G1}}\right)^2$$

$$=(2-0.5)\times(1+1.160)\times(1+2.573\times 1.160)-\frac{1}{1+0.2}\times 2.573\times 1.160^2$$

$$=10.03$$

$$A_3=10.03A_1=10.03\times 0.1563=1.567\ (\text{m}^2)$$

混合管的内径为：$d_3=\sqrt{\frac{4A_3}{\pi}}=\sqrt{\frac{4\times 1.567}{3.142}}\approx 1.413\ (\text{m})=1413\ (\text{mm})$

$$A_2=(1+\zeta_2)A_3=(1+0.2)\times 1.567=1.880\ (\text{m}^2)$$

混合管喇叭形进口处的内径为：

$$d_2=\sqrt{\frac{4(A_1+A_2)}{\pi}}=\sqrt{\frac{4\times(0.1563+1.880)}{3.142}}\approx 1.610\ (\text{m})=1610\ (\text{mm})$$

扩压管出口内径为：　$d_4=1.5d_3=1.5\times 1413=2120\ (\text{mm})$

扩压管的长度为：　$L_4=\frac{d_4-d_3}{2\tan\frac{\alpha}{2}}=\frac{2120-1413}{2\times\tan\frac{8}{2}}\approx 5000\ (\text{mm})$

混合管渐扩段的长度为：　$L_2=d_3=1413\ (\text{mm})$

混合管直圆筒段的长度为：$L_3=3.5d_3=3.5\times 1413=4945\ (\text{mm})$

喷射器入口截面的内径及入口段的长度为：

$$d_0=L_1=1.5d_3=1.5\times 1413\approx 2120\ (\text{mm})$$

喷射器两端的压差为：

$$p_4-p_0=\frac{A_1}{A_3}\cdot\frac{\rho_1\omega_1^2}{2}=\frac{1}{10.03}\times\frac{1.293\times\frac{273}{273+20}\times 64^2}{2}=245\ (\text{Pa})$$

喷射器的效率为：

$$\eta=\frac{\frac{\rho_1}{\rho_3}\cdot\frac{Q_{G2}}{Q_{G1}}}{\left(\frac{A_3}{A_1}\right)-\left[1+\frac{1}{1+\zeta_2}\cdot\frac{\rho_1}{\rho_2}\left(\frac{Q_{G1}}{Q_{G2}}\right)^2\left(\frac{A_1}{A_3}\right)\right]}\times 100\%$$

$$=\frac{2.573\times 1.160}{10.03-\left(1+\frac{1}{1+0.2}\times 2.573\times 1.16^2\times\frac{1}{10.03}\right)}=0.3414=34.14\%$$

本情境小结

通过本情境的学习，学生应该掌握以下几点。

1. 流体静力学基础

流体的性质：流体的黏性、流体的压缩性和膨胀性、流体的连续性等。

流体的静压强是指单位面积上所受到的流体静压力。

流体静力学基本公式：$p_1+\rho g z_1=p_2+\rho g z_2$。

2. 流体动力学基础

质量方程——连续性方程：$\rho_1\omega_1 A_1=\rho_2\omega_2 A_2=\rho\omega A=$常数。

伯努利方程：$H+p_1+\frac{1}{2}\rho\omega_1^2+\rho g z_1=p_2+\frac{1}{2}\rho\omega_2^2+\rho g z_2+\Sigma h$。

动量方程：$\Sigma f_x=Q_G\ (\omega_2-\omega_1)_x$。

3. 颗粒流体力学

了解固体流态化的过程、气体流化床的性质和流态化技术在硅酸盐工业中的应用。

4. 流体输送机械

风机的选型以及烟囱的设计计算。

思 考 题

1. 什么是流体？流体与固体有哪些区别？
2. 什么是流体的连续性？
3. 什么是流体的压缩性和膨胀性？它们对流体的重度和密度有何影响？
4. 什么是压缩流体和不可压缩流体？
5. 什么是流体的黏度？其单位是什么？
6. 什么是动力黏度和运动黏度？压强和温度对它有何影响？
7. 怎样测定运动黏度？
8. 什么是理想流体？它和实际流体有何区别？
9. 如何分析作用于流体上的力？
10. 流体的静压强有何特性？
11. 流体运动有哪两种状态？它们的表现情况有何不同？如何判别流态？
12. 什么是流体的连续性方程式？
13. 伯努利方程有哪几种表达形式？

14. 什么是动量定理？它的物理意义是什么？

15. 为何要研究流动类型？沿程阻力损失与流态有何关系？

16. 什么是沿程阻力与沿程损失、局部阻力与局部损失？

17. 什么是流体的流动阻力与能量损失？有哪两种形式？

18. 流体流动的摩擦阻力损失与哪些因素有关？

19. 窑炉系统中气流垂直运动的分流定则是什么？

20. 固体颗粒流态化在硅酸盐工业上有什么用途？它有什么优缺点？

21. 气体流化床有哪些类似液体的性质？

22. 流化床的不正常现象主要有哪些？产生的原因是什么？

23. 简述离心式风机的工作原理。

24. 离心式风机叶轮叶片的形状对风机性能有何影响？

25. 离心式风机铭牌上的参数是指什么条件下的参数？

26. 离心式风机的特性曲线有何特点？

27. 为什么离心式泵和风机可用调节出口阀门来调节流量，而回转式泵和风机却不能这样做？

28. 在启动离心泵或风机时必须关闭出口阀门，而启动回转式泵和风机时，为什么必须打开出口阀门？

29. 简述离心泵的工作原理。

30. 泵的安装高度受哪些因素限制？

31. 影响烟囱抽力的因素有哪些？大气的温度、湿度、压强变化对其有何影响？

32. 什么是喷射器？其工作原理是什么？

习　题

1. 已知烟气的体积组成（%）如下：

CO_2　16.8；　H_2O　34.3；O_2　1.1；N_2　47.8

求：①烟气在标准状态下的密度；②烟气在相同压强下，250℃时的密度。（答案：1.22；0.64）

2. 用清水将10kg密度为1600kg/m³的糖浆稀释为密度为1200kg/m³的糖浆溶液，需加入多少立方米的清水？（答案：0.0125m³）

3. 图2-63中所示的液体都是水，试求图2-63（a）、（b）、（c）中的A、B、C各点的表压强。（答案：68.67kPa；29.43kPa；−29.43kPa　0　19.62kPa）

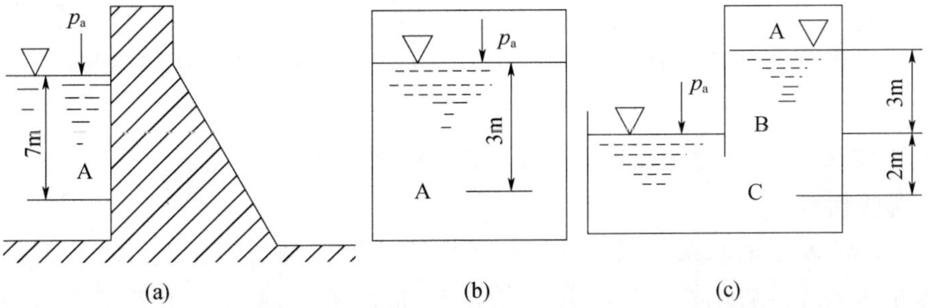

图2-63　习题3附图

4. 在大气压强为 101.325kPa 的地区，某设备上真空表的读数为 14.5kPa。试将其换算成绝对压强和表压强。(答案：86.8kPa，－14.5kPa)

5. 什么是等压面？在图 2-64 中所示的水平面 A-A、B-B、C-C 是否都是等压面？为什么？

6. 图 2-65 所示封闭管端完全真空的情况下，测压管水银柱高度差 $z_2=50\text{mm}$，求盛水容器液面压强 p_1 及测压管中水面高度 z_1。(答案：6670.8Pa，0.68m)

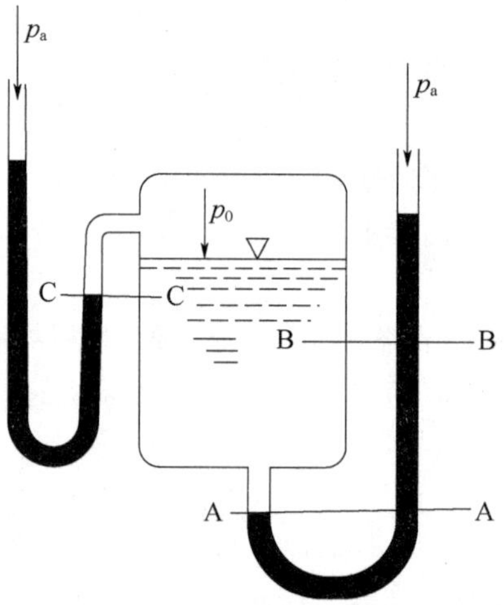

图 2-64　习题 5 附图

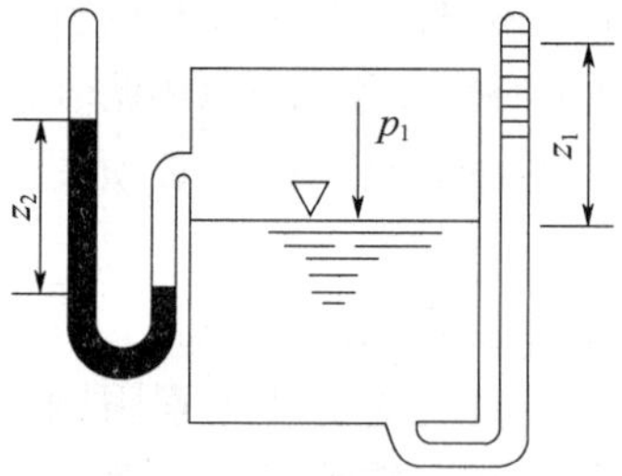

图 2-65　习题 6 附图

7. 封闭容器的形状如图 2-66 所示。若 U 形管中水银柱的读数 $\Delta h=100\text{mm}$，求水面下深度 $H=2.5\text{m}$ 处的压强表的读数。(答案：37.87kPa)

8. 图 2-67 中已知倒置 U 形管中的读数为 $h_1=2\text{m}$，$h_2=0.4\text{m}$，求 A 点的表压强。(答案：－15.7kPa)

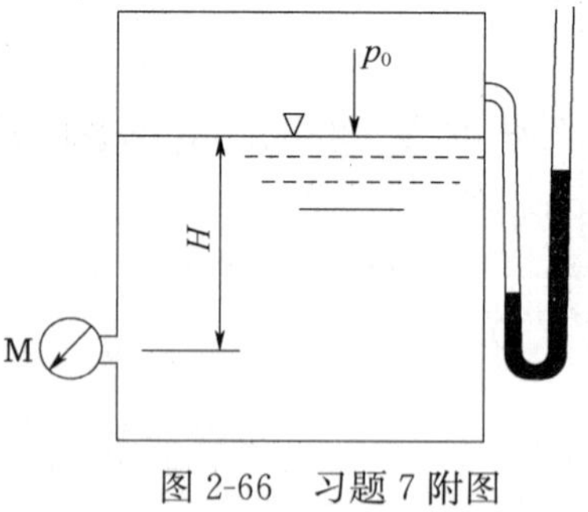

图 2-66　习题 7 附图

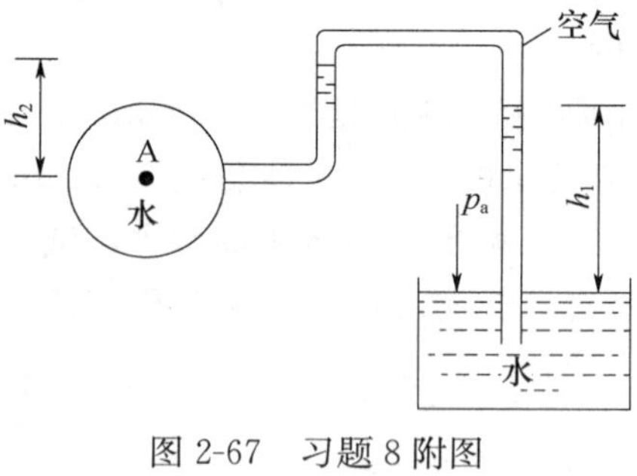

图 2-67　习题 8 附图

9. 水管上安装一个复式水银测压计，如图 2-68 所示。问 p_1、p_2、p_3、p_4 哪个最大？哪个最小？哪些相等？

10. 在图 2-69 所示的水泵的吸水管 1 和压出管 2 中安装水银压差计，测得 $h=120\text{mm}$，问水经过水泵后压强增加多少？若为风管，则水泵换为风机，压强增加多少？(答案：14.83kPa，15.9kPa)

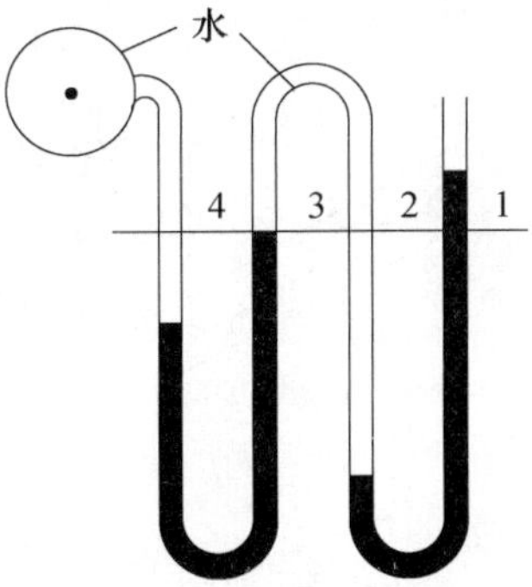

图 2-68　习题 9 附图

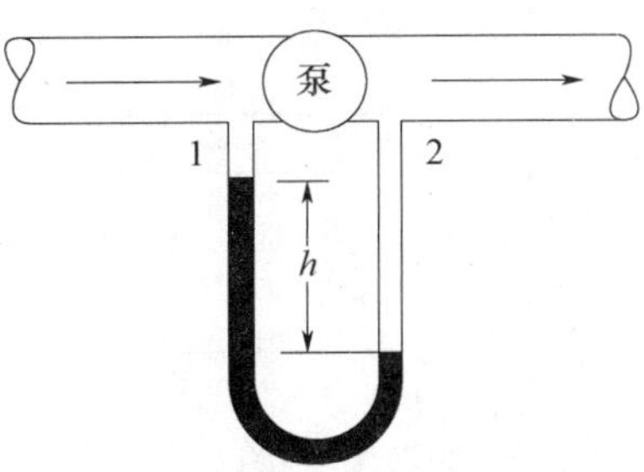

图 2-69　习题 10 附图

11. 图 2-70 所示用串联的 U 形管压差计测量蒸汽锅炉水面上方的蒸汽压。U 形管压差计的指示液为水银，两个 U 形管间的连接管内充满水。已知水银面与基准面的垂直距离分别为：$h_1=2.4m$，$h_2=1.3m$，$h_3=2.6m$，$h_4=1.5m$。锅炉中水面与基准面的垂直距离 $h_5=3m$。当地大气压为 $p_a=98.7kPa$。试求锅炉上方水蒸气的压强。（答案：365kPa）

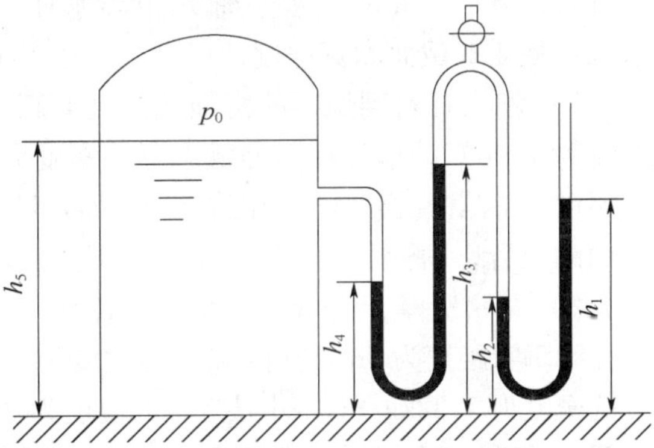

图 2-70　习题 11 附图

12. 用直径 $d=100mm$ 的管道，输送质量流量为 10kg/s 的水，如水的温度为 5℃，试确定管道内水的流动形态。如果用此管道输送同样质量流量的石油，已知石油的密度 $\rho=850kg/m^3$，运动黏度 $\nu=1.14cm^2/s$，试确定石油的流态。（答案：$Re=83863$ 湍流，$Re=1316$ 层流）

13. 有一个圆形风管，管径为 300mm，输送的空气温度为 20℃，求气流保持层流时的最大流量。若输送的空气质量流量为 200kg/h，气流是层流还是湍流？（答案：$0.0071m^3/s$，$Re=12982$ 湍流）

14. 矩形风管的截面为 300mm×400mm，风量为 $2700m^3/h$，求其截面平均流速。若风口截面缩小为 150mm×200mm，则该处截面的平均流速为多少？（答案：6.25m/s，25m/s）

15. 某供热水的管道直径 $d_1=200mm$，通过的流量 $Q=0.025m^3/s$，求管道中水的平均流速。若该管后面接一个直径 $d_2=100mm$ 的较细管道，则细管中的截面平均流速为多少？（答案：0.796m/s，3.18m/s）

16. 如图 2-71 所示，管路由不同直径的两管前后相接所组成，小管直径 $d_A=0.2m$，大管直径 $d_B=0.4m$，水在管中流动时，A 点的压强 $p_A=70kPa$，B 点的压强 $p_B=40kPa$，B 点的流速 $u_B=1m/s$。试判别水在管中的流动方向，并计算水流经过两截面间的能量损失。（答案：27.69kPa）

17. 水沿管线流动，A 截面的流速为 2m/s，其他尺寸如图 2-72 所示，不计损失。求测压管 C 中的液面高度。（答案：1.87m）

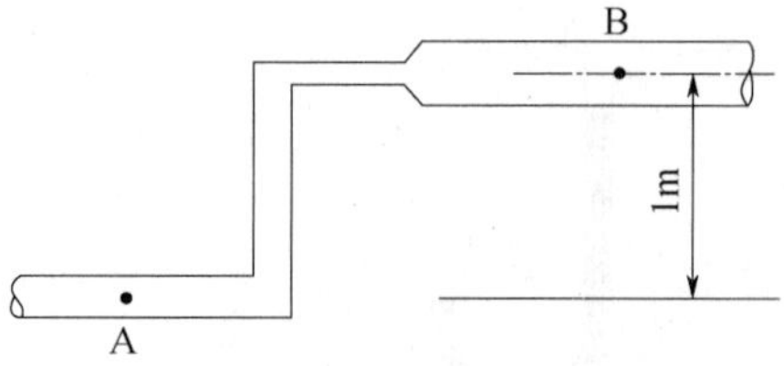

图 2-71　习题 16 附图

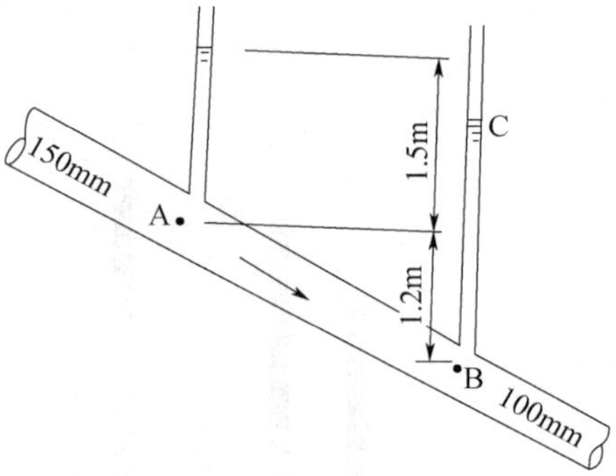

图 2-72　习题 17 附图

18. 如图 2-73 所示，已知离心水泵的出水量 Q=0.03m³/s，吸水管直径 d=150mm，水泵轴线距离水面高 H_g=7m，不计损失，求入口处 1-1′截面的真空度。(答案：70.1kPa)

19. 耐火材料倒焰窑的窑顶至窑底的高度为 2.5m，窑内烟气的温度为 1500℃，烟气在标准状态下的密度为 1.32kg/m³，环境空气的温度为 27℃，窑底的表压强为－5Pa，试求窑顶处的表压强及零压面的位置。(答案：18.79Pa，距窑底 0.53m)

20. 某窑壁厚 240mm，窑墙上下各有一个直径为 200mm 的小孔，两孔间垂直距离为 1m，窑内气体的温度为 1000℃，烟气在标准状态下的密度为 1.32kg/m³，外界空气的温度为 20℃，窑内零压面在两孔中间，求通过上下两孔的漏气量。(答案：0.088m³/s，0.044m³/s)

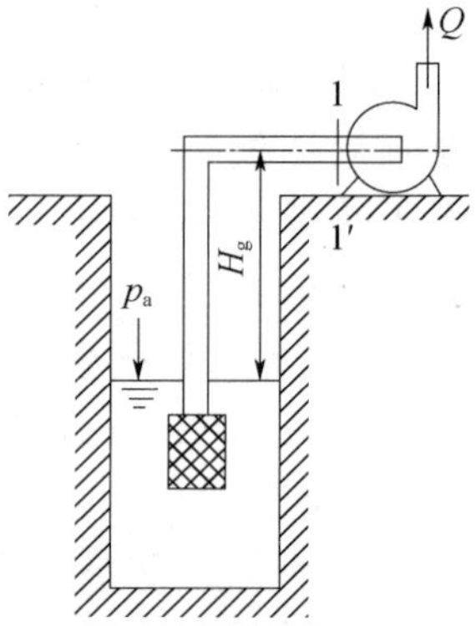

图 2-73　习题 18 附图

21. 某燃油锅炉的供油管，长度 L=150m，直径 d=80mm，管壁的绝对粗糙度 ε=0.2mm，供油量 Q=0.01m³/s，油的密度 ρ=870kg/m³，运动黏度 ν=1.5cm²/s，试求该供油管道的沿程阻力损失。(答案：194.8kPa)

22. 某液体分别在图 2-74 所示的三根管道中稳定流过，各管的绝对粗糙度、管径均相等，上游截面 1-1′的压强、流速也相等。问：(1) 在三根管的下游截面 2-2′的流速是否相等？(2) 在三根管的下游截面 2-2′的压强是否相等？

23. 如图 2-75 所示，20℃的水以 2.5m/s 的平均流速流经 ϕ38×2.5mm 的水平管，此管通过锥形管与另一个 ϕ53×3mm 的水平管相连，在锥形管两侧 A、B 处各插入一个垂直玻璃管以观察两截面的压强。若水流经 A、B 两截面间的能量损失为 1.5J/kg，求两玻璃管的水面差（以 mm 计），并在本题附图中画出两玻璃管中水面的相对位置。(答案：88.6mm)

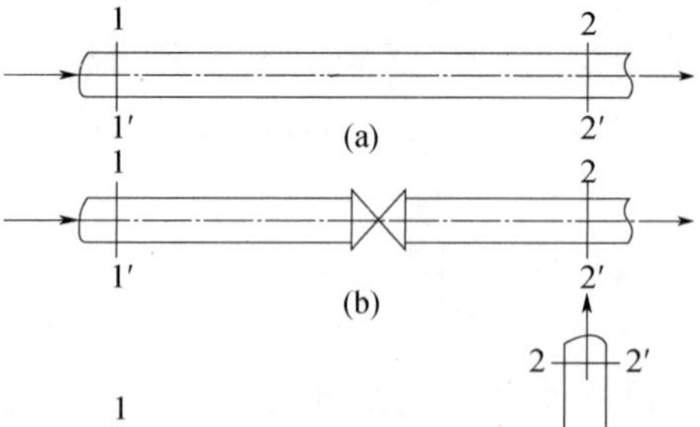

图 2-74　习题 22 附图

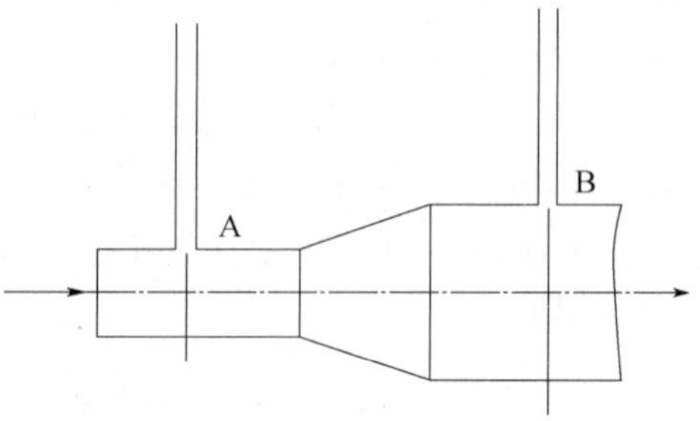

图 2-75　习题 23 附图

24. 如图 2-76 所示，水箱 A 中的水通过管路流入敞口水箱 B 中，已知水箱 A 内液面上气体的表压强 $\Delta p=20$kPa，$H_1=10$m，$H_2=2$m，管径 $d_1=100$mm，$d_2=200$mm，图中阀门处于全开状态，转弯处采用 90°煨弯，若不计沿程阻力损失，试求管内水的流量。（答案：0.055m^3/s）

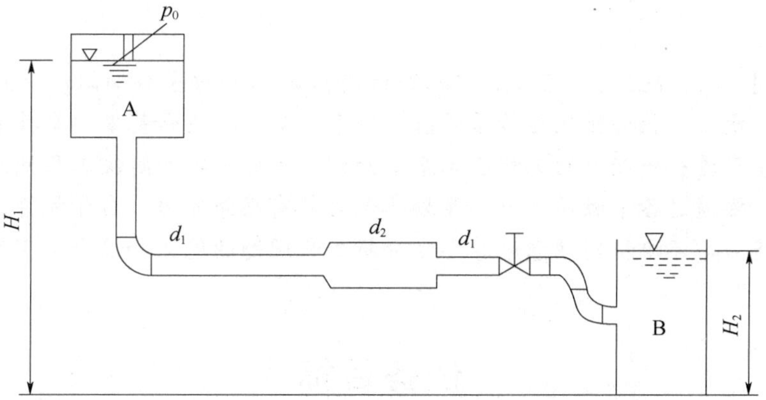

图 2-76　习题 24 附图

25. 有一台离心式通风机，全风压为 200mmH_2O 时，风量为 40m^3/min，风机的总效率为 50%，问轴功率为多少？（答案：2616W）

26. 某砖砌烟囱高 35m，烟囱底部直径与上口直径之比为 1.25。烟囱出口处的温度为 200℃，烟气在标准状态下的密度为 1.32kg/m^3，外界空气的温度为 20℃，烟囱的排烟量为 9m^3/s，试求烟囱底部造成的负压。（答案：163Pa）

单元三　本情境实验

情境二实验

情境三　传热过程与传质基础

【学习要求】本情境主要介绍传热过程和传质基础相关的基本知识及其基本原理。通过本情境的学习，使学生获得传热与传质的基本概念、基本理论和基本运算技能。通过学习本情境掌握材料生产过程中相关的工程理论基本知识，具备一定的解决工程问题的能力。在传授知识的同时，要通过各个教学环节逐步培养学生具有思维能力、自学能力、独立分析问题和解决问题的能力，还要特别注意培养学生分析工程问题的能力和综合运用所学知识去解决问题的能力。

任务目标

【掌握内容】传导、对流和辐射三种传热方式的传热有关基本概念、基本定律及传热计算方法；设备耗热量计算方法，有利于进行热平衡计算；分子扩散基本定律的基本概念，斐克定律，分子扩散系数。

【理解内容】提高热工设备传热效率的主要方法。在掌握传热基本理论基础上，在生产实际中能采取措施加快传热和减少散热。

【了解内容】传导、对流和辐射三种传热方式的传热机理、综合传热的计算方法及有关窑炉的传热计算。

知识内容

单元一　概　　述

传热学是研究热量传递的一门科学。传热过程即热的传递过程，是自然界和工程技术领域中极为普遍的一种传递过程。凡有温度差存在的地方就有热量的传递，而且热量永远是从高温物体自发地传给低温物体，就像水总是自动从高处流向低处、电流总是自动从高电位流向低电位一样。在自然界和工程技术领域中，温度差是普遍存在的，因此普遍存在着热量传递，这是自然界的客观规律。

在硅酸盐工业热工过程中涉及的传热问题主要有两类：一类是如何增强传热；一类是如何减弱传热。如硅酸盐工厂都有窑炉，在窑炉内要将燃料燃烧产生的热有效地传给被加热的物料，使其进行必要的物理、化学变化而形成成品；在水泥、陶瓷、耐火材料工业中都有烘干设备，在其中需要将烟气的热量传给湿物料，使水分蒸发变成干物料。此外，大多数窑炉设有余热利用装置，以回收废气带走的热。以上这些传热过程在生产中是必需的、有益的，都应采取有效措施加以强化。另外，有一些传热过程对生产是无益的，例如，水泥窑体和烘干机筒体表面向周围空气传热，会造成热量损失，因此应当采取一定的措施，削弱这种传热，使热损失减到最小。

研究传热学的目的就是要运用各种有效的方法强化对生产有益的传热过程，削弱对生产无益的传热过程，最大限度提高热工设备的热效率，实现优质、高产、低消耗的目的。因此，学习传热的基本原理，掌握硅酸盐工业热工设备的传热过程，具有十分重要的意义。

一、传热的基本概念

物体的传热和温度分布有着密切的关系，因此在研究传热问题时，需首先建立与温度分布有关的传热基本概念。

1. 温度场

在所研究的传热系统中，空间各个点上都有各自的温度。在一般情况下，每一点的温度是该点坐标（x，y，z）与时间 τ 的函数，即：

$$t=f(x, y, z, \tau) \tag{3-1}$$

温度场是指在传热系统中某瞬间空间各点的温度分布情况。温度场有两类；一类是不稳定温度场，式（3-1）就是三维不稳定温度场的数学表达式。式中温度 t 不仅和位置有关，而且和时间有关。例如刚点火升温的窑炉，炉内及炉壁内各点温度随时间而变化，属于不稳定温度场。另一类是稳定温度场，即温度不随时间而变化，其数学表达式为：

$$t=f(x, y, z) \tag{3-2}$$

实际上绝对稳定的温度场是不存在的。但是如果在所研究的时间内，温度相对保持稳定，则可近似视为稳定温度场。

如果稳定温度场只与一个坐标有关，则称为一维稳定温度场，其数学表达式为：

$$t=f(x) \tag{3-3}$$

在实际工程上，为使问题简化往往忽略次要方向的温度变化，只着重研究主要传热方向的温度分布。若稳定温度场内只考虑两个或一个坐标方向，则称为二维或一维稳定温度场。一维稳定温度场的传热是本书所要讨论的主要内容。

2. 等温面与等温线

在温度场中，把同一瞬间具有相同温度的各点相连接，得到一个面称为等温面。等温面与任一平面相交的交线称为等温线。不同的等温面与同一平面相交，则在这个平面上得到一组相应的等温线。

温度场中同一瞬间同一点上不可能同时存在两个不同的温度，所以不同温度的等温面或等温线彼此是不会相交的。在同一等温面上没有温度变化，因此也就没有热量的传递，热量传递只发生在不同的等温面之间。

3. 温度梯度

在温度场中只有穿过等温面的方向才能观察到温度的变化，显然在单位长度上温度变化最显著的方向是沿着等温面的法线方向，如图 3-1 的 n 方向。

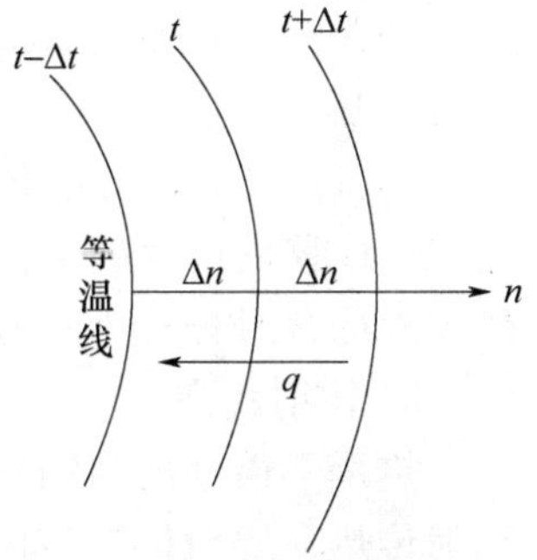

图 3-1　温度梯度示意图

t、$t+\Delta t$、$t+2\Delta t$ 分别为三个温度依次升高的等温面，其温度差为 Δt，沿着法线方向两等温面之间的距离为 Δn，温度差 Δt

对于沿法线方向两等温面之间的距离 Δn 的比值的极限，称为温度梯度，其数学表达式为：

$$\lim_{\Delta n \to 0}\frac{\Delta t}{\Delta n}=\frac{\mathrm{d}t}{\mathrm{d}n} \quad (℃/\mathrm{m}) \tag{3-4}$$

温度梯度说明沿着等温面的法线方向，单位距离的温度变化。温度梯度是沿着等温面法线方向的矢量，它的正方向朝着温度升高的方向。

4. 稳定传热和不稳定传热

发生在稳定温度场内的传热，称为稳定传热。其特点是传热量不随时间而变化，即$\frac{\mathrm{d}t}{\mathrm{d}\tau}=0$，$\frac{\mathrm{d}q}{\mathrm{d}\tau}=0$。稳定传热时，进入的热量必等于离开的热量。

发生在不稳定温度场内的传热，称为不稳定传热。其特点是传热量随时间而变化，即$\frac{\mathrm{d}t}{\mathrm{d}\tau}\neq0$，$\frac{\mathrm{d}q}{\mathrm{d}\tau}\neq0$。

稳定传热和不稳定传热具有不同的规律，在研究传热过程时应首先判断属于哪种传热。本书所讨论的传热均属稳定传热。

二、传热的基本方式

传热是一个复杂的过程，为了便于分析、研究，根据传热过程中不同的传热机理和不同的传热规律将其分为三种基本类型，即传导传热、对流传热和辐射传热。

1. 传导传热

传导传热简称导热，它是依靠物体中微观粒子（分子、原子及电子）热运动传递热量的过程。温度较高的物体，其微观粒子的热运动动能较大，热运动也较激烈。当它与温度较低、热运动动能较小的物体接触时，便进行能量传递，高温物体的粒子动能传向低温物体，这种定向的能量转移过程，称为传导传热。对于金属来说，除分子、原子间动能传递外，还通过自由电子的运动传递热量。

传导传热的特点是物体各部分之间不发生宏观的相对位移，例如，水泥窑内壁温度高于窑体外表面温度，热量便从窑内耐火材料的内表面一直向窑体的外表面传递，这种传热就是传导传热。

2. 对流传热

在流体内部依靠流体质点的宏观位移，将热量从高温处传向低温处的过程称为对流传热。如果热量的传递是由于流体内部冷热部分的密度不同而产生的，称为自然对流传热；如果热量的传递是由于外力（比如由风机或泵的搅拌）作用而产生的，则称为强制对流传热。

对流传热发生在流体内部。但实际生产中常见的流体与固体表面的传热，既包括流体内部质点位移而产生的对流传热，也包括流体与固体表面接触处的层流底层中的传导传热。这两者的综合过程称为对流给热或对流换热。

3. 辐射传热

热量不借助任何物质为媒介，直接以电磁波的方式从高温物体传向低温物体的过程称为辐射传热。辐射传热与传导传热和对流传热有着本质的区别，辐射传热不仅要产生能量的转移，而且还伴随着能量形式之间的转化。即从热能转化为辐射能或从辐射能转化为热能。任何物体只要在绝对温度零度以上，都会向周围放射辐射能。例如，站在燃烧的火焰旁就会感到烤热；太阳和地球相距遥远，太阳发出的热量能够传到地球表面上。这些都是以辐射方式进行传热的。

不同的传热方式有不同的传热规律，研究每一种传热规律是非常重要的。但在实际生产中，很少存在着某种单一方式的传热，常常是一种传热方式伴随着另外一种传热方式同时出现。例如，在水泥回转窑内的传热就是由多种传热方式组成的：高温火焰以辐射和对流的方式传热给窑内物料及窑内衬，随着窑的转动，当窑内衬被埋在物料中时，因其温度高于物料温度，便将热量以传导的方式传给物料。由此可见，在实际生产中的传热过程往往是三种基本传热方式的复杂组合，称为综合传热。

三、传热系数

实践证明，传热过程所传递的热量与传热体的温差及传热面积成正比，用公式表示为：

$$Q=K\Delta tF \tag{3-5}$$

式中　Q——单位时间内，通过总传热面积传递的热量，W；

F——传热面积，m^2；

Δt——冷热物体的温度差，℃；

K——比例系数，称为传热系数，$W/(m^2 \cdot ℃)$。

当 $\Delta t=1℃$，$F=1m^2$ 时，在数值上，即传热系数表示了温差为 1℃，传热面积为 $1m^2$ 条件下传热量数值的大小。它可反映传热过程强烈的程度。对不同传热过程进行比较时，应以传热系数作为指标，传热系数越大，传热过程越强烈，反之则越弱。

如用单位时间内，通过单位面积所传热量来表示热流量（q），式（3-5）可写成：

$$q=\frac{Q}{F}=K\Delta t \tag{3-6}$$

式（3-6）称为传热方程式，是传热计算的基本公式。

四、热阻

由于热量总是自发地从高温物体流向低温物体，而电量总是从高电位流向低电位，有温差就有热量的传递，有电位差就有电流。由此可知，热量传递现象与电量的传递现象相类似。

将式（3-5）、式（3-6）改写成如下形式：

$$Q=\frac{\Delta t}{\frac{1}{KF}} \tag{3-7}$$

$$q=\frac{\Delta t}{\frac{1}{K}} \tag{3-8}$$

将两式与电学上的欧姆定律 $I=\frac{U}{R}$（电流$=\frac{电位差}{电阻}$）相比较，可以看出它们在形式上是类似的。传热量或热流量对应于电流 I；传热温度对应于电位差 U；$\frac{1}{KF}$或$\frac{1}{K}$对应于电路中电阻R，它表示热量传递过程中的阻力，称为热阻。

将传热量或热流量与温差、热阻之间的关系依照欧姆定律可表示为：

$$Q=\frac{\Delta t}{R_t} \tag{3-9}$$

式中　R_t——整个传热面上的热阻，℃/ W。

$$q=\frac{\Delta t}{R'_t} \tag{3-10}$$

式中　R'_t——单位传热面上的热阻，（m^2 · ℃）/W。

对不同的传热方式与传热条件，传热系数和热阻具有不同的形式和内容，确定各具体条件下的传热系数 K 或热阻 R_t、R'_t，是求解稳定态传热问题的核心。各种不同热阻的求取方法在后面有关部分介绍。

单元二　传导传热

一、导热的基本定律

法国数学家傅里叶（Fourier）在研究导热现象时指出：单位时间、单位面积上通过的热量与温度梯度成正比。在单向稳定温度场中，其数学表达式为：

$$q=\frac{Q}{F}=-\lambda\frac{\mathrm{d}t}{\mathrm{d}x} \tag{3-11}$$

式中　q——单位时间单位面积上通过的热量，即热流量，W/m^2；

Q——单位时间沿 x 轴方向通过面积 F 传递的热量，W；

F——与热流量方向垂直的传热面积，m^2；

λ——比例系数，也即导热系数，W/(m · ℃)；

$-\frac{\mathrm{d}t}{\mathrm{d}x}$——在 x 轴方向上的温度梯度，℃/m，负号表示热流方向与温度梯度方向相反。

二、导热系数

导热系数是衡量物质导热能力的物理量。由式（3-11）可得：

$$\lambda=\frac{q}{-\frac{\mathrm{d}t}{\mathrm{d}x}} \tag{3-12}$$

即导热系数的数值是当物体内温度梯度为－1℃/m 时，单位时间、单位面积上的导热量。其单位是 W/(m · ℃)。不同的物质导热系数相差很大，一般来说，纯金属的导热系数最大，合金次之，再依次为非金属材料和液体，而气体导热系数最小。

1. 气体的导热系数

在气体中，氢气的导热系数最大，为 0.6W/(m · ℃)，其他大多数气体的导热系数一般在 0.01～0.5W/(m · ℃) 之间。当温度升高时，气体分子的热运动速度加快，导热系数增大。因此气体的导热系数随温度升高而增大。在相当大的压力范围内，压力对气体的导热系数无明显影响。只有当压力很低（小于 2.7kPa）或很高（大于 200MPa）时，导热系数才随压力增加而增大。常见的几种气体的导热系数见表 3-1。

表 3-1　几种气体的导热系数值　[W/(m·℃)]

温度（℃）	空气	氧气	二氧化碳	水蒸气	烟气[①]
	0.0244	0.0246	0.0147	0.0162	0.0228
100	0.0279	0.0291	0.0186	0.0198	0.0271
200	0.0321	0.0329	0.0228	0.0240	0.0313
300	0.0293	0.0406	0.0301	0.0330	0.0401
400	0.0460	0.0480	0.0390	0.0433	0.0484
500	0.0520	0.0550	0.0472	0.0550	0.0570
600	0.0574	0.0614	0.0548	0.0675	0.0656
700	0.0621	0.0674	0.0620	0.0820	0.0742
800	0.0665	0.0727	0.0686	0.0975	0.0827
900	0.0705	0.0775	0.0750	0.1150	0.0915
1000	0.0740	0.0817	0.0809	0.1332	0.1000
1100	0.0770	0.0856	0.0860	0.1520	0.1090
1200	0.0802	0.0936	—	—	0.1170
	0.0843	0.0982	—	—	0.1260

① 烟气成分：CO_2—13%，H_2O—11%，N_2—76%。

2. 液体的导热系数

液体中，水的导热系数最大，约为 0.6W/(m·℃)，一般液体的导热系数为 0.1～0.5W/(m·℃)。对大多数液体来说，当温度升高时，导热系数略减小，但水和甘油例外。水的导热系数见表 3-2，几种有机液体的导热系数见表 3-3。

表 3-2　水的导热系数　[W/(m·℃)]

温度（℃）	0	20	30	50	70	100
导热系数	0.558	0.596	0.643	0.647	0.663	0.681

表 3-3　几种有机液体的导热系数　[W/(m·℃)]

温度（℃）	乙醇	甲醇	丙酮	甲苯	苯	甘油	蓖麻油	重油
0	0.188	0.214	0.175	0.154	—	—	0.184	—
25	0.184	0.211	0.169	0.136	0.144	0.279	0.180	0.119
50	0.177	0.207	0.163	0.129	0.138	0.283	0.177	0.115
100	—	—	0.151	0.119	0.126	0.286	0.171	0.111

3. 固体的导热系数

金属的导热系数一般为 2.3～427W/(m·℃)。其中以纯银的导热系数最大，常温下可达 427W/(m·℃)，其次是纯铜、铝等。纯金属的导热系数一般随温度升高而减小。例如，铝在常温固态时，导热系数为 230W/(m·℃)，但在 700℃的熔融状态下，导热系数为 92W/(m·℃)。当金属内含有杂质时，其导热系数降低很多，因此合金的导热系数比纯金属低。一些金属材料的导热系数见表 3-4。

表 3-4　几种金属材料的导热系数　[W/(m·℃)]

材料名称	0℃	100℃	200℃	300℃	400℃	600℃	800℃
银	428	422	415	407	399	384	
纯铜	401	393	389	384	379	366	352
黄铜（70Cu　30Zn）	106	131	143	145	148		
青铜（89Cu　11Sn）	24	28.4	33.2				
纯铝	236	240	238	234	228	215	
纯铁	83.5	72.1	63.5	56.5	50.3	39.4	29.6
碳钢（C=1%）	43.0	42.8	43.2	46.5	40.6	36.7	32.2
铬钢（Cr=5%）	36.3	35.2	34.7	33.5	31.4	28.0	27.2
镍钢（Ni=35%）	13.4	15.4	17.1	18.6	20.1	23.1	
铅	35.5	34.3	32.8	31.5			

建筑材料的导热系数为 0.2～3.0W/(m·℃)。这类材料的导热系数大多随温度升高而增大，并且与材料的结构、空隙率、湿度、密度等有关。例如，保温材料的结构多为纤维状或多孔结构，因其孔隙率大，所以密度小，导热系数低，有较好的保温性能。但保温材料的多孔结构容易吸收水分，使导热系数增大，造成保温性能变差。一般优质保温材料的导热系数为 0.035～0.07W/(m·℃)。

耐火材料的导热系数一般为 0.7～5.8W/(m·℃)，绝大多数耐火材料的导热系数随温度升高而增大。但是镁砖和铬镁砖例外，其导热系数随温度升高而减小，因为镁砖和铬镁砖主要由晶体组成，而晶体的导热系数和温度成反比。

常见建筑材料和耐火材料的导热系数见表 3-5。

表 3-5　常见建筑材料和耐火材料的导热系数

材料名称	密度（kg/m^3）	λ_0 [W/(m·℃)]	温度系数 b
半酸性砖	1600～2300	0.872	0.45×10^{-3}
黏土砖	2000～2100	0.697	0.55×10^{-3}
高铝砖	2190～2500	1.532	0.16×10^{-3}
莫来石砖（烧结）	2200～2400	1.686	0.20×10^{-3}
刚玉砖（烧结）	260～2900	2.093	1.60×10^{-3}
硅砖	1900	1.047	0.80×10^{-3}
镁砖	2600～2800	4.303	-0.40×10^{-3}
铬镁砖	2800	2	-0.30×10^{-3}
碳化硅制品	2400～2650	9.3～13.96	-9.00×10^{-3}
石墨制品	1600	162.82	-35.00×10^{-3}
碳砖	1350～1500	23.26	30.00×10^{-3}
锆石英制品	3100～3400	1.303	0.55×10^{-3}
高岭土砖（浇注）	2300～2400	1.047～1.861	(200～1000℃)
白云石砖（不浇）	2800～2900	3.256	(200～1000℃)
氧化锆制品	3200～3300	1.075	(1000℃)
锆莫来石砖（电熔）	2800～3000	2.326～2.908	(200～1000℃)
锆刚玉（电熔）	3300～3700	2.326～2.908	(200～1000℃)
石英砖（电熔）	2000	2.093	(200～1000℃)
轻质黏土砖	1300	0.407	0.30×10^{-3}
	1000	0.291	0.22×10^{-3}
	800	0.209	0.37×10^{-3}
	400	0.093	0.14×10^{-3}
轻质高铝砖	770～1500	0.656	0.07×10^{-3}
轻质硅砖	1200	0.582	0.37×10^{-3}
硅藻土砖	450	0.063	0.12×10^{-3}
	650	0.100	0.196×10^{-3}

续表

材料名称	密度（kg/m^3）	λ_0 [W/(m·℃)]	温度系数 b
膨胀蛭石	60～280	0.057～0.07	0.27×10^{-3}
水玻璃蛭石砖	400～450	0.081～0.105	0.22×10^{-3}
硅藻土石棉粉	450	＜0.069	0.27×10^{-3}
石棉绳	800	0.073	0.27×10^{-3}
石棉板	1150	0.057	0.16×10^{-3}
矿渣棉	150～180	0.052～0.058	0.135×10^{-3}
矿渣棉砖	350～450	0.07	0.135×10^{-3}
红砖	1750～2100	0.465	0.44×10^{-3}
珍珠岩制品	220	0.052	0.025×10^{-3}

4. 影响导热系数的因素

总体上讲，建筑材料、绝热材料和耐火材料的特点是内部具有较多的孔隙。热量通过实体部分是靠固体的导热，而通过孔隙部分是以辐射及其中介质的对流和导热的复杂方式来进行的，因此各种材料的热导率值相差很大。对同一种材料，热导率还受温度、湿度和密度等因素的影响。

（1）温度的影响。经验证明，对于大多数建筑材料、保温材料及耐火材料，在一定的温度范围内，其导热系数与温度呈线性关系，即：

$$\lambda_t=\lambda_0+bt \tag{3-13}$$

式中　λ_t——t℃时材料的导热系数，W/(m·℃)；

λ_0——0℃时材料的导热系数，W/(m·℃)；

b——温度系数，b 值有正有负，当负值时说明该材料的导热系数随温度升高而减小，否则相反。

在实际计算中，式（3-13）所采用的温度是取材料两极端温度（最高和最低温度）的算术平均值。例如：求温度为 t_1 和 t_2 之间的平均导热系数可用下式：

$$\lambda_t=\lambda_0+b\frac{t_1+t_2}{2} \tag{3-14}$$

（2）湿度的影响。自然环境下，材料因孔隙多而吸水，故总有一定的湿度。水的热导率比空气大得多，而且它将从高温区域向低温区域迁移而携带热量，因此湿材料的热导率一般比干材料和水的都要大。例如，某干砖的热导率为 0.33W/(m·℃)，水的热导率为 0.55W/(m·℃)，而该湿砖的热导率可达 1W/(m·℃）左右，因此对这类材料应采取适当的防潮措施。

（3）密度的影响。密度小的材料内部孔隙多，因为空气的热导率很小，故密度小的材料热导率也小。但要注意其中孔隙与空洞的区别，孔隙不能引起明显的对流作用，而因孔隙连成较大的空洞则可能因其中介质的对流作用加强，反而使材料的导热能力提高，这将不利于隔热保温。

三、稳定态的传导传热量计算

1. 单层平壁的导热

当平壁面积较大而厚度较薄时，可忽略向周边的传热，此时可认为平壁的温度只沿着垂

直于壁面的 x 轴方向发生变化，属于单向导热。设平壁两表面温度为 t_1 和 t_2，平壁厚度为 s，如图 3-2 所示。

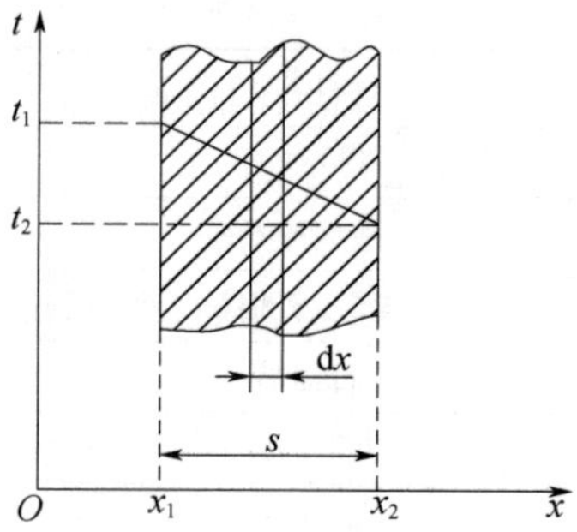

图 3-2 单层平壁导热

根据傅里叶定律：

$$q=-\lambda\frac{dt}{dx}=-(\lambda_0+bt)\ \frac{dt}{dx}$$

将上式分离变量并积分：

$$q\int_{x_1}^{x_2}dx=\int_{t_1}^{t_2}-(\lambda_0+bt)dt$$

$$q(x_2-x_1)=\int_{t_2}^{t_1}\lambda_0 dt+\int_{t_2}^{t_1}bt\,dt$$

$$qs=\lambda_0(t_1-t_2)+\frac{b}{2}(t_1^2-t_2^2)$$

$$=(t_1-t_2)\left(\lambda_0+b\frac{t_1+t_2}{2}\right)$$

$$=(t_1-t_2)\lambda$$

$$q=\lambda\frac{t_1-t_2}{s}\ (\mathrm{W/m^2}) \tag{3-15}$$

由式（3-15）可见，单层平壁导热的热流量与两壁面的温度差成正比，与平壁的厚度成反比，并与平壁材料的导热系数有关。

利用式（3-15）可以解决一些工程实际问题：

① 计算炉墙向外界的散热损失（已知 λ、s、t_1 和 t_2，计算 q 和 Q）。

② 计算不同材料的导热系数（已知 q、s、t_1 和 t_2，计算 λ）。

③ 给定允许的热损失，计算所需的保温层厚度（已知 q、λ、t_1 和 t_2，计算 s）。

④ 推算炉壁不同厚度处的温度。设在炉壁内 x 处取一与表面平行的平面，此面上的温度为 t_x，因为是稳定传热，通过 s 厚层和 x 厚层的热流量是相等的，根据式（3-15）可得：

$$q=\lambda\frac{t_1-t_2}{s}=\lambda\frac{t_1-t_x}{x}$$

$$t_x=t_1-q\frac{x}{\lambda}$$

或

$$t_x=t_1-\frac{t_1-t_2}{s}x \tag{3-16}$$

【例 3-1】 现有一厚度为 240mm 的传热砖墙，内壁温度为 600℃，外壁温度为 150℃。试求通过单位面积向外散热量。已知红砖的导热系数 $\lambda_t=0.465+0.44\times10^{-3}t$。

解： 由式（3-13），红砖的导热系数为：

$$\lambda_t=0.465+0.44\times10^{-3}t=0.465+0.44\times10^{-3}\times\frac{600+150}{2}=0.63\ [\mathrm{W/(m\cdot ℃)}]$$

由式（3-15），单位面积向外散热量为：

$$q=\lambda\frac{t_1-t_2}{s}=0.63\times\frac{600-150}{0.24}=1181.25\ (\mathrm{W/m^2})$$

【例 3-2】 某窑炉耐火砖的厚度为 0.5m，内壁温度为 1000℃，外壁温度为 60℃，耐火砖的导热系数 $\lambda_t=0.7+0.55\times10^{-3}t$，试求通过炉壁的热流量及炉壁内 0.1、0.2、0.3、0.4m 处的温度。

解：由式（3-13），耐火砖的导热系数为：

$$\lambda_t=0.7+0.55\times10^{-3}t=0.7+0.55\times10^{-3}\times\frac{1000+60}{2}=0.9915\ [\text{W/(m}\cdot{}^\circ\text{C)}]$$

由式（3-15），通过炉壁向外散热量为：

$$q=\lambda\frac{t_1-t_2}{s}=0.9915\times\frac{1000-60}{0.5}=1864.02\ (\text{W/m}^2)$$

由式（3-16），炉壁内 0.1、0.2、0.3、0.4m 处的温度分别为：

$$t_{0.1}=t_1-\frac{t_1-t_2}{s}x=1000-\frac{1000-60}{0.5}\times0.1=812\ (^\circ\text{C})$$

$$t_{0.2}=1000-\frac{1000-60}{0.5}\times0.2=624\ (^\circ\text{C})$$

$$t_{0.3}=1000-\frac{1000-60}{0.5}\times0.3=436\ (^\circ\text{C})$$

$$t_{0.4}=1000-\frac{1000-60}{0.5}\times0.4=248\ (^\circ\text{C})$$

2. 多层平壁的导热

由几层不同材料组成的平壁称为多层平壁。在实际生产中经常遇到的都是多层平壁的导热。

例如，窑墙就是由几种材料分层砌筑而成。图 3-3 表示的就是由三层材料组成的平壁。假设层与层之间接触良好，相接触两表面具有相同的温度，即第一层与第二层之间和第二层与第三层之间的接触面温度分别为 t_2 和 t_3；各材料层的厚度分别为 s_1、s_2、s_3；导热系数分别为 λ_1、λ_2、λ_3。

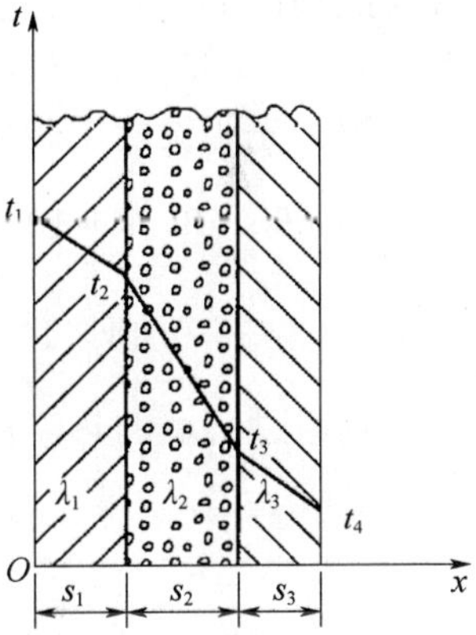

图 3-3　多层平壁导热

因为是稳定导热，通过各层的热流量相等，即：

$$q=q_1=q_2=q_3$$

又有：$q_1=\lambda_1\frac{t_1-t_2}{s_1}$，$q_2=\lambda_2\frac{t_2-t_3}{s_2}$，$q_3=\lambda_3\frac{t_3-t_4}{s_3}$

将上述三式整理如下：

$$(t_1-t_2)=q_1\frac{s_1}{\lambda_1}=q\frac{s_1}{\lambda_1}$$

$$(t_2-t_3)=q_2\frac{s_2}{\lambda_2}=q\frac{s_2}{\lambda_2}$$

$$(t_3-t_4)=q_3\frac{s_3}{\lambda_3}=q\frac{s_3}{\lambda_3}$$

将三式相加得：

$$t_1-t_4=q\left(\frac{s_1}{\lambda_1}+\frac{s_2}{\lambda_2}+\frac{s_3}{\lambda_3}\right)$$

$$q=\frac{t_1-t_4}{\frac{s_1}{\lambda_1}+\frac{s_2}{\lambda_2}+\frac{s_3}{\lambda_3}} \tag{3-17}$$

依此类推，n 层平壁的导热计算公式为：

$$q=\frac{t_i-t_{n+1}}{\sum_{i=1}^{n}\frac{s_i}{\lambda_i}} \tag{3-18}$$

式中　$\sum_{i=1}^{n}\frac{s_i}{\lambda_i}$ ——n 层平壁的总热阻。

从上式可看出，导热现象与导电现象比较相似，导热现象中的 $q=[\Delta t/\Sigma\ (s/\lambda)]$ 相当于导电现象中的 $i=\Delta E/(\Sigma R)$，热流 q 相当于电流强度 i，温度差 Δt 相当于电位差 ΔE，总热阻 $\Sigma\ (s/\lambda)$ 相当于总电阻 ΣR。

在应用式（3-17）、式（3-18）时应注意，因导热系数与温度有关，而中间层的温度 t_2 与 t_3 为未知数，各层导热系数 λ_1、λ_2、λ_3 就无法求得。因此必须先假设 t_2 与 t_3，根据假设的温度求出 λ_1、λ_2、λ_3，再计算热流量。根据求出的热流量按下式求出 t_2 与 t_3。

$$t_2=t_1-q\frac{s_1}{\lambda_1} \tag{3-19}$$

$$t_3=t_1-q\left(\frac{s_1}{\lambda_1}+\frac{s_2}{\lambda_2}\right) \tag{3-20}$$

再与假设的温度进行比较，若误差在 5%以上，则需重算。

【例 3-3】 设有一窑墙，用黏土砖和红砖两种材料砌成，厚度均为 200mm,，内壁温度为 1200℃，外壁温度为 100℃，红砖的使用温度为 800℃，试求通过每平方米窑墙的热损失及在此条件下红砖能否使用。已知红砖的导热系数 $\lambda_t=0.465+0.44\times10^{-3}t$，黏土砖的导热系数 $\lambda_t=0.665+0.55\times10^{-3}t$。

解：先假设两层砖交界面处的温度为 600℃，则黏土砖和红砖的导热系数分别为：

$$\lambda_1=0.665+0.54\times10^{-3}t=0.665+0.55\times10^{-3}\times\frac{1}{2}\times(1200+600)=1.192\ [\text{W/(m·℃)}]$$

$$\lambda_2=0.465+0.44\times10^{-3}t=0.465+0.44\times10^{-3}\times\frac{1}{2}\times(600+100)=0.619\ [\text{W/(m·℃)}]$$

则通过窑墙的热流量为：

$$q=\frac{t_1-t_3}{\frac{s_1}{\lambda_1}+\frac{s_2}{\lambda_2}}=\frac{1200-100}{\frac{0.2}{1.192}+\frac{0.2}{0.619}}=2240.3\ (\text{W/m}^2)$$

校核交界面处的温度为：

$$t_2=t_1-q\frac{s_1}{\lambda_1}=1200-2240.3\times\frac{0.2}{1.192}=824\ (℃)$$

与假设温度相比较：

$$误差=\frac{824-600}{600}\times100\%=37.3\%$$

误差超过 5%，故重新设交界面温度为 820℃。

$$\lambda_1=0.665+0.54\times10^{-3}t=0.665+0.55\times10^{3}\times\frac{1}{2}\times(1200+820)=1.252\ [\text{W/(m·℃)}]$$

$$\lambda_2=0.465+0.44\times10^{-3}t=0.465+0.44\times10^{3}\times\frac{1}{2}\times(815+100)=0.667\ [\text{W/(m·℃)}]$$

$$q=\frac{t_1-t_3}{\frac{s_1}{\lambda_1}+\frac{s_2}{\lambda_2}}=\frac{1200-100}{\frac{0.2}{1.252}+\frac{0.2}{0.667}}=2391\ (\text{W/m}^2)$$

校核：
$$t_2=t_1-q\frac{s_1}{\lambda_1}=1200-2391\times\frac{0.2}{1.252}=818.1\ (℃)$$

与假设温度相比较：

$$误差=\frac{820-818.1}{818.1}\times100\%=0.35\%$$

误差小于 5%，故第二次假设正确。通过每平方米窑墙的热损失为 $2391W/m^2$，由于交界面处的温度高于红砖的使用温度，故红砖不能使用。

3. 复合平壁的导热

在窑炉中，还经常遇到另一种类型的平壁，在它的高度和宽度方向上，由几种不同材料砌成，这种炉壁称为复合壁，如图 3-4 所示。

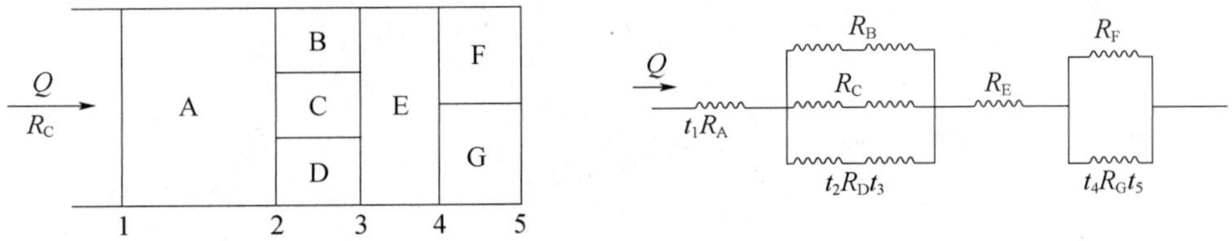

图 3-4　复合平壁导热

由于不同材料的热阻不同，热流沿垂直于壁面方向上的分布是不均匀的，在热阻较小的部位传导的热量较多，在热阻较大的部位传导的热量较少。对于解决这样的导热问题，应用电热模拟是比较方便的，利用热阻串联和并联原则，可以确定总热阻 ΣR，然后根据传热方程，可求出传热量，即：

$$Q=\frac{\Delta t}{\Sigma R} \tag{3-21}$$

但应当注意，只有 B、C 、D 三种材料的导热系数相差不太大时，才能按一维稳定传热方程来求解。

4. 单层圆筒壁的导热

当圆筒的长度远远大于其直径时，沿其长度方向的导热可以忽略不计，而温度仅沿半径发生变化，这种传热也可认为是单向稳定传热。它的等温面是与圆筒同心的圆柱面，如图 3-5 所示。

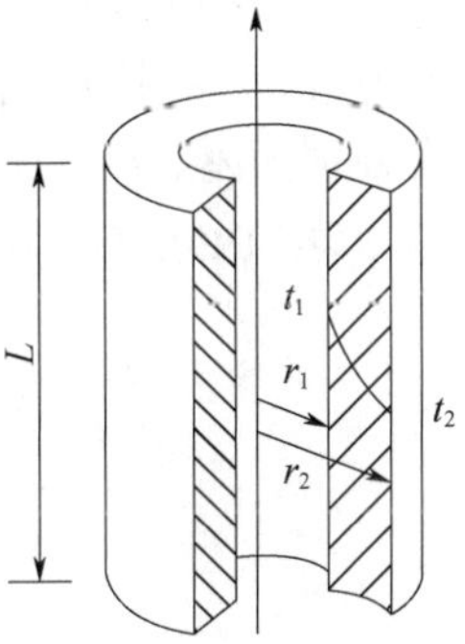

图 3-5　单层圆筒壁导热

设长度为 L 的圆筒壁，其内、外半径各为 r_1、r_2。圆筒壁内外表面温度分别为 t_1、t_2。假设圆筒壁材料的导热系数 λ 为常数。在稳定传热的情况下，由内表面向外表面传递的热量 Q 是不变的，但是由于它的等温面是同心圆柱面，这些圆柱面的表面积随着圆柱半径 r 的增大而增大，因而传热面积不同，所以通过各等温面的热流量也不相同，热流量随圆筒半径的增大而减小。但是对总面积来说，通过圆筒壁上所传导的热量 Q 却是个定值，它不因半径的变化而变化。

根据傅里叶定律：

$$\frac{Q}{F}=q=-\lambda\frac{\mathrm{d}t}{\mathrm{d}r}$$

$$F=2\pi rL\ （F 随 r 而变化）$$

代入上式并分离变量得：　$$\frac{Q}{2\pi L}\cdot\frac{\mathrm{d}r}{r}=-\lambda\mathrm{d}t$$

两边积分：　$$\frac{Q}{2\pi L}\int_{r_1}^{r_2}\frac{\mathrm{d}r}{r}=\int_{t_1}^{t_2}-\lambda\mathrm{d}t$$

得
$$\frac{Q}{2\pi L}\ln\frac{r_2}{r_1}=\lambda\ (t_1-t_2)$$

即
$$Q=\lambda\frac{t_1-t_2}{\ln\frac{r_2}{r_1}}2\pi L\ (\mathrm{W}) \tag{3-22}$$

式（3-22）也可写成下列形式：

$$\begin{aligned}Q&=\lambda\frac{t_1-t_2}{r_2-r_1}\cdot\frac{r_2-r_1}{\ln\frac{r_2}{r_1}}2\pi L=\lambda\frac{t_1-t_2}{r_2-r_1}2\pi L\,r_{av}\\&=\lambda\frac{t_1-t_2}{r_2-r_1}F_{av}=\frac{t_1-t_2}{\frac{r_2-r_1}{\lambda F_{av}}}\end{aligned} \tag{3-23}$$

式中　r_{av}——圆筒内、外半径的对数平均值，$r_{av}=\frac{r_2-r_1}{\ln\frac{r_2}{r_1}}$；

F_{av}——圆筒内、外表面积的对数平均值，$F_{av}=\frac{r_2-r_1}{\ln\frac{r_2}{r_1}}2\pi L$。

计算时如果$\frac{r_2}{r_1}\leqslant 2$，则 F_{av}可用算术平均数代替，即：

$$r_{av}=\frac{r_1+r_2}{2},\quad F_{av}=\frac{F_1+F_2}{2}$$

5. 多层圆筒壁的导热

以图 3-6 所示的三层圆筒壁为例，三层圆筒壁的半径分别为 r_1、r_2、r_3。各层材料的导热系数 λ_1、λ_2、λ_3 均为常数。圆筒壁内外表面温度为 t_1、t_4，且 $t_1>t_4$，假设中间层与层之间接触良好，界面上的温度分别为 t_2、t_3。在稳定状态下，通过各层的热量都相等，$Q_1=Q_2=Q_3=Q$，由式（3-23）可得，通过第一、二、三层的热量分别为：

$$Q_1=Q=\lambda_1\frac{t_1-t_2}{\ln\frac{r_2}{r_1}}2\pi L$$

$$Q_2=Q=\lambda_2\frac{t_2-t_3}{\ln\frac{r_3}{r_2}}2\pi L$$

$$Q_3=Q=\lambda_3\frac{t_3-t_4}{\ln\frac{r_4}{r_3}}2\pi L$$

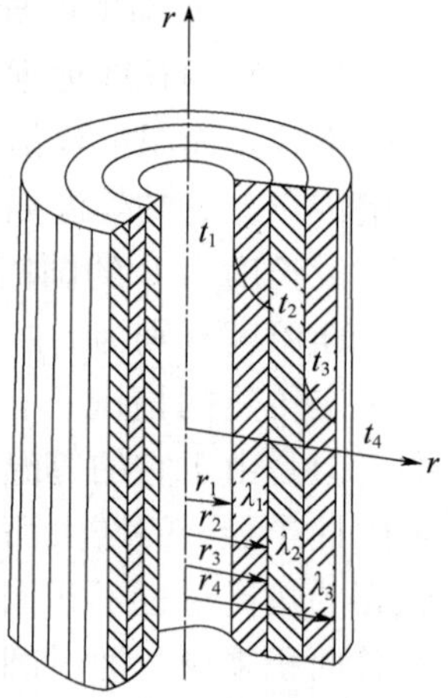

图 3-6　多层圆筒壁导热

将三式整理如下：

$$(t_1-t_2)=\frac{Q\ln\frac{r_2}{r_1}}{\lambda_1 2\pi L},\quad (t_2-t_3)=\frac{Q\ln\frac{r_3}{r_2}}{\lambda_2 2\pi L},\quad (t_3-t_4)=\frac{Q\ln\frac{r_4}{r_3}}{\lambda_3 2\pi L}$$

将以上三式相加得：

$$Q=\frac{t_1-t_4}{\frac{1}{\lambda_1}\ln\frac{r_2}{r_1}+\frac{1}{\lambda_2}\ln\frac{r_3}{r_2}+\frac{1}{\lambda_3}\ln\frac{r_4}{r_3}}2\pi L \tag{3-24}$$

依此类推，n 层圆筒壁的导热计算公式应为：

$$Q=\frac{(t_1-t_{n+1})2\pi L}{\sum_{i=1}^{n}\frac{1}{\lambda_i}\ln\frac{r_{i+1}}{r_i}} \tag{3-25}$$

或

$$Q=\frac{(t_1-t_{n+1})}{\sum_{i=1}^{n}\frac{s_i}{\lambda_i F_{\text{avi}}}} \tag{3-26}$$

式中　λ_i——第 i 层圆筒壁平均温度下的导热系数，W/(m·℃)；

s_i——第 i 层圆筒壁的厚度，m；

F_{avi}——第 i 层圆筒壁内、外表面积的对数平均值，m^2。

$$F_{\text{avi}}=\frac{r_{i+1}-r_i}{\ln\frac{r_{i+1}}{r_i}}2\pi L=\frac{2\pi L s_i}{\ln\frac{r_{i+1}}{r_i}}$$

当$\frac{r_{i+1}}{r_i}\leqslant 2$时，平均半径和平均表面积可用算术平均值来计算。

【例 3-4】 已知蒸汽管的内径和外径分别为 0.16mm 和 0.17mm，管外包有两层保温材料，第一层厚度为 0.03m，第二层厚度为 0.05m，管壁及两层材料的导热系数分别为 $\lambda_1=81.50$W/(m·℃)，$\lambda_2=0.174$W/(m·℃)，$\lambda_3=0.093$W/(m·℃)，蒸汽管的内表面温度为 $t_1=300$℃，最外层表面温度 $t_4=50$℃，求每米长蒸汽管的热损失和各层交界面的温度 t_2、t_3。

解： 已知：$r_1=0.08$m，$r_2=0.085$m，$r_3=0.085+0.03=0.115$m，$r_4=0.115+0.05=0.165$m；

由式（3-25）得，每米长蒸汽管的热损失为：

$$Q=\frac{(t_1-t_{n+1})2\pi L}{\sum_{i=1}^{n}\frac{1}{\lambda_i}\ln\frac{r_{i+1}}{r_i}}=\frac{(300-50)\times 2\pi\times 1}{\frac{1}{81.50}\ln\frac{0.085}{0.08}+\frac{1}{0.174}\ln\frac{0.115}{0.085}+\frac{1}{0.093}\ln\frac{0.165}{0.115}}$$

$$=\frac{(300-50)\times 2\times 3.14\times 1}{\frac{0.06}{81.5}+\frac{0.302}{0.174}+\frac{0.362}{0.093}}=279\ (\text{W/m})$$

每层交界面处的温度为：

$$t_2=t_1-\frac{Q}{2\pi L}\cdot\frac{1}{\lambda_1}\ln\frac{r_2}{r_1}=300-\frac{279}{2\times 3.14\times 1\times 81.5}\times 0.06=299.9\ (℃)$$

$$t_3=t_1-\frac{Q}{2\pi L}\left(\frac{1}{\lambda_1}\ln\frac{r_2}{r_1}+\frac{1}{\lambda_2}\ln\frac{r_3}{r_2}\right)=300-\frac{279}{2\times 3.14}\left(\frac{0.06}{81.5}+\frac{0.302}{0.174}\right)=222.9\ (℃)$$

6. 球壁的导热

常在球壁导热仪中测定粉状、颗粒状或纤维状材料的导热系数，这是一个比较典型的球壁导热问题。设有单层空心球，内外半径各为 r_1 和 r_2，内表面温度为 t_1，外表面温度为 t_2，球壁的导热系数 λ 为常数，如图 3-7 所示。

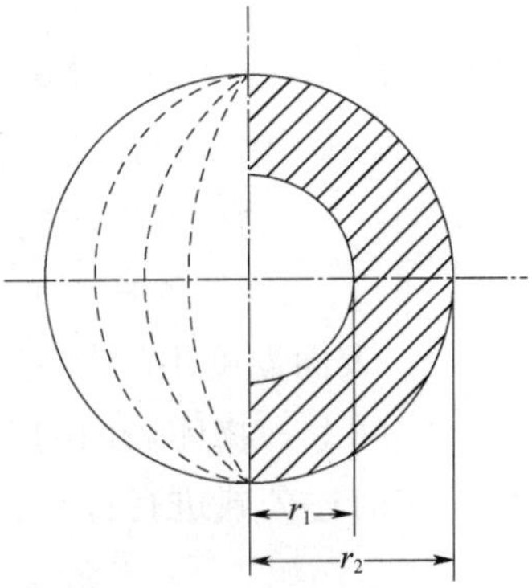

图 3-7　单层球壁导热

根据傅里叶定律，通过球壁的热量为：

$$Q=-\lambda\frac{dt}{dr}F=-\lambda\frac{dt}{dr}4\pi r^2$$

分离变量后积分得：

$$t=\frac{Q}{4\pi\lambda}\cdot\frac{1}{r}+c$$

根据边界条件，$r=r_1$ 时 $t=t_1$，$r=r_2$ 时 $t=t_2$ 代入上式得：

$$t_1=\frac{Q}{4\pi\lambda r_1}+c,\quad t_2=\frac{Q}{4\pi\lambda r_2}+c$$

将两式相减得：

$$t_1-t_2=\frac{Q}{4\pi\lambda}\left(\frac{1}{r_1}-\frac{1}{r_2}\right)$$

$$Q=\frac{4\pi\lambda\ (t_1-t_2)}{\dfrac{1}{r_1}-\dfrac{1}{r_2}}\ \text{(W)} \tag{3-27}$$

或写成：

$$Q=\frac{\pi\lambda\ (t_1-t_2)\ d_1d_2}{s}\ \text{(W)} \tag{3-28}$$

式中　s——球壁的厚度，m；

d_1、d_2——球壁的内外直径，m。

对于 n 层球壁，依此类推其导热计算公式为：

$$Q=\frac{4\pi\ (t_1-t_{n+1})}{\dfrac{1}{\lambda_1}\left(\dfrac{1}{r_1}-\dfrac{1}{r_2}\right)+\dfrac{1}{\lambda_2}\left(\dfrac{1}{r_2}-\dfrac{1}{r_3}\right)+\cdots+\dfrac{1}{\lambda_n}\left(\dfrac{1}{r_n}-\dfrac{1}{r_{n+1}}\right)}\ \text{(W)} \tag{3-29}$$

【例 3-5】 有一中空铁球，内径为 150mm，外径为 300mm，球内、外表面温度分别为 $t_1=248℃$，$t_2=38℃$，求球壁向外的导热量以及球壁中心的温度［已知铁的导热系数为 73W/(m·℃)］。

解： 球壁厚度 $s=\frac{1}{2}\ (d_2-d_1)\ =\frac{1}{2}\times(0.3-0.15)=0.075$（m）

球壁中心处的直径 $d=d_1+s=0.15+0.075=0.225$（m）

球壁向外的导热量 $Q=\frac{\pi\lambda\ (t_1-t_2)\ d_1d_2}{s}=\frac{3.14\times73\times(248-38)\times0.15\times0.3}{0.075}=28900$（W）

球壁中心处的温度为：

$$t=t_1-\frac{t_1-t_2}{\dfrac{1}{d_1}-\dfrac{1}{d_2}}\left(\frac{1}{d_1}-\frac{1}{d}\right)=248-\frac{248-38}{\dfrac{1}{0.15}-\dfrac{1}{0.3}}\times\left(\frac{1}{0.15}-\frac{1}{0.225}\right)=108\ (℃)$$

7. 形状不规则物体的导热

对于一些形状不规则，但形状近似接近于平壁、圆筒壁的物体，其导热可按下式计算：

$$Q=\frac{\lambda}{s}F_x\ (t_1-t_2) \tag{3-30}$$

式中　λ——物体的导热系数，W/(m·℃)；

s——壁厚，m；

t_1、t_2——物体两壁面的温度；

F_x——物体的核算面积，m^2，它的数值取决于物体的形状。

8. 表面温度不均匀时平均温度的计算

实际上，物体表面的温度是不均匀的，这时就必须先计算整个表面的平均温度 t_{av}，然后再按前述公式进行计算。平均温度的计算方法如下：

$$t_{av}=\frac{t_1F_1+t_2F_2+t_3F_3+\cdots+t_nF_n}{F_1+F_2+F_3+\cdots+F_n} \tag{3-31}$$

式中　F_1，F_2，F_3，…，F_n——把传热面积分成 n 个小区，每个小区温度可认为是均匀的，m^2；

t_1，t_2，t_3，…，t_n——每个小区的平均温度，℃。

若各个小区的面积相等，则有：

$$t_{av}=\frac{t_1+t_2+t_3+\cdots+t_n}{n} \tag{3-32}$$

单元三　对流换热

一、对流换热的基本概念

在流体内部依靠流体质点的宏观位移，把热量从高温处向低温处传递的过程称为对流传热。而对流换热是指流体和固体壁面直接接触时彼此之间的换热过程。它既包括流体位移时所产生的对流，又包括流体分子间的导热作用，因此，对流换热是导热和对流共同作用的结果。而在实际生产中遇到的多是对流换热问题。

1. 边界层

对流换热在窑炉中常发生在流体与固体之间，现以高温窑壁与低温空气之间的对流换热为例，来分析这个传热过程。

在流体力学中已做过分析，流体在流动时，紧靠固体壁面处总存在一层做层流运动的边界层，称为层流底层。层流底层中的流体质点只做平行于壁面的流动，而没有横向的相对位移，因此热量通过层流底层时，只能以传导的方式来进行热量传递。即高温壁面的热量首先以传导的方式通过层流底层，然后传入层流底层外的紊流主流区，热量在紊流主流区内就以对流的方式进行传递，这是一个依次发生的串联过程，它包括层流底层区的导热和紊流主流区的对流。

对稳定传热而言，以传导方式传递的热量，必等于以对流方式传递的热量。而传热的总热阻也必等于层流底层热阻（δ/λ，δ 为层流底层厚度）和空气对流热阻之和。由于空气的导热系数 λ 很小，所以层流底层的热阻很大。高温壁与低温空气接触时，温度降在层流底层也最大，如图 3-8 所示。由此可见，层流底层的热阻是决定对流换热量大小的主要因素。

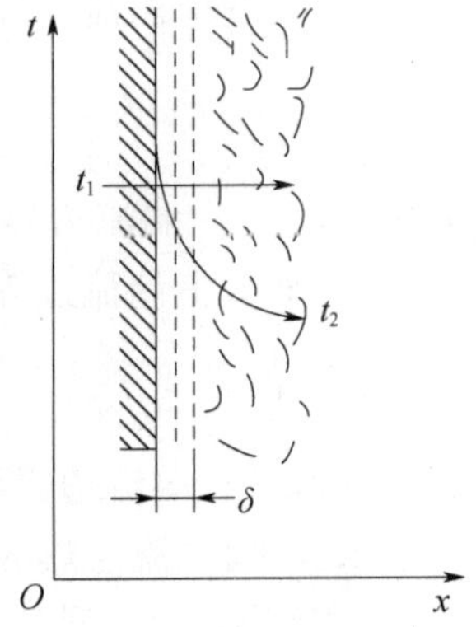

图 3-8　对流换热

由于层流底层的热阻为 δ/λ，所以其热阻与层流底层的厚度 δ 成正比，而层流底层的厚度又与流体的流速等有关。流速增加，紊流程度加强，能使层流底层变薄，对流加强，热阻减小，否则相反。由此说明了对流换热与流体流动状况密切相关。

由流体的黏性可知，黏滞性液体流过壁面时，由于流体的黏滞性与壁面间存在摩擦力而产生速度梯度。一般流体的黏度较小，所以只有在紧贴壁面的流场中才能显示出有速度梯度。如图 3-9 所示，在厚度为 δ 的一薄层内，流速从壁面上的零增加到离垂直壁面方向距离为 δ 的接近主流速度。这一厚度为 δ 的薄层称为边界层，在边界层外面，可认为速度梯度等于零。因此，任何流动着的流体可被划分为两个区域，即有速度梯度存在的边界层和边界层以外的主流，在主流中可以认为是无摩擦的。

流体在边界层内的流动状态，可以是层流，也可以是湍流，在层流与旺盛湍流边界层之间的区域称为过渡流。当边界层厚度较小时，总是属于层流；当其厚度超过一定数值时，则形成湍流边界层。应该注意，在湍流边界层里，紧贴壁面的一个薄层还是层流，称为层流底层。图 3-10 示出流体流过平壁时边界层的变化情况。

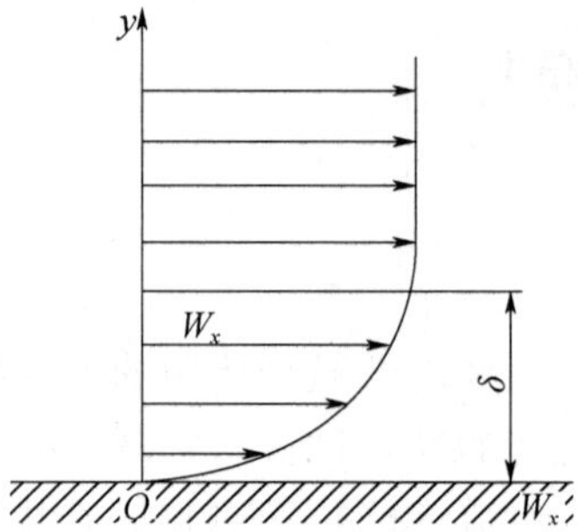

图 3-9　速度边界层

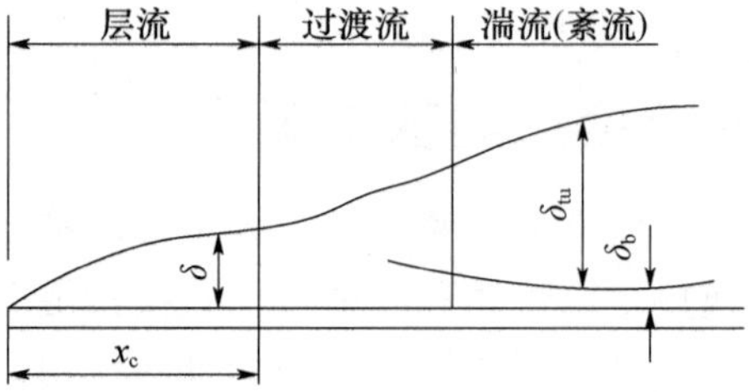

图 3-10　平壁上的层流底层与湍流边界层

δ_{tu}—湍流边界层；δ_b—层流底层

对于传热过程来说，主要感兴趣的是各类边界层的厚度，边界层厚度也可以根据边界层动量方程的积分求得。下面简单介绍一下流体在平壁上流动时边界层厚度的计算。

① 流体在平壁上做稳定流动时，边界层厚度为：

$$\frac{\delta}{x}=\frac{4.64}{\sqrt{Re_x}} \tag{3-33}$$

式中　δ——边界层厚度，m；

x——距平壁前端的距离，m；

Re_x——距平壁前端处的雷诺数。

② 平壁上湍流边界层的厚度为：

$$\frac{\delta_{tu}}{x}=\frac{0.376}{Re_x^{\frac{1}{5}}} \tag{3-34}$$

式中　δ_{tu}——湍流边界层的厚度，m。

③ 平壁上湍流边界层中的层流底层的厚度为：

$$\frac{\delta_b}{\delta_{tu}}=\frac{194}{Re_x^{0.7}} \tag{3-35}$$

式中　δ_b——湍流边界层中的层流底层厚度，m。

2. 影响对流换热的因素

对流换热是一种很复杂的过程，影响对流换热的因素有很多，主要有以下几个方面。

（1）流体的流动状态

流体的流动有两种状态：层流与紊流。由于层流和紊流的物理状态不同，所以层流与紊流热量转移规律也不同。因此，在研究对流换热问题时，首先区分层流和紊流具有十分重要的意义。层流时，热量的传递主要依靠传导；而紊流时，热量的传递除传导外，还同时有紊流扰动的对流传热，此时的换热强度主要取决于边界层中的热阻，因为这部分的热阻和紊流部分的热阻相比要重要得多。

（2）流体流动的动力

流体的运动分为自然流动和强制流动两大类。凡是受外力影响，如泵、鼓风机的作用所发生的运动称为强制对流。凡是由于流体内部因温度不同造成密度不同而引起的流动，称为自然流动或自然对流。自然对流时，单位质量流体产生的浮力（动力）与温度差及流体的体积膨胀系数成正比。

设 ρ、ρ_1 分别代表流体在温度为 t、t_1 时两点上的密度，单位体积流体产生的浮升力为 $\rho g-\rho_1 g$，又因为 $\rho=\rho_1(1+\beta\Delta t)$，$\Delta t=t_1-t$，则：

$$\rho g-\rho_1 g=[\rho_1(1+\beta\Delta t)-\rho_1]g=\rho_1\beta g\Delta t$$

单位质量流体产生的浮力为：

$$\frac{\rho g-\rho_1 g}{\rho_1}=\frac{\rho_1 g\beta\Delta t}{\rho_1}=g\beta\Delta t \tag{3-36}$$

式中　g——重力加速度，m/s^2；

β——流体的体积膨胀系数，1/℃。

应当指出，流体做强制流动时，也会同时发生自然流动，流体内各部分间温度差越大，以及强制流动速度越小，则自然流动的相对影响也越大。但当强制流动相当强烈时，附加的自然流动影响就很小，常可略去不计。

（3）流体的物理性质

流体的物理性质对对流换热有很大的影响，影响对流换热的物理性质有比热（c_p）、密度（ρ）、导热系数（λ）、黏度（μ）等。

比热和密度大的流体，单位体积能携带更多的热量，对流转移热量的能力也大。例如常温下水的 $c_p\rho=4187kJ/(m^3\cdot℃)$，空气的 $c_p\rho=121kJ/(m^3\cdot℃)$，两者相差甚多，造成它们对流换热系数的巨大差别。

导热系数较大的流体，层流底层的热阻较小，换热就强。以水和空气为例，水的导热系数是空气的 20 多倍，这也是水的对流换热系数远比空气大的主要原因之一。

黏度大的流体，流动时黏性剪应力大，边界层增厚，换热系数将减小。除了由于流体种类不同而黏度不同外，还要注意温度对黏度的影响。液体的黏度随温度增高而降低，气体的黏度则随温度的增高而加大，都会影响对流换热系数的大小。

（4）换热面的形状和位置

换热面的形状和位置对于换热过程的影响也很大，即便是一些形状最简单的换热面，例如平板，也因平放、竖放或斜放而影响对流换热过程的强弱。换热面的形状、大小、表面粗糙度等均能影响对流换热系数的大小。

二、对流换热的基本定律

从对流换热过程的分析可知，对流换热是一个相当复杂的过程，对其做精确的理论计算比较困难。目前常采用牛顿冷却定律作为对流换热计算的基础。

$$Q=\alpha(t_1-t_2)F=\alpha\Delta tF \tag{3-37}$$

式中　Q——对流换热量，W；

t_1——固体壁面温度，℃；

t_2——固体周围流体（主流）的温度，℃；

F——流体与固体接触的面积，m^2；

α——对流换热系数，W/(m^2·℃)。

由式（3-37）得 $\alpha=\frac{Q}{\Delta tF}$，所以，对流换热系数的定义为：单位时间内，当流体与固体表面间温差为1℃时，通过单位面积所传递的热量，单位为 W/(m^2·℃)。

牛顿冷却定律指出，对流换热量与换热面积成正比，与流体和固体壁面温度差成正比。牛顿冷却定律也可以写成以下形式：

$$Q=\frac{\Delta t}{\frac{1}{\alpha F}}\ (\text{W}) \tag{3-38}$$

即：对流换热量与流体和固体壁面温度差成正比，与对流换热热阻成反比。$1/\alpha F$ 即为对流换热热阻。

从表面上看，对流换热计算很简单，实际上是把复杂的影响因素都归纳到对流换热系数 α 中去了，因此对流换热系数 α 的计算就成了关键。

三、对流换热准数方程

由影响对流换热的因素分析可知，影响对流换热系数的因素很多，它们之间的关系可用下列函数表示：

$$\alpha=f\ (l,\ \rho,\ \mu,\ \lambda,\ \omega,\ c_p,\ g\beta\Delta t) \tag{3-39}$$

式中 α——流体的对流换热系数，W/(m^2·℃)；

l——流体流动管道尺寸，m；

ρ——流体的密度，kg/m^3；

μ——流体的黏度，Pa·s；

λ——流体的导热系数，W/(m·℃)；

ω——流体的流速，m/s；

c_p——流体的比热，J/(kg·℃)；

$\beta g\Delta t$——流体内部的浮力。

由式（3-39）可以看出，影响对流换热系数的因素很多，要从理论上推导一个普遍适用的公式计算不同情况下的对流换热系数是非常困难的。目前常用的方法是用相似理论设计实验，找出在各特定情况下的对流换热系数与各有关因素的关系，从而整理出一些半经验公式来计算不同情况下的对流换热系数。

目前推求对流传热系数常用的方法是“因次分析法”。

以量制中的基本量的幂的乘积表示该量制中一个量的表达式，称为该量的量纲。在一特定的单位制中，可以分为基本量纲和导出量的量纲。当某一单位制的基本量用来确定某一体系的特点或本质时，称该单位制的基本量为基本量纲。除基本量纲外的其他量纲则为导出量的量纲，可用其量纲表达式表示，以便进行量纲分析。

例如，国际单位制中，七个基本量的量纲分别为：长度（L）、时间（T）、质量（M）、热力学温度（θ）、电流（I）、物质的量（N）、发光强度（J）。除此外均为导出量的量纲。如导出量速度的定义式为 $v=\frac{s}{t}$，则速度的量纲表达式为 $[v]=LT^{-1}$。式中：[ ]——表示某一物理量的量纲。

从量纲表达式的导出过程可以看出，一个物理量可表示为其他相关物理量指数幂的乘积。它的这种性质是应用量纲分析的重要依据。应用量纲理论确定相似准数和准数方程的方法，称为量纲分析法。

应用量纲分析法来确定相似准数和准数方程，只需要对描述所研究现象的各种物理量的量纲进行分析，不需要建立描述该现象的物理方程。

“量纲”一词，在英语中用“dimension”表示。译法有多种，如在工程界已使用多年的“因次”即为其中的一种译法。

因次分析法的基本原理是因次和谐，即任何一个物理关系方程式中，其等号两边不仅数值相等，而且因次也必须相同。例如一物体受力运动，可由方程 $f=m\cdot a$ 表示，方程中 f 数值一定等于 $m\cdot a$，而且等号两边的因次亦相同。

f 的因次：f 单位是 $N=(kg\cdot m)/s^2$，因次是 MLT^{-2}。

m 的因次：m 的单位是 kg，因次是 M。

a 的因次：a 的单位是 m/s^2，因次是 LT^{-2}。

将上述因次代入 $f=m\cdot a$ 得 $MLT^{-2}=M\cdot LT^{-2}$。

对流传热系数及其影响因数间的关系式 $\alpha=f\ (l,\ \rho,\ \mu,\ \lambda,\ \omega,\ c_p,\ g\beta\Delta t)$ 用幂函数的关系表示为：

$$\alpha=Al^a\rho^b\mu^c\lambda^d\omega^e c_p^f\ (g\beta\Delta t)^i \tag{3-40}$$

列出上式等号左右两边各物理量的因次式得：

$$MT^{-3}\theta^{-1}=A\ (L)^a\ (ML^{-3})^b\ (L^{-1}MT^{-1})^c\ (LMT^{-3}\theta^{-1})^d\ (LT^{-1})^e\ (L^2T^{-2}\theta^{-1})^f\ (LT^{-2})^i$$

对于 M：$1=b+c+d$　　　　对于 L：$0=a-3b-c+d+e+2f+i$

对于 T：$-3=-c-3d-e-2f-2i$　　　　对于 θ：$-1=-d-f$

解上列四式得：

$$d=1-f$$

$$c=3-3d-e-2f-2i=3-3\ (1-f)-e-2f-2i=-e+f-2i$$

$$b=1-c-d=1-(-e+f-2i)-(1-f)=e+2i$$

$$a=3b+c-d-e-2f-i=3\ (e+2i)+(-e+f-2i)-(1-f)-e-2f-i=-1+e+3i$$

将求得的值代入式（3-40）得：

$$\alpha=Al^{-1+e+3i}\rho^{e+2i}\mu^{-e+f-2i}\lambda^{1-f}\omega^e c_p^f\ (g\beta\Delta t)^i$$

或

$$\frac{\alpha l}{\lambda}=A\left(\frac{l\rho w}{\mu}\right)^e\left(\frac{\mu c_p}{\lambda}\right)^f\left(\frac{l^3\rho^2 g\beta\Delta t}{\mu^2}\right)^i$$

用准数符号表示，得准数方程式：

$$Nu=ARe^ePr^fGr^i \tag{3-41}$$

或

$$Nu=f\ (Re,\ Pr,\ Gr) \tag{3-42}$$

式中　Nu——努塞尔准数，$Nu=\dfrac{\frac{l}{\lambda}}{\frac{1}{\alpha}}=\dfrac{\alpha l}{\lambda}$，是表示对流换热强烈程度的一个准数，又表示流体层流底层的导热阻力与对流传热阻力的比例；

Re——雷诺准数，$Re=\dfrac{l\rho w}{\mu}$，是反映流体流动情况的准数；

Pr——普朗特准数，$Pr=\dfrac{\mu c_p}{\lambda}$，全由流体的物性参数组成，是反映流体物理性质对对流换热影响的准数。

Gr——格拉晓夫准数，$Gr=\frac{l^3\rho^2 g\beta\Delta t}{\mu^2}$，它在自然对流中的地位相当于强制对流中的雷诺准数。格拉晓夫准数越大，自然对流越强烈。

采用因次分析法，可以不建立微分方程而直接求得准数方程，进而计算出对流换热系数。可以简化有些传热计算。但在某些情况下，可能导致不正确的结果。例如，表征现象的物理量决定得不正确或者缺了某项，就会得到不正确的结论。因此，在采用因次分析法时，必须仔细、全面地研究有哪些物理量与所研究的现象有关，才能得到正确的结果。

四、不同情况下对流换热量的计算

准数方程式（3-42）在不同情况下可简化。

当流体做强制流动，自然流动影响可忽略时：

$$Nu=f\ (Re,\ Pr) \tag{3-43}$$

当流体做自然对流，Re 的影响可忽略时：

$$Nu=f\ (Pr,\ Gr) \tag{3-44}$$

将上述函数式写成幂函数的形式：

强制流动 $$Nu=c'\ (Re^{m'}Pr^{n'}) \tag{3-45}$$

自然对流 $$Nu=c\ (GrPr)^n \tag{3-46}$$

上式中 c'、m'、n'和 c、n 可用实验的方法求得。

利用准数方程可将一般函数关系大为简化，由式（3-41）的复杂函数式简化成 2～3 个准数之间的函数关系，这给通过实验确定函数关系创造了条件。

在进行对流换热量的计算时，必须选定两个参数以确定物理参数值，即定性温度与定性尺寸。

（1）定性温度。在准数方程中，各准数含有流体的物理参数，这些参数都受温度的影响，因此，必须选定一个合适的温度来确定物理参数值，这个决定物理参数值的温度称定性温度。定性温度可取壁面温度、流体的平均温度或流体与壁面的平均温度。

（2）定性尺寸。对流体流动有决定性意义的固体壁与流体相接触的几何尺寸称为定性尺寸。工程上常用的定性尺寸如：流体在管内流动，定性尺寸为管内径；非圆管用当量直径；流体横向掠过单管或管簇，取管外径为定性尺寸；流体纵向掠过平板，取流动方向的壁面长度为定性尺寸。

（一）强制对流换热

1. 流体在圆管内紊流流动

$$Nu_f=0.023Re_f^{0.8}Pr_f^{0.4} \tag{3-47}$$

式（3-47）中准数的下角标 f 表示选用流体平均温度 t_f 作为定性温度，取管内径为定性尺寸。

将 $Nu=\frac{\alpha l}{\lambda}$，$Re=\frac{l\rho w}{\mu}$，$Pr=\frac{\mu c_p}{\lambda}$代入式（3-47）得：

$$\alpha=0.023\,\frac{\lambda}{d}\left(\frac{wd\rho}{\mu}\right)^{0.8}\left(\frac{\mu c_p}{\lambda}\right)^{0.4} \tag{3-48}$$

式中　α——流体的导热系数，W/(m² · ℃)；

d——流体流动管道尺寸，m；

ρ——流体的密度，kg/m^3；

μ——流体的黏度，Pa·s；

λ——流体的导热系数，W/(m·℃)；

w——流体的流速，m/s；

c_p——流体的比热，J/(kg·℃)。

式（3-48）的适用范围：

① 紊流流动 $Re_f > 10^4$。若 Re_f 为 2300～10^4，在过渡区，则求得的对流换热系数 α 须乘以校正系数 φ，

$$\varphi = 1 - \frac{6 \times 10^5}{Re_f^{1.8}}; \tag{3-49}$$

② Pr_f 为 0.6～120。

③ $\frac{l}{d} > 50$，l 为管长，d 为管内径。当 $\frac{l}{d} < 50$ 时，α 应乘以校正系数 ε_1。ε_1 值见表 3-6。

流体在管内强制流动时，还可用下列简化公式计算：

$$\alpha = A_n \frac{w_0^{0.8}}{d^{0.2}} \quad [W/(m^2 \cdot ℃)] \tag{3-50}$$

式中　w_0——流体在管道内的流速，Bm/s；

d——管道内径或当量直径，m；

A_n——因流体种类而异的系数，见表 3-7。

表 3-6　当 $\frac{l}{d} < 50$ 时的校正系数 ε_1

Re_f \ $\frac{l}{d}$	1	2	5	10	20	30	40	50
$<2.2 \times 10^3$	1.90	1.70	1.44	1.21	1.13	1.07	1.03	1.00
1×10^4	1.65	1.50	1.34	1.23	1.13	1.07	1.03	1.00
2×10^4	1.51	1.40	1.27	1.18	1.10	1.05	1.02	1.00
5×10^4	1.34	1.27	1.18	1.13	1.08	1.04	1.02	1.00
1×10^5	1.28	1.22	1.15	1.10	1.06	1.03	1.02	1.00

表 3-7　常用温度下某些流体的 A_n 值

水	℃	0	20	40	60	80	100
	A_n	1425	1850	2330	2760	3080	3370
空气	℃	0	200	400	600	800	1000
	A_n	3.97	4.32	4.68	4.96	5.16	5.35
废气	℃	0	200	400	600	800	1000
	A_n	3.96	4.63	5.35	5.76	6.42	6.65
水蒸气	℃	0	150	200	250	300	350
	A_n	4.07	4.13	4.30	4.53	4.72	4.99
重油	℃	40	60	80	100	120	140
	A_n	31.4	52.4	88.5	119	146.5	179

【例 3-6】 一套管换热器，套管为 ϕ89mm×3.5mm 钢管，内管为 ϕ25mm×2.5mm 钢管，长为 2m。环隙中 $p=100$kPa 的饱和水蒸气冷凝，冷却水在内管中流过，进口温度为

15℃，出口为 35℃。冷却水流速为 0.4m/s，试求管壁对水的对流传热系数。

解：此题为水在圆形直管内流动，定性温度 $t=\frac{15+35}{2}=25℃$，定性尺寸 $d=0.02\text{m}$，查 25℃时水的物性参数（见附录 10）如下：

$$c_p=4.179\times10^3\text{J/(kg}\cdot℃) \qquad \rho=997\ \text{kg/m}^3$$

$$\lambda=60.8\times10^{-2}\text{W/(m}\cdot℃) \qquad \mu=90.27\times10^{-5}\text{Pa}\cdot\text{s}$$

计算：$Re=\frac{d\rho w}{\mu}=\frac{0.02\times997\times0.4}{90.27\times10^{-5}}=8836$　属过渡流

校正系数：$\varphi=1-\frac{6\times10^5}{Re^{1.8}}=1-\frac{6\times10^5}{8836^{1.8}}=0.953$

管壁对水的对流传热系数为：

$$\begin{aligned}\alpha&=0.023\,\frac{\lambda}{d}\left(\frac{wd\rho}{\mu}\right)^{0.8}\left(\frac{\mu c_p}{\lambda}\right)^{0.4}\varphi\\&=0.023\times\frac{0.608}{0.02}\times8836^{0.8}\times\left(\frac{90.27\times10^{-5}\times4.179\times10^3}{60.8\times10^{-2}}\right)^{0.4}\times0.953\\&=1981\ [\text{W/(m}^2\cdot℃)]\end{aligned}$$

2. 流体在圆管内层流流动

西得和塔特提出的计算公式为：

$$Nu_f=1.86\ (Re_fPr_f)^{0.33}\left(\frac{d}{l}\right)^{\frac{1}{3}}\left(\frac{\mu_f}{\mu_w}\right)^{0.14} \tag{3-51}$$

式中 $\left(\frac{\mu_f}{\mu_w}\right)^{0.14}$——修正不均匀物性场影响的修正系数。

式（3-51）的适用条件是：$Re_fPr_f\,\frac{d}{l}>10$，$Re_f=13\sim2030$，不适合管子很长的情况。

3. 管内过渡流流动

对气体：
$$Nu_f=0.0214\ (Re_f^{0.8}-100)\ Pr_f^{0.4}\left[1+\left(\frac{d}{l}\right)^{\frac{2}{3}}\right]\left(\frac{T_f}{T_w}\right)^{0.45} \tag{3-52}$$

式中 $\left(\frac{T_f}{T_w}\right)^{0.45}$——修正不均匀温度场影响的修正项。

该式的适用条件是：$2300<Re_f<10^6$；$0.6<Pr_f<1.5$（气体或 100℃的水）；$0.5<\frac{T_f}{T_w}<1.5$。

对液体：
$$Nu_f=0.012\ (Re_f^{0.87}-280)\ Pr_f^{0.4}\left[1+\left(\frac{d}{l}\right)^{\frac{2}{3}}\right]\left(\frac{Pr_f}{Pr_w}\right)^{0.11} \tag{3-53}$$

该式的适用条件是：$2300<Re_f<10^4$；$1.5<Pr_f<500$；$0.05<\frac{Pr_f}{Pr_w}<20$。

4. 流体掠过平板紊流流动

$$Nu_m=(0.037Re_m^{0.8}-850)\ Pr_m^{\frac{1}{3}} \tag{3-54}$$

该式的适用条件是：$5\times10^5<Re<10^7$；$Pr=0.5\sim50$。

定性温度取边界层平均温度 $t_m=\frac{t_f+t_m}{2}$；定性尺寸取板长。

5. 流体掠过平板层流流动

$$Nu_m=0.664Re_m^{\frac{1}{2}}Pr_m^{\frac{1}{3}} \tag{3-55}$$

该式的适用条件是：$Re<5\times10^5$；$Pr>1$。

定性温度为边界层平均温度；定性尺寸取板长。

6. 流体外掠单管

$$Nu_f=cRe_f^nPr_f^{\frac{1}{3}} \tag{3-56}$$

式中　c、n——实验常数，其值随 Re 变化，见表 3-8。

定性温度为流体温度；定性尺寸为单管外径。

表 3-8　实验常数 c、n 的值

Re	C	n
0.4～4	0.989	0.330
4～40	0.911	0.385
$40\sim4\times10^3$	0.683	0.466
$4\times10^3\sim4\times10^4$	0.193	0.618
$4\times10^4\sim4\times10^5$	0.0266	0.805

7. 强制对流时某些经验公式

(1) 火焰炉膛内，烟气对物料的对流换热系数 α。

当 $w_0<8\text{m/s}$ 时：

$$\alpha=4.9+2.7\rho_0w_0\quad[\text{W/(m}^2\cdot℃)] \tag{3-57}$$

式中　w_0——烟气在标准状态下的流速，m/s。

ρ_0——烟气在标准状态下的密度，kg/m³。

(2) 气体穿过散料层时的对流换热。

当 $Re_f>200$ 时：

$$\alpha=0.71\frac{\lambda}{d^{0.33}}\left(\frac{w}{\upsilon}\right)^{0.67}\quad[\text{W/(m}^2\cdot℃)] \tag{3-58}$$

式中　w——折算至中空截面积时的气体流速，m/s；

d——散料粒的平均直径，m；

λ——气体的导热系数，W/(m·℃)；

υ——气体的运动黏度，m²/s。

当 $Re_f<200$ 时：

$$\alpha=0.123\frac{\lambda w\rho}{\mu}\quad[\text{W/(m}^2\cdot℃)] \tag{3-59}$$

(3) 在隧道窑冷却带及预热带中气体与制品及窑墙间的换热系数。

$$\alpha=K\frac{5.93w_0^{0.69}}{d_{当}^{0.33}}\quad[\text{W/(m}^2\cdot℃)] \tag{3-60}$$

式中　K——温度校正系数（1～1.4）；

$d_{当}$——空隙当量直径，m。

（二）自然对流换热

由于流体温度差造成密度差所引起的流体流动，称自由流动或自然对流，产生的传热现象称自然对流换热，如窑炉的墙壁、顶及各种管道向大气的散热等，都属自然对流传热。

自然对流的准数方程为：

$$Nu=c\,(GrPr)^{n} \tag{3-61}$$

式中 c 和 n 的值由实验确定，其中 c 与加热表面形状及位置有关；n 值决定于层流还是紊流，层流时 $n=\frac{1}{4}$，紊流时 $n=\frac{1}{3}$。

空气自然对流是工程中最常见的，假定壁面与空气的温度差以 50℃为近似平均数，压力为 1 个大气压，可得到常压下空气自然对流传热的简化公式，见表 3-9。

表 3-9　常压下空气自然对流传热的简化公式

加热表面形状及位置		对流传热系数 [W/(m²·℃)]	$(Gr\cdot Pr)$ 范围	定性尺寸
垂直平壁 垂直圆筒	层流	$\alpha=1.49\left(\frac{\Delta t}{L}\right)^{\frac{1}{4}}$	$10^4\sim10^9$	高度 H
	紊流	$\alpha=1.35\ (\Delta t)^{\frac{1}{3}}$	$10^9\sim10^{12}$	
水平圆柱		$\alpha=1.34\left(\frac{\Delta t}{L}\right)^{\frac{1}{4}}$	$10^4\sim10^9$	外径 d
热面向上的 水平板	层流	$\alpha=1.36\left(\frac{\Delta t}{L}\right)^{\frac{1}{4}}$	$2\times10^7\sim3\times10^{10}$	正方形取边长，矩形取两边平均值，圆盘取 $0.9d$
	紊流	$\alpha=1.58\ (\Delta t)^{\frac{1}{3}}$		

上述公式中，紊流时定性尺寸 L 从计算公式中消失，说明当流体的自然对流进入紊流状态后，加热表面的尺寸已不再影响到传热。

在窑炉内部，自然对流一般不是传热的主要因素，但在窑墙向外散热时，空气的自然对流就是主要因素了。常用的经验公式如下：

$$\alpha=K\ (t_w-t_a)^{0.25}\quad [\mathrm{W/(m^2\cdot ℃)}] \tag{3-62}$$

式中　K——系数：在垂直壁面上 $K=2.56$；在水平壁面上、给热面向上 $K=3.26$；在水平壁面上、给热面向下 $K=1.63$。

在计算窑墙向外散热时，还必须考虑窑墙向外辐射传热部分。

【例 3-7】 有一根水平安置的水蒸气管道，保温层外径 $d=583$mm，外壁温度 $t_w=48$℃，周围空气温度 $t_a=23$℃，求每米管道自然对流的散热量。

解：计算定性温度：　$t_m=\frac{t_w+t_a}{2}=\frac{48+23}{2}=35.5$（℃）

查表得：$\upsilon=16.55\times10^{-6}\mathrm{m^2/s}$，$Pr=0.70$。

$$\beta=\frac{1}{273+t_m}=\frac{1}{273+35.5}=\frac{1}{308.5}\ (1/℃)$$

$$\Delta t=t_w-t_a=48-23=25\ (℃)$$

判断流态：

$$(Gr\cdot Pr)=\frac{g\beta\Delta t l^3}{\upsilon^2}Pr=\frac{9.8\times\frac{1}{308.5}\times25\times0.583^3}{16.55\times10^{-6}}\times0.70=4.09\times10^8<10^9$$

属层流状态。

利用表 3-9 的公式，得：

$$\alpha=1.34\left(\frac{\Delta t}{d}\right)^{1/4}=1.34\times\left(\frac{25}{0.583}\right)^{1/4}=3.46\ [\mathrm{W/(m^2\cdot ℃)}]$$

因此，每米管道上的对流换热量为：

$$q=\alpha\ (t_w-t_a)\ F=3.46\times(48-23)\times3.14\times0.583=159\ (\mathrm{W/m})$$

（三）强化对流换热的因素分析

从对流传热的计算公式中可以看出，影响对流换热的因素主要有三个方面：壁面与流体之间的温度差 Δt、对流传热系数 α、传热面积 F。这三方面无论哪一项增大，均能提高对流换热效果。

在强制流动时，流速对于对流传热有较大影响，要加强对流传热，提高流体的流速，是一个重要措施。但必须指出，增加流速可以提高对流传热的热流量，但单位流体传递的热量反而少了，这是因为流体的流速加大后，流体的质点和固体的接触时间短了。

在自然对流的情况下，壁面与流体的温度差对对流传热系数 α 起重要作用，温度差越大，α 也越大。

不论是自然对流或强制对流，流体种类对对流传热系数 α 有较大影响，在相同条件下，水、重油、烟气和空气的对流传热系数依次降低。增加流体与壁面的温差和增加流体与固体的接触面积均可增加对流传热量。

单元四　辐射传热

一、辐射传热的基本概念

（一）辐射传热的本质和特点

辐射传热是利用电磁波中的热射线进行热量传递的。物体发射电磁波是由于物体原子中电子振动的结果。当物体温度升高，它的原子核外围的某些电子吸收了热能，由能级较低的一层跳到离原子核较远的能级较高的一层，这些跃出的电子不稳定，在它们跳回去的过程中，把原来吸收的能量以电磁波的形式释放出来，形成热辐射。电磁波具有各种不同的波长，按不同的波段分类，并给以专门名称，如图 3-11 所示。

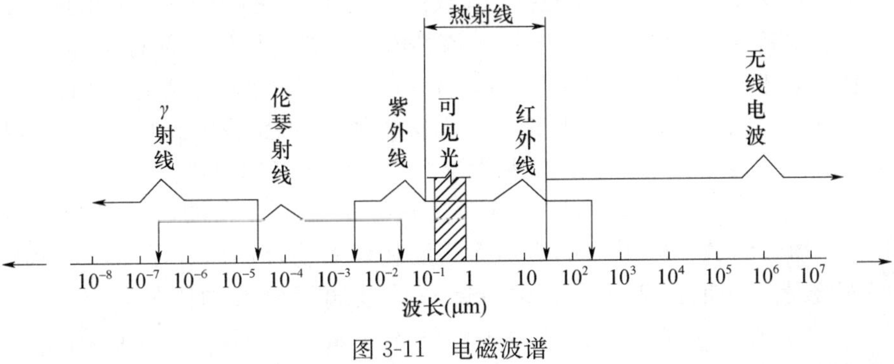

图 3-11　电磁波谱

各种电磁波都会产生不同程度的热效应。其中以波长为 0.8～1000μm 的红外线投射到物体表面上时，最易转变为热能，所以，一般又把红外线称为热射线，它是辐射传热的主要研究对象。

红外线又有近红外和远红外之分。大体上以 4μm 为界限，把波长 4μm 以下的红外线称为近红外线，4μm 以上的红外线称为远红外线。但两者的物理作用并无本质的差异，也无区分界限的统一规定。远红外热技术就是利用远红外辐射元件放射出以远红外线为主的电磁波，对物料进行加热。在加热某些物料时，它具有效能高、能量消耗低的显著优越性。与传导、对流换热比较，辐射传热有三个特点：

（1）热辐射不仅进行能量的转移，而且还伴随着能量形式的转化，即从热能转化为辐射能，又从辐射能转化为热能。

（2）辐射能不仅从高温物体向低温物体放射，同时也从低温物体向高温物体放射，但最终结果还是高温物体放射的多，吸收的少，热量传向低温物体。

（3）热射线的传播和可见光的传播一样，服从光学中的投射、折射和反射的规律，在传播中不需中间介质，在真空中也能进行。例如太阳距地球有 1.5 亿 km，它们之间近乎真空状态，太阳能就是以辐射方式穿过真空，将热量传到地球上的。

（二）吸收、反射和透过

热射线的传播具有与光传播同样的特性，因此光学中投射、折射和反射的规律，在此同样适用。

投射到物体上的总辐射能 Q_0 可分为三部分：一部分能量 Q_A 被物体吸收，一部分能量 Q_R 被物体反射，还有一部分能量 Q_D 透过物体，如图 3-12 所示。

$$Q_A+Q_R+Q_D=Q_0 \tag{3-63}$$

式（3-63）也可写成：

$$\frac{Q_A}{Q_0}+\frac{Q_R}{Q_0}+\frac{Q_D}{Q_0}=1 \tag{3-64}$$

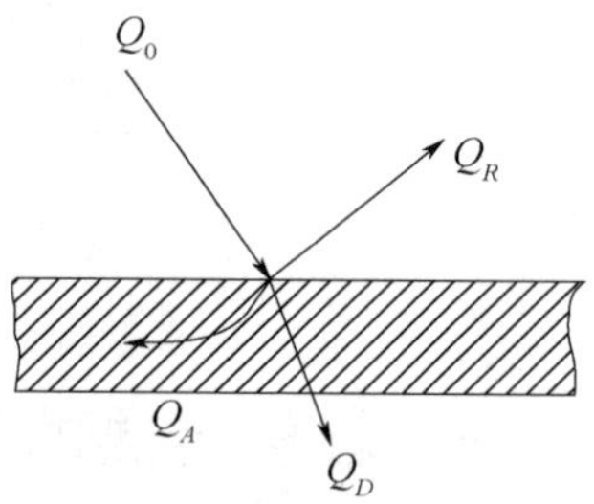

图 3-12　落在物体上的辐射能分布图

式中 $\frac{Q_A}{Q_0}=A$——物体的吸收率；

$\frac{Q_R}{Q_0}=R$——物体的反射率；

$\frac{Q_D}{Q_0}=D$——物体的透过率。

A、R、D 都表示比值，是无因次的，其数值总在 0～1 之间变化。如果投射到物体上的辐射能全被该物体吸收，$A=1$，$R=D=0$，该物体称为绝对黑体（简称黑体）；如果投射到物体上的辐射能全部被该物体反射，$R=1$，$A=D=0$，该物体称为绝对白体（漫反射时，简称白体），或称为绝对镜体（镜面反射时，简称镜体），如果投射到物体上的辐射能全部透过该物体时，$D=1$，$A=R=0$，该物体称为绝对透热体（简称透热体。）。

自然界中，绝对黑体、绝对白体、绝对透热体都是不存在的，即各种物体的 A、R、D 值都小于 1。物体的 A、R 和 D 的数值大小随物体的物理性质、温度、表面粗糙程度和射线波长等而变化。一般说固体和液体（除石英玻璃等少数物体外），热射线是不透过的，即 $D=0$，$A+R=1$，单原子或双原子的气体（如 Ar、H_2、N_2、O_2 干空气等）可近似地看作透热体，$D=1$，$R=0$，$A=0$；具有辐射能力的气体如 CO_2、H_2O、S_2O 和烟气等实际上不具有反射能力，$R=0$，$A+D=1$。一般说来，表面越粗糙，吸收率越大，如

油烟的吸收率 $A=0.9\sim0.95$。

（三）黑体辐射模型

自然界中虽不存在绝对黑体，但因为它在理论和实践上都很重要，研究问题时往往以它为标准，从中找出辐射传热所遵循的规律，从而解决辐射传热实验和计算问题，因此还是要建立起绝对黑体的概念。

用人工方法可得到黑体模型，在空心球体的壁上开一小孔，此小孔就具有黑体的性质，所有进入小孔的辐射能，在多次反射的过程中被空洞内壁所吸收，如图 3-13 中 a 所示；同时温度均匀的空洞壁也可从各方面把辐射能和反射的辐射能投向小孔，这就可把小孔看作黑体辐射，如图 3-13 中 b 所示。

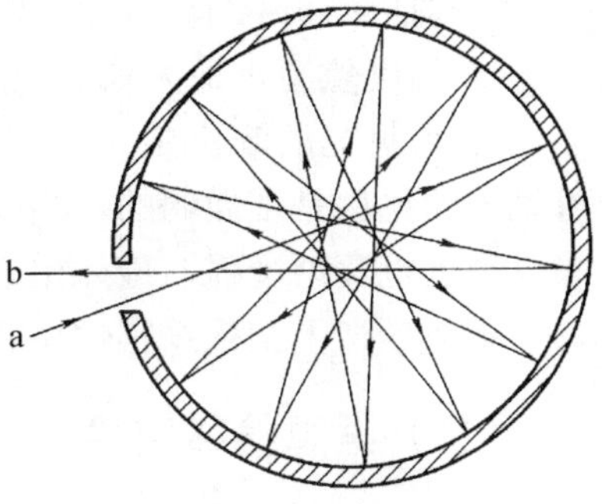

图 3-13　黑体模型

二、辐射传热的基本定律

（一）普朗克辐射定律

为了阐明普朗克定律，先说明两个概念。

（1）辐射能力（全辐射能力）。物体单位表面积、在单位时间内，向半球空间辐射出的波长从 $0\sim\infty$ 范围的总能量，称为物体的辐射能力。用 E 表示，单位为 W/m^2。对于黑体，用 E_0 表示。

（2）辐射强度（单色辐射能力）。物体的辐射能力按波长的分布是不均匀的，如果物体单位表面积、单位时间内，向半球空间辐射出的波长从 λ 到 $\lambda+d\lambda$ 范围的辐射能力为 dE，则 $\frac{dE}{d\lambda}$ 称为辐射强度，用 E_λ 表示，单位是 W/m^3。

普朗克定律表明了黑体辐射强度按照波长的分布规律，给出了黑体单色辐射能力随波长和温度而变化的函数关系。普朗克定律的数学表达式如下：

$$E_{0\lambda}=\frac{c_1\lambda^{-5}}{e^{\frac{c_2}{\lambda T}}-1}\quad (W/m^3) \qquad (3\text{-}65)$$

式中　$E_{0\lambda}$——黑体的单色辐射能力，W/m^3；

λ——波长，m；

e——自然对数的底，2.718；

T——黑体的绝对温度，K；

c_1——常数 $c_1=3.74\times10^{-16}$，$W\cdot m^2$；

c_2——常数 $c_2=1.4387\times10^{-2}$，$m\cdot K$。

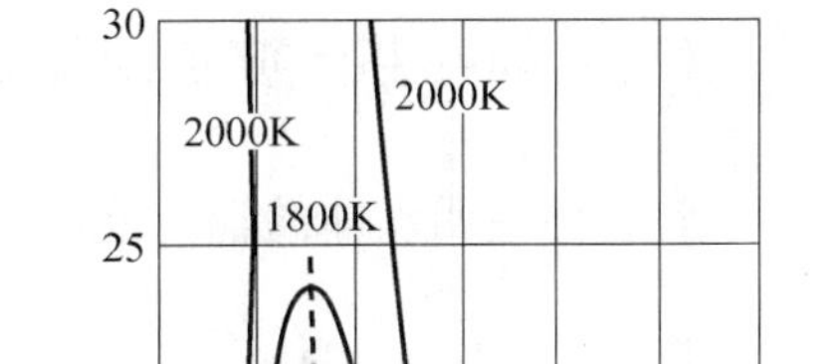

图 3-14　黑体辐射强度与波长和温度的关系

以不同波长及温度代入式（3-65）可得图 3-14，可更清楚地显示出不同温度下黑体的辐射强度按波长分布的情况。

① 在某一温度下，黑体的辐射强度 $E_{0\lambda}$ 因波长不同而异，开始是随波长增加而增加，达到最高值后，又随波长增加而减小。

② 对同一波长来说，温度愈高，辐射强度愈大。

③ 温度愈高，最大辐射强度的波长愈短。

④ 可见光的波长在 0.4～0.8μm 之间。由图 3-14 可见，当 $T<1000$K 时，在辐射能中可见光的比例是很微弱的，当 $T>2000$K 时也只有约 2%。随着温度的升高，可见光相应增多，亮度也逐渐增强，最先出现红色光，以后依次为橙色、黄色和白色的光。

工业生产上常依据窑炉中物料的颜色和亮度来判断其温度。

（二）维恩偏移定律

具有最大辐射强度的波长与绝对温度的乘积为一常数，此关系称为维恩定律，其数学式为：

$$T\lambda_m=2896 \tag{3-66}$$

式中 T——物体的绝对温度，K；

λ_m——在该温度下辐射强度最大时的波长，μm。

通过测定 λ_m，可应用维恩定律推算出一些难以测定的物体温度。例如测得太阳的 $\lambda_m=0.5\mu$m，则可推算太阳的表面温度 $T=5792$K。

严格地说，此定律仅适用于黑体，对实际物体会有差异。

（三）斯蒂芬一波尔茨曼定律

此定律说明黑体的辐射能力与其绝对温度的四次方成正比，其关系式由 $E_{0\lambda}=\dfrac{c_1\lambda^{-5}}{e^{\frac{c_2}{\lambda T}}-1}$ 积分而得：

$$E_0=\sigma_0 T^4=C_0\left(\frac{T}{100}\right)^4 \quad (\mathrm{W/m^2}) \tag{3-67}$$

式中 σ_0——黑体的辐射常数 5.67×10^{-8}，W/(m^2·K^4)；

C_0——黑体的辐射系数 5.67，W/(m^2·K^4)。

由此可见，绝对温度提高一倍，黑体的辐射能力将增加 15 倍。

斯蒂芬一波尔茨曼定律是辐射传热的一条基本定律，是整个辐射传热计算的基础。

（四）灰体的特性

工程上最重要的是确定实际物体的辐射能力。在同一温度下，实际物体的辐射能力 E 恒小于黑体的辐射能力 E_0。不同物体的辐射能力也有很大差别。通常用黑体的辐射能力 E_0 作为基准，引进物体的黑度 ε 的概念，表示为：

$$\varepsilon=\frac{E}{E_0} \tag{3-68}$$

即实际物体的辐射能力与同温度下黑体的辐射能力之比称为黑度。它表示物体的辐射能力接近于黑体的程度，其值恒小于 1。实验证明，物体的黑度不仅与物体的种类、表面温度及表面状况（如粗糙度、氧化程度等）有关，严格地讲还与波长有关。物体的黑度是物体的一种性质，只与物体本身情况有关，而与外界因素无关，其值可由实验测定。

为了使一般的工程计算辐射传热问题得以简化，引入了灰体的概念。所谓灰体，就是对各种波长辐射能具有相同吸收率的理想化物体。

实验表明，大多数工程材料，对于波长在 0.76～20μm 范围内的辐射能（此波长范围内辐射能为工业上应用最多的辐射能），其吸收率随波长变化不大，故可将这些工程材料视为灰体。

灰体的辐射能力可用式（3-69）计算：

$$E=\varepsilon E_0=\varepsilon C_0\left(\frac{T}{100}\right)^4 \tag{3-69}$$

式中　E——温度为 T 时灰体的辐射能力，W/m^2；

E_0——同温度时黑体的辐射能力，W/m^2；

ε——灰体的黑度；

C_0——黑体的辐射系数 5.67，$W/(m^2 \cdot K^4)$；

T——灰体的绝对温度，K。

（五）兰贝特定律

斯蒂芬—波尔茨曼定律只指出了黑体表面在半球面空间中辐射的总能量，而没有说明在半球面各个方向上能量的分布情况。实际上，在半球面空间的不同方向上其辐射能的分布是不均匀的。在生活实践中可以感觉到，在辐射面 dF_1 为中心的半球面上，以表面法线方向的辐射能量为最大，而随着离开法线方向 φ 角的增加，辐射能量将逐渐减弱，直至 $\varphi=\frac{\pi}{2}$ 时减少到零。为了研究表面辐射力在空间分布的规律，必须先定出两个物理量。

（1）方向辐射力 $E_{\varphi 0}$。指的是表面 dF_1 在单位时间内，单位面积与表面法线力方向成 φ 角的 P 方向上，单位立体角内所发射的能量。对于黑体有（图 3-15）：

$$E_{\varphi 0}=\frac{dQ_{\varphi 0}}{d\omega dF}\ [W/(m^2 \cdot sr)] \tag{3-70}$$

（2）辐射强度 $I_{\varphi 0}$。指的是表面 dF_1 在单位时间内，与辐射方向（P 方向）相垂直的单位面积上，单位立体角内所发射的能量。对于黑体有（图 3-16）：

$$I_{\varphi 0}=\frac{dQ_{\varphi 0}}{d\omega dF\cos\varphi}\ [W/(m^2 \cdot sr)] \tag{3-71}$$

比较式（3-70）和式（3-71）得：

$$E_{\varphi 0}=I_{\varphi 0}\cos\varphi \tag{3-72}$$

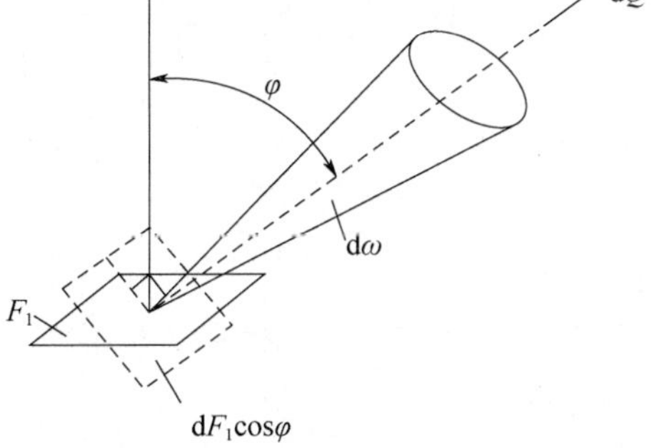

图 3-15　方向辐射力

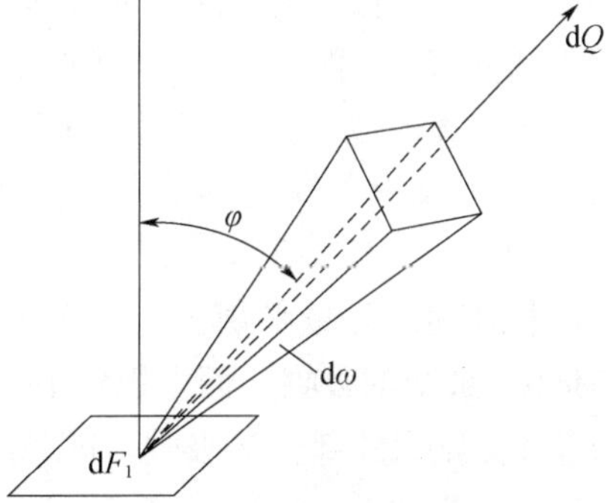

图 3-16　辐射强度

可以证明或由实验证实，黑体表面辐射时，在半球面空间内各个方向上的辐射强度为定值，即：

$$I_{\varphi 10}=I_{\varphi 20}=I_{\varphi 30}=\cdots=I \tag{3-73}$$

因为在法线方向上 $\varphi=0$，$\cos\varphi=1$，所以：

$$E_{n0}=I_{\varphi 0}=I_0 \tag{3-74}$$

从而式（3-70）可写成：

$$E_{\varphi 0}=E_{n0}\cos\varphi \tag{3-75}$$

上式表示的是黑体表面的辐射力按不同方向的分布规律，称为兰贝特余弦定律。各个方向的辐射能量分布之所以不同，是因为该表面在不同方向上的可见辐射面积不同。在法线方向，可见辐射面积就是原有面积 dF_1，但在 P 方向上，可见辐射面积减小为 $dF_1\cos\varphi$，所以，辐射能量较法线方向为小。

对于黑体，兰贝特定律是极其正确的；对于灰体，兰贝特定律也是适用的，但其法线方向上的辐射力需用下式计算：

$$E_n=\varepsilon E_{n0}=\frac{\varepsilon E_0}{\pi}=\frac{E}{\pi} \tag{3-76}$$

对于工程材料，兰贝特定律仅在一定的 φ 值范围内适用。图 3-17 是用极坐标表示金属、非金属、黑体和灰体的各个方向上的黑度 $\varepsilon_\varphi=\dfrac{E_\varphi}{E_{\varphi 0}}$ 与 φ 之间的关系。如果物体遵守兰贝特定律，那么不论 φ 是何值，ε_φ 都应保持不变。实际上，ε_φ 值与物体内部的结构及它的表面状态有关。对于黑体，$\varepsilon_\varphi=1$；对于灰体，ε_φ 为小于 1 的常数；对于非金属材料，ε_φ 值在较大范围内（$\varphi<600$）等于常数，但当 $\varphi>600$ 时，ε_φ 值随着 φ 角的增加而急剧减小；对于金属材料，ε_φ 值在比较小的范围（$\varphi<400$）内等于常数，当 $400<\varphi<800$ 时，ε_φ 值随 φ 角的增加而增大，但当 $\varphi>800$ 时，ε_φ 值又随 φ 值的增加而急剧减小。

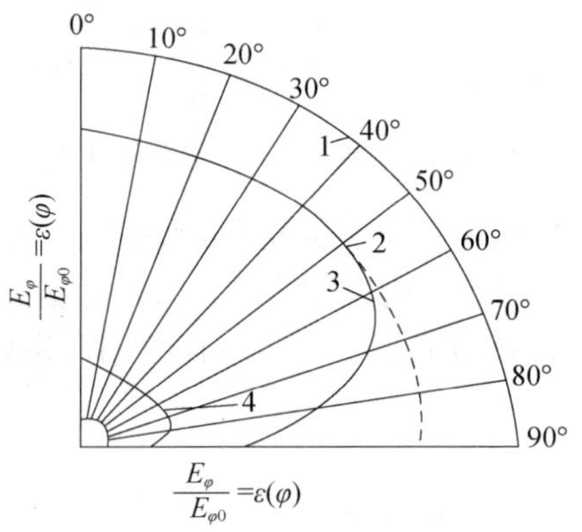

图 3-17　工程材料在各个方向上的黑度与 φ 的关系

1—黑体；2—灰体；3—非金属；4—金属

（六）克希霍夫定律

克希霍夫定律确定了物体的辐射力与吸收率之间的关系，如图 3-18 所示。设有两块很大且很近的平行平板，板间为透热体。两板中，一块为透过率 $D=0$ 的灰体，另一块为黑体。以单位时间单位面积为讨论的基准，灰体及黑体的吸收率、辐射能力及热力学温度分别为 A_1、E_1、T_1 与 A_0、E_0、T_0，且 $T_1>T_0$。在这些条件下，讨论两物体间的热量平衡。灰体Ⅰ所发射的能量 E_1 投射到黑体Ⅱ上被全部吸收，而由黑体Ⅱ所发射的能量 E_0 投射到灰体Ⅰ上则只能部分被吸收，即 A_1E_0 的能量被吸收。其余部分，即（$1-A_1$）E_0 被反射回去，仍落到黑体Ⅱ上，又被黑体Ⅱ全部吸收。因此，两壁间热交换的结

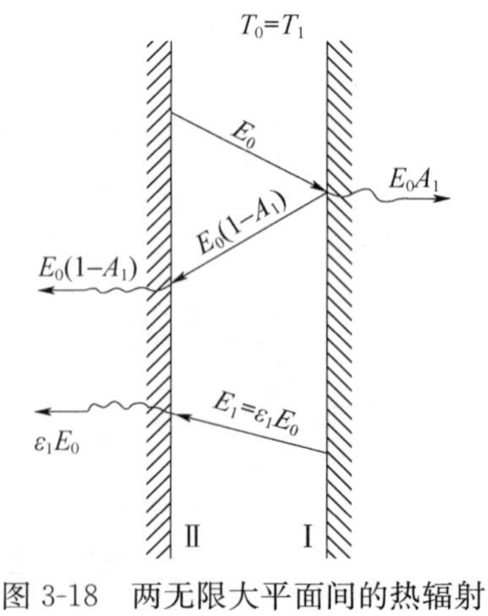

图 3-18　两无限大平面间的热辐射

果，就灰体Ⅰ而论，发射的能量为 E_1，吸收的能量为 A_1E_0，其差额为：

$$Q=E_1-A_1E_0$$

当两壁间的辐射换热达到平衡时，即当 $T_1=T_0$ 时，灰体所发射的辐射能必与其所吸收的能量相等，即 $E_1=A_1E_0$，或$\frac{E_1}{A_1}=E_0$。对于任何壁而言，可写为$\frac{E}{A}=\frac{E_1}{A_1}=E_0$，此式称为克希霍夫（Kirchhoff）定律。此定律说明任何物体的辐射能力与其吸收率的比值恒为常数，且等于同温度下绝对黑体的辐射能力，故其值仅与物体的温度有关。

比较黑度的定义 $\varepsilon=\frac{E}{E_0}$可得：

$$\frac{E}{E_0}=A=\varepsilon \tag{3-77}$$

式（3-77）说明在同一温度下，物体的吸收率与黑度在数值上相等。这样，实际物体难以确定的吸收率均可用其黑度的数值。如前述，大多数工程材料可视为灰体，对于灰体，在一定温度范围内，其黑度 ε 为一定值，故灰体的吸收率在一定温度范围内亦为一定值。

三、固体间辐射传热的计算

（一）角系数

两固体表面间的辐射传热，除了与物体的温度与黑度有关外，还与两个物体的表面形状和相对位置有关。因为传热表面的形状及相对位置关系到一表面发出的热射线落到另一表面上去的百分数，所以必然影响到两表面间的辐射传热量。为叙述和计算方便，把表面 1 发出的热射线落到表面 2 上去的百分数称为表面 1 对表面 2 的角系数，用字母 φ 表示。要计算任意两表面的辐射传热，必须先求出它们之间的角系数。

设物体 1 表面的有效辐射的总能量为 Q_{1ef}，达到物体 2 表面上的能量为 Q_{12}，则角系数为：

$$\varphi_{12}=\frac{Q_{12}}{Q_{1ef}} \tag{3-78}$$

同样可得：

$$\varphi_{21}=\frac{Q_{21}}{Q_{2ef}} \tag{3-79}$$

设有两个任意放置的黑体表面 F_1 及 F_2，它们的温度相同，辐射能力均为 E_0。F_1 面辐射出去的总能量为 E_0F_1（反射辐射=0），而达到 F_2 面上的 $Q_{12}=E_0F_1\varphi_{12}$。

同理 F_2 面上辐射出去达到 F_1 面上的 $Q_{21}=E_0F_2\varphi_{21}$，由于两物体温度相同，故必须是：

$$Q_{12}=Q_{21}$$

即：

$$E_0F_1\varphi_{12}=E_0F_2\varphi_{21}$$

故：

$$F_1\varphi_{12}=F_2\varphi_{21} \tag{3-80}$$

这一关系称为互变关系，由于 F 与 φ 都是几何参数，与物体的温度和黑度无关，因此互变关系可应用于温度和黑度不同的两个物体，只要各辐射面上的温度均匀即可。

1. 角系数的性质

（1）互变性，对于任意两个表面，有以下关系：$F_1\varphi_{12}=F_2\varphi_{21}$。

（2）对于由 F_1，F_2，F_3，…，F_n 组成的封闭体系，F_1 为凹面，可自见其本身，则有下列关系：$\varphi_{11}+\varphi_{12}+\varphi_{13}+\cdots+\varphi_{1n}=1$。

（3）若 F_1 表面是平面或凸面，不能自见其本身，则：$\varphi_{11}=0$。

2. 常见的几种角系数值

(1) 两个无限大的平行平面（当两者间距远小于平面尺寸时，可近似地看作这一情况），如图 3-19 (a) 所示。$\varphi_{12}=\varphi_{21}=1$。

(2) 一个平面被另一个物体包围时，如图 3-19 (b) 所示。$\varphi_{12}=1$，$\varphi_{21}=\frac{F_1}{F_2}$。

(3) 一个物体被另一个物体包围时，如图 3-19 (c) 所示。$\varphi_{12}=1$，$\varphi_{21}=\frac{F_1}{F_2}$。

(4) 两个弧形物体组成一个封闭体系时，如图 3-19 (d) 所示。$\varphi_{12}=\frac{F_2}{F_1+F_2}$，$\varphi_{21}=\frac{F_1}{F_1+F_2}$。

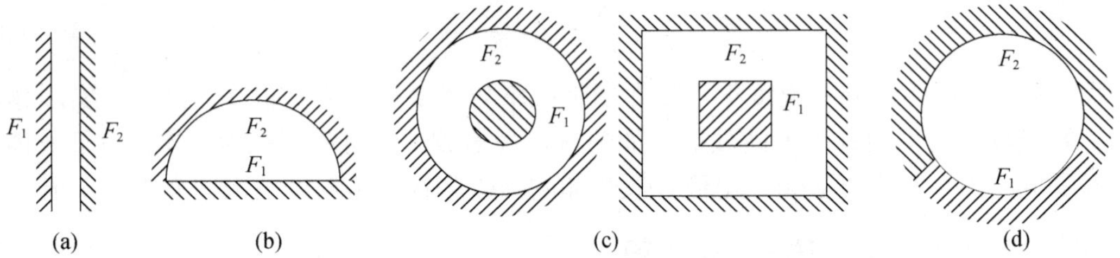

图 3-19　几种形式的传热表面

(a) 两个无限大的平行平面；(b) 一个平面被另一个物体包围；

(c) 一个物体被另一个物体包围；(d) 两个弧形物体组成一个封闭体系

（二）两个黑体间的辐射传热

设有两个黑体 1 和 2，温度分别为 T_1 和 T_2，且 $T_1>T_2$，由兰贝特定律可导出两黑体间辐射传热的计算公式为：

$$Q_{12}=(E_{10}-E_{20})\varphi_{12}F_1=(E_{10}-E_{20})\varphi_{21}F_2 \text{（W）} \tag{3-81}$$

也可写为：

$$Q_{12}=C_0\left[\left(\frac{T_1}{100}\right)^4-\left(\frac{T_2}{100}\right)^4\right]\varphi_{12}F_1$$

$$=C_0\left[\left(\frac{T_1}{100}\right)^4-\left(\frac{T_2}{100}\right)^4\right]\varphi_{21}F_2 \text{（W）} \tag{3-82}$$

式中　Q_{12}——黑体 1 向黑体 2 的辐射净热，W；

T_1、T_2——黑体 1 和黑体 2 的温度，K；

E_{10}、E_{20}——黑体 1 和黑体 2 的本身辐射，W/m^2；

φ_{12}、φ_{21}——黑体 1 对黑体 2 的角系数及黑体 2 对黑体 1 的角系数；

F_1、F_2——黑体 1 和黑体 2 的面积，m^2；

C_0——黑体的辐射系数 5.77，$W/(m^2 \cdot K^4)$。

（三）灰体间的辐射传热

在生产实践中常遇到两固体间的相互辐射，一般都把这类固体视为灰体。两固体间辐射传热时，从一个物体放射出的辐射能，一部分到达另一物体表面，部分被吸收，部分被反射；同样从另一物体反射回来的辐射能，也只有一部分回到原表面，而回来的这一部分又部分反射和部分吸收，这种过程称为反复辐射现象。

两固体反复辐射的结果，热量总是由较高温度的物体传给温度较低的物体。目前对固体反复辐射最终净传热量的计算，普遍采用的公式为：

$$Q_{12}=\varepsilon_n C_0\left[\left(\frac{T_1}{100}\right)^4-\left(\frac{T_2}{100}\right)^4\right]\varphi_{12}F_1 =\varepsilon_n C_0\left[\left(\frac{T_1}{100}\right)^4-\left(\frac{T_2}{100}\right)^4\right]\varphi_{21}F_2 \qquad (3\text{-}83)$$

式中　Q_{12}——高温物体 1 向低温物体 2 的辐射净热，W；

T_1、T_2——物体 1 和物体 2 的温度，K；

φ_{12}、φ_{21}——物体 1 对物体 2 的角系数及物体 2 对物体 1 的角系数；

F_1、F_2——物体 1 和物体 2 的面积，m^2；

C_0——黑体的辐射系数 5.77，$W/(m^2\cdot K^4)$；

ε_n——导来黑度，它与两物体的黑度（ε_1，ε_2）及角系数有关，可用下式计算：

$$\varepsilon_n=\frac{1}{\varphi_{12}\left(\frac{1}{\varepsilon_1}-1\right)+1+\varphi_{21}\left(\frac{1}{\varepsilon_2}-1\right)}$$

以下几种情况的 ε_n 计算公式为：

（1）当两个物体为平行平面时，$\varphi_{12}=\varphi_{21}=1$，则：

$$\varepsilon_n=\frac{1}{\frac{1}{\varepsilon_1}+\frac{1}{\varepsilon_2}-1}$$

（2）当一个平面或一物体被另一物体包围时，$\varphi_{12}=1$，$\varphi_{21}=\frac{F_1}{F_2}$，则：

$$\varepsilon_n=\frac{1}{\frac{1}{\varepsilon_1}+\frac{F_1}{F_2}\left(\frac{1}{\varepsilon_2}-1\right)}$$

（3）两物体组成一封闭体系时：

$$\varepsilon_n=\frac{1}{\varphi_{12}\left(\frac{1}{\varepsilon_1}-1\right)+1+\varphi_{21}\left(\frac{1}{\varepsilon_2}-1\right)}$$

（四）遮热原理

从辐射传热的计算公式可知，要削弱辐射换热或减少辐射热损失，必须降低辐射物的温度或减小系统的导来黑度。如果辐射物的温度不能改变，可以采用遮热板或遮热罩来削弱辐射换热。这种措施称为辐射隔热。

设有两块无限大平行平板 1 和 2，它们的温度、黑度分别为 T_1、ε_1 和 T_2、ε_2，且 $T_1>T_2$。如图 3-20 所示，在未加遮热板时的辐射换热量为：

$$q_{12}=\frac{C_0}{\frac{1}{\varepsilon_1}+\frac{1}{\varepsilon_2}-1}\left[\left(\frac{T_1}{100}\right)^4-\left(\frac{T_2}{100}\right)^4\right]$$

当在两平板之间加入遮热板 3 以后，情况将发生变化。假定放入的遮热板是选用导热系数很大而且很薄的材料制成，可以认为遮热板两面的温度都等于 T_3，它的黑度为 ε_3。由于遮热板并不发热，

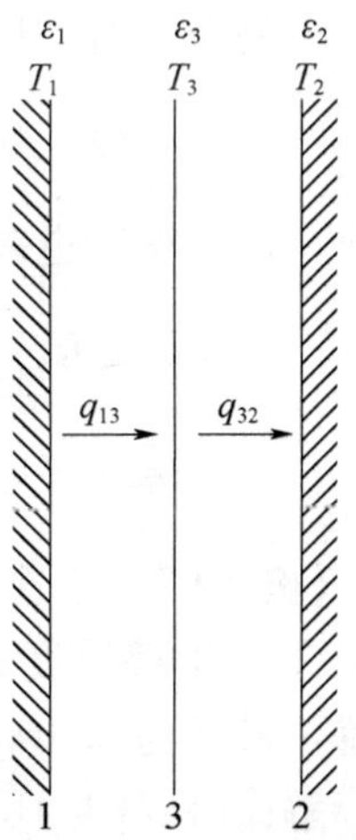

图 3-20　遮热板示意图

也不带走热量，它仅在热量传递过程中附加了阻力，此时，热量不再是由板 1 通过辐射直接传给板 2，而是先由板 1 辐射给遮热板 3，再由遮热板 3 辐射给板 2，因此，可以分别写出板 1 与板 3 和板 3 与板 2 和辐射换热量 q_{13} 和 q_{32}：

$$q_{13}=\frac{C_0}{\dfrac{1}{\varepsilon_1}+\dfrac{1}{\varepsilon_3}-1}\left[\left(\frac{T_1}{100}\right)^4-\left(\frac{T_3}{100}\right)^4\right]$$

$$q_{32}=\frac{C_0}{\dfrac{1}{\varepsilon_3}+\dfrac{1}{\varepsilon_2}-1}\left[\left(\frac{T_3}{100}\right)^4-\left(\frac{T_2}{100}\right)^4\right]$$

在稳定辐射换热时，$q_{13}=q_{32}=q$。为了便于比较，假定三块平板的黑度均相等，即 $\varepsilon_1=\varepsilon_2=\varepsilon_3$，可得：

$$q=\frac{C_0}{2\left(\dfrac{1}{\varepsilon_1}+\dfrac{1}{\varepsilon_2}-1\right)}\left[\left(\frac{T_1}{100}\right)^4-\left(\frac{T_2}{100}\right)^4\right]$$

即

$$q=\frac{1}{2}q_{12} \tag{3-84}$$

这说明在加入一块黑度与板面黑度相同的遮热板后，可使壁面的辐射换热量减少到原来的 1/2。可以推论，当加入 n 块黑度均相同的遮热板时，则热量将减少为原来的 $1/(n+1)$。这表明遮热板层数越多，遮热效果越好。另外，减小遮热板的黑度，也能降低辐射换热量。例如，当两平行平面和遮热板的黑度均为 0.8 时，可使辐射换热量减少一半，但若遮热板的黑度为 0.05 时，则辐射换热量仅为原来的 1/27。因此，在生产实践中，常选用磨光过的具有高反射系数（即黑度小）的金属板作为遮热板。

【例 3-8】 在厂房内铺设有蒸汽管道，已知管外保温层的黑度 $\varepsilon_1=0.9$，保温层外径 $d=583$mm，保温层外表面温度 $t_1=50$℃，室温 $t_2=20$℃，求每米长管道表面辐射散热损失。

解： 因蒸汽管道铺设在厂房内，属于一物体被另外一物体包围时的辐射传热，因此：

$$\varphi_{12}=1 \qquad \varphi_{21}=\frac{F1}{F2}$$

$$\varepsilon_n=\frac{1}{\varphi_{12}\left(\dfrac{1}{\varepsilon_1}-1\right)+1+\varphi_{21}\left(\dfrac{1}{\varepsilon_2}-1\right)}$$

因管道表面相对于厂房周围壁面来说是很小的，即 $F_1\ll F_2$，所以 $F_1/F_2\approx0$，$\varepsilon_n=\varepsilon_1$。

$$Q_{12}=\varepsilon_n C_0\left[\left(\frac{T_1}{100}\right)^4-\left(\frac{T_2}{100}\right)^4\right]\varphi_{12}F_1=\varepsilon_1 C_0\left[\left(\frac{T_1}{100}\right)^4-\left(\frac{T_2}{100}\right)^4\right]\pi dl$$

因此，每米长管道表面辐射散热损失为：

$$q_l=\varepsilon_1 C_0\left[\left(\frac{T_1}{100}\right)^4-\left(\frac{T_2}{100}\right)^4\right]\pi d$$

$$=0.9\times5.67\times\left[\left(\frac{273+50}{100}\right)^4-\left(\frac{273+20}{100}\right)^4\right]\times3.14\times0.583=38.5\ (\text{W/m})$$

【例 3-9】 某管状电炉，外径为 0.5m，长为 0.8m，外壁温度为 200℃，周围空气温度为 20℃，炉壁黑度 $\varepsilon_1=0.9$，试求其辐射散热损失。若在炉壁外面围一通用铝薄板作为的遮热罩，直径为 0.6m，黑度 $\varepsilon_3=0.05$，试计算此时辐射散热损失较前面减少的百分数。

解：（1）因为炉壁被房间包围，所以属于一物体被另外一物体包围时的辐射传热，因此 $\varphi_{12}=1$，又 $F_1\ll F_2$，所以：

$$\varphi_{21}=\frac{F1}{F2}=0$$

导来黑度：

$$\varepsilon_n=\frac{1}{\frac{1}{\varepsilon_1}+\frac{F_1}{F_2}\left(\frac{1}{\varepsilon_2}-1\right)}=\varepsilon_1$$

辐射散热损失：

$$Q_{12}=\varepsilon_n C_0\left[\left(\frac{T_1}{100}\right)^4-\left(\frac{T_2}{100}\right)^4\right]\varphi_{12}F_1$$

$$=0.9\times5.67\times\left[\left(\frac{200+273}{100}\right)^4-\left(\frac{20+273}{100}\right)^4\right]\times3.14\times0.5\times0.8=2730\text{（W）}$$

（2）加遮热罩后，炉壁向遮热罩辐射的热量等于遮热罩向房间辐射的热量。

$$Q_{13}=\varepsilon_{13}C_0\left[\left(\frac{T_1}{100}\right)^4-\left(\frac{T_3}{100}\right)^4\right]\varphi_{13}F_1$$

$$Q_{32}=\varepsilon_{32}C_0\left[\left(\frac{T_3}{100}\right)^4-\left(\frac{T_2}{100}\right)^4\right]\varphi_{32}F_3$$

$$\varphi_{13}=\varphi_{32}=1$$

$$\varepsilon_{13}=\frac{1}{\frac{1}{\varepsilon_1}+\frac{F_1}{F_3}\left(\frac{1}{\varepsilon_3}-1\right)}=\frac{1}{\frac{1}{0.9}+\frac{\pi\times0.5\times L}{\pi\times0.6\times L}\left(\frac{1}{0.05}-1\right)}=0.058$$

再求出遮热罩表面的温度 T_3，由于 $Q_{13}=Q_{32}$，则：

$$\varepsilon_{13}C_0\left[\left(\frac{T_1}{100}\right)^4-\left(\frac{T_3}{100}\right)^4\right]\varphi_{13}F_1=\varepsilon_{32}C_0\left[\left(\frac{T_3}{100}\right)^4-\left(\frac{T_2}{100}\right)^4\right]\varphi_{32}F_3$$

$$0.058\times\left[\left(\frac{200+273}{100}\right)^4-\left(\frac{T_3}{100}\right)^4\right]\times0.5\times0.8=0.05\times\left[\left(\frac{T_3}{100}\right)^4-\left(\frac{273+20}{100}\right)^4\right]\times0.6\times0.8$$

$$T_3=411\text{（K）}$$

$$Q_{13}=\varepsilon_{13}C_0\left[\left(\frac{T_1}{100}\right)^4-\left(\frac{T_3}{100}\right)^4\right]\varphi_{13}F_1$$

$$=0.058\times5.67\times\left[\left(\frac{473}{100}\right)^4-\left(\frac{411}{100}\right)^4\right]\times3.14\times0.5\times0.8$$

$$=90\text{（W）}$$

加遮热罩后，辐射散热损失较前面减少的百分数为：

$$\left(1-\frac{Q_{13}}{Q_{12}}\right)\times100\%=\left(1-\frac{90}{2730}\right)\times100\%=96.7\%$$

（五）通过窑墙上小孔口的辐射传热

在各种窑炉上往往遇到看火孔、测温孔、取样孔及其他各种开孔的辐射问题。这些开孔都是设在有一定厚度的窑墙壁上，通过这些小孔的热辐射不能用式（3-82）来计算。因为炉膛与其四周辐射传热时，还有小孔的四壁参加进来，窑墙壁的厚度愈大，此小孔对辐射传热的影响也愈大。

经研究试验，通过窑墙上小孔口的辐射传热可按下式计算：

$$Q=C_0\left[\left(\frac{T_1}{100}\right)^4-\left(\frac{T_2}{100}\right)^4\right]\phi F \tag{3-85}$$

式中　T_1——炉膛内的温度，K；

T_2——外界环境温度，K；

F——小孔口的截面积，m^2；

ϕ——门孔系数，取决于小孔的形状、尺寸及窑墙壁的厚度，可查图 3-21。

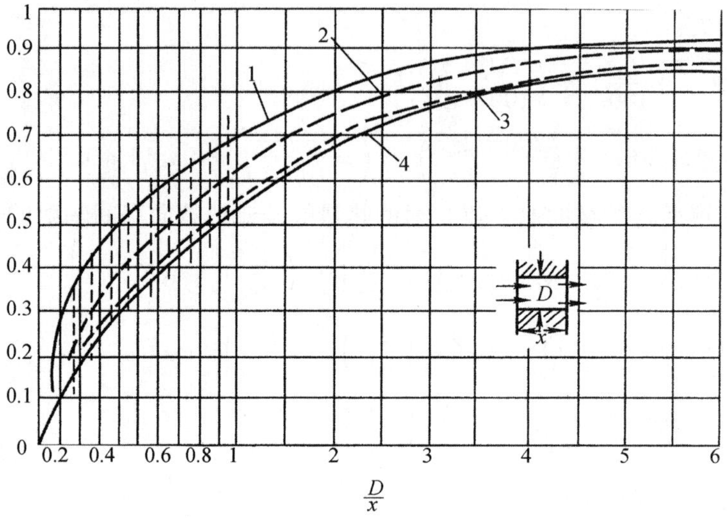

图 3-21　门孔系数计算图

1—伸长的长方形；2—长方形（2∶1）；3—正方形；4—圆形

当小孔口用金属板盖住时，辐射传热量可按下式计算：

$$Q=\varepsilon_m C_0\left[\left(\frac{T_1}{100}\right)^4-\left(\frac{T_2}{100}\right)^4\right]\frac{\phi}{1+\phi}F \tag{3-86}$$

式中　ε_m——金属板的黑度，一般取 $\varepsilon_m=0.8$。

四、气体辐射

不同气体具有不同的放射和吸收辐射能的能力，一般为双原子气体或单原子气体，如 N_2、O_2、H_2 及空气的辐射能力很小，而多原子气体如 CO_2、H_2O、SO_2、NH_3 等具有一定的放射和吸收辐射能的能力。在窑炉烟气中有辐射能力的气体主要是二氧化碳和水蒸气。

（一）气体辐射的特点

（1）气体的辐射光谱不连续，它能放射和吸收某一波长范围内的辐射能。即气体的辐射或吸收对波长有选择性，固体的辐射光谱是连续的。

图 3-22 表示 CO_2 和 H_2O 的吸收光谱。由图 3-22 可看出，CO_2、H_2O 的吸收光谱均有三个重要的条状光带，其波长范围如下：

CO_2 的主要光带：2.36～3.02μm；4.01～4.80μm；12.5～16.5μm

H_2O 的主要光带：2.24～3.27μm；4.8～8.5μm；12.0～25.0μm

由图可见，CO_2 和 H_2O 主要光带有两处重合，这些光带都处在红外线波长范围内。

（2）气体密度小，热射线可以穿过气体分子之间，因此，气体的辐射或吸收是在整个容积内进行的，与射线行程或气层厚度有关。而固体或液体多属表面辐射。

（3）气体的反射率 $R=0$，$A+D=1$，而固体的透过率 $D=0$，$A+R=1$。

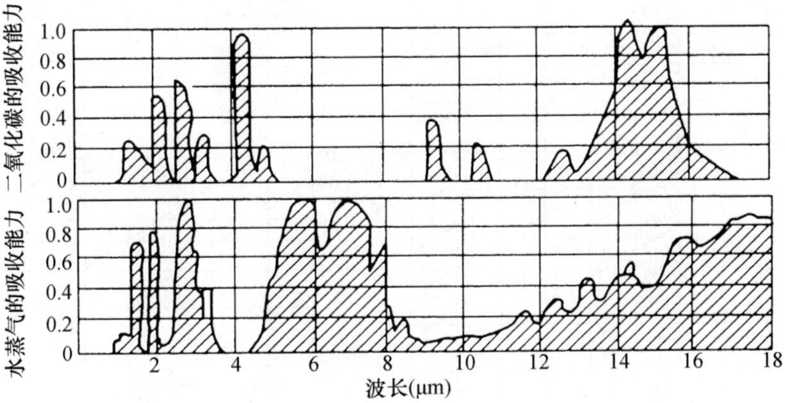

图 3-22　CO_2 和 H_2O 的吸收光谱

（二）气体的黑度和吸收率

1. 气体的黑度

气体的辐射能力 E_g，与同温度下黑体的辐射能力 E_0 之比，称为气体的黑度 ε_g，又称气体的辐射率。

$$\varepsilon_g=\frac{E_g}{E_0} \tag{3-87}$$

由上述气体辐射的特点可知，气体的辐射能力与其本身的温度 T、气体分压 P、气层厚度 l 有关，可用函数式表示为：

$$E_g=f\ (T,\ pl) \qquad \varepsilon_g=f\ (T,\ pl)$$

窑炉中的烟气内具有辐射本领的气体主要是 CO_2 和 H_2O，它们的黑度可用下式表示：

$$\varepsilon_{CO_2}=f\ (t_{CO_2},\ p_{CO_2}l) \qquad \varepsilon_{H_2O}=f\ (t_{H_2O},\ p_{H_2O}l)$$

式中　ε_{CO_2}、ε_{H_2O}——CO_2 和 H_2O 的黑度；

t_{CO_2}、t_{H_2O}——CO_2 和 H_2O 的温度，℃；

p_{CO_2}、p_{H_2O}——CO_2 和 H_2O 的分压，atm；

l——气层厚度，即射线平均行程长度，m。

根据实验测得的数据，整理后绘成图表，图 3-23 为 CO_2 的黑度与 t_{CO_2}、$p_{CO_2}l$ 的关系曲线，图 3-24 为 H_2O 的黑度与 t_{H_2O}、$p_{H_2O}l$ 的关系曲线。

下述曲线是在总压力为 1 个标准大气压的条件下得到的。在图 3-24 中，分压 p_{H_2O} 对黑度的影响要比气层厚度 l 的影响大些，所以由图 3-24 查得的 ε_{H_2O} 还要进行校正，校正系数 β 可由图 3-25 求得。

在使用图表求 ε_{CO_2}、ε_{H_2O} 时，需要先知道气体的温度 t、气体分压 p、气层厚度 l。烟气中各组分的分压，可由烟气的总压强乘以该组分的体积百分数求得。例如，烟气的总压为 1atm（101325Pa），烟气中 $CO_2=15\%$，$H_2O=10\%$，则 $p_{CO_2}=1\times0.15=0.15$（atm），$p_{H_2O}=1\times0.10=0.10$（atm）。

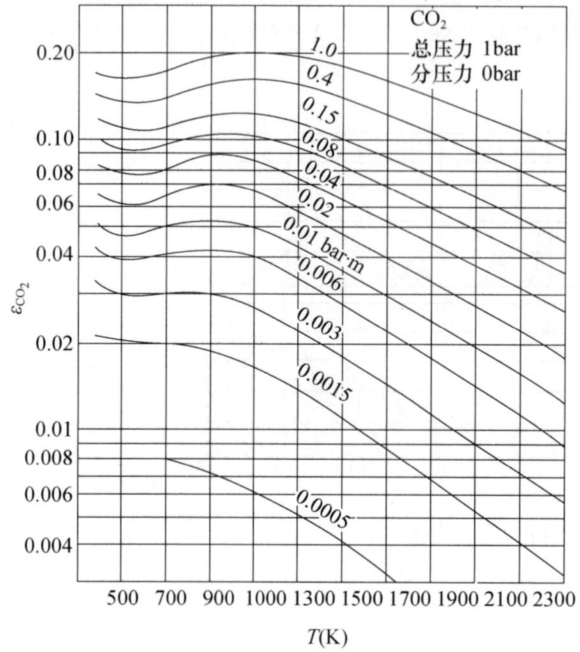

图 3-23 CO_2 的黑度

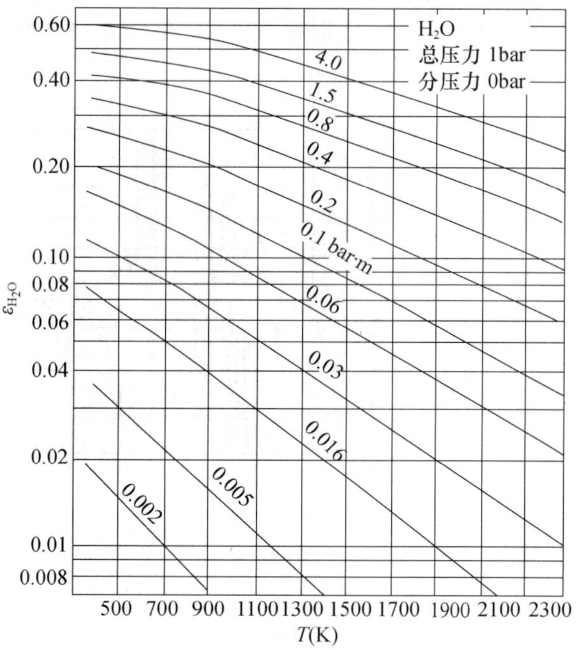

图 3-24 H_2O 的黑度

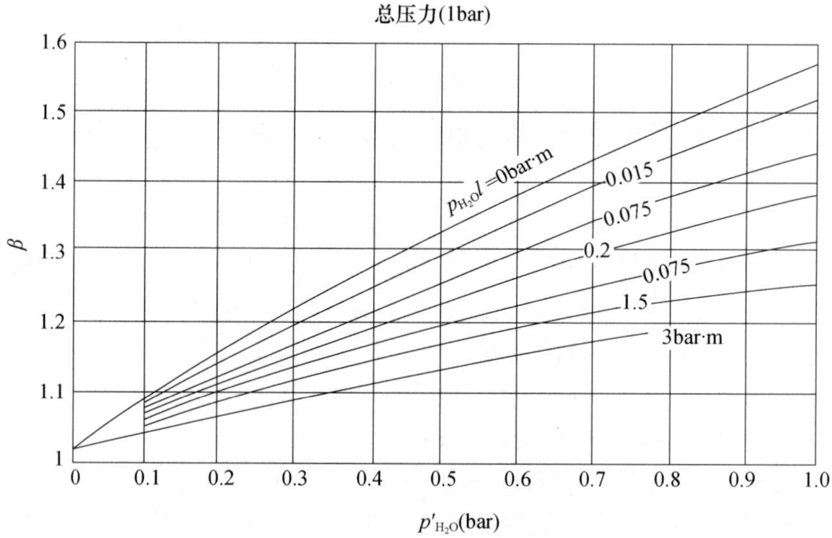

图 3-25 水蒸气分压校正系数

气层的厚度 l 可用下式计算：

$$l=3.6\frac{V}{F} \tag{3-88}$$

式中 V——气体体积，m^3；

F——气体的外表面积，m^2。

某些形状容器中的气层厚度 l 可用表 3-10 计算。

表 3-10　不同形状的容器中气体的 l 值

容器、形状	l 值（m）
直径为 d 的球体	$0.6d$
边长为 d 的立方体	$0.6d$
直径为 d 的无限长圆柱体	$0.9d$
高度等于直径 d 的圆柱体向底面中心辐射	$0.77d$
高度等于直径 d 的圆柱体向侧表面辐射	$0.6d$
厚度为 d 的两平行的无限大平板间	$1.8d$
直列式管束间（$x=2d$ 时）	$3.5d$
交错式管束间（$x=2d$ 时）	$2.8d$
交错式管束间（$x=4d$ 时）	$3.8d$

由于 CO_2 和 H_2O 气辐射波段有部分是重复的，故能互相吸收一部分辐射能，使气体的总辐射能力比 CO_2 和 H_2O 气单独辐射的和要小，其差值可近似计算为：$\Delta\varepsilon \approx \varepsilon_{CO_2}\beta\varepsilon_{H_2O}$。

当烟气中 SO_2 和 CO 含量很少时，它们对烟气黑度的影响可以忽略，烟气的黑度可用式（3-89）计算：

$$\varepsilon_g = \varepsilon_{CO_2} + \beta\varepsilon_{H_2O} - \Delta\varepsilon \tag{3-89}$$

2. 气体的吸收率

气体吸收外界辐射来的辐射能时，对波长有选择性，是不连续的，不能看作灰体，因此，其吸收率不但与气体本身温度有关，也与投射物体（如固体壁）的温度 t_w 有关。当气体温度 T_g 与 T_w 不同时，对气体来说不适用克希荷夫定律（$\varepsilon_g \neq A_g$）。

对烟气中的 CO_2 和 H_2O 的吸收率，由实验结果得出：

$$A_{CO_2} = \varepsilon'_{CO_2}\left(\frac{T_g}{T_w}\right)^{0.65} \tag{3-90}$$

式中　ε'_{CO_2} 根据 t_w 及 $p_{CO_2}l\dfrac{T_w}{T_g}$（代替 $p_{CO_2}l$）查图 3-23 求得。

$$A_{H_2O} = \varepsilon'_{H_2O}\left(\frac{T_g}{T_w}\right)^{0.45} \tag{3-91}$$

式中　ε'_{H_2O} 根据 t_w 及 $p_{H_2O}l\dfrac{T_w}{T_g}$（代替 $p_{H_2O}l$）查图 3-24 求得。

CO_2 和 H_2O 混合气体的吸收率为 CO_2 和 H_2O 的吸收率之和，即：

$$A_g = A_{CO_2} + \beta A_{H_2O} - \Delta A$$
$$\Delta A \approx A_{CO_2}\beta A_{H_2O} \tag{3-92}$$

（三）火焰辐射

净化的气体燃料完全燃烧时，烟气中的主要成分是 CO_2、H_2O 和 N_2，固体微粒很少。由于 CO_2 和 H_2O 的辐射光谱中不包括可见光谱，所以，火焰的颜色略带蓝色而近于无色，其亮度很小，黑度也较小，这类火焰称不发光火焰或暗焰。可以用上述气体辐射的有关公式计算其黑度和吸收率。

有灰分的燃料燃烧或无灰分的燃料不完全燃烧时，火焰中含有煤屑、炭粒和灰粒等固体微粒，此时不仅有气体辐射，同时还存在固体微粒的辐射。例如，重油或煤气燃烧时，由于有机物烃类在燃烧过程中裂解，所生成的炭粒成为火焰中的微粒。又如，喷燃煤粉时，煤粉及燃烧后的灰粒即为火焰中的微粒。

由于固体的黑度远较气体的黑度大，所以，火焰的辐射主要决定于固体微粒的辐射。但火焰中微粒的数量受到燃料种类、燃烧方法、窑炉的形状及大小以及供应空气的数量及方式等影响，情况相当复杂。所以，火焰的黑度目前要用计算方法求得比较困难，多用实验方法确定。常见火焰黑度值见表 3-11。

表 3-11　各种火焰的黑度值

火焰种类	ε_g	火焰种类	ε_g
烟煤、褐煤、泥煤、层燃发光焰	0.70	净化发生炉煤气发光焰	0.20～0.25
无烟煤层燃发光焰	0.40	天然气有焰燃烧	0.0
烟煤、褐煤、泥煤喷燃发光焰	0.70	天然气无焰燃烧	0.0
无烟煤喷燃发光焰	0.5	石油气燃烧	0.25～0.2
重油发光焰	0.65～0.85	高炉煤气燃烧	0.30～0.35
未净化发生炉煤气发光焰	0.25～0.30	高炉煤气与焦炉煤气混合燃烧	0.35～0.5

（四）气体与固体间的辐射传热

烟气、水蒸气、煤气与管道内壁的辐射传热，以及窑炉内火焰与炉壁的辐射传热等均属气体与固体间的辐射传热。

1. 烟气与器壁间的辐射传热

烟气与器壁的辐射传热量 Q_{gw} 可用式（3-93）计算：

$$Q_{gw}=\varepsilon'_w C_0\left[\varepsilon_g\left(\frac{T_g}{100}\right)^4-A_g\left(\frac{T_w}{100}\right)^4\right]F_w \tag{3-93}$$

式中　Q_{gw}——烟气辐射传给器壁的热量，W；

ε_g、A_g——烟气的黑度与吸收率；

ε'_w——器壁的有效黑度，当器壁的黑度 $\varepsilon_w \geqslant 0.8$ 时，$\varepsilon'_w \approx \frac{\varepsilon_w+1}{2}$；

T_g、T_w——烟气和器壁的温度，K；

F_w——与烟气接触的器壁的表面积，m^2。

当 $T_w \ll T_g$ 时，为了简化计算，近似地采用 $\varepsilon_g \approx A_g$，则：

$$Q_{gw}=\varepsilon'_w\varepsilon_g C_0\left[\left(\frac{T_g}{100}\right)^4-\left(\frac{T_w}{100}\right)^4\right]F_w \tag{3-94}$$

2. 烟气与被加热物料间的辐射传热

在窑炉内存在着烟气、炉壁及被加热物料三者相互间的辐射传热，情况更为复杂。假设炉壁表面温度与物料表面温度相等，黑度也相同时，则可将炉壁与物料看作同一物体，仍用上述公式计算：

$$Q_{gm}=\varepsilon'_m\varepsilon_g C_0\left[\left(\frac{T_g}{100}\right)^4-\left(\frac{T_w}{100}\right)^4\right]F_m \tag{3-95}$$

式中　Q_{gm}——烟气辐射给物料的热量，W；

ε'_m——物料的有效黑度，$\varepsilon'_m=\frac{\varepsilon_m+1}{2}$；

ε_m——物料的黑度；

F_m——烟气与物料接触的表面积，m^2。

【例 3-10】　在常压下流过换热器圆筒形通道的烟气，其进出口温度为 1000℃和 780℃，

烟气的成分为 $CO_2=8\%$，$H_2O=10\%$。通道表面进出口温度为 625℃和 575℃，通道直径为 0.6m，内表面黑度为 0.8。求烟气对换热器壁面的辐射换热量。

解：可将圆筒形通道换热器近似当作无限大圆筒，其气层的厚度为：

$$l=0.9d=0.9\times0.6=0.54\ (\text{m})$$

$$p_{CO_2}l=0.08\times0.54=0.043$$

$$p_{H_2O}l=0.1\times0.54=0.054$$

烟气的平均温度：

$$t_g=\frac{1000+780}{2}=890\ (℃)，T_g=890+273=1163\ (\text{K})$$

查图得：　$\varepsilon_{CO_2}=0.08$，$\varepsilon_{H_2O}=0.07$，$\beta_{H_2O}=1.08$

烟气的黑度：

$$\varepsilon_g=\varepsilon_{CO_2}+\beta\varepsilon_{H_2O}-\Delta\varepsilon$$
$$=0.08+1.08\times0.07-0.08\times1.08\times0.07=0.156$$

壁面的平均温度：

$$t_w=\frac{625+575}{2}=600\ (℃)，T_w=600+273=873\ (\text{K})$$

以下再求烟气的吸收率：

$$p_{CO_2}l\frac{T_w}{T_g}=0.043\times\frac{873}{1163}=0.032$$

$$p_{H_2O}l\frac{T_w}{T_g}=0.054\times\frac{873}{1163}=0.0405$$

查图得：　$\varepsilon'_{CO_2}=0.075$，$\varepsilon'_{H_2O}=0.08$

$$A_{CO_2}=\varepsilon'_{CO_2}\left(\frac{T_g}{T_w}\right)^{0.65}=0.075\times\left(\frac{1163}{873}\right)^{0.65}=0.09$$

$$A_{H_2O}=\varepsilon'_{H_2O}\left(\frac{T_g}{T_w}\right)^{0.45}=0.08\times\left(\frac{1163}{873}\right)^{0.45}=0.091$$

烟气的吸收率：

$$A_g=A_{CO_2}+\beta A_{H_2O}-\Delta A$$
$$=0.09+1.08\times0.091-0.09\times1.08\times0.091=0.188$$

单位换热面积上的辐射换热量为：

$$q_{gw}=\varepsilon'_wC_0\left[\varepsilon_g\left(\frac{T_g}{100}\right)^4-A_g\left(\frac{T_w}{100}\right)^4\right]$$
$$=\frac{0.8+1}{2}\times5.76\times\left[0.156\times\left(\frac{1163}{100}\right)^4-0.188\times\left(\frac{873}{100}\right)^4\right]$$
$$=8991.24\ (\text{W/m}^2)$$

3. 强化辐射传热的措施

由上述辐射传热的公式可见，强化辐射传热的基本措施有以下几方面：

（1）适当提高烟气温度。在符合工艺要求，不影响炉衬使用寿命的条件下，适当提高烟气温度，能显著强化辐射传热。因此，合理控制燃料与空气的配合，空气预热，加快燃烧速度及减少散热损失均是提高烟气温度，强化辐射传热的措施。

（2）增大烟气与物料接触的表面积，提高物料的黑度；采用反射隔热罩，减少辐射热损失。

（3）提高烟气的黑度。增大气层的厚度，提高气体中 CO_2 和 H_2O 的浓度，特别是增大气体中固体微粒的含量，均可提高烟气的黑度。

单元五　综合传热

一、传热的统一公式

前面分别讨论了导热、对流和辐射传热。在实际生产或日常生活中，往往不是一种传热方式单独存在，而是两种或三种传热方式同时存在，因此必须考虑综合传热规律。

传导传热与对流传热公式基本类似，辐射传热则复杂得多，但也可以将它们的传热量、热流量及传热阻力转换成统一的传热公式形式。

（一）传导传热计算公式

传热量：
$$Q_d=\frac{\lambda(t_1-t_2)F}{s}=\frac{t_1-t_2}{\frac{s}{\lambda F}}\quad (W) \tag{3-96}$$

热流量：
$$q_d=\frac{t_1-t_2}{\frac{s}{\lambda}}\quad (W/m^2) \tag{3-97}$$

导热阻力：
$$R_d=\frac{s}{\lambda} \tag{3-98}$$

（二）对流换热计算公式

传热量：
$$Q_c=\alpha(t_g-t_w)F=\frac{t_g-t_w}{\frac{1}{\alpha F}}\quad (W) \tag{3-99}$$

热流量：
$$q_c=\alpha(t_g-t_w)=\frac{t_g-t_w}{\frac{1}{\alpha}}\quad (W/m^2) \tag{3-100}$$

导热阻力：
$$R_c=\frac{1}{\alpha} \tag{3-101}$$

（三）辐射传热计算公式

1. 固体与固体之间的辐射传热

传热量：
$$Q_R=\varepsilon_n C_0\left[\left(\frac{T_1}{100}\right)^4-\left(\frac{T_2}{100}\right)^4\right]\varphi_{12}F_1\quad (W) \tag{3-102}$$

热流量：
$$q_R=\varepsilon_n C_0\left[\left(\frac{T_1}{100}\right)^4-\left(\frac{T_2}{100}\right)^4\right]\varphi_{12}\quad (W/m^2) \tag{3-103}$$

辐射传热系数：
$$\alpha_R=\frac{1}{t_1-t_2}\left\{\varepsilon_n C_0\left[\left(\frac{T_1}{100}\right)^4-\left(\frac{T_2}{100}\right)^4\right]\varphi_{12}\right\} \tag{3-104}$$

辐射热阻：
$$R_R=\frac{1}{\alpha_R} \tag{3-105}$$

2. 气体与固体之间的辐射传热

传热量：
$$Q_R=\varepsilon'_w\varepsilon_g C_0\left[\left(\frac{T_g}{100}\right)^4-\left(\frac{T_w}{100}\right)^4\right]F\quad (W) \tag{3-106}$$

热流量：$$q_R=\varepsilon'_w\varepsilon_g C_0\left[\left(\frac{T_g}{100}\right)^4-\left(\frac{T_w}{100}\right)^4\right]\quad (W/m^2)\tag{3-107}$$

辐射传热系数：$$\alpha_R=\frac{1}{t_g-t_w}\left\{\varepsilon'_w\varepsilon_g C_0\left[\left(\frac{T_g}{100}\right)^4-\left(\frac{T_w}{100}\right)^4\right]\right\}\tag{3-108}$$

辐射热阻：$$R_R=\frac{1}{\alpha_R}\tag{3-109}$$

二、流体通过器壁的综合传热

(一) 一种流体通过平壁传热给另一种流体

1. 器壁为单层平壁时的综合传热

如图 3-26 所示，平壁两侧的流体温度为 t_1 与 t_2，固体两侧表面温度各为 t'_1 与 t'_2，在稳定传热情况下，各处温度不随时间而改变。此时，热流体以辐射及对流方式传热给器壁一侧，再以传导方式传至另一侧，又以辐射及对流的方式传热给冷流体，这是辐射、对流、导热三种方式同时存在的综合传热现象。

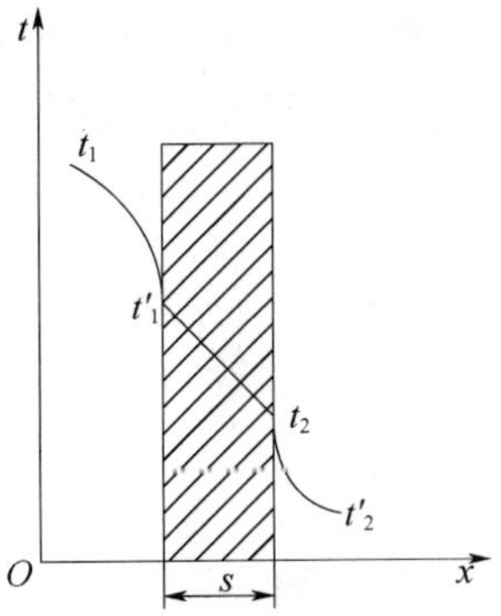

图 3-26　平壁综合传热

设平壁厚度为 s，导热系数为 λ，传热面积为 F，上述三步传热计算式如下：

(1) 热流体以辐射及对流换热方式传热给器壁。

$$q_1=(\alpha_{R1}+\alpha_1)\ (t_1-t'_1)=\alpha_{g1}\ (t_1-t'_1)\tag{3-110}$$

式中　α_{g1}——由流体到器壁的给热系数，等于辐射传热系数 α_{R1} 与对流换热系数 α_1 之和。

$$\alpha_{g1}=\alpha_{R1}+\alpha_1\quad [W/(m^2\cdot ℃)]\tag{3-111}$$

(2) 平壁内部导热。

$$q'=\frac{\lambda}{s}\ (t'_1-t'_2)\tag{3-112}$$

(3) 以辐射及对流的方式传热给冷流体。

$$q_2=(\alpha_{R2}+\alpha_2)\ (t'_2-t_2)=\alpha_{g2}\ (t'_2-t_2)\tag{3-113}$$

式中　α_{g2}——由平壁到冷流体的给热系数，等于辐射传热系数 α_{R2} 与对流换热系数 α_2 之和。

$$\alpha_{g2}=\alpha_{R2}+\alpha_2\quad [W/(m^2\cdot ℃)]\tag{3-114}$$

因此：$$t_1-t'=\frac{q_1}{\alpha_{g1}},\ t'_1-t'_2=\frac{q'}{\frac{\lambda}{s}},\ t'_2-t_2=\frac{q_2}{\alpha_{g2}}$$

因属稳定传热，综合传热的热流量：

$$q=q_1=q'=q_2$$

将三式相加得：$$t_1-t_2=q\left(\frac{1}{\alpha_{g1}}+\frac{s}{\lambda}+\frac{1}{\alpha_{g2}}\right)$$

$$q=\frac{t_1-t_2}{\frac{1}{\alpha_{g1}}+\frac{s}{\lambda}+\frac{1}{\alpha_{g2}}}\tag{3-115}$$

其综合传热量为：

$$Q=\frac{t_1-t_2}{\frac{1}{\alpha_{g1}}+\frac{s}{\lambda}+\frac{1}{\alpha_{g2}}}F=K\ (t_1-t_2)\ F\quad (W)\tag{3-116}$$

式中　K——综合传热系数，W/(m^2·℃)。

$$K=\frac{1}{\frac{1}{\alpha_{g1}}+\frac{s}{\lambda}+\frac{1}{\alpha_{g2}}} \tag{3-117}$$

综合传热系数的倒数称为热阻，即：

$$\frac{1}{K}=\frac{1}{\alpha_{g1}}+\frac{s}{\lambda}+\frac{1}{\alpha_{g2}} \tag{3-118}$$

由此可见，这种条件下的传热可以看作三段传热过程的串联。其热阻的构成与串联电路类似，即总热阻等于各分段热阻之和。

2. 器壁为多层平壁时的综合传热

按上述概念和方法可推导出多层平壁的综合传热公式。设平壁由 n 层组成，各层的厚度分别为 s_1，s_2，…，s_n，各层的导热系数分别为 λ_1，λ_2，…，λ_n，多层平壁两侧流体温度为 t_1、t_2，则通过该壁的综合热流量为：

$$q=\frac{t_1-t_2}{\frac{1}{\alpha_{g1}}+\frac{s_1}{\lambda_1}+\frac{s_2}{\lambda_2}+\cdots+\frac{s_n}{\lambda_n}+\frac{1}{\alpha_{g2}}}=\frac{t_1-t_2}{\frac{1}{\alpha_{g1}}+\sum_{i=1}^{n}\frac{s_i}{\lambda_i}+\frac{1}{\alpha_{g2}}}\quad (\mathrm{W/m^2}) \tag{3-119}$$

综合传热系数为：

$$K=\frac{1}{\frac{1}{\alpha_{g1}}+\sum_{i=1}^{n}\frac{s_i}{\lambda_i}+\frac{1}{\alpha_{g2}}}\quad [\mathrm{W/(m^2\cdot ℃)}] \tag{3-120}$$

【例 3-11】 已知锅炉内烟气的温度为 1000℃，锅炉内水的温度为 200℃，从烟气到炉壁的对流和辐射给热系数 $\alpha_{g1}=116$W/(m^2·℃)，从壁面到水的给热系数 $\alpha_{g2}=2320$W/(m^2·℃)，锅炉壁厚 20mm，导热系数 $\lambda=58$W/(m·℃)，求烟气到水的综合热流量及锅炉两表面的温度。

解： 综合热流量：

$$q=\frac{t_1-t_2}{\frac{1}{\alpha_{g1}}+\frac{s}{\lambda}+\frac{1}{\alpha_{g2}}}=\frac{1000-200}{\frac{1}{116}+\frac{0.02}{58}+\frac{1}{2320}}=85100\ (\mathrm{W/m^2})$$

又

$$q=\alpha_{g1}\ (t_g-t_{w1})$$

锅炉内表面温度：

$$t_{w1}=t_g-\frac{q}{\alpha_{gq}}=1000-\frac{85100}{116}=266\ (℃)$$

$$q=\frac{\lambda}{s}\ (t_{w1}-t_{w2})$$

锅炉外表面温度：

$$t_{w2}=t_{w1}-\frac{q}{\frac{\lambda}{s}}=266-\frac{85100\times 0.02}{58}=237\ (℃)$$

【例 3-12】 上题中，如果在锅炉壁的外侧，覆盖一层烟灰，厚 0.5mm，导热系数 $\lambda_1=0.10$W/(m·℃)，而锅炉壁内侧结有一层水垢，厚 2mm，$\lambda_3=1.16$W/(m·℃)，试计算综合热流量。

解： 综合热流量：

$$q=\frac{t_1-t_2}{\frac{1}{\alpha_{g1}}+\frac{s_1}{\lambda_1}+\frac{s_2}{\lambda_2}+\frac{s_3}{\lambda_3}+\frac{1}{\alpha_{g2}}}$$

$$=\frac{1000-200}{\frac{1}{116}+\frac{0.0005}{0.10}+\frac{0.02}{58}+\frac{0.002}{1.16}+\frac{1}{2320}}$$

$$=48800\ (\mathrm{W/m^2})$$

由于锅炉积灰、结垢，热流量较以前减少了$\left(1-\frac{48000}{85100}\right)\times 100\%=43.6\%$。

（二）一种流体通过圆筒壁传热给另一种流体

1. 单层圆筒壁的综合传热

通过圆筒壁的综合传热，如图 3-27 所示，设圆筒壁内、外直径分别为 d_1、d_2，其平均导热系数为 λ，筒内外温度分别为 t_1、t_2，筒壁内外表面温度为 t_1'、t_2'。其传热过程与平壁不同之处在于圆筒壁导热面积沿热流方向改变，故一般是计算单位长度圆筒壁的传热量 q_l（W/m）。圆筒壁内流体与内筒壁间的对流及辐射传热：

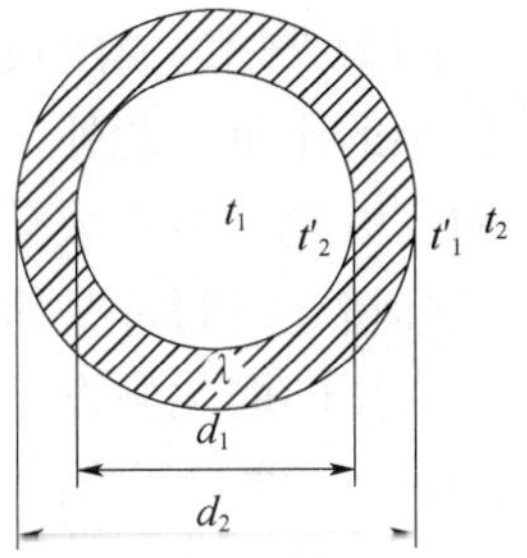

图 3-27　圆筒壁的综合传热

$$q_{l1}=\frac{Q}{l}=(\alpha_1+\alpha_{R1})(t_1-t_1')\pi d_1=\alpha_{g1}(t_1-t_1')\pi d_1 \qquad (3\text{-}121)$$

圆筒壁导热热流：

$$q_l'=\frac{Q}{l}=\frac{2\pi\lambda(t_1'-t_2')}{\ln\frac{d_2}{d_1}} \qquad (3\text{-}122)$$

筒外壁与冷流体间的对流及辐射传热：

$$q_{l2}=\frac{Q}{l}=(\alpha_2+\alpha_{R2})(t_2-t_2')\pi d_2=\alpha_{g2}(t_2-t_2')\pi d_2 \qquad (3\text{-}123)$$

因属稳定传热，综合传热的热流量：

$$q_l=q_{l1}=q_l'=q_{l2}$$

将上述三式联立求解得：

$$q_l=\frac{\pi(t_1-t_2)}{\frac{1}{\alpha_{g1}d_1}+\frac{1}{2\lambda}\ln\frac{d_2}{d_1}+\frac{1}{\alpha_{g2}d_2}}\quad (\mathrm{W/m}) \qquad (3\text{-}124)$$

综合传热热量：

$$Q=\frac{\pi l(t_1-t_2)}{\frac{1}{\alpha_{g1}d_1}+\frac{1}{2\lambda}\ln\frac{d_2}{d_1}+\frac{1}{\alpha_{g2}d_2}}\quad (\mathrm{W}) \qquad (3\text{-}125)$$

$$Q=K_C(t_1-t_2)\pi l\quad (\mathrm{W}) \qquad (3\text{-}126)$$

式中　K_C——通过圆筒壁的综合传热系数，W/(m^2·℃)。

$$K_C=\frac{1}{\frac{1}{\alpha_{g1}d_1}+\frac{1}{2\lambda}\ln\frac{d_2}{d_1}+\frac{1}{\alpha_{g2}d_2}} \qquad (3\text{-}127)$$

2. 多层圆筒壁的综合传热

若器壁为圆筒壁，则：

$$Q=\frac{\pi l(t_1-t_2)}{\frac{1}{\alpha_{g1}d_1}+\sum_{i=1}^{n}\frac{1}{2\lambda}\ln\frac{d_{i+1}}{d_i}+\frac{1}{\alpha_{g2}d_{n+1}}}\quad(\text{W})\tag{3-128}$$

当$\frac{d_2}{d_1}\leqslant 2$时，工程上为简便起见，可将圆筒壁化为平壁计算。

三、窑炉内的综合传热

窑炉内火焰空间的传热是一个十分复杂的综合传热过程，硅酸盐窑炉的种类较多，不同窑炉内综合传热是不同的，情况复杂，以下简略介绍一般窑炉内的综合传热。

在一个充满了火焰或高温炉气的窑炉内存在着三个不同的温度区域：炉气（或火焰）、炉衬（炉墙及炉顶）、物料。

因为火焰的温度很高，所以窑炉内主要的传热方式是辐射，而传导及对流在热流量中只占较小的比重。此外，炉墙对于外围空气还会散失热量，这个热损失对窑炉内温度也有一些影响。因此，要用数学分析方法来精确计算窑炉内的热交换，是非常复杂和困难的。只有结合实际情况进行一些简化的假设，才使近似的计算成为可能。

常用的简化假设是：

（1）炉气（火焰）有一个平均温度 T_g 在窑炉的各处部是相同的；

（2）受热物料表面的温度各处都是一样的，等于 T_m；

（3）炉墙及炉顶的温度均匀一致而且也是不变的；

（4）炉气（火焰）可以看作一个灰体，它的吸收率（或辐射率）不因辐射来的波长或温度不同而变更，其值为 ε_g，它是根据气体的温度 T_g 而求得的；

（5）受热的物体也是灰体，它的吸收率（或辐射率）ε_m 是一个定值；

（6）炉墙及炉顶的热损失恰好等于由炉气以对流方式传给炉墙及炉顶的热量。

图 3-28 表明在炉膛中各项热流的传送情况。对于物料来说，它所接受的热量有三部分：

（1）气体以辐射方式传给物料的净热量 Q_{gm}；

（2）气体以对流方式传给物料的热量 Q_{gm}^c；

（3）炉墙以辐射方式传给物料的净热量 Q_{wm}。

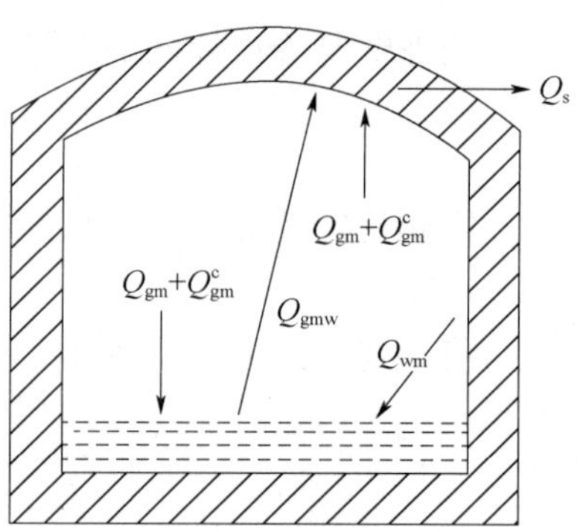

图 3-28 炉膛内传热分析

物料所接受的总热量：

$$Q_m=Q_{gm}+Q_{gm}^c+Q_{wm}\tag{3-129}$$

其中：

$$Q_{gm}=\varepsilon_m\varepsilon_g C_0\left[\left(\frac{T_g}{100}\right)^4-\left(\frac{T_m}{100}\right)^4\right]F_m\quad(\text{W})\tag{3-130}$$

$$Q_{gm}^c=\alpha_{gm}(T_g-T_m)F_m\ (\text{W})\tag{3-131}$$

$$Q_{wm}=\varepsilon_w\varepsilon_m(1-\varepsilon_g)C_0\left[\left(\frac{T_w}{100}\right)^4-\left(\frac{T_m}{100}\right)^4\right]F_m\quad(\text{W})\tag{3-132}$$

式中 ε_m——物料黑度；

ε_g——炉气黑度；

ε_w——炉墙黑度；

α_{gm}——炉气与物料间的对流换热系数，W/(m²·℃)；

F_m——暴露于炉气中的物料表面积，m²。

对于炉墙来说，它主要作为传热的媒介，所接受的热量有三部分：

(1) 气体以辐射方式传给它的净热量 Q_{gw}；

(2) 气体以对流方式传给它的热量 Q_{gw}^c；

(3) 气体辐射传热给物料的热量中，一部分被物料反射，透过气层而落到炉墙上的 Q_{gmw}。

炉墙放出的热量有两部分：

(1) 炉墙以辐射方式传给物料的热量 Q_{wm}；

(2) 通过炉墙散失于周围的热量 Q_s。

根据上述简化，假设 $Q_{gw}^c=Q_s$，则炉墙的热平衡公式可简化为：

$$Q_{gw}+Q_{gmw}=Q_{wm}$$

其中：

$$Q_{gw}=\varepsilon_w\varepsilon_g C_0\left[\left(\frac{T_g}{100}\right)^4-\left(\frac{T_w}{100}\right)^4\right]F_w$$

$$Q_{gmw}=\varepsilon_g(1-\varepsilon_m)(1-\varepsilon_g)\varepsilon_w C_0\left[\left(\frac{T_g}{100}\right)^4-\left(\frac{T_w}{100}\right)^4\right]F_w\varphi$$

$$=\varepsilon_g(1-\varepsilon_m)(1-\varepsilon_g)\varepsilon_w C_0\left[\left(\frac{T_g}{100}\right)^4-\left(\frac{T_w}{100}\right)^4\right]F_m$$

$$Q_{wm}=\varepsilon_w\varepsilon_m(1-\varepsilon_g)C_0\left[\left(\frac{T_w}{100}\right)^4-\left(\frac{T_m}{100}\right)^4\right]F_m$$

式中　φ——物料对炉墙的角系数，$\varphi=\dfrac{F_m}{F_w}$。

由上述炉墙的热平衡公式可以求出：

$$Q_{wm}=\varepsilon_g\varepsilon_m\varepsilon_w C_0\frac{[1+\varphi(1-\varepsilon_m)(1-\varepsilon_g)]}{\dfrac{\varepsilon_g}{1-\varepsilon_g}+\varphi[\varepsilon_m+\varepsilon_g(1-\varepsilon_m)]}\left[\left(\frac{T_g}{100}\right)^4-\left(\frac{T_m}{100}\right)^4\right]F_m \tag{3-133}$$

四、窑炉表面散热计算

在进行窑炉或烘干机的热平衡计算时，需计算窑炉表面散热损失，在进行窑炉热工设计时，亦需计算表面散热损失，以下专门将窑体表面散热计算举例说明。

当已知窑墙外壁温度 t_w 和空气温度 t_a 时，可用下式计算其单位表面积的散热量：

$$q=\alpha_g(t_w-t_a)\qquad(\text{W/m}^2) \tag{3-134}$$

式中　α_g——窑墙与空气的对流及辐射给热系数，W/(m²·℃)。

对于不断转动着的水泥回转窑或回转烘干机来说，其外表面的给热系数 α_g，除用经验公式计算外，还可采用表 3-12 的实测计算数据。

表 3-12　回转窑在转动情况下外表面的给热系数 α_g　[W/(m²·℃)]

温度差（℃）		40	50	100	150	200	250
外界风速（m/s）	0	12.25	12.95	16.50	20.00	23.50	27.00
	1	18.35	19.10	23.00	27.00	30.20	30.62
	2	27.90	28.70	32.70	34.90	35.30	35.50

单元六　传质基础

通常把物质由高浓度向低浓度方向转移的过程称为质量传递，简称传质。

热量传递过程是由温度差引起的，在一个系统中，只要有温度差存在，热量就会自发地从高温物体向低温物体转移。与此类似，传质是由浓度差引起的。在一个含有两种或两种以上组分的多元系统中，只要有浓度差存在，则各组分都会自发地从高浓度向低浓度方向转移。正如温度差的存在是传热的推动力一样，浓度差的存在是传质的推动力。

在日常生活中，传质现象处处可见。如食糖在水中溶化，煤烟在大气中扩散，水的蒸发，木柴燃烧等，不胜枚举。在工程科学技术中，传质广泛应用于能源、动力、生物、空调、环境工程、空间技术等领域。人们熟知的许多化工单元操作，如吸收、解析、蒸馏、萃取、干燥和加湿等无不涉及传质。在硅酸盐材料的生产中，不仅窑炉中的燃料燃烧要涉及分布、扩散速率等传质问题，其他如固相反应、烧结、析晶、分相以及熔化等动力学过程也均与传质有关。

传质的基本方式有两种：分子扩散和紊流扩散。在静止流体或在垂直于浓度梯队方向上做层流运动的流体以及固体中的传质，是由于物质的分子、原子及自由电子等微观粒子的随机运动引起的，故称为分子扩散，其机理与导热相类似；在流体中由于紊流脉动作用引起的传质，称为紊流扩散，其机理与对流换热中的对流相类似。

本部分主要讲述传质的基本概念与原理。

一、浓度

（一）浓度定义

在多元混合物中，各组分在混合物中所占分量的多少，习惯上通称浓度。表示浓度的方法有多种，在传质问题中通常采用两种浓度的概念：质量浓度和物质的量的浓度。

在单位体积混合物中某一组分 i 的质量称为该组分的质量浓度，用 ρ_i 表示，单位为 kg/m^3。在单位体积混合物中某一组分 i 的摩尔数称为该组分的物质的量浓度，用 C_i 表示，单位为 $kmol/m^3$。若混合物由 n 种组分构成，则混合物的总质量浓度和总物质的量浓度分别为：

$$\rho = \sum_{i=1}^{n} \rho_i \tag{3-135}$$

$$C = \sum_{i=1}^{n} C_i \tag{3-136}$$

显然，混合物质量浓度和物质的量浓度的关系为：

$$C = \rho / M \tag{3-137}$$

式中　M——混合物的分子量。

对于混合气体，可应用理想气体状态方程将物质的量浓度表述为：

$$C_i = \frac{n_i}{V} = \frac{P_i}{RT} \tag{3-138}$$

$$C = \frac{n}{V} = \frac{P}{RT} \tag{3-139}$$

式中　P_i、P——组分 i 的分压力和混合气体的总压力；

n_i、n——组分 i 的摩尔数和混合气体的总摩尔数；

V——混合气体的体积；

R——通用气体常数；

T——混合气体的绝对温度。

（二）成分表示法

通常使用质量百分数和摩尔百分数表示混合物的成分。

混合物中某一组分 i 的质量浓度与混合物总质量浓度之比称为该组分的质量百分数，用 w_i 表示。

$$w_i = \frac{\rho_i}{\rho} = \frac{\rho_i}{\sum_{i=1}^{n} \rho_i} \tag{3-140}$$

由定义可知，质量百分数的总和等于 1：

$$\sum_{i=1}^{n} w_i = 1 \tag{3-141}$$

混合物中某组分 i 的摩尔浓度与混合物总摩尔浓度之比称为该组分的摩尔百分数。对于混合气体，组分 i 的摩尔百分数用 y_i 表示；对于液体和固体，组分 i 的摩尔百分数用 x_i 表示。

$$y_i\ (\text{或}\ x_i)\ \frac{C_i}{C} \tag{3-142}$$

对于混合气体，应用式（3-138）和式（3-139）可得：

$$y_i = \frac{C_i}{C} = \frac{P_i/RT}{P/RT} = \frac{P_i}{P} \tag{3-143}$$

上式实际上即为混合气体的道乐顿（Dolton）分压定律。

由定义可知，各组分的摩尔百分数之和等于 1：

$$\sum_{i=1}^{n} y_i(\text{或}\ x_i) = 1 \tag{3-144}$$

【例 3-13】 试计算温度为 25℃，压力为 10^5Pa 的干空气中 O_2 和 N_2 的质量百分数以及干空气的平均分子量。

解： 计算时取 1kmol 干空气作为基准，则其中：

O_2 有 1×0.21=0.21（kmol）或 0.21×32=6.72（kg）

N_2 有 1×0.79=0.79（kmol）或 0.79×28=22.12（kg）

故 1kmol 干空气的质量应为：6.72+22.12=28.84（kg）

则质量百分数分别为：

$$w_{O_2} = \frac{6.72}{28.84} = 0.233$$

$$w_{N_2} = \frac{22.12}{28.84} = 0.767$$

干空气的平均分子量即为 1kmol 干空气的质量。故干空气的平均分子量为 28.44。

（三）扩散速度

通常多元混合物中各组分具有不同的速度，因此，多元混合物的速度应是各组分速度的平均值。多元混合物的质量平均速度的定义式为：

$$u = \sum_{i=1}^{n} \rho_i u_i / \rho \tag{3-145}$$

式中　u_i——组分 i 相对于固定坐标的绝对速度。

相应地，多元混合物的摩尔平均速度的定义式为：

$$u_M = \sum_{i=1}^{n} C_i u_i / C \tag{3-146}$$

组分 i 相对于质量平均速度的速度称为扩散速度。即 $u_i - u$ 为组分 i 相对于质量平均速度的扩散速度，$u_i - u_M$ 为组分 i 相对于摩尔平均速度的扩散速度。只有存在浓度梯度时，才能有扩散速度存在。

（四）扩散通量

单位时间内通过垂直于浓度梯度的单位面积的物质数量称为扩散通量。随所用的浓度单位不同，扩散通量可表示为质量通量 m ［kg/(m^2 · s)］ 或 N ［kmol/(m^2 · s)］。由于传质过程多伴随混合物的整体流动，所以通量可以相对于空间固定坐标来确定，也可以相对于随混合物整体平均速度（u 或 u_M）移动的动坐标来确定。对于组分 i，相对于固定坐标所确定的通量称为该组分的净质量通量或净摩尔通量。相对于以平均速度 u 或 u_M 移动的坐标所确定的通量称为该组分的分子扩散质量通量或分子扩散摩尔通量。

图 3-29 为二元混合物中 A、B 两组分的相互扩散过程以及组分 A、B 的浓度沿 y 方向的分布状况。由于浓度分布不均匀，A、B 两组分均各从其高浓度区域向低浓度区域扩散，两者方向相反。若 A、B 两组分相互扩散的速度不等，则混合物将产生整体流动，以某一平均速度或通过某个指定截面。因此，若采用图中所示的固定坐标，则此时的净扩散通量应由两部分组成：一部分是由浓度推动而产生的相对于平均速度的分子扩散通量，另一部分是由于混合物沿扩散方向的整体流动而带动组分从一处向另一处传递的通量。显然，净扩散通量应为这两部分之和。

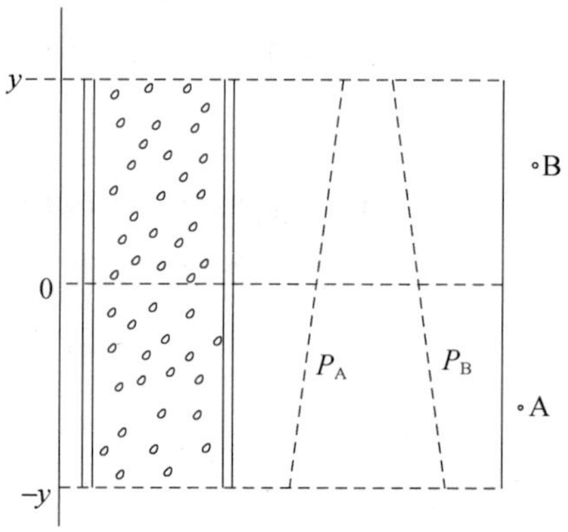

图 3-29　组分 A、B 的相互扩散

二元混合物中，组分 A 和组分 B 的净质量通量为：

$$m_A = \rho_A u_A \tag{3-147}$$

$$m_B = \rho_B u_B \tag{3-148}$$

混合物的总质量通量为：

$$m = m_A + m_B = \rho_A u_A + \rho_B u_B = \rho u \tag{3-149}$$

组分 A 和组分 B 的净摩尔通量为：

$$N_A = C_A u_A \tag{3-150}$$

$$N_B = C_B u_B \tag{3-151}$$

混合物的总摩尔通量为：

$$N = N_A N_B = C_A u_A + C_B u_B = C u_M \tag{3-152}$$

现组分 A 和组分 B 的分子扩散质量通量分别用 j_A、j_B 表示，而由液体的整体流动带动组分和组传递的质量通量应分别为 $\rho_A u$、$\rho_B u$，则组分 A、组分 B 的净质量通量可以写成：

$$m_A=j_A+\rho_A u \qquad (3\text{-}153)$$

$$m_B=j_B+\rho_B u \qquad (3\text{-}154)$$

用式（3-147）、式（3-148）代入，上述两式又可写成：

$$j_A=\rho_A\ (u_A-u) \qquad (3\text{-}155)$$

$$j_B=\rho_B\ (u_B-u) \qquad (3\text{-}156)$$

将上述两式相加可得：

$$j_A+j_B=0 \qquad (3\text{-}157)$$

上式说明，二元混合物中组分 A 和组分 B 的分子扩散质量通量大小相等而方向相反。

同理可得组分 A 和组分 B 的分子扩散摩尔能量为：

$$J_A=C_A\ (u_A-u_M) \qquad (3\text{-}158)$$

$$J_B=C_B\ (u_B-u_M) \qquad (3\text{-}159)$$

以及

$$J_A+J_B=0 \qquad (3\text{-}160)$$

式（3-160）说明，二元混合物中组分 A 和组分 B 的分子扩散摩尔能量大小相等而方向相反。

上述这些计算公式可用于不同场合下对于分子扩散过程的通量计算。在一般工程场合下，常采用对于固定坐标的净扩散通量 m 或 N；而在关于扩散过程的实验研究中，则多采用分子扩散能量 j 或 J 进行计算。

表 3-13 列出了二元混合物浓度、速度和扩散通量的各定义式。

表 3-13　二元混合物浓度、速度和扩散通量的表示方法

浓度	质量基准	摩尔基准
定义式	$p=p_A+p_B$ $w_A=p_A/p$	$C=C_A+C_B$ $x_A=C_A/C$
关系式	$M=p/C$ $w_A+w_B=1$ $x_A=\dfrac{w_A/M_A}{w_A/M_A+w_B/M_B}$ $w_A/M_A+w_B/M_B=1/M$ $dw_A=\dfrac{M_AM_Bdx_A}{(x_AM_A+x_BM_B)^2}$	$x_A+x_B=1$ $w_A=\dfrac{x_AM_A}{x_AM_A+x_BM_B}$ $x_AM_A+x_BM_B=M$ $dx_A=\dfrac{dw_A}{M_AM_B\ (x_AM_A+x_BM_B)^2}$
速度定义式	u_A：相对于固定坐标系的组分 A 的扩散速度 u_A-u：相对于 u 组分 A 的扩散速度 u_A-u_M：相对于 u_M 组分 A 的扩散速度 u：质量平均速度，$u=\dfrac{1}{\rho}\ (\rho_Au_A+\rho_Bu_B)=w_Au_A+w_Bu_B$ u_M：摩尔平均速度，$u_M=\dfrac{1}{C}\ (C_Au_A+C_Bu_B)=x_Au_A+x_Bu_B$	
扩散通量	质量通量 m [kg/(m^2·s)]	摩尔通量 N [kmol/(m^2·s)]
定义式	相对于固定坐标 $m_A=\rho_Au_A$ 相对于质量平均速度 $j_A=\rho_A\ (u_A-u)$ 相对于摩尔平均速度	$N_A=C_Au_A$ $J_A=C_A\ (u_A-u_M)$
关系式	$m_A+m_B=m=\rho u$ $j_A+j_B=0$	$N_A+N_B=N=Cu_M$ $J_A+J_B=0$
	$m_A=N_AM_A$ $m_A=j_A+\rho_Au$ $j_A=m_A-w_A\ (m_A+m_B)$	$N_A=m_A/M_A$ $N_A=J_A+C_Au_M$ $J_A=N_A-x_A\ (N_A+N_B)$

二、斐克（Fick）定律

1855 年，德国人 A. E. 斐克提出描述分子扩散规律的基本定律。描述分子扩散过程中传质通量与浓度梯度之间关系的定律称为斐克定律。在定温定压且浓度均摊不随时间而变的稳态条件下，相对于混合物以摩尔平均速度移动的动坐标系，斐克定律可用下述公式表达：

$$J_{A,z}=-D_{AB}\frac{dC_A}{dz} \tag{3-161}$$

式中 $J_{A,z}$——组分沿 z 方向相对于摩尔平均速度的分子扩散摩尔通量，kmol/(m^2 · s)；

dC_A/dz——组分在 z 方向上的浓度梯度，kmol/m^4；

D_{AB}——比例系数，称为扩散系数，下标 AB 表示组分 A 在组分 B 中的扩散。

式中出现的"－"表示通量的方向与浓度梯度的方向相反，即组分 A 的扩散朝着浓度降低的方向进行。

对于组分 A 在 x 方向或 y 方向上的扩散，同样可以写出与式（3-161）类似的表达式。

由不可逆热力学理论可以得到不受温度和压力限制的更为通用的斐克定律表达式：

$$J_{A,z}=-D_{AB}C\frac{dy_A}{dz} \tag{3-162}$$

在定温定压条件下，混合物的摩尔浓度 C 为定值，此时式（3-162）变为式（3-161）。

若用相对于质量平均速度 u_y 的分子扩散质量通量来表示，斐克定律的表达式又可写成：

$$j_{A,z}=-D_{AB}\rho\frac{dw_A}{dz} \tag{3-163}$$

在定温定压条件下，混合物的质量浓度也为定值，式（3-163）可简化为：

$$j_{A,z}=-D_{AB}\frac{d\rho_A}{dz} \tag{3-164}$$

斐克定律是描述分子扩散的基本定律。需要强调指出的是，斐克定律的上述各种表达式都是相对于以混合物的摩尔平均速度或质量平均速度移动着的动坐标系而言的，对于固定坐标，这些表达式将不适用。除非在等质量逆扩散时，混合物整体的质量平均速度为零，或在等摩尔逆扩散时摩尔平均速度为零，此时两种坐标的斐克定律表达式才相同。

由式（3-161）可知，若二元混合物在方向上的平均速度为常数，则其摩尔通量可写成：

$$J_{A,z}=C\ (u_{A,z}-u_{M,z}) \tag{3-165}$$

将式（3-162）代入并移项整理可得：

$$C_Au_{A,z}=-D_{AB}C\frac{dy_A}{dz}+C_Au_{M,z} \tag{3-166}$$

可按式（3-146）计算。对于二元混合物：

$$u_{M,z}=\frac{1}{C}\ (C_Au_{A,z}+C_Bu_{B,z}) \tag{3-167}$$

或

$$C_Au_{M,z}=y_A\ (C_Au_{A,z}+C_Bu_{B,z}) \tag{3-168}$$

将式（3-167）代入式（3-166）可得：

$$C_Au_{A,z}=-D_{AB}C\frac{dy_A}{dz}+y_A\ (C_Au_{A,z}+C_Bu_{B,z}) \tag{3-169}$$

即

$$N_{A,z}=-D_{AB}C\frac{dy_A}{dz}+y_A\ (N_{A,z}+N_{B,z}) \tag{3-170}$$

采用矢量形式，则式（3-170）的通式为：

$$\vec{N}_A = -CD_{AB} \cdot \Delta \cdot y_A + y_A\ (\vec{N}_A + \vec{N}_B) \tag{3-171}$$

式（3-171）称为扩散方程式。它表示组分 A 相对于固定坐标的净扩散通量等于该组分的分子扩散通量与该组分随混合物整体流动而传递的通量之和，它实质上即为相对于固定坐标的斐克定律。

应用式（3-171）计算时应注意 $\vec{N}_A$、$\vec{N}_B$ 两矢量的方向。若为等摩尔扩散，则因 $N_A = -N_B$，故：

$$\vec{N} = \vec{N}_A + \vec{N}_B = 0 \tag{3-172}$$

$$\vec{J} = \vec{J}_A + \vec{J}_B = 0 \tag{3-173}$$

并不难推出：

$$N_A = J_A \tag{3-174}$$

即等摩尔逆扩散时，无混合物整体流动，只有由浓度梯度推动的分子扩散。

应用上述方法同样可以推出用质量通量表述的扩散方程为：

$$\vec{m}_A = -\rho D_{AB} \nabla \cdot w_A + w_A\ (\vec{m}_A + \vec{m}_B) \tag{3-175}$$

【例 3-14】 温度为 25℃，总压力为 10^5 Pa 的甲烷一氦（CH_4－He）混合物盛于一个容器中。其中某点的甲烷分压为 0.6×10^5 Pa，距该点 2.0cm 处的甲烷分压降为 0.2×10^5 Pa。设容器中总压恒定，扩散系数为 $0.675\text{cm}^2/\text{s}$，试计算甲烷在稳态时分子扩散的摩尔通量。

解： 高甲烷为容器中的组分 A，氦为组分 B。由题意知，$P_{A,1}=0.6\times10^5$ Pa，$P_{A,2}=0.2\times10^5$ Pa。

应用式（3-161），因总压力为常数，可根据理想气体状态方程将其改写为：

$$J_{A,Z} = -D_{AB}\frac{dC_A}{dz} = -D_{AB}d\left(\frac{P_A}{RT}\right)/dz = \frac{D_{AB}}{RT}\frac{dP_A}{dz}$$

对上式从 z_1 至 z_2 积分即可得稳态时甲烷分子扩散时的摩尔通量为：

$$J_{A,Z} = \frac{D_{AB}}{RT}\frac{(P_{A1}-D_{A2})}{Z_2-Z_1} = \frac{0.675\times10^{-4}}{8.3\times10^3\times298}\times\frac{(0.6-0.2)\times10^5}{0.02} = 5.45\times10^5\ [\text{kmol}/(\text{m}^2\cdot\text{s})]$$

三、分子扩散系数

斐克定律中比例系数 D_AB 称为分子扩散系数。斐克定律的表达式（3-161）可改写为：

$$D_{AB} = \frac{J_{A,Z}}{-dC_A/dz}\ (\text{m}^2/\text{s}) \tag{3-176}$$

故分子扩散系数可理解为沿扩散方向，在单位时间里每下降 1 单位浓度梯度通过单位表面积所扩散的物质质量，即表示了物质的扩散能力。

由于许多影响分子扩散的因素都反映在 D_{AB}上，所以确定 D_{AB}的大小也是扩散问题的主要任务之一。D_{AB}的大小取决于扩散系统的压力、温度和组成的成分种类，目前主要依赖于实验测定。下面分别对气体、液体和固体三种系统中的分子扩散系数进行讨论。

（一）气体

对于气体混合物的分子扩散系数，可根据由气体分子运动理论所建立下列半经验公式计算为：

$$D_{AB} = \frac{435.7T^{3/2}}{P\ (v_A{}^{1/3}+v_B{}^{1/3})^2}\sqrt{\frac{1}{M_A}+\frac{1}{M_B}} \tag{3-177}$$

式中　P——总压力，Pa；

M_A、M_B——组分气体 A、B 的分子量；

v_A、v_B——组分气体 A、B 在正常沸点下其液态的摩尔容积，cm^3/mol。

几种常见气体的液态摩尔容积见表 3-14。

表 3-14 几种常见气体的液态摩尔容积

气体	空气	H_2	H_2O	CO_2	N_2	NH_3	O_2	SO_2
摩尔容积（cm^3/mol）	29.9	14.3	18.9	34.0	31.1	25.8	25.6	44.8

式（3-177）只适应于对一些无试验值的混合物做初步估算。当系统的扩散系数已有了较可靠的试验数据时，应以测定值为准。

式（3-177）说明，扩散系数 D_{AB} 与气体的浓度无关，并随气体温度的升高及总压的下降而增大。这是由于随着气体温度的升高，气体分子的平均动能增大了，因而扩散加快；而当气体压力升高时，分子间的平均自由行程会减小，使分子扩散所遇的阻力增大，从而扩散变弱。由式（3-177）还能看出 $D_{AB}\propto T^{1.5}$。但近年来更精确的研究表明扩散系数随温度变化的指数应按 1.75 计算，即 $D_{AB}\propto T^{1.75}$。实验已证实了这个关系。所以，若已知在温度 T_1、压强 p_1 条件下的分子扩散系数 $D_{1,AB}$，即可根据下式推算出 T_2 及 p_2 条件下的扩散系数 $D_{2,AB}$：

$$D_{2,AB}=D_1\frac{P_1}{P_2}\left(\frac{T_2}{T_1}\right)^{1.75}\quad (cm^2/s) \tag{3-178}$$

表 3-15 为处于标准状态下的各种常见气体在空气中的扩散系数 $D_{0,AB}$（m^2/s）。

表 3-15 常见气体在空气中的扩散系数 $D_{0,AB}$ （m^2/s）

气体	HCl	H_2	H_2O	CO_2	N_2	NH_3	O_2	SO_2
$D_{0,AB}\times10^4$	0.130	0.611	0.220	0.138	0.132	0.170	0.178	0.103

（二）液体

液体的扩散系数不仅与物质种类和温度有关，而且还随浓度的改变而改变。因此，以实验测定方法或理论研究方法来确定液体扩散系数较为困难。

表 3-16 为某些溶质（A）在溶剂（B）中的扩散系数。

表 3-16 二元溶液的扩散系数

溶质 A	溶剂 B	温度（K）	溶质浓度（kg/m^3）	扩散系数 D_{AB}（$\times10^9 m^2/s$）
Cl_2	水	289	0.12	1.26
HCl	水	273	9	2.7
	水	273	2	1.8
NH_3	水	278	3.5	1.24
CO_2	水	283	0	1.46
NaCl			0.05	1.26
			1.0	1.24
			3.0	1.36
			5.4	1.54
乙醇 C_2H_5OH			3.75	0.50
			0.05	0.83

若已知温度为 T_1、溶剂黏度为 μ_{B1} 条件下的液体扩散系数 $D_{1,AB}$，则可根据下式推算与 μ_{B2} 条件下的 $D_{2,AB}$，即：

$$D_{2,AB}=D_{1,AB}\left(\frac{\mu_{B1}}{\mu_{B2}}\right)\left(\frac{T_2}{T_1}\right) \quad (m^2/s) \tag{3-179}$$

由于液体的密度和黏度均比气体为大，故溶质在溶剂中的扩散系数比气体要小约 5 个数量级。其范围一般在 $10^{-9}\sim10^{-10}m^2/s$。另外，稀溶液中溶质的扩散系数可视为与浓度无关的常数。

（三）固体

气体、液体和固体三者在固体中的扩散量远小于在气体或液体中的扩散量。固体中的质量扩散可分成两类：一类是与固体结构无关的能遵循斐克定律的扩散；另一类是与结构有关的在多孔材料内的扩散。下面对这两类扩散分别讨论。

1. 遵循斐克定律的固体中的扩散

物质在固体中做此种扩散时，溶质将溶解在固体中而形成均匀的固溶体。如锌水通过铜的扩散、H_2 或 O_2 透过橡皮以及粮食内水分的扩散等均属此种类型，此时斐克定律仍适用。因物质在固体中扩散无整体流动，故其摩尔通量为：

$$N_A=J_A=-D_{AB}\frac{dC_A}{dz} \tag{3-180}$$

式中　D_{AB}——物质 A 在固体 B 中扩散系数，m^2/s。

D_{AB}与扩散时物质的压强无关。某些物质在固体中的扩散系数列于表 3-17。此时的扩散系数又要比液体中的小几个数量级。

表 3-17　某些物质在固体中的扩散系数

溶质 A	溶剂 B	温度（K）	扩散系数 $D_{AB}\times10^4$（m^2/s）
H_2	硫化橡胶	298	0.85×10^{-5}
O_2	硫化橡胶	298	0.21×10^{-5}
N_2	硫化橡胶	298	0.15×10^{-5}
CO_2	硫化橡胶	298	0.11×10^{-5}
He	Fe	293	2.59×10^{-9}
Al	Cu	293	1.30×10^{-30}

2. 多孔材料中的扩散

工业上经常可见气体或液体通过含有大量孔隙的固体材料扩散的现象。如矿石的还原和焙烧、粉末冶金制品的脱气等。此时，固体材料的物理结构或孔隙特征对扩散量起着决定作用。

气体通过多孔材料的扩散可分成两种情况：

若孔隙直径大于气体分子平均自由行程，则扩散不会受孔隙壁面影响，斐克定律仍适用。此时应注意由于多孔材料中的扩散路程弯弯曲曲，或为不规则的槽道，其扩散通量应小于相同长度的均匀细孔的扩散通量。因此这时的扩散系数采用“有效”扩散系数 $D_{AB,ef}$，并将其代入式（3-180）计算扩散通量。

有效扩散系数的定义式为：

$$D_{AB,ef}=\frac{D_{AB}\varepsilon}{\tau} \tag{3-181}$$

式中　D_{AB}——二元混合物的一般分子扩散系数，m^2/s；

ε——多孔材料的孔隙率；

τ——曲折因素。

曲折因素用以校正扩散方向所增加的距离。实际的扩散路程多变，故该值需由实验确定。一般对于松散颗粒 $\tau=1.5\sim2.0$；紧密聚集颗粒 $\tau=7\sim8$。

若气体压强很低，或孔隙直径远小于气体分子平均自由行程，则气体分子与壁面碰撞的机会多于气体分子之间的碰撞机会。此时可将分子之间的碰撞阻力忽略不计，扩散阻力主要取决于分子与壁面的碰撞。此种扩散称纽特森扩散。

根据气体分子运动学说，纽特森扩散为：

$$D_{k,ef}=\frac{2}{3}\bar{r}\bar{u}_A \tag{3-182}$$

式中 $\bar{r}$——平均孔隙半径，m；

$\bar{u}_A$——扩散物质的分子均方要速度，$\bar{u}_A=\sqrt{\frac{8RT}{\pi M_A}}$，m/s。

式（3-182）又可写成：

$$D_{k,ef}=97.0\bar{r}\left(\frac{T}{M_A}\right)^{1/2} \tag{3-183}$$

本情境小结

本章主要介绍传热的三种基本方式：传导传热、对流传热和辐射传热；传热的基本概念；传热系数、热阻、温度场、等温面、等温线和温度梯度等基本概念；三种传热基本规律、计算方法以及综合传热的几种常见形式及传热量的计算。另外还介绍了浓度与斐克定律、分子扩散系数的相关概念。

思考题

1. 试分析传导传热、对流换热、辐射传热各自的特点。
2. 试分析温度梯度的物理意义。
3. 利用傅里叶定律导出的传导传热计算公式有哪些具体用处？举例说明。
4. 试比较固体、液体，气体导热系数的大小。如何运用它们来强化传热或隔热保温？
5. 流体的层流底层对于对流换热有何影响？
6. 对流换热准数方程是如何推求的？
7. 热辐射和其他形式的电磁波辐射有何不同？
8. 什么是黑度？什么是黑体？什么是灰体？
9. 推导克希霍夫定律。
10. 什么是角系数？角系数的特性是什么？
11. 气体辐射与固体辐射相比有什么特点？
12. 什么是综合传热系数？如何推求？在工程中，如何来计算窑炉的散热损失？
13. 为什么粗糙面黑度比光滑面大？
14. 自然界中，一切固体、液体物质都可近似看作灰体，有什么先决条件？
15. 太阳辐射热能透过玻璃窗进入房间内，冬天房间内放暖气，热量是否也能透过玻璃窗散到外面去？为什么？

16. 天气晴朗干燥时将被褥晾晒后使用会感到暖和，如果晾晒后再拍打一阵，效果会更好，为什么？

17. 为什么寒冷地区的玻璃窗采用双层结构？

18. 在热力发电厂中，对于产生蒸汽的水的水质要求很高，一般都要进行软化处理，能否从传热的角度解释一下原因？

19. 什么是质量传递？质量传递的条件是什么？

20. 什么是浓度？浓度用什么方法来表示？

21. 斐克定律的内容是什么？试写出斐克定律的表达式。

习　题

1. 某建筑物的混凝土屋顶面积为 $20m^2$，厚为 140mm，外表面温度为－15℃，混凝土的热导率 $\lambda=1.28$W/(m·℃)。若通过屋顶散热的热量为 5.12×10^3W，试计算屋顶内表面温度。(答案：13℃)

2. 某平壁两表面的温度分别为 $t_1=300$℃，$t_2=100$℃，厚度 $\delta=0.1$m，平壁材料的热导率 $\lambda=0.045+0.0001t$W/(m·℃)。试求通过平壁的热流；平壁中心面上的温度比 $\frac{t_1+t_2}{2}$ 高还是低？为什么？(答案：$q=130W/m^2$)

3. 某锅炉的炉墙是由一层耐火砖［$\delta_1=120$mm，$\lambda_1=0.93$W/(m·℃)］，一层红砖［$\delta_2=250$mm，$\lambda_2=0.7$W/(m·℃)］，两层砖之间填入硅藻土保温层［$\delta_3=50$mm，$\lambda_3=0.14$W/(m·℃)］所构成。若墙内表面（耐火砖层）温度 $t_1=1000$℃，外表面（红砖层）温度 $t_4=50$℃。试求炉墙每平方米面积的散热量和界面温度。如果不采用硅藻土隔热保温材料而以红砖代替，而且要求散热量不变，问红砖层需要多厚？（答案：$q=1126.93W/m^2$；$t_2=854.6$℃；$t_3=452.5$℃；红砖应砌 500mm 厚）

4. 现有一窑墙，用黏土砖和红砖两种材料砌成，厚度均为 180mm。内壁温度为 1150℃，外壁温度为 95℃，红砖的使用温度为 750℃。试求通过每平方米窑墙的热损失及在此条件下红砖能否使用。已知红砖的导热系数 $\lambda_t=0.455+0.45\times10^{-3}t$，黏土砖的导热系数 $\lambda_t=0.685+0.55\times10^{-3}t$。(答案：$q=2464.6W/m^2$，红砖不能使用)

5. 现有一厚度为 250mm 的隔热砖墙，内壁温度为 650℃，外壁温度为 145℃。试求通过单位面积向外散热量。已知红砖的导热系数 $\lambda_t=0.465+0.44\times10^{-3}t$ 。(答案：$q=1292W/m^2$)

6. 蒸汽管道的内外直径分别为 160mm 和 170mm，管壁的导热系数 $\lambda_1=58$W/(m·℃)，管外包裹两层保温材料，第一层 $\delta_2=30$mm，$\lambda_2=0.17$W/(m·℃)，第二层 $\delta_3=50$mm，$\lambda_3=0.093$W/(m·℃)。蒸汽内表面温度为 300℃，保温层外表面温度为 50℃。试求：

(1) 每米长蒸汽管道的热损失；(2) 每层接触面的温度。(答案：每米长蒸汽管道的热损失 277.8W/m；每层接触面的温度 $t_2=300$℃，$t_3=222$℃)

7. 空气按 10m/s 的流速流过直径为 50mm，长度为 1.75m 的管道，如果空气的平均温度为 100℃，求空气对管道内壁的对流换热系数。[答案：37W/(m·℃)]

8. 一套管换热器，套管为 ϕ95mm×3.0mm 钢管，内管为 ϕ30mm×2.5mm 钢管，长为 2m。环隙中为 $p=100$kPa 的饱和水蒸气冷凝，冷却水在内管中流过，进口温度为

17.5℃，出口为36.5℃。冷却水流速为0.5m/s。试求管壁对水的对流传热系数。[答案：1851.6W/(m·℃)]

9. 在厂房内铺设有蒸汽管道。已知管外保温层的黑度0.8，保温层外径 d=550mm，保温层外表面温度 t_1=45℃，室温 t_2=18℃。求每米长管道表面辐射散热损失。(答案：239.32W/m)

10. 已知锅炉内烟气的温度为1100℃，锅炉内水的温度为240℃，从烟气到炉壁的对流和辐射给热系数 α_{g1}=124.5W/(m·℃)，从壁面到水的给热系数 α_{g2}=2480W/(m·℃)，锅炉壁厚24.5mm，导热系数 λ=62.5W/(m·℃)。求烟气到水的综合热流量及锅炉两表面的温度。如果在锅炉壁的外侧覆盖一层烟灰，厚0.45mm，导热系数 λ_1=0.12W/(m·℃)，而锅炉壁内侧结有一层水垢，厚2.4mm，λ_3=1.26W/(m·℃)，再计算综合热流量，并分析原因。(答案：97424.4W/m^2，锅炉两表面的温度为317℃、279℃；59383.6W/m^2，由于锅炉积灰、结垢，热流量较以前减少了40%)

11. 套管换热器，内管外径 d_1=12mm，外管内径 d_2=16mm，管长400mm，内、外管之间的环形流道内水流速为2.4m/s，平均温度 t_f=73.1℃，内管壁温度 t_w=96℃。试求内管外表面换热系数。[答案：α=17284 W/(m^2·℃)]

12. 用比较法测得某一表面在800K时的辐射能力恰等于黑体400K时的辐射能力。试求这个表面的黑度。如果比较的标准不是黑体，而是黑度为0.8的实际物体表面，但两个表面的温度不变，试求其黑度。(答案：ε=0.05)

13. 室内一根冷气管，外径 d=700mm，长5m，表面黑度 ε=0.96。已知管子表面温度 t_w=−15℃，环境和空气温度 t_f=0℃，试求每小时的辐射换热量。(答案：Q=67.23W)

14. 一根蒸汽管的外面套装一层遮热管，蒸汽管的表面温度为200℃，直径为300mm，黑度为0.8，遮热管内、外径分别为400mm和402mm，内、外表面的黑度都是0.23。假设外部空间为温度等于10℃的黑体，忽略遮热管的导热热阻。试计算每米长管子辐射热损失，并与无遮热管时的辐射热损失进行比较。(答案：q_1=342W/m，辐射热减少81.6%)

15. 平面1和2平行放置，且相距很近，在它们之间插入一块黑度 ε_1=0.05，导热热阻可以忽略的磨光镍片。平面1和2的温度分别为1200K、300K，其黑度 ε_1=ε_2=0.8。试求平面1和2之间每平方米面积的辐射换热量，并与未插入镍片时的辐射换热比较。(答案：q_{12}=2891.7W/m^2；加遮热板后辐射热仅是原来的1/27)

16. 一根水银温度计，黑度等于0.9，吊在一个房间里测量空气温度，读数是20℃。房屋墙壁保温很不好，壁面温度为5℃，温度计和空气之间的对流换热系数是8.3 W/(m·℃)。试计算空气的真实温度。(答案：空气真实温度28.6℃)

17. 一根热水管，内径为76mm，壁厚为3mm，热导率为50 W/(m·℃)，热水温度为95℃，管外空气温度为15℃，水与管壁之间换热系数为5000W/(m^2·℃)，管壁与空气之间的换热系数为15W/(m^2·℃)。试求该热水管单位长度的热损失。(答案：q_l=307.84W/m)

单元七 本情境实验

情境三实验

情境四　燃料及其燃烧过程

【学习要求】 通过本情境学习，学生应注重对基本概念、基本理论和基本计算方法的理解和掌握，同时应做一定习题，以便能准确掌握燃烧的计算方法和用燃烧有关理论解决工程实际问题。

任务目标

【掌握内容】 燃料的组成及表示方法；煤组成的四种基准换算；发热量的概念；燃烧计算的基本概念；燃烧温度的概念；过剩空气系数及漏风量的计算法；固体燃料燃烧的过程；燃烧的污染及防治和节能。

【理解内容】 燃料的组成及性质；发热量的计算；燃料燃烧空气量、烟气量、烟气组成的分析计算法；燃烧温度的概念及计算；提高燃烧温度的措施；层燃燃烧的方式及特点；层燃设备的结构特点。

【了解内容】 燃料的选用原则及燃料的种类；硅酸盐工业常用燃料；燃烧计算的目的及内容；燃烧的近似计算法；操作计算中实际烟气量和空气量的计算法；层燃室的设计计算；煤粉的制备过程。

知识内容

单元一　燃料概述

硅酸盐工业是能源消耗的大户之一，目前单位产品的能耗还相当高，大多数硅酸盐工业产品的生产过程是在高温下进行，因此需要消耗大量的热。这些热量主要来自燃料燃烧。例如烧成 1t 水泥熟料，约需消耗 110～180kg 标准煤，从而使燃料的费用约占产品成本的 15％～25％。因此，在硅酸盐工业中不仅要千方百计节省燃料，还应了解各种燃料的热工性能，合理、有效地选用燃料，掌握有关燃料燃烧过程理论及计算，确定合理的燃烧条件和燃烧设备，达到优质、高产、低消耗的生产效果。

一、燃料的选用原则

（1）从我国燃料资源的实际出发，根据国家当前的能源政策选用燃料。应坚持就地取材和物尽其用的原则，充分利用地方资源和工业废料，并设法采用低质、劣质燃料。

（2）满足工艺要求，确保产品质量，并为机械化、自动化生产提供条件。

（3）来源充足，保证供应，能满足生产需要。

（4）防止燃料使用造成的公害，注意保护环境，保障人民健康。

二、燃料的分类

自然界中可供工业生产使用的燃料资源主要是煤、石油和天然气。不同的生产部门，对所用燃料的性质往往提出不同的要求。此外，随着科学技术的发展，煤、石油和天然气已不只是工业生产的热能来源，而且还是硅酸盐工业的宝贵燃料。因此，在硅酸盐工业中不仅要千方百计节省燃料，还应在选用燃料时，合理、有效地利用燃料资源，同时掌握生产工艺对燃料的技术要求。燃料按不同的方法可以分成不同的类别：按燃料的形态不同可分为固体燃料、液体燃料和气体燃料；按燃料的来源不同可分为天然燃料和加工燃料，见表 4-1。

表 4-1　工业燃料的分类

来源	物态		
	固体	液体	气体
天然燃料	木材	石油	天然气
	褐煤		
	烟煤		
	无烟煤		
	可燃页岩		
加工燃料	木炭	石油加工产品、重油、煤油、焦油、合成液体燃料	石油气、高炉煤气、焦炉煤气、发生炉煤气
	焦炭		
	煤砖		
	煤粉		

（一）固体燃料

固体燃料有木材、可燃页岩和煤。工业上常用的固体燃料主要是煤。煤是古代植物死后埋于地下，在没有空气的条件下经长期地质和化学变化形成的一种天然矿物。根据煤在地下沉积年代及碳化程度不同，煤可分为褐煤、烟煤和无烟煤。此外，工业上还用到一些固体劣质燃料。

1. 褐煤

褐煤是由泥煤形成的初始煤化物，是煤中等级最低的一类，形成年代最短，呈黑色、褐色、泥土色，像木材结构。特点：①挥发分较高，析出温度低。②燃烧热值低，不能制炭。③褐煤容易破碎和风化以及自燃，因此，储存时要尽可能减小煤堆与空气的接触面积，限制煤堆的高度以及经常检查煤堆内的温度。④褐煤适用于化工原料或用于锅炉，也可用于制造煤气。

2. 烟煤

烟煤的形成历史较褐煤长，黑色，外形有可见条纹。特点：①挥发分为 20%～45%；碳含量为 75%～90%；灰分为 7%～30%；水分为 3%～18%；发热量为 21000～29000kJ/kg；着火温度为 400～500℃。②成焦性较强，氧含量低，水分及灰分含量不高，适宜工业使用。

烟煤是硅酸盐工业的重要燃料，尤其适合水泥回转窑煅烧使用。烟煤的主要特点是挥发分高，在燃烧时有较长的火焰，一般挥发分较多，火焰较长。

水泥回转窑用燃料主要用烟煤磨制成煤粉，通常要求挥发分为18%～30%；灰分小于30%；发热量大于23000kJ/kg。

3. 无烟煤

煤化时间最长，碳含量最高的煤，具有明显的黑色光泽，机械强度高。特点：①碳含量大于93%，挥发分少，一般小于10%；水分和灰分也比较低；发热量一般为25000～29000kJ/kg；着火温度为650～700℃。②无机物含量小于10%，着火难，不易自燃，成焦性差。③颜色为灰色或黑色；无自燃危险，便于长期储存。

无烟煤燃烧时，煤烟少，只有很短的蓝色火焰，故不适用于外设燃烧室的窑炉。又因为其着火温度较高，挥发分少，燃烧速度比较慢，故不适合于作水泥回转窑用燃料。但无烟煤的煤质条件为：$V_d<10\%$，$A_d<30\%$，$Q_{net,d}>23000$kJ/kg，正好适合水泥立窑煅烧。

各类煤的特性见表4-2。

表4-2　煤的种类及特性

煤种类	碳（干基）(%)	挥发分（干基）(%)	热值（干基）(kcal/kg)
无烟煤	＞93	0～14	6698～7177
烟煤	75～90	20～45	5024～6938
褐煤	60～75	40～60	＜4116

4. 劣质固体燃料

工业上常把发热量低于12600kJ/kg的固体燃料称为劣质固体燃料。我国的劣质固体燃料很多，有煤矸石、石煤、废旧轮胎及上述的褐煤等。其中煤矸石和石煤储量多，有效利用它们，变废为宝，变害为利，具有极其重要的意义。

煤矸石是在煤矿建设和煤炭采掘、洗选加工过程中被剔出来的废料。我国每年的煤矸石排放量在1.2～1.8亿t。

煤矸石因含碳，具有一定热值，尤其是选煤矸石发热量一般在6270kJ/kg以上的，把它加工成粒径小于13mm、水分小于10%的煤矸石，与洗选过程中产生的热值较低的劣质煤一起配置成发热量为10000～13000kJ/kg的煤，可作为发电厂流化床锅炉的燃料。

石煤是蕴藏在古老地层中的煤炭，外观像石头，颜色多呈灰黑色，光泽暗淡，有贝壳状、阶梯状不等。石煤灰分高达70%～80%，含硫量在2%～4%，含碳量不足20%，发热量在5～32MJ/kg。

石煤和煤矸石一样，均属劣质燃料，其发热量低（4.2～12.6MJ/kg），碳含量低（20%～30%），硬度大，矿物含量高，有机质含量低。

我国煤炭资源大体有以下几个特点：①资源分布既广泛又集中。在全国各省区市中，除了上海市之外，均有煤炭资源分布。但是其主要集中在山西、陕西、内蒙古、贵州等省区，其储量大约占全国保有储量的3/4。②煤种齐全。我国煤炭资源的煤种齐全，从低变质的泥炭、褐煤到高变质的贫煤、无烟煤均有。在预测的4.49Tt的资源当中，贫煤、无烟煤有6631亿t，约占14%；动力用煤2.25Tt，约占50%；炼焦煤种9372亿t，约占20%；褐煤3058亿t，约占6.5%；其余尚有5000多亿t的煤种未定。③煤质较好。我国煤炭的煤质总体说是比较好的。已探明的保有储量中，灰分小于10%的特低无烟煤占20%以上；含硫量小于1%的低硫煤占65%～70%；含硫量为1%～2%的占15%～20%；含硫量大于2%的占10%

～20%；其中也有些硫分大于4%的煤炭，由于环境保护的限制不能使用这部分煤。

（二）液体燃料

石油（原油）是液体燃料的主要来源。原油是天然存在的易流动液体，相对密度为0.78～1.00，主要含C、H_2，少量的S、N_2、O_2，此外，含有微量金属（钒、镍）、砷、铅等。

我国硅酸盐工业目前所用的重油实际上是石油加工过程中的残留油。石油在常压下蒸馏可分别提炼出汽油、煤油、柴油等高质量燃料，剩下的残渣就是直馏重油，将直馏重油进行减压蒸馏，其残渣为减压渣油。将直馏重油进行裂化，可得裂化煤气和裂化汽油，其残渣为裂化渣油。上述三种渣油统称为重油。硅酸盐工业中所采用的液体燃料，主要为重油。目前我国硅酸盐工业所燃用的重油大多是200～250号常压渣重油和减压渣重油。重油的主要成分见表4-3。

表4-3　重油的主要成分

元素和化合物	含量（%）
碳（C）	83～87
氢（H_2）	10～14
氮（N_2）	0.1～1.5
氧（O_2）	0.1～1.5
硫（S）	0.1～5.0

重油的理化性质如下。

1. 黏度

黏度对重油的装卸、储存、输送及雾化都有很大的影响。我国重油常用的黏度标准是以恩氏黏度（°E）来表示的。我国重油的牌号是以50℃时油的恩氏黏度值来分类的。表4-4是我国重油的质量标准。

表4-4　我国重油的质量标准

项目	质量指标				
	20号	60号	100号	200号	250号
代号	RZ-20	RZ-60	RZ-100	RZ-200	RZ-250
恩氏黏度（°E）80℃≤	5.0	11.0	15.5		
100℃≤				5.5～9.5	25
闪点（敞口）≤（℃）	80	100	120	130	—
凝固点≤（℃）	15	20	25	36	45
水分（%）≤	1.0	1.5	2.0	2.0	—
灰分（%）≤	0.3	0.3	0.3	0.3	—
含硫（%）≤	1.0	1.5	2.0	3.0	—
机械杂质（%）≤	1.5	2.0	2.5	2.5	—

重油的黏度随温度的升高而降低。图4-1表示重油的黏度和温度的关系，说明不同牌号的重油在不同情况下所需要控制的黏度和温度要求。重油在运输、储存、雾化等过程中，选择适宜的加热温度很重要。温度偏低时，黏度过大，会使装卸、输送困难，雾化不良；温度偏高时，不仅耗热大，而且易使油剧烈汽化，使喷嘴发生汽阻现象，使燃烧不稳定。

2. 闪点和着火点

燃料油受热时，油面上的油蒸气压随温度而升高，挥发逸出油蒸气越多，油表面附近空气中的油蒸气浓度也就越大。当有火源在1s内接近，若有蓝色闪光，时间延续不超过3s时的油温称为油的闪点。若油温超过闪点，蓝光闪现延续时间超过5s时的油温称为油的着火点。重油的着火点一般较闪点高50℃以上，测定闪点的方法有敞口法和闭口法两种。闪点是重油贮存、输送时防火的重要指标。在敞口容器中的重油温度若接近闪点就有发生火灾的危险，因此最高油温至少应低于闪点10℃以上。

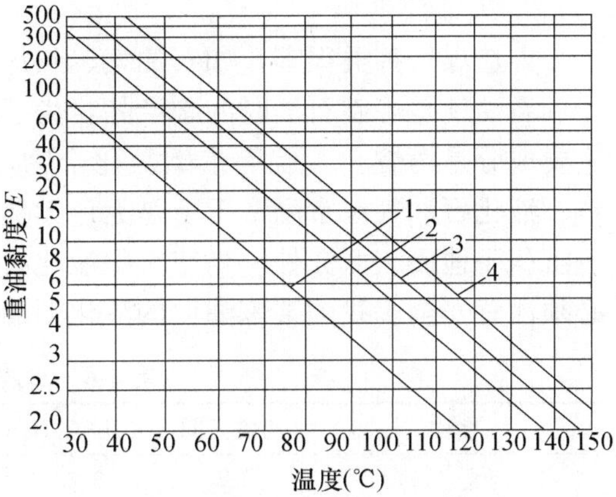

图4-1　重油黏度与温度的关系

1—20号重油；2—60号重油；
3—100号重油；4—200号重油

3. 凝固点

重油失去流动性时的最高温度称为凝固点。此时若将盛放油类的器皿倾斜45°，则其中的燃油油面可在1min内保持不动。凝固点越高，其低温流动性就越差。含蜡和水分高的重油，其凝固点也高。凝固点是输送和贮存重油的重要指标。在重油运输和贮存过程中，必须可靠地进行加热和保温，防止重油凝固。我国重油凝固点大多为30～45℃。

4. 水分、灰分和机械杂质

燃油中的水分、灰分是有害物质，它会降低燃油的发热量。当水分过高时可能产生“汽塞”现象，使火焰不稳定。燃油中的碎石、金属碎片等会磨损油泵和管路并堵塞油嘴。故燃油进泵前必须经过过滤，除去机械杂质。

（三）气体燃料

硅酸盐工业目前所使用的气体燃料有天然气及人造煤气。

1. 天然气

天然气是蕴藏在地层内的可燃性气体，是一种很好的燃料，一般由甲烷、乙烷、内烷组成，此外还有H_2O、CO_2、N_2、He、H_2S等。天然气易燃易爆，和空气混合后，温度达到550℃左右就会燃烧；其混合物浓度达到5%～15%，遇到火种就会爆炸。

天然气热值高，为35530～41800kJ/m³，天然气燃烧后发出的热量是相同体积的城市煤气的2.5倍左右。天然气比空气轻，易挥发，不易聚积，安全性能好。天然气中各组分均可彻底燃烧，燃烧后不产生灰、粉等固体杂质，是完全清洁的燃料。天然气热效率高、无污染、安全性能好，是21世纪的最佳能源。天然气的主要成分见表4-5。

表4-5　天然气的主要成分

化合物	含量（%）
甲烷（CH_4）	86.3～95.2
乙烷（C_2H_6）	2.5～8.1
丙烷（C_3H_8）	0.6～2.8
丁烷（C_4H_{10}）	0.13～0.66
戊烷（C_5H_{12}）	0～0.44
二氧化碳（CO_2）	0～1.1
氮（N_2）	0.31～2.47

2. 人造煤气

人造煤气种类很多，如石油气、焦炉煤气、高炉煤气、水煤气、发生炉煤气等。

石油气是炼制石油时的副产品，为了便于运输，常加压呈液态，故又称液化石油气。其主要成分是丙烷和丁烷等重碳氢化合物，热值为 92000～120000kJ/Nm^3，是一种优良的燃料。液化石油气在常温常压下是无色无臭的气体。密度约为空气的 1.5 倍，在空气中容易向下沉积于地面或低洼处，当空气中液化石油气浓度达到一定值时，可能燃烧或爆炸，使用时必须注意安全。我国某炼油厂的液化石油气的组成及性质见表 4-6。

表 4-6　某液化石油气的组成和性质

名称	乙烯 C_2H_4	乙烷 C_2H_6	丙烯 C_3H_6	丙烷 C_3H_8	丁烷 C_4H_{10}	丁烯 C_4H_8	戊烷 C_5H_{12}
组成（%）	5.55	2.88	18.85	53.0	11.85	7.81	0.06
密度（以空气为 1）	0.975	1.038	1.479	1.523	2.007	1.977	2.491
发热量 Q_{net}（kcal/Nm^3）	14123	15244	20519	21821	28378	27146	34933
临界压强（MPa）	5.049	4.819	4.540	4.201	3.750	3.985	3.331
临界温度（℃）	9.9	32.27	91.89	96.81	152.01	144.07	196.62
着火温度（℃）	540	530	455	510	490	455	490
爆炸极限（%）	28.4/3.0	12.5/3.2	11.1/2.0	9.5/2.4	3.4/1.9	9.3/1.6	7.8/1.4

焦炉煤气是煤在炼焦炉炼焦的副产品；高炉煤气是高炉炼铁时的副产品；水煤气是由水蒸气与赤热的焦碳在煤气发生炉中作用生成；发生炉煤气是用空气和少量水蒸气与焦碳在煤气发生炉中作用生成；城市煤气则常用烟煤干馏或石油裂化等方法制取。

目前，我国水泥工业一般采用固体燃料煅烧水泥熟料。回转窑工厂多采用烟煤，立窑工厂则采用无烟煤。玻璃工业多采用重油及固体燃料制成的煤气。陶瓷烧结工业多采用烟煤及重油。

三、燃料的组成、性质及其换算

（一）固体燃料和液体燃料的组成及其对燃料性质的影响

分析燃料的组成方法通常有元素分析法及工业分析法两种。

1. 元素分析法

用化学分析方法，分析燃料的元素组成，得知燃料是由碳（C）、氢（H）、氧（O）、氮（N）、硫（S）五种元素组成。

（1）碳（C）

碳是燃料中含量最高的元素，它在煤中的含量为 60%～98%，在重油中含量达 83%以上，它在燃料中与氧、氮和硫等组成各种有机化合物。当燃料受热燃烧时，这些有机化合物首先分解，然后碳再进行燃烧，放出大量热。

$$C + O_2 \longrightarrow CO_2 + 408.8\ (kJ/mol)$$

碳是固体或液体燃料的主要热能来源。

（2）氢（H）

氢是燃料中另一种主要的可燃元素，其热值很高，约为 142000 kJ/kg，相当于碳的热值的四倍多，对燃料性质的影响较大。它在燃料中有两种存在形式：一种是和碳、硫化合的，称可燃氢（或有效氢）；另一种是与氧化合的，称为化合氢。化合氢不能参加燃烧反应。

$$H_2+\frac{1}{2}O_2 \longrightarrow H_2O+242\ (kJ/mol)$$

氢在固体燃料中含量愈多，燃料的挥发分愈高，愈容易着火燃烧，燃烧的火焰也较长。氢在固体燃料中的含量一般不超过2%～6%，在液体燃料中氢的含量则可多达14%。

(3) 氧 (O)

氧元素在固体燃料的燃烧过程中不产生热量，降低了燃料中可燃物的比例，与产生热量的氢生成无用的水，从而降低了燃烧的发热能力。不过在一般固体和液体燃料中，氧的含量不大，为2%～4%，故其影响不大。

(4) 氮 (N)

氮是燃料的内部杂质。固体燃料中，氮的含量不大，为0.5%～2.5%，一般情况下，燃料中的氮元素不参与燃烧，不能放出热量，氮的存在相对减少了燃料中可燃物质的含量，对燃烧没有帮助。在高温条件下，氮可与氧反应生成 NO_x，这也是严重污染环境的有害气体。

(5) 硫 (S)

硫是燃料中最有害的可燃元素。它在燃烧时可以放出少量热量，其热值约为碳的热值的1/3。但其产物为 SO_2 和 SO_3，这些气体与烟气中的水蒸气结合，生成腐蚀性很强的硫酸和亚硫酸，可严重危害人体健康、污染环境、腐蚀燃烧设备和金属表面，有时还会影响加热产品的质量。我国的大部分固体燃料中含硫量一般在0.5%～3%范围内，液体燃料中为0.1%～3.5%。虽然硫在燃料中的含量不太大，但由于其危害性大，因此使用中应严格控制其含量。

燃料中的硫有三种形态。

① 有机硫化物。硫与碳、氢、氧等结合成有机化合物，在燃料中分布比较均匀，这种硫是可燃烧的。

② 金属硫化物。如黄铁矿 FeS_2 等，这种硫也可以燃烧，它们与有机硫化物合在一起总称可燃硫。

③ 硫酸盐。以硫酸盐存在于燃料中，如 $CaSO_4$、$MgSO_4$、$FeSO_4$ 等。它们不能再进行氧化，不参与燃烧反应，是煤中灰分的一部分。

前两项的硫化物可挥发并参与燃烧，并放出热量，称为可燃烧硫。

2. 工业分析法

煤的工业分析也称煤的实用分析或技术分析，主要是分析燃料中水分（M）、灰分（A）、挥发分（V）和固定碳（FC）的含量，作为控制燃料的质量标志。挥发分主要是燃料中的碳氢化合物在受热以后分解出来的可燃气态物质。挥发物是燃料中燃烧放热的重要部分，它还影响火焰长度及着火温度，一般挥发物多，燃烧火焰较长，着火温度较低。利用工业分析结构，可以基本掌握各种煤的质量、工艺性质及特点，以确定煤在工业上的实用价值。

煤的工业分析方法：取一定量粒径小于6mm的煤样，在空气流中，加热105～110℃，干燥至质量恒定后称量，以测量水分的含量；再在隔绝空气的情况下（将坩埚盖盖上）加热到900℃左右，使挥发物全部逸出后称其质量，可测得挥发分的含量；然后通以空气（打开坩埚盖）在815℃下加热灼烧至质量恒定，使固定碳全部燃烧再称其质量，便可测出灰分及固定碳的含量。

（1）水分（M）

煤是多孔性固体，含有一定的水分。水分是煤中的无机组分，其含量和存在状态与煤的内部结构及外界条件有关。一般而言，水分的存在不利于煤的加工利用。

燃料中的水分是指自然水分（机械地混入燃料的非结合水和吸附的毛细孔中的吸附水）而不包括化合结晶水。燃料中的水分不仅不能燃烧放热，而且汽化时要吸收大量汽化潜热。如果燃料中的水分过多，就会大大降低燃料的品质。所以，水分一般是燃料中的有害成分。然而，固体燃料中含有少量水分可减少燃料的飞损，液体燃料中的水分如果以乳化状态存在，还有利于燃烧。一般固体燃料中水分波动较大，为 4%～35%，液体燃料中含水分 1%～4%。

煤中水分按照它的存在状态及物理化学性质，可分为外在水分、内在水分及结晶水三种类型。

① 外在水分（M_f）。外在水分是指附着在煤的颗粒表面的水膜或存在于直径大于 10^{-2}mm 的毛细孔中的水分，又称自由水分或表面水分，简记符号为 M_f。该水分以机械方式和煤结合，其蒸汽压与纯水的蒸汽压相同，在常温下较易失去。

含有外在水分的煤称为收到煤，仅失去外在水分的煤称空气干燥煤。空气干燥煤样是煤质化验中通常采用的分析煤样。实验室为制取分析煤样，一般将收到煤在 45～50℃下放置数小时，使外在水分不断蒸发，直到煤表面的蒸汽压与大气湿度相平衡。

② 内在水分（M_{inh}）。内在水分是指在一定条件下达到空气干燥状态时所保留的水分，即存在于煤粒内部直径小于 10^{-2}mm 的毛细孔中的水分，简记符号为 M_{inh}。该水分以物理化学方式与煤结合，其含量与煤的表面积大小和吸附能力有关，蒸汽压小于纯水的蒸汽压，故在室温下这部分水分不易失去。

将空气干燥煤样加热至 105～110℃时失去水分即为内在水分。失去内在水分的煤称为干燥煤。

以上两种水分是以机械方式及物理化学方式与煤结合，通常成为游离水，煤中的游离水在常压下 105～110℃时经短时间干燥即可全部蒸发。把煤的外在水分与内在水分的总和称为煤的全水分，简记符号为 M_t。

此外，煤粒内部毛细孔吸附的水分在温度为 30℃时，相对湿度为 96%～97%的条件下达到相对吸湿平衡时，内在水分达到最高值，此时的内在水分称为最高内在水分，简记符号为 MHC。它与煤的结构、煤化程度有一定的关系。

由于煤中水分存在状态及实验要求的不同，所以测定水分的方法也各不相同。工业分析一般测定空气干燥煤样水分 M_{ad}，煤质分析对煤中的全水分 M_t 或最高内在水分 MHC 进行测定。

③ 结晶水。煤中的化合结晶水是指以化学方式与矿物质结合、有严格的分子比，在全水分测定后仍保留下来的水分，即通常所说的结晶水。结晶水在煤中含量不大，通常要在 200℃甚至 500℃以上才能析出。煤的工业分析中，一般不考虑结晶水，只测定游离水。

煤的最高内在水分 MHC 与干燥无灰基挥发分 V_{daf}（煤化程度）的关系如图 4-2 所示。

由图 4-2 可见，当 $V_{daf}=(25\pm5)\%$ 时，MHC$<1\%$，为最小值；当 $V_{daf}>30\%$ 时，MHC 随着 V_{daf} 的增加而增加；当 $V_{daf}>40\%$ 时，褐煤的 MHC 一般超过 5%，最高可达 20%～30%；当 $V_{daf}<20\%$ 时，MHC 随着 V_{daf} 降低又略有升高。

经风化后的煤，内在水分增加，因此，煤的内在水分的大小也是衡量煤风化程度的标志之一。

煤中的结晶水与煤的煤化程度没有关系，但结晶水太多，说明含化合水的矿物质多，会间接地影响煤质。

（2）煤中的灰分（A）

煤的灰分不是煤中的固有成分，而是煤在规定条件下完全燃烧后的残留物，灰分简记符号为 A，也表示灰分的质量分数。即煤中矿物质在一定温度下经一系列分解、化合等复杂反应后剩下的残渣。煤的矿物质是指煤中的无机物质，不包括游离水，但包括化合水。灰分主要包括黏土或页岩、方解石、黄铁矿以及其他微量成分，如 SiO_2、Fe_2O_3、Al_2O_3、CaO、MgO 等，其中 SiO_2 及 Al_2O_3 占大多数。灰分全部来自矿物质，但组成和质量又不同于矿物质，对煤炭利用都有直接影响，工业上常用灰分估算煤中矿物质的含量。

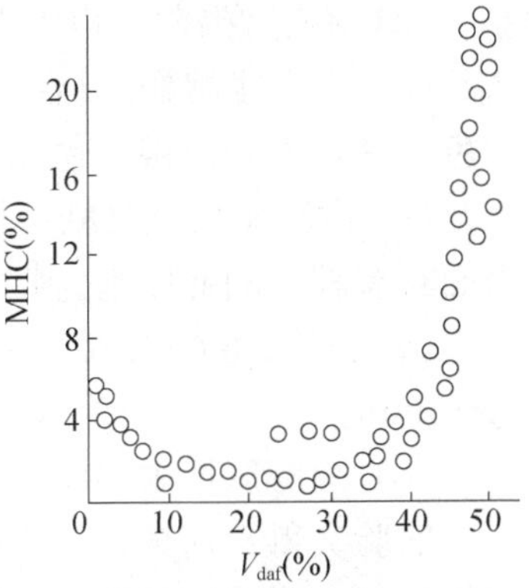

图 4-2　煤的最高内在水分 MHC 与干燥无灰基挥发分 V_{daf} 的关系

灰分是燃料中的有害组分，灰分越多，燃料品质越低。灰分的不良影响如下：① 灰分的存在，降低了燃料中可燃成分的含量，同时燃烧过程中灰分升温吸热，消耗热量，这样会使料的发热量降低。②灰分过高时，影响燃料的燃烧速度及燃烧温度，使燃烧达不到工艺的要求，造成机械不完全燃烧损失。③在硅酸盐工业生产中，灰分还造成制品污染，影响制品成分及质量。

固体燃料中的灰分较多，一般为 5%～30%，劣质煤的灰分可达 40%以上。液体燃料中的灰分很少，一般不超过 1%。

与煤中的矿物质不同，灰分不是煤中固有的成分，它是在一定加热条件下，大多数矿物质经氧化分解后的残留物，煤在灰化过程中，矿物质将发生相应的变化。

（3）煤的挥发分和固定碳

煤中有机质是煤的主体，它的性质决定了煤炭加工利用方向。通过测定煤的挥发分和固定碳可以判断煤的有机组成及煤的加工利用性质。因煤的挥发分与煤的煤化程度关系密切，随煤化程度加深，挥发分逐渐降低，因此挥发分是煤炭分类的主要依据，根据挥发分可以估计煤的种类。

① 煤的挥发分

煤样在规定的条件下，隔绝空气加热，并进行水分校正后的挥发物质产率称为挥发分，简记符号为 V。煤的挥发分主要由水分、碳、氢的氧化物和碳氢化合物组成，但不包括物理吸附水和矿物质中的二氧化碳。可以看出，挥发分不是煤中固有的挥发性物质，而是煤在特定条件下的热分解产物。挥发分测定结果随加热温度、加热时间、加热速度及实验设备的形式等不同而有所差异。因此，挥发分是一个规范性很强的实验项目，只有采用符合一定范围的条件进行分析测定，所得挥发分的数据才有可比性。

② 焦渣特征分类

测定挥发分后，坩埚中残留下来的不挥发物质称为焦渣。焦渣随煤种的不同，具有不同的形状、强度和光泽等物理特征。从这些特征可初步判断煤的黏结性、熔融性和膨胀性，按照 GB/T 212—2008《煤的工业分析方法》的规定，挥发分所得焦渣特征可分以下八类：

（a）粉状：全部是粉末，没有相互黏着的颗粒。

（b）黏着：用手指轻碰即有粉末或基本上是粉末，其中较大的团块轻轻一碰即成粉末。

（c）弱黏结：用手指轻压即成小块。

(d) 不熔融黏结：以手指用力压才裂成小块，焦渣上表面无光泽，下表面稍有银白色光泽。

(e) 不膨胀熔融黏结：焦渣形成扁平的块，煤粒的界限不易分清，焦渣上表面有明显银白色光泽，下表面银白色光泽更明显。

(f) 微膨胀熔融黏结：用手指压不碎，焦渣的上、下表面均有银白色金属光泽，但焦渣表面具有较小的膨胀泡。

(g) 膨胀熔融黏结：焦渣上、下表面有银白色金属光泽，明显膨胀，但高度不超过 15mm。

(h) 强膨胀熔融黏结：焦渣上、下表面有银白色金属光泽，焦渣高度大于 15mm。

实验测得：褐煤、长焰煤、贫煤和无烟煤没有黏结性，焦渣特征为粉状；肥煤、焦炭黏结性最好，形成的焦渣熔融黏结而膨胀；气煤和瘦煤的焦渣特征为弱黏结或不熔融黏结。

③ 挥发性指标的应用

煤的挥发分随煤的煤化程度的加深而逐渐降低。煤化程度低的褐煤的挥发分可达 40%～60%；煤化程度稍高的烟煤的挥发分一般为 10%～50%；煤化程度高的无烟煤的挥发分小于 10%。因此，根据煤的挥发分产率可初步判断煤的煤化程度，估计煤的种类。根据煤的挥发分产率和焦渣特性，可初步评价煤的加工利用途径，如煤化程度低，高挥发分的煤干馏时化学副产品产率高，适合作为低温干馏原料，也可作为气化原料；挥发分适中、固定碳含量高的煤，黏结性好，适合炼焦和作为燃料。而合成氨工业中，宜选用煤化程度高、挥发分低、含硫量低的无烟煤。

④ 煤的固定碳

从测定煤样挥发分后的焦渣中减去灰分后的残留物称为固定碳，简记符号为 FC。固定碳和挥发分一样不是煤中固有的成分，而是热分解产物。在组成上，固定碳除含有碳元素外，还包含氢、氧、氮和硫等元素。因此，固定碳与煤中有机质的碳元素含量是两个不同的概念，决不可混淆。一般而言，煤中固定碳含量小于碳元素含量，只有在高煤化程度的煤中两者才比较接近。

煤的工业分析中，固定碳一般不直接测定，而是通过计算获得。在空气干燥煤样测定水分、灰分和挥发分后，由式 (4-1) 计算煤的固定碳的质量百分数：

$$\omega_{ad}(FC)=100\%-(M_{ad}+A_{ad}+V_{ad}) \tag{4-1}$$

式中 $\omega_{ad}(FC)$ ——空气干燥煤样的固定碳的质量百分数，%；

M_{ad}——空气干燥煤样的水分的质量百分数，%；

A_{ad}——空气干燥煤样的灰分的质量百分数，%；

V_{ad}——空气干燥煤样的挥发分的质量百分数，%。

煤的固定碳分级见表 4-7。中国煤以中高固定碳和高固定碳为主，两者共占约 60%；中等固定碳煤次之，约占 24%；其他固定碳级别的煤所占比例很小。

表 4-7 煤的固定碳分级

序号	级别名称	代号	ω_{ad} (FC) (%)
1	特低固定碳煤	SLFC	≤45.00
2	低固定碳煤	LFC	>45.00～55.00
3	中等固定碳煤	MFC	>55.00～65.00
4	中高固定碳煤	MHFC	>65.00～75.00
5	高固定碳煤	HFC	>75.00～85.00
6	特高固定碳煤	SHFC	>85.00

固定碳含量与煤质程度有一定关系。煤中干燥无灰基固定碳含量 ω_{daf}（FC）随煤化程度增高而逐渐增加。褐煤≤60%，烟煤 50%～90%，无烟煤>90%。

燃料比是指煤的固定碳含量与挥发分含量之比，简记为 ω_{daf}（FC）/V_{daf}。它也是表征煤化程度的一个指标，燃料比随煤化程度增高而增大。各种煤的燃料比分别为：褐煤 0.6～1.5；长焰煤 1.0～1.7；气煤 1.0～2.3；焦煤 2.0～4.6；瘦煤 4.0～6.2；无烟煤 9～29。

煤化程度由低到高的 12 种煤的工业分析结果如图 4-3 所示。

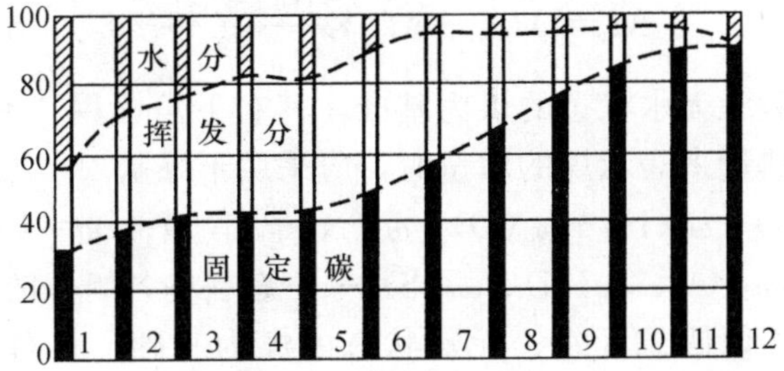

图 4-3　各种煤的工业分析结果（收到基）

1—褐煤；2—次烟煤 C；3—次烟煤 B；4—次烟煤 A；5—高挥发分烟煤 C；6—高挥发分烟煤 B；7—高挥发分烟煤 A；8—中挥发分烟煤；9—低挥发分烟煤；10—半无烟煤；11—无烟煤；12—超无烟煤

由图 4-3 可知，随着煤化程度的增加，煤中水分开始下降得很快，以后变化则不大；固定碳含量逐渐增加；挥发分产率则先增加后降低。若以干燥无灰基计算，挥发分产率随煤化程度增加呈线性关系下降。

（二）固体和液体燃料组成的表示方法

分析固体和液体燃料后，可用不同形式表示它们的成分。由于燃料在开采、运输和贮存过程中所处的条件不同，将会影响其元素分析和工业分析的结果。因此，表示燃料的组成，必须指明所选用的基准，才能确切说明问题。“基准”（简称“基”）就是表示分析结果是以什么状态下的煤样为基础而得出的。基准若不一致，同一分析项目的计算结果会有很大的差异。煤质分析中常用的“基”有收到基、空气干燥基、干燥基、干燥无灰基四种。各种基准的定义如下。

（1）收到基。指使用单位收到的煤的组成，也即是实际使用的煤的组成，其右下角标用“ar”表示。收到基指标，在煤炭运销中使用较多，一般用户都要求以收到基表示分析结果。计算物料平衡、热平衡时，也须采用收到基。

$$\omega_{ar}(C)+\omega_{ar}(H)+\omega_{ar}(O)+\omega_{ar}(N)+\omega_{ar}(S)+A_{ar}+M_{ar}=100\% \qquad (4\text{-}2)$$

式中　$\omega_{ar}(C)$、$\omega_{ar}(H)$、$\omega_{ar}(O)$、$\omega_{ar}(N)$、$\omega_{ar}(S)$ ——燃料中各组成的收到基质量百分数，%。

收到基表示法对于使用原煤很方便，在燃料燃烧计算中常采用这种基准。

（2）空气干燥基。简称空干基。指以与空气湿度达到平衡状态的煤为基准，即分析实验室里所用的空气干燥煤样的组成。其右下角标用“ad”表示。

$$\omega_{ad}(C)+\omega_{ad}(H)+\omega_{ad}(O)+\omega_{ad}(N)+\omega_{ad}(S)+A_{ad}+M_{ad}=100\% \qquad (4\text{-}3a)$$

式中　$\omega_{ad}(C)$、$\omega_{ad}(H)$、$\omega_{ad}(O)$、$\omega_{ad}(N)$、$\omega_{ad}(S)$ ——燃料中各组成的空气干燥基质量百分数，%。

上述空气干燥基煤样是指在 20℃，相对湿度为 70%的空气中连续干燥 1h 后，质量损失不超过 0.1%的煤样。即认为已达空气干燥状态，此时煤中水分已与大气达到平衡。

将收到基与空气干燥基比较，可见煤中的水分可分为两部分：内在水分 M_{ad}（即 $M_{ar,inh}$）及外在水分 $M_{ar,f}$（即在空气干燥过程中逸出的水分）。内在水分与外在水分之和称全水分，即收到基水分 M_{ar}。

$$M_{ar}=M_{ar,f}+M_{ad}\times\frac{100-M_{ar,f}}{100} \tag{4-3b}$$

（3）干燥基。指以假象无水状态的煤为基准，其右下角标用“d”表示。一般在生产中用煤的灰分、硫分、发热量来表示煤的质量时，应采用干燥基。

$$\omega_d(C)+\omega_d(H)+\omega_d(O)+\omega_d(N)+\omega_d(S)+A_d=100\% \tag{4-4}$$

式中 $\omega_d(C)$、$\omega_d(H)$、$\omega_d(O)$、$\omega_d(N)$、$\omega_d(S)$ ——燃料中各组分的干燥基百分数,%。

（4）干燥无灰基。指以假想无水、无灰状态的煤为基础，其右下角标用“daf”表示。在研究煤的有机物质特性时，常采用干燥无灰基。

$$\omega_{daf}(C)+\omega_{daf}(H)+\omega_{daf}(O)+\omega_{daf}(N)+\omega_{daf}(S)=100\% \tag{4-5}$$

式中 $\omega_{daf}(C)$、$\omega_{daf}(H)$、$\omega_{daf}(O)$、$\omega_{daf}(N)$、$\omega_{daf}(S)$ ——燃料中各组成的干燥无灰基百分数,%。

上述基准中，由实验室直接测定出的结果一般均是空气干燥基结果，用户可根据需要换算为其他标准。

一般同一矿井的煤的干燥无灰基组成不会发生很大的变化，因此煤矿的煤质资料常以干燥无灰基组成来表示。

上述四种基准的表示方法，可用图 4-4 表达其含义。

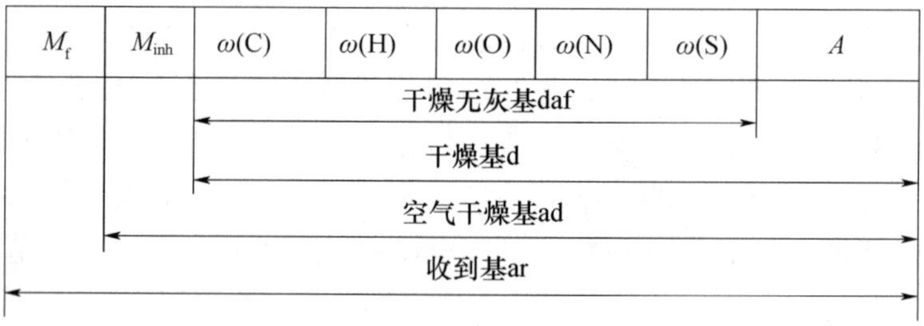

图 4-4　常用基准间的相互关系

利用图 4-4 常用基准间的相互关系，可对煤的工业分析、元素分析数据进行基准换算。其道理是应用物料平衡关系：收到基时含碳量＝干燥无灰基时含碳量。已知 $\omega_{ar}(C)$、M_{ar} 和 A_{ar}，求 $\omega_{daf}(C)$。

设收到基煤样的质量为 100，可知干燥无灰基煤样的质量为 100—($M_{ar}+A_{ar}$)，则有：

$$100\omega_{ar}(C)=[100-(M_{ar}+A_{ar})]\ \omega_{daf}(C)$$

即
$$\omega_{daf}(C)=\omega_{ar}(C)\times\frac{100}{100-M_{ar}-A_{ar}}$$

同理
$$\omega_{ar}(C)=\omega_{daf}(C)\times\frac{100-M_{ar}-A_{ar}}{100}$$

其他转换系数以此类推。其具体换算关系见表 4-8。

表 4-8　不同基燃料组成的换算系数表

已知的基	所要换算的基			
	收到基(ar)	空气干燥基(ad)	干燥基(d)	干燥无灰基(daf)
收到基(ar)	1	$\frac{100-M_{ad}}{100-M_{ar}}$	$\frac{100}{100-M_{ar}}$	$\frac{100}{100-(M_{ar}+A_{ar})}$
空气干燥基(ad)	$\frac{100-M_{ar}}{100-M_{ad}}$	1	$\frac{100}{100-M_{ad}}$	$\frac{100}{100-(M_{ad}+A_{ad})}$
干燥基(d)	$\frac{100-M_{ar}}{100}$	$\frac{100-M_{ad}}{100}$	1	$\frac{100}{100-A_{d}}$
干燥无灰基(daf)	$\frac{100-(M_{ar}+A_{ar})}{100}$	$\frac{100-(M_{ad}+A_{ad})}{100}$	$\frac{100-A_{d}}{100}$	1

煤矿提供的一般是干燥无灰基组成，实验室所给的是空气干燥基或干燥基，而实际使用的则为收到基。

【例 4-1】 已知某空气干燥煤样 $M_{ad}=2.5\%$，$A_{ad}=24.5\%$，$\omega_{daf}(C)=92.3\%$，求 $\omega_{ad}(C)$。

解： 由表 4-8 得：

$$\omega_{ad}(C)=\omega_{daf}(C)\times\frac{100-M_{ad}-A_{ad}}{100}=92.3\%\times\frac{100-2.5-24.5}{100}=67.38\%$$

【例 4-2】 已知某种煤样 $M_{ad}=2.9\%$，$A_{ad}=11.5\%$，$V_{ad}=23.4\%$，求 $\omega_{ad}(FC)$、$\omega_{d}(FC)$ 和 $\omega_{adf}(FC)$。

解： ① 由 $M_{ad}+A_{ad}+V_{ad}+\omega_{ad}(FC)=100\%$ 得：

$$\omega_{ad}(FC)=100\%-M_{ad}-A_{ad}-V_{ad}=100\%-2.9\%-11.5\%-23.4\%=62.2\%$$

② 由表 4-8 得：

$$\omega_{d}(FC)=\omega_{ad}(FC)\times\frac{100}{100-M_{ad}}=62.2\%\times\frac{100}{100-2.9}=64.06\%$$

③ 由表 4-8 得：

$$\omega_{daf}(FC)=\omega_{ad}(FC)\times\frac{100}{100-M_{ad}-A_{ad}}=62.2\%\times\frac{100}{100-2.9-11.5}=72.66\%$$

现行标准中，其符号都是用各英文名词的开头字母表示，而旧标准中，其符号都是用汉语拼音的字头来表示。在新旧标准中，各种基准的符号对比见表 4-9。

表 4-9　新旧标准中各种基准采用的名称及符号对照表

新标准		旧标准	
名称	符号	名称	符号
收到基	ar	应用基	y
空气干燥基	ad	分析基	f
干燥基	d	干燥基	g
干燥无灰基	daf	可燃基	r

在表 4-9 中，空气干燥基的概念非常重要，空气干燥基煤样是分析项目中最常用的煤样。新国家标准规定："在制煤样时，若在室温下连续干燥 1h 后，煤样质量变化不超过

0.15，则达到空气干燥状态”。而旧标准中对空气干燥程度仅定性规定为分析煤样应达到空气干燥状态。

为了便于记忆，更好地进行国际交流，国家新标准按照全面向国际标准（ISO）靠拢的指导思想，重新规定了煤质分析中常用的符号及相关术语。对于煤质分析项目的符号，现行国家标准做出如下规定：符号一般用英文；国际标准（ISO）规定的符号，基本采用；ISO未规定者，用欧美通用的符号；ISO和欧美都没有规定的，用英文名词的开头字母或缩写字母表示。

在GB/T 483—2007《煤炭分析试验方法一般规定》中，采用各分析实验项目的英文名词第一个字母或缩略字，以及各化学成分的元素符号或分子式作为它们的代表符号，见表4-10。为了区分以不同基表示煤质分析结果，采用将英文字母表示的基标准在有关符号的右下角，项目细划分符号后面，并用逗号分开。例如空气干燥煤样水分M_{ad}、干燥无灰基挥发分V_{daf}、空气干燥基全硫$\omega_{ad}(S_t)$、收到基恒容低位发热量$Q_{net,v,ar}$等。

表4-10　部分煤质及工艺性质项目符号的新旧标准对照表

分析类型	项目名称	新标准	旧标准
煤的工业分析（质量分数）	水分（%）	M	W
	灰分（%）	A	A
	挥发分（%）	V	V
	固定碳（%）	$\omega(FC)$	C_{GD}
煤的元素分析（质量分数）	碳	$\omega(C)$	C
	氢	$\omega(H)$	H
	氧	$\omega(O)$	O
	氮	$\omega(N)$	N
	硫	$\omega(S)$	S

（三）气体燃料的组成及表示方法

气体燃料是由多种气体所组成的混合物，由于其来源及制造方法不同而含有不同的成分。气体中的可燃成分主要有H_2、CO、CH_4、C_mH_n和H_2S等，不可燃成分主要有N_2、CO_2、SO_2和H_2O等。在可燃成分中H_2、CH_4、C_mH_n的发热量大，H_2S虽能燃烧发热，但它是有害成分，污染环境及腐蚀设备，希望越少越好。

气体燃料的成分分析，一般采用吸收法，即用不同的化学试剂，选择性吸收各成分，可由吸收前后的体积差求得各成分的含量，常以体积百分数表示。

气体燃料的组成分干成分和湿成分两种。

（1）湿成分（用角标v表示）

$$\varphi(CO^v)\%+\varphi(H_2{}^v)\%+\varphi(CH_4{}^v)\%+\varphi(N_2{}^v)\%+\cdots+\varphi(H_2O^v)\%=100\% \qquad (4\text{-}6)$$

（2）干成分（用角标d表示）

$$\varphi(CO^d)\%+\varphi(H_2{}^d)\%+\varphi(CH_4{}^d)\%+\varphi(N_2{}^d)\%+\cdots=100\% \qquad (4\text{-}7)$$

通常给出的煤气分析数据是干成分，而燃烧计算则用湿成分。冷煤气通常可认为含有饱和水蒸气，其水蒸气含量与煤气的温度有关，见表4-11。热煤气中的水蒸气含量与操作条件有关，一般为5%～7%。

表 4-11　1 个标准大气压下煤气在不同温度下的饱和水蒸气含量

气体温度（℃）	φ（H_2O^v）（%）	气体温度（℃）	φ（H_2O^v）（%）	气体温度（℃）	φ（H_2O^v）（%）
−25	0.062	5	0.86	35	5.55
−20	0.101	10	1.21	40	7.27
−15	0.163	15	1.68	45	9.46
−10	0.256	20	2.30	50	12.18
−5	0.395	25	3.13		
0	0.602	30	4.19		

【例 4-3】　已知发生煤气的湿成分为（%）：

$\varphi(CO^v)$	$\varphi(H_2{}^v)$	$\varphi(CH_4{}^v)$	$\varphi(C_2H_4{}^v)$	$\varphi(CO_2{}^v)$	$\varphi(N_2{}^v)$	…	总和
25.5	12.7	3.4	0.6	3.1	42.5	…	100.0

煤气温度为 40℃，求其干成分。

解：由表 4-11 得，煤气在 40℃时的饱和水蒸气含量为 7.27%，由湿成分换算为干成分的换算系数为：

$$\frac{100}{100-\varphi(H_2O^v)}=\frac{100}{100-7.27}=1.08$$

$$\varphi(CO^d)=25.5\%\times1.08=27.54\%$$

$$\varphi(H_2{}^d)=12.7\%\times1.08=13.72\%$$

其余类推得：

$\varphi(CO^d)$	$\varphi(H_2{}^d)$	$\varphi(CH_4{}^d)$	$\varphi(C_2H_4{}^d)$	$\varphi(CO_2{}^d)$	$\varphi(N_2{}^d)$	…	总和
27.54	13.72	3.67	0.65	3.35	45.9	…	100.00

四、燃料的发热量

（一）燃料发热量的基本概念

单位质量（1kg）或单位体积（$1Nm^3$）的燃料完全燃烧，当燃烧产物冷却到燃烧前的温度时所放出的热量，称为燃料的发热量或热值，常以 Q 表示。固体、液体燃料发热量的单位为 kJ/kg，气体燃料发热量的单位为 kJ/Nm^3。

根据燃烧产物中水蒸气状态不同，发热量又分为高位发热量和低位发热量两种。

1. 高位发热量（Q_{gr}）

单位燃料完全燃烧后，燃烧产物冷却到反应前的室温，而燃烧产物的水蒸气冷凝成 0℃的水时所放出的热量，称为高位发热量。

2. 低位发热量（Q_{net}）

单位燃料完全燃烧后，燃烧产物中的水蒸气不是冷凝为液态水，而是冷却为 20℃水蒸气时所放出的热量。

由上述定义可知，燃料的高、低发热量之间相差一个水分汽化潜热，1kg0℃的水，汽化成水蒸气时，需要的汽化潜热约为 2500kJ。

燃烧产物中的水分来自两个方面：一是燃料中的水分；另一个是燃料中的氢燃烧后生成的水。1kg 氢燃烧后生成 9kg 的水，因此 1kg 燃料燃烧生成的水量为 $[M_{ar}+9\omega_{ar}(H)]/100$（kg），所以高发热量与低发热量之差为：

$$Q_{gr,ar}-Q_{net,ar}=2500\left[\frac{M_{ar}}{100}+\frac{9\omega_{ar}(H)}{100}\right]=25\ [M_{ar}+9\omega_{ar}(H)] \tag{4-8}$$

在实际燃烧过程中，燃烧产物均以气态排出，其中的水蒸气亦不可能冷凝成 0℃的水，所以实际能利用的是低发热量。高发热量是实验室中用以鉴定燃料品质的一个指标。

（二）燃料发热量的计算

燃料发热量可以用氧弹式量热计直接测定，也可以根据燃料的元素分析和工业分析，用公式计算。量热计测定比较准确，计算法则较为简便。

1. 固体和液体燃料发热量的计算

（1）根据元素分析计算

根据燃料的元素分析来计算发热量，常采用门捷烈夫公式：

$$Q_{gr,ar}=339\omega_{ar}(C)+1255\omega_{ar}(H)-109\left[\omega_{ar}(O)-\omega_{ar}(S)\right] \tag{4-9}$$

或

$$Q_{net,ar}=339\omega_{ar}(C)+1030\omega_{ar}(H)-109\left[\omega_{ar}(O)-\omega_{ar}(S)\right]-25M_{ar} \tag{4-10}$$

式中 $Q_{gr,ar}$——燃料收到基高位发热量，kJ/kg；

$Q_{net,ar}$——燃料收到基低位发热量，kJ/kg；

$\omega_{ar}(C)$、$\omega_{ar}(H)$、$\omega_{ar}(O)$、$\omega_{ar}(S)$、M_{ar}——收到基时燃料中 C、H、O、S 及水的质量百分数,%。

（2）根据燃料的工业分析计算

若固体燃料无元素分析数据而有工业分析数据时，可按经验公式进行计算，下面介绍我国煤炭研究院提出的经验公式。

① 计算无烟煤（$V_{daf}\leqslant10\%$）的低发热量

$$Q_{net,ad}=K_0-360\ M_{ad}-385\ A_{ad}-100V_{ad} \tag{4-11}$$

式中 $Q_{net,ad}$——空气干燥基时低位发热量，kJ/kg；

M_{ad}、A_{ad}、V_{ad}——空气干燥基时燃料中的水分、灰分、挥发分的质量百分数；

K_0——系数，随煤的氢值而定的常数。一般硅酸盐工厂不测定煤的氢值，可根据煤的干燥无灰基挥发分 V_{daf} 的多少而定 K_0 的近似数值，见表 4-12。

表 4-12 计算无烟煤发热量时 V_{daf} 与 K_0 的对应关系

V_{daf}（%）	≤3.0	3.5～5.5	5.5～8.0	>8.0
K_0	34300	34800	35200	35600

② 计算烟煤低发热量

$$Q_{net,ad}=100K_1-(K_1+25.12)(M_{ad}+A_{ad})-12.56V_{ad} \tag{4-12}$$

式中 $Q_{net,ad}$——空气干燥基时低发热量，kJ/kg；

M_{ad}、A_{ad}、V_{ad}——空气干燥基时燃料中水分、灰分、挥发物的质量百分数,%；

K_1——系数，随 V_{daf} 及焦渣特征而异，可由表 4-13 中查出。

表 4-13 V_{daf} 与 K_1 值及焦渣特征的对应关系

V_{daf}（%） / K_1 / 焦渣特征①	10～13.5	13.5～17	17～20	20～23	23～29	29～32	32～35	35～38	38～42	>42
1	352	337	335	329	320	320	306	306	306	304
2	352	350	343	339	329	327	325	320	316	312
3	354	354	350	345	339	335	331	329	327	320
4	354	356	352	348	343	339	335	333	331	325
5～6	354	356	356	352	350	345	341	339	335	333
7	354	356	356	356	354	352	348	345	343	339
8	354	356	356	358	356	354	350	348	345	343

① 焦渣特征：测定挥发分时所残留的焦渣外形特征，分成八类：（1）粉状；（2）黏着；（3）弱黏着；（4）不熔融黏着；（5）不膨胀熔融黏着；（6）微膨胀熔融黏结；（7）膨胀熔融黏结；（8）强膨胀熔融黏结。

V_{daf}可由V_{ad}换算而得：

$$V_{daf}=V_{ad}\times\frac{100}{100-(M_{ad}+A_{ad})}$$

③ 计算褐煤发热量

$$Q_{net,ad}=100K_2-(K_2+25.12)(M_{ad}+A_{ad})-V_{ad} \tag{4-13}$$

式中符号同式（4-12），系数K_2由表4-14查得。

表4-14　K_2与V_{daf}的对应关系

V_{daf}（%）	38～45	45～49	49～56	56～62	>62
K_2	287	280	272	264	257

④ 计算高灰分无烟煤（或煤矸石）发热量

$$Q_{gr,ad}=335\omega_{ad}(FC)+209V_{ad}-13A_{ad} \tag{4-14}$$

$$Q_{net,ad}=Q_{gr,ad}-25\left[M_{ad}+9\omega_{ad}(H)\right] \tag{4-15}$$

式中　$Q_{gr,ad}$、$Q_{net,ad}$——燃料的空气干燥基高、低位发热量，kJ/kg；

$\omega_{ad}(FC)$、V_{ad}、A_{ad}、M_{ad}、$\omega_{ad}(H)$——空气干燥基固定碳、挥发物、灰分、水分及氢的质量百分数，%。

当已知燃料的空气干燥基低热值，要求收到基低热值时，可用下式换算：

$$Q_{net,ar}=(Q_{net,ad}+25M_{ad})\times\frac{100-M_{ar}}{100-M_{ad}}-25M_{ar}$$

各不同基准转换时，高位发热量可参考表4-8，低位发热量的转换可参考表4-15。

表4-15　低位发热量不同基准间的换算系数

已知的"基"	所要换算的"基"			
	收到基	空气干燥基	干燥基	干燥无灰基
收到基	1	$(Q_{net,ar}+25M_{ar})\times\frac{100-M_{ad}}{100-M_{ar}}-25M_{ad}$	$(Q_{net,ar}+25M_{ar})\times\frac{100}{100-M_{ar}}$	$(Q_{net,ar}+25M_{ar})\times\frac{100}{100-(M_{ar}+A_{ar})}$
空气干燥基	$(Q_{net,ad}+25M_{ad})\times\frac{100-M_{ad}}{100M_{ad}}-25M_{ar}$	1	$(Q_{net,ad}+25M_{ad})\times\frac{100}{100-M_{ad}}$	$(Q_{net,ad}+25M_{ad})\times\frac{100}{100-(M_{ad}+A_{ad})}$
干燥基	$Q_{net,d}\times\frac{100-M_{ar}}{100}-25M_{ar}$	$Q_{net,d}\times\frac{100-M_{ad}}{100}-25M_{ad}$	1	$Q_{net,d}\times\frac{100}{100-A_d}$
干燥无灰基	$Q_{net,daf}\times\frac{100-(M_{ar}+A_{ar})}{100}-25M_{ar}$	$Q_{net,daf}\times\frac{100-(M_{ad}+A_{ad})}{100}-25M_{ad}$	$Q_{net,daf}\times\frac{100-A_d}{100}$	1

2. 气体燃料发热量的计算

$$Q_{net}=126\varphi(CO)+108\varphi(H_2)+358\varphi(CH_4)+590\varphi(C_2H_4)+637\varphi(C_2H_6)+806\varphi(C_3H_6)+912\varphi(C_3H_8)+1187\varphi(C_4H_{10})+1460\varphi(C_5H_{12})+232\varphi(H_2S) \tag{4-16}$$

式中　Q_{net}——气体燃料的低发热量，kJ/Nm^3；

$\varphi(CO)$、$\varphi(H_2)$、$\varphi(CH_4)$、$\varphi(C_2H_4)$、$\varphi(C_2H_6)$、$\varphi(C_3H_6)$、$\varphi(C_3H_8)$、$\varphi(C_4H_{10})$、$\varphi(C_5H_{12})$、$\varphi(H_2S)$——气体燃料中各可燃组分的体积百分数，%。

（三）固、液体燃料发热量的测定

确定固、液体燃料发热量最可靠的方法是采用氧弹式量热计直接测定。氧弹式量热计如图 4-5 所示。测定的方法是将约 1g 的空气干燥煤样放入一个小坩埚中，小坩埚放在特制的氧弹中，向弹内充入 2.5～3MPa 过量的氧气，将氧弹放入已知热容量的盛有 3kg 水的筒中，再将内筒置入盛满水的外筒中。利用电流加热弹筒内的金属丝使煤样引燃，煤样在过量的氧气中完全燃烧，其产物为 CO_2、H_2O、灰以及燃烧后被水吸收形成的 H_2SO_4 和 HNO_3 等。燃烧产生的热量被内筒中的水吸收，通过测量内筒温度升高数值，并经过一系列的温度校正后，就可以计算出单位质量的煤完全燃烧所产生的热量。用氧弹测得的热值称为燃料的氧弹热值，用 Q_{DT} 表示。弹筒发热量是指单位质量的试样在充有过量氧气的氧弹内燃烧，其燃烧产物组成为氧气、氮气、二氧化碳、硝酸和硫酸、液态水以及固态灰时放出的热量。弹筒发热量是在恒定容积下测定的，属于恒容发热量。它的数值比高热值还高。即氧弹热值与高热值相差的数值就是燃烧产物中的 SO_3 和 NO_2 生成硫酸与硝酸的热效应。1kg 硫生成硫酸的热效应为 9414kJ/kg。根据实验统计形成硝酸的热效应约为氧弹热值的 0.15%，于是：

$$Q_{gr} = Q_{DT} - 9414\omega(S) - 0.0015Q_{DT}$$

式中　Q_{DT}、Q_{gr}——燃料的氧弹热值和高热值，kJ/kg；

$\omega(S)$——燃料中硫的含量，%。

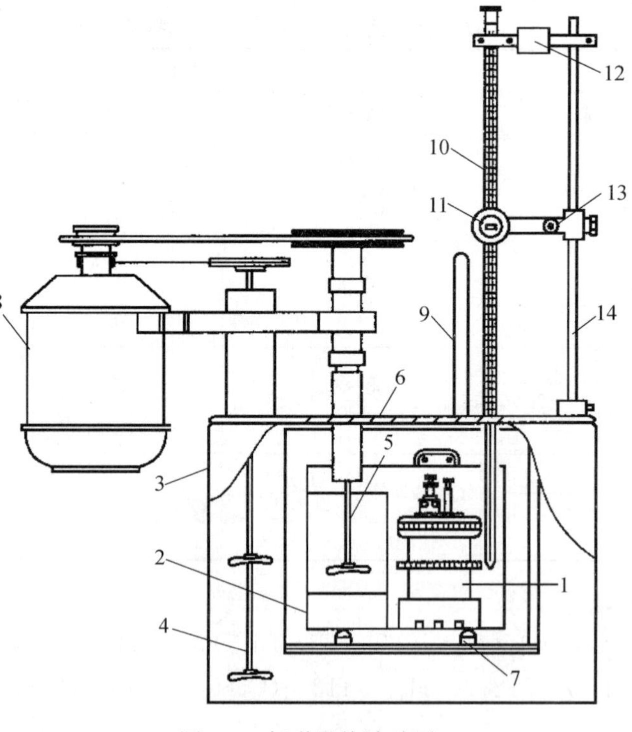

图 4-5　氧弹量热计总图

1—氧弹；2—内筒；3—外筒；4—外筒搅拌器；5—内筒搅拌器；6—盖子；7—绝缘支柱；8—电动机；9—普通温度计；10—贝克曼温度计；11—放大镜；12—电动震动器；13—计时指示灯；14—导杆

（四）标准燃料

不同种类的燃料有不同的发热量，为便于比较，要有一个统一的标准。习惯上用“标准燃料”的概念作为比较标准。规定发热量为29300kJ/kg（7000kcal/kg）的煤作为标准煤，发热量为41870 kJ/kg（10000kcal/kg）的燃油为标准燃料油。因此，对任何一种发热量的燃料及单位产品的燃料消耗，均可换算成标准燃料及标准燃料消耗来进行正确的比较。

【例4-4】 某厂使用煤的工业分析为：

M_{ar}	M_{ad}	V_{ad}	A_{ad}
10.50	2.71	26.41	23.20

焦渣特性为5，这种煤折算成标准煤是多少？

解： $V_{daf}=V_{ad}\%\times\dfrac{100}{100-(M_{ad}+A_{ad})}=26.41\%\times\dfrac{100}{100-(2.71+23.2)}=35.65\%$

由焦渣特性为5和$V_{daf}=35.65\ \%$，查表4-13可得$K_1=339$，代入式（4-12）：

$Q_{net,ad}=100\times339-(339+25.12)\times(2.71+23.20)-12.56\times26.41=24130\ (kJ/kg)$

由表4-15可得：

$$\begin{aligned}Q_{net,ar}&=(Q_{net,ad}+25M_{ad})\times\frac{100-M_{ar}}{100-M_{ad}}-25M_{ar}\\&=(24130+25\times2.71)\times\frac{100-10.5}{100-2.71}-25\times10.5\\&=21998\ (kJ/kg)\end{aligned}$$

1t这种煤相当于标准煤 $1000\times\dfrac{21998}{29300}=750.8\ (kg)$

【例4-5】 已知A厂生产1t水泥熟料消耗A地煤158kg，A地煤发热量$Q_{net,ar}=25230$ kJ/kg；B厂生产1t熟料消耗B地煤149kg，B地煤发热量$Q_{net,ar}=28560$kJ/kg，试比较哪一个厂燃料消耗低？

解： A厂消耗标准煤 $158\times\dfrac{25230}{29300}=136.05\ (kg)$

B厂消耗标准煤 $149\times\dfrac{28560}{29300}=145.24\ (kg)$

由此可见，从标准煤耗看，A厂消耗低。

单元二　燃烧计算

一、燃烧计算的目的

燃料燃烧计算的主要目的是计算单位质量（或体积）燃料燃烧时需要的空气量、烟气生成量、烟气组成及燃烧温度等，以便正确地进行工业窑炉的设计及确定空气管道、烟道、烟囱及燃烧室的尺寸与风机选型等；正确判断对运行中的窑炉的燃烧操作是否合理，各部位漏气情况如何等，并进行相应地合理地调节与控制，从而达到生产的安全连续稳定运行。

二、燃烧计算的基本概念

（一）完全燃烧和不完全燃烧

燃料的燃烧过程是燃料中的可燃成分与氧气发生化学反应的过程。例如：

$$C+O_2 \longrightarrow CO_2$$

$$H_2+\frac{1}{2}O_2 \longrightarrow H_2O$$

$$S+O_2 \longrightarrow SO_2$$

如果燃料中的可燃成分与氧完全化合，生成不可再燃烧的产物，这个燃烧过程称为完全燃烧（过程）。如果燃料中的可燃成分与氧化合不完全，生成的燃烧产物中还含有可燃成分，则称为不完全燃烧（过程）。实际上燃料燃烧时，往往由于各种条件的影响而不能完全燃烧，通常不完全燃烧有以下两种：

（1）化学不完全燃烧。燃料中的可燃成分由于没有得到足够的氧气或者和氧气没有很好地接触，因而没有达到完全燃烧，此种情况称为化学不完全燃烧。在这种情况下，燃烧产物中除含有 N_2、CO_2、H_2O 等外，还有未燃烧的可燃物质，如 H_2 和 CO 等。这些未完全燃烧物质和烟气混在一起排走，造成热量的损失。

（2）机械不完全燃烧。燃料中的可燃物质未参加燃烧反应，即被排走，如固体燃料的部分颗粒由炉箅间隙落入灰坑，小炭粒被烟气带走等。这种情况称为机械不完全燃烧。

不完全燃烧，不仅造成燃料的损失，同时也会降低燃烧温度和影响窑炉内气氛的性质，从而影响产品质量。因此，防止或减轻不完全燃烧的现象，是实际生产中需要注意解决的一个重要问题。

（二）过剩空气系数（α）

燃料燃烧实际空气需要量与理论空气需要量的比值称为过剩空气系数，常以 α 表示：

$$\alpha=\frac{V_a}{V_a^0} \tag{4-17}$$

或

$$V_a=\alpha V_a^0 \tag{4-18}$$

式中 V_a^0——理论空气量，是依据燃料燃烧化学反应式计算出来的单位燃料完全燃烧所需要的空气量，Nm^3/kg；

V_a——实际空气理，为了使燃料完全燃烧，实际供给单位燃烧的空气量，Nm^3/kg。

运用上式计算实际空气量时，需选择合理的空气系数（α）值。过剩空气系数 α 的选择，主要与燃料的种类、燃烧方式、燃烧设备及燃烧气氛等有关。如气体燃料和空气容易混合均匀，所以燃烧气体燃料的过剩空气系数 α 可以小些；固体燃料与空气的混合和接触较差，其 α 比气体、液体燃料时都大；氧化气氛燃烧时，α 值常大于 1。

根据实践经验总结得到过剩空气系数 α 的数据见表 4-16。

表 4-16 α 的经验数据

燃烧室及燃料种类	α
人工操作燃烧室：烟煤	1.5～1.7
机械燃烧室：烟煤	1.2～1.4
水泥回转窑：煤粉	1.10～1.30
重油	1.08～1.20
气体燃料	1.05～1.15

（三）火焰的气氛

根据燃烧产物中过剩空气系数（α）的情况，把燃料燃烧的火焰分为氧化焰、中性焰、及还原焰三种。

氧化焰：$\alpha>1$，燃烧产物中有过剩氧气。

中性焰：$\alpha=1$，燃烧产物中无过剩氧气，也无 CO、H_2 等可燃性气体。

还原焰：$\alpha<1$，燃烧产物中含 CO、H_2 等还原性气体。CO<2%时称弱还原气氛；CO 在 3%～5%时，称强还原性气氛。

三、燃烧计算的方法

（一）燃烧计算的内容

（1）空气需要量的计算。燃料燃烧是燃料中的可燃成分和空气中的氧气进行剧烈的氧化反应过程。因此，要使燃料燃烧顺利地进行，就需要不断地供给适当的空气。供给空气的量过少，会引起不完全燃烧；过多，会降低燃烧温度，降低热效率。所以，供应适量的空气是燃烧中的重要问题。应该确切掌握计算燃烧所需空气量的方法，并以此作为鼓风机选型计算等的依据。

（2）烟气生成量的计算。燃料燃烧生成烟气，影响燃烧温度及窑内传热。同时必须将烟气及时地从窑炉内排出，以使燃烧能继续进行。为了确定窑炉排风系统和设备的规格、型号，就必须计算单位燃料燃烧烟气的生成量及总烟气量。

（3）烟气成分及过剩空气系数的计算。燃料燃烧后生成的烟气主要成分有 N_2、CO_2、过剩 O_2 等，通过它们可以计算烟气的密度及其过剩空气系数，从而判断燃烧操作是否合理。

（4）燃烧温度的计算。燃料燃烧主要是要获得一定的温度，达到煅烧制品的目的。某种燃料在燃烧时能否达到所要求的温度，可以预先进行计算。通过燃烧温度的计算，还可分析影响燃烧温度的因素，改进燃烧条件，从而保持合适的燃烧温度。

（二）燃烧计算的方法

1. 固体和液体燃料

在进行燃烧计算时，首先应确定计算基准，一般是以 1kg 或 100kg 燃料作基准，求燃烧空气需要量及烟气生成量。

确定计算基准后，根据燃料的元素成分和可燃元素的燃烧反应方程式，分别计算出各可燃元素燃烧时所需要的氧气量和燃烧产物生成量，然后相加起来，即得 1kg 或 100kg 燃料完全燃烧时所需总氧量。由所需总氧量及氧气在空气中的比例，就可算得空气需要量和燃烧产物生成量。

以碳元素为例，碳燃烧时所需要的氧量及 CO_2 生成量由以下反应方程确定：

反应方程式	$C+O_2$		$\longrightarrow CO_2$
质量比	12	32	44
摩尔比	1	1	1

由上可见，12kg 碳燃烧时，需 32kg 的氧，生成 44kg 二氧化碳。或 1kmol 碳燃烧时，

需1kmol的氧，生成1kmol的二氧化碳。燃料中其他可燃元素燃烧时，可采用同样的方法计算。其中，用物质的量（kmol）表示比用质量（kg）表示要简便，因此，在燃烧计算中常采用物质的量表示已知燃料成分的质量百分数，在计算时可先换算为摩尔数，具体计算步骤和方法如下：

已知煤的收到基百分组成为：

$$\omega_{ar}(C)+\omega_{ar}(H)+\omega_{ar}(O)+\omega_{ar}(N)+\omega_{ar}(S)+A_{ar}+M_{ar}=100\%$$

试计算100kg煤燃烧所需空气量和烟气生成量。

首先将100kg煤中的各组分换算成物质的量（kmol），即$\frac{\omega_{ar}(C)}{12}$、$\frac{\omega_{ar}(H)}{2}$、$\frac{\omega_{ar}(S)}{32}$、$\frac{\omega_{ar}(O)}{32}$、$\frac{\omega_{ar}(N)}{28}$、$\frac{M_{ar}}{18}$。

由于三种可燃组成燃烧时，按下列氧化反应进行：

$C+O_2 \longrightarrow CO_2$，即1kmolC需1kmol$O_2$。

$H_2+\frac{1}{2}O_2 \longrightarrow H_2O$，即1kmol$H_2$需$\frac{1}{2}$kmol$O_2$。

$S+O_2 \longrightarrow SO_2$，即1kmolS需1kmol$O_2$。

（1）理论空气量和实际空气量的计算

由上可知，100kg燃料完全燃烧时，理论上共需氧量为：

$$\frac{\omega_{ar}(C)}{12}+\frac{\omega_{ar}(H)}{2}\times\frac{1}{2}+\frac{\omega_{ar}(S)}{32}-\frac{\omega_{ar}(O)}{32} \quad (\text{kmol/100kg 燃料})$$

根据氧气在空气中的体积百分比为21%，标准状况下，1kmol空气的体积占22.4Nm^3，可得1kg燃料完全燃烧时所需的理论空气量以V_a^0表示为：

$$V_a^0=\frac{100}{21}\times\left[\frac{\omega_{ar}(C)}{12}+\frac{\omega_{ar}(H)}{2}\times\frac{1}{2}+\frac{\omega_{ar}(S)}{32}-\frac{\omega_{ar}(O)}{32}\right]\times\frac{22.4}{100} \quad (\text{Nm}^3/\text{kg})$$

即
$$V_a^0=0.089\omega_{ar}(C)+0.267\omega_{ar}(H)+0.033\left[\omega_{ar}(S)-\omega_{ar}(O)\right] \quad (\text{Nm}^3/\text{kg}) \quad (4\text{-}19)$$

实际空气需用量V_a可由式（4-18）得：

$$V_a=\alpha V_a^0 \quad (\text{Nm}^3/\text{kg})$$

式中　α——过剩空气系数。

由式（4-19）所得的数值，应为理论干空气量，由于空气中水蒸气含量很低，一般小于0.01kg水汽/kg干空气，故在一般燃烧中常忽略它。

（2）烟气生成量的计算

烟气是指燃料燃烧时所产生的全部气态产物。燃烧后的气态产物一般由两部分组成：一部分是由燃料燃烧生成的，另一部分是由空气带入的。

1）理论烟气量V^0（Nm^3/kg）

1kg燃料完全燃烧所生成的理论烟气量中：

$$CO_2：V_{CO_2}^0=\frac{\omega_{ar}(C)}{12}\times\frac{22.4}{100} \quad (\text{Nm}^3/\text{kg})$$

$$H_2O：V_{H_2O}^0=\left[\frac{\omega_{ar}(H)}{2}+\frac{M_{ar}}{18}\right]\times\frac{22.4}{100}$$

$$SO_2：V_{SO_2}^0=\frac{\omega_{ar}(S)}{32}\times\frac{22.4}{100}$$

$$N_2：V_{N_2}^0=\frac{\omega_{ar}(N)}{28}\times\frac{22.4}{100}+V_{O_2}^0\times\frac{79}{21}$$

$$V^0=V_{CO_2}^0+V_{H_2O}^0+V_{SO_2}^0+V_{N_2}^0$$
$$=0.089\omega_{ar}(C)+0.323\omega_{ar}(H)+0.0124M_{ar}+0.033\omega_{ar}(S)+0.008\omega_{ar}(N)-0.0263\omega_{ar}(O) \quad (4\text{-}20)$$

2）实际烟气量 V（Nm^3/kg）

① 当 $\alpha>1$ 时：

$$V=V^0+(\alpha-1)\ V_a{}^0 \quad (4\text{-}21)$$

将以上各项计算结果相加，即得 1kg 燃料完全燃烧时生成的烟气总量 V，即：

$$V=V_{CO_2}+V_{H_2O}+V_{SO_2}+V_{O_2}+V_{N_2}\quad (Nm^3/kg)$$

$$V=0.01865\omega_{ar}(C)+0.112\omega_{ar}(H)+0.0124M_{ar}+0.0068\omega_{ar}(S)+0.21(\alpha-1)V_a^0+0.008\omega_{ar}(N)+0.79V_a\quad (Nm^3/kg) \quad (4\text{-}22)$$

② 当 $\alpha<1$ 时：

$$V=V^0-(1-\alpha)\ V_a^0\times\frac{79}{100} \quad (4\text{-}23)$$

（3）烟气的组成及密度的计算

1）理论烟气组成百分数

将各组成量除以理论烟气总量乘以 100%即得：

$$\varphi(CO_2)=\frac{V_{CO_2}^0}{V^0}\times100\%\qquad \varphi(H_2O)=\frac{V_{H_2O}^0}{V^0}\times100\%\qquad \varphi(SO_2)=\frac{V_{SO_2}^0}{V^0}\times100\%$$

2）实际烟气组成百分数

将式（4-22）两边分别除以 V，并乘以 100%，即得实际烟气的百分组成为：

$$\varphi(CO_2)=\frac{V_{CO_2}}{V}\times100\%\qquad \varphi(H_2O)=\frac{V_{H_2O}}{V}\times100\%$$

$$\varphi(SO_2)=\frac{V_{SO_2}}{V}\times100\%\qquad \varphi(N_2)=\frac{V_{N_2}}{V}\times100\%$$

$$\varphi(O_2)=\frac{V_{O_2}}{V}\times100\%$$

3）烟气的密度

烟气的密度 ρ 可根据烟气的成分，及各成分的千摩尔质量和千摩尔体积按下式计算：

$$\rho=\frac{44\varphi(CO_2)+18\varphi(H_2O)+64\varphi(SO_2)+28\varphi(N_2)+32\varphi(O_2)}{22.4\times100} \quad (4\text{-}24)$$

式中　ρ——烟气的密度，kg/Nm^3；

$\varphi(CO_2)$、$\varphi(H_2O)$、$\varphi(SO_2)$、$\varphi(N_2)$、$\varphi(O_2)$——烟气中各成分的体积百分含量，%。

【例 4-6】 已知某种煤的收到基成分（%）为：

$\omega_{ar}(C)$	$\omega_{ar}(H)$	$\omega_{ar}(O)$	$\omega_{ar}(N)$	$\omega_{ar}(S)$	A_{ar}	M_{ar}
71.56	4.23	0.48	9.36	0.98	8.76	4.19

当过剩空气系数 $\alpha=1.3$ 时，求 1kg 煤完全燃烧时的理论空气量、实际空气量、烟气生成量及烟气的组成成分和密度。

解：①理论空气量 V_a^0

$$V_a^0=0.089\omega_{ar}(C)+0.267\omega_{ar}(H)+0.033[\omega_{ar}(S)-\omega_{ar}(O)]$$
$$=0.089\times71.56+0.267\times4.23+0.033\times(0.48-9.36)$$
$$=7.21\ (Nm^3/kg)$$

② 实际空气量 V_a^0

$$V_a=\alpha V_a^0=1.3\times7.21=9.38\ (\mathrm{Nm^3/kg})$$

③ 烟气生成量 V

$$\begin{aligned}V&=V_{CO_2}+V_{H_2O}+V_{SO_2}+V_{O_2}+V_{N_2}\\&=0.01865\times71.56+(0.112\times4.23+0.0124\times4.19)+0.0068\times0.48+\\&\quad 0.21\times(1.30-1)\times7.21+(0.008\times0.98+0.79\times9.38)\\&=1.33+0.53+0.003+0.45+7.42\\&=9.74\ (\mathrm{Nm^3/kg})\end{aligned}$$

④ 烟气的成分

$$\varphi(CO_2)=\frac{V_{CO_2}}{V}\times100\%=\frac{1.33}{9.74}\times100\%=13.66\%$$

$$\varphi(H_2O)=\frac{V_{H_2O}}{V}\times100\%=\frac{0.53}{9.74}\times100\%=5.44\%$$

$$\varphi(SO_2)=\frac{V_{SO_2}}{V}\times100\%=\frac{0.003}{9.74}\times100\%=0.03\%$$

$$\varphi(N_2)=\frac{V_{N_2}}{V}\times100\%=\frac{7.42}{9.74}\times100\%=72.27\%$$

$$\varphi(O_2)=\frac{V_{O_2}}{V}\times100\%=\frac{0.45}{9.74}\times100\%=4.62\%$$

⑤ 烟气密度 ρ

$$\begin{aligned}\rho&=\frac{44\varphi(CO_2)+18\varphi(H_2O)+64\varphi(SO_2)+28\varphi(N_2)+32\varphi(O_2)}{22.4\times100}\\&=\frac{44\times13.66+18\times5.44+64\times0.03+32\times4.62+28\times72.27}{22.4\times100}\\&=1.28\ (\mathrm{kg/Nm^3})\end{aligned}$$

2. 气体燃料

(1) 理论空气量及实际空气需要量的计算

其组成为体积百分含量，其中可燃组成为 CO、H_2、CH_4、C_mH_n 及 H_2S。燃烧时，按下列氧化反应进行：

$CO+\frac{1}{2}O_2\longrightarrow CO_2$　　　$1\mathrm{Nm^3}\,CO$ 需 $\frac{1}{2}\mathrm{Nm^3}$ 的 O_2

$H_2+\frac{1}{2}O_2\longrightarrow H_2O$　　　$1\mathrm{Nm^3}\,H_2$ 需 $\frac{1}{2}\mathrm{Nm^3}$ 的 O_2

$CH_4+2O_2\longrightarrow CO_2+2H_2O$　　　$1\mathrm{Nm^3}\,CH_4$ 需 $2\mathrm{Nm^3}$ 的 O_2

$C_mH_n+\left(m+\frac{n}{4}\right)O_2\longrightarrow mCO_2+\frac{n}{2}H_2O$　　　$1\mathrm{Nm^3}\,C_mH_n$ 需 $\left(m+\frac{n}{4}\right)\mathrm{Nm^3}\,O_2$

$H_2S+\frac{3}{2}O_2\longrightarrow SO_2+H_2O$　　　$1\mathrm{Nm^3}\,H_2S$ 需 $\frac{3}{2}\mathrm{Nm^3}$ 的 O_2

1) 理论需氧量 $V_{O_2}^0$

$$V_{O_2}^0=\left[\frac{1}{2}\varphi(CO)+\frac{1}{2}\varphi(H_2)+2\varphi(CH_4)+\left(m+\frac{n}{4}\right)\varphi(C_mH_n)+\frac{3}{2}\varphi(H_2S)-\varphi(O_2)\right]\times\frac{1}{100}\ (\mathrm{Nm^3/Nm^3}\text{ 燃料})\tag{4-25}$$

式中　$\varphi(CO)$、$\varphi(H_2)$、$\varphi(CH_4)$、$\varphi(C_mH_n)$、$\varphi(H_2S)$、$\varphi(O_2)$ ——燃料中各组成的百分含量。

2）理论空气量 $V_a^0 = V_{O_2}^0 \times \frac{100}{21}$

$$V_a^0 = 0.0238\ [\varphi(CO)+\varphi(H_2)] + 0.0952\varphi(CH_4) + 0.0476\left(m+\frac{n}{4}\right)\varphi(C_mH_n) + 0.0714\varphi(H_2S) - 0.0476\varphi(O_2)\quad (Nm^3/Nm^3) \tag{4-26}$$

3）实际空气量 V_a

$$V_a = \alpha V_a^0\quad (Nm^3/Nm^3)$$

式中　α——过剩空气系数。

（2）烟气量及烟气组成的计算

1）理论烟气量 V^0

理论烟气量中 CO_2 含量来自气体燃料中的 CO、CH_4、C_mH_n 中碳的氧化及气体燃料中原有的 CO_2：

$$V_{CO_2}^0 = [\varphi(CO_2)+\varphi(CO)+\varphi(CH_4)+m\varphi(C_mH_n)]\times\frac{1}{100}\quad (Nm^3/Nm^3)$$

理论烟气量中 H_2O 含量来自气体燃料中的 H_2、CH_4、C_mH_n、H_2S 中氢的氧化及气体燃料中原有的 H_2O。

$$V_{H_2O}^0 = \left[\varphi(H_2O)+\varphi(H_2)+\varphi(H_2S)+\frac{n}{2}\varphi(C_mH_n)+2\varphi(CH_4)\right]\times\frac{1}{100}\quad (Nm^3/Nm^3)$$

$$V_{N_2}^0 = \frac{79}{100}V_a^0 + \varphi(N_2)\times\frac{1}{100}\quad (Nm^3/Nm^3)$$

$$V_{SO_2}^0 = \varphi(H_2S)\times\frac{1}{100}\quad (Nm^3/Nm^3)$$

$$\begin{aligned}V^0 &= V_{CO_2}^0 + V_{H_2O}^0 + V_{SO_2}^0 + V_{N_2}^0\\ &= \left[\varphi(CO)+\varphi(CO_2)+\varphi(H_2)+\varphi(H_2O)+3\varphi(CH_4)+\left(m+\frac{n}{2}\right)\varphi(C_mH_n)+\right.\\ &\quad \left.2\varphi(H_2S)+\varphi(N_2)\right]\times\frac{1}{100}+\frac{79}{100}\times V_a^0\quad (Nm^3/Nm^3)\end{aligned} \tag{4-27}$$

2）实际烟气量 V

当 $\alpha>1$ 时，实际烟气生成量中的 V_{CO_2}、V_{H_2O}、V_{SO_2} 与理论烟气中相同，仅 N_2 及过剩 O_2 不同。

$$V_{N_2} = \frac{79}{100}\alpha V_a{}^0 + \varphi(N_2)\times\frac{1}{100}$$

$$V_{O_2} = (\alpha-1)\ V_a^0\,\frac{21}{100}$$

实际烟气量：

$$V = V_{CO_2} + V_{H_2O} + V_{SO_2} + V_{N_2} + V_{O_2}\quad (Nm^3/Nm^3) \tag{4-28}$$

或

$$V = V^0 + (\alpha-1)V_a^0\quad (Nm^3/Nm^3) \tag{4-29}$$

当 $\alpha<1$ 时，若煤气按比例燃烧，则：

$$V = (1-\alpha) + \alpha V^0\quad (Nm^3/Nm^3) \tag{4-30}$$

式中　$1-\alpha$ ——未燃煤气量，Nm^3/Nm^3；

αV^0——燃烧生成烟气量，Nm^3/Nm^3。

气体的烟气组成计算方法与固体、液体燃料相同。

（3）烟气的密度 ρ 的计算

$$\rho=\frac{\rho_g+1.293\alpha V_a^0}{V} \quad (kg/Nm^3) \tag{4-31}$$

式中　ρ_g——气体燃料的标况密度，kg/Nm^3。

【例 4-7】 已知某发生炉煤气的干基组成为：

成分	$\varphi(CO)$	$\varphi(CO_2)$	$\varphi(H_2)$	$\varphi(CH_4)$	$\varphi(C_2H_4)$	$\varphi(H_2S)$	$\varphi(N_2)$
体积分数（%）	28.7	5.1	13.8	1.9	0.4	0.3	49.8

湿煤气含水量为 4.5%，当 $\alpha=1.2$ 时，求：①实际空气量 V_a（Nm^3/Nm^3 煤气）；② 实际烟气生成量 V（Nm^3/Nm^3 煤气）。

解： ① 将干基换算成湿基组成

换算系数 $\chi^v=\chi^d\dfrac{100-\varphi(H_2O^v)}{100}=0.955\chi^d$

则煤气湿基组成为：

成分	$\varphi(CO)$	$\varphi(CO_2)$	$\varphi(H_2)$	$\varphi(CH_4)$	$\varphi(C_2H_4)$	$\varphi(H_2S)$	$\varphi(N_2)$	$\varphi(H_2O)$
体积（%）	27.41	4.87	13.18	1.81	0.38	0.29	47.56	4.5

② 理论空气量 V_a^0

由式（4-26）得：

$$V_a^0=0.0238\times(27.41+13.18)+0.0952\times1.81+0.0476\times\left(2+\frac{4}{4}\right)\times0.38+0.0714\times0.29$$
$$=1.21\ (Nm^3/Nm^3)$$

③ 实际空气量 V_a

$$V_a=\alpha V_a^0=1.2\times1.21=1.45\ (Nm^3/Nm^3)$$

④ 理论烟气量 V^0

由式（4-27）得：

$$V^0=(27.41+4.87+13.18+4.5+3\times1.81+4\times0.38+2\times0.29+47.56)\times\frac{1}{100}+0.79\times1.21=2.01\ (Nm^3/Nm^3)$$

⑤ 实际烟气量 V

由式（4-29）得：

$$V=V^0+(\alpha-1)\ V_a^0$$
$$=2.01+(1.2-1)\times1.21=2.25\ (Nm^3/Nm^3)$$

（三）燃烧的近似计算法

当燃料的化学组成无法知道时，可根据燃料种类及低位发热量利用经验公式来近似计算理论空气量及理论烟气量。再根据确定的过剩空气系数（α）进一步计算实际空气量及实际烟气量。燃料燃烧所需空气量及烟气生成量与燃料的组成有关，而燃料发热量也与燃料的组成有关，可见燃烧空气量及烟气量与燃料发热量之间有着内在的联系。通过大量的实验可以找到这种关系，因此整理得到的下列经验公式，可进行简捷的近似计算。近似计算法虽有一定误差，但实际生产中应用很多，主要近似计算公式如下：

1. 固体燃料（煤）

$$V_a^0=\frac{0.241Q_{net,ar}}{1000}+0.5\quad (Nm^3/kg) \tag{4-32}$$

$$V_a=\alpha V_a^0\quad (Nm^3/kg) \tag{4-33}$$

$$V=\frac{0.213Q_{net,ar}}{1000}+1.65+(\alpha-1)\ V_a^0\quad (Nm^3/kg) \tag{4-34}$$

2. 液体燃料（重油）

$$V_a^0=\frac{0.203Q_{net,ar}}{1000}+2.0\quad (Nm^3/kg) \tag{4-35}$$

$$V_a=\alpha V_a^0\quad (Nm^3/kg) \tag{4-36}$$

$$V=\frac{0.265Q_{net,ar}}{1000}+(\alpha-1)\ V_a^0\quad (Nm^3/kg) \tag{4-37}$$

3. 气体燃料

（1）煤气

当 $Q_{net,ar}<12560kJ/Nm^3$ 时：

$$V_a^0=\frac{0.209Q_{net}}{1000}\quad (Nm^3/Nm^3) \tag{4-38}$$

$$V_a=\alpha V_a^0\quad (Nm^3/Nm^3) \tag{4-39}$$

$$V=\frac{0.173Q_{net}}{1000}+1+(\alpha-1)\ V_a^0\quad (Nm^3/Nm^3) \tag{4-40}$$

当 $Q_{net,ar}>12560kJ/Nm^3$ 时：

$$V_a^0=\frac{0.26Q_{net}}{1000}-0.25\quad (Nm^3/Nm^3) \tag{4-41}$$

$$V_a=\alpha V_a^0\quad (Nm^3/Nm^3) \tag{4-42}$$

$$V=\frac{0.272Q_{net}}{1000}+0.25+(\alpha-1)\ V_a^0\quad (Nm^3/Nm^3) \tag{4-43}$$

（2）天然气

$$V_a^0=\frac{0.264Q_{net}}{1000}+0.02\quad (Nm^3/Nm^3) \tag{4-44}$$

$$V_a=\alpha V_a^0\quad (Nm^3/Nm^3) \tag{4-45}$$

$$V=\frac{0.264Q_{net}}{1000}+1.02+(\alpha-1)\ V_a^0\quad (Nm^3/Nm^3) \tag{4-46}$$

式中　V_a^0——理论空气需要量，Nm^3/kg 或 Nm^3/Nm^3；

V_a——实际空气需要量，Nm^3/kg 或 Nm^3/Nm^3；

V——实际烟气生成量，Nm^3/kg 或 Nm^3/Nm^3。

当燃料的化学组成及发热量均未知时，只能按燃料种类来粗略估计理论空气量（V_a^0）及理论烟气量（V^0），然后根据过剩空气系数（α）计算实际空气需要量（V_a）及实际烟气生成量（V），见表 4-17。

表 4-17　不同燃料燃烧时 V_a^0 及 V^0 的数值范围

V_a^0 及 V^0 值	烟煤（Nm^3/kg）	重油（Nm^3/kg）	发生炉煤气（Nm^3/Nm^3）	天然气（Nm^3/Nm^3）
理论空气量 V_a^0	6～8	10～11	1.05～1.4	9～14
理论烟气量 V^0	6.5～8.5	10.5～12	1.9～2.2	10～14.5

【例 4-8】 已知：某窑炉每小时燃烧 10t 烟煤，煤的低位发热量 $Q_{net,ar}=22150kJ/kg$，过剩空气系数为 1.15，求每小时应向窑内通入多少空气？排出多少烟气？

解： 因未知煤的元素分析数据，已知煤的发热量，故只能用近似公式计算。

① 理论空气量

$$V_a^0=\frac{0.241Q_{net,ar}}{1000}+0.5=\frac{0.241\times 22150}{1000}+0.5=5.84\ (Nm^3/kg)$$

② 实际空气量

$$V_a=\alpha V_a^0=1.15\times 5.84=6.72\ (Nm^3/kg)$$

③ 每小时向窑内通入空气量

$$V_a'=6.72\times 10\times 1000=67200\ (Nm^3/h)$$

④ 烟气生成量

$$V=\frac{0.213Q_{net,ar}}{1000}+1.65+(\alpha-1)V_a^0$$
$$=\frac{0.213\times 22150}{1000}+1.65+(1.15-1)\times 5.84$$
$$=7.24\ (Nm^3/kg)$$

⑤ 每小时排出烟气量

$$V'=7.24\times 10\times 1000=72400\ (Nm^3/kg)$$

四、空气过剩系数的计算

在窑炉操作时，常根据燃料及烟气组成来计算空气系数（α），了解燃料与空气的配合是否正常，分析燃烧操作是否合适。

固体、液体燃料燃烧时，燃料中含氮量与燃烧空气中含氮量相比很小，可以忽略。烟气中的氮可认为完全来自空气，因此，根据烟气中氮与氧的含量，可以计算过剩空气系数（α）。

根据过剩空气系数的定义得：

$$\alpha=\frac{\text{实际空气量}V_a}{\text{理论空气量}V_a^0}=\frac{\text{实际空气量中引入的}N_2\text{量}}{\text{理论空气量中引入的}N_2\text{量}}$$
$$=\frac{\text{实际空气中}N_2\text{的量}}{\text{实际空气中}N_2\text{的量}-\text{过剩空气中}N_2\text{的量}}$$

（1）由烟气分析测定过剩 O_2 的含量，可计算出过剩空气中的 N_2 为 $\frac{79}{21}\times\varphi(O_2)$，代入上式得燃料完全燃烧时的过剩空气系数为：

$$\alpha=\frac{\varphi(N_2)}{\varphi(N_2)-\frac{79}{21}\varphi(O_2)} \tag{4-47}$$

（2）当燃料不完全燃烧时，烟气中有 CO，应将烟气中测得 O_2 量减去与 CO 化合所需的 O_2 以后，才是真正过剩的 O_2 量，因此 α 应用式（4-48）计算：

$$\alpha=\frac{\varphi(N_2)}{\varphi(N_2)-\left[\varphi(O_2)-\frac{1}{2}\varphi(CO)\right]\times\frac{79}{21}} \tag{4-48}$$

式中　N_2、O_2、CO——烟气分析中各气体的体积百分含量，%。

【例 4-9】 某窑的干烟气组成测得为：

组成	$\varphi(CO_2)$	$\varphi(CO)$	$\varphi(O_2)$
体积分数（%）	13.8	1.3	4.9

求其过剩空气系数 α。

解：烟气中的 $N_2=\frac{1}{100}\times[100-(13.8+1.3+4.9)]=80(\%)$

$$\alpha=\frac{\varphi(N_2)}{\varphi(N_2)-\left[\varphi(O_2)-\frac{1}{2}\varphi(CO)\right]\times\frac{79}{21}}=\frac{80}{80-\left(4.9-\frac{1}{2}\times1.3\right)\times\frac{79}{21}}=1.25$$

（3）当燃料中含氮量较高（如发生煤气），不能忽略时，而干烟气中又含有 CO、H_2、C_mH_n 及 O_2 时，过剩空气系数 α 可用式（4-49）计算：

$$\alpha=\frac{\varphi(N_2)-\varphi(\text{燃料中}N_2)}{[\varphi(N_2)-\varphi(\text{燃料中}N_2)]-\left\{\varphi(O_2)-\left[\frac{\varphi(CO)}{2}+\frac{\varphi(H_2)}{2}+\left(m+\frac{n}{4}\right)\varphi(C_mH_n)\right]\right\}\times\frac{79}{21}} \tag{4-49}$$

式中　$\varphi(N_2)$、$\varphi(O_2)$、$\varphi(CO)$、$\varphi(H_2)$、$\varphi(C_mH_n)$ ——烟气中各组成的体积百分含量，%。

此处应注意基准。若以 $100Nm^3$（或 kmol）干烟气作基准时，燃料中 N_2 的量应换算至同一基准，即应先求出生成 $100Nm^3$（或 kmol）干烟气时所需燃料量（kg 或 Nm^3），然后根据燃料组成，再求燃料中 N_2 的量（Nm^3 或 kmol）。

【例 4-10】 某隧道窑使用发生煤气作为燃料，其组成为：

组分	$\varphi(CO_2)$	$\varphi(CO)$	$\varphi(H_2)$	$\varphi(CH_4)$	$\varphi(C_2H_4)$	$\varphi(O_2)$	$\varphi(N_2)$
体积分数（%）	4.9	29.1	15.6	1.9	0.4	0.7	47.4

在烧成带处取烟气分析，其干烟气组成为：

组分	$\varphi(CO_2)$	$\varphi(O_2)$	$\varphi(N_2)$
体积分数（%）	18.0	3.1	78.9

试计算 α 值。

解：由于燃料中含 N_2 量高，不能忽略，故应用下式计算：

$$\alpha=\frac{\varphi(N_2)-\varphi(\text{燃料中}N_2)}{[\varphi(N_2)-\varphi(\text{燃料中}N_2)]-\varphi(O_2)\times\frac{79}{21}}$$

先计算生成 $100Nm^3$ 干烟气所需燃料量（V_f），可运用碳（C）平衡，即：燃料中 C 的量＝烟气中 C 的量。

基准：100kmol 干烟气

$$V_f\times\frac{4.9+29.1+1.9+0.4\times2}{100}=18.0$$

$$V_f=\frac{18\times100}{36.7}=49.1\quad(\text{kmol/100kmol 干烟气或 }Nm^3/100Nm^3\text{ 干烟气})$$

$$\alpha=\frac{78.9-49.1\times\frac{47.4}{100}}{\left(78.9-49.1\times\frac{47.4}{100}\right)-\left(3.1\times\frac{79}{21}\right)}=1.27$$

在窑炉操作时，还可测定窑炉内排烟系统不同负压处的烟气组成来计算漏入窑内空气量。

$$Q_l = (\alpha_2 - \alpha_1) V_a^0 Q_f \tag{4-50}$$

式中 Q_l——漏入窑内空气量，Nm^3/h；

V_a^0——理论空气量，Nm^3/Nm^3 或 Nm^3/kg；

Q_f——燃料用量 Nm^3/h 或 kg/h；

α_1、α_2——不同测点处计算得的过剩空气系数值（α_2 测点在后）。

【例 4-11】 某水泥厂进了一批煤，做工业分析知其空气干燥基成分见表 4-18。

表 4-18 空气干燥基成分

成分	固定碳 FC_{ad}	挥发物 V_{ad}	灰分 A_{ad}	水分 M_{ad}	水分 M_{ar}
(%)	55.0	21.0	23.0	1.0	2.0

焦渣特征为 3。测知窑尾的烟气成分见表 4-19。

表 4-19 窑尾烟气成分

成分	$\varphi(CO_2)$	$\varphi(O_2)$	$\varphi(CO)$
(%)	23.60	1.25	0.50

已知：生产 1kg 熟料的耗热量为 4020kJ，求：①煤的发热量 $Q_{net,ad}$ 和 $Q_{net,ar}$；②燃烧过剩空气系数 α；③1kg 产品的耗煤量 B；④烧成 1kg 熟料燃烧空气需要量 V_a'；⑤烧成 1kg 熟料燃烧烟气生成量 V'。

解：①由工业分析成分可知为烟煤，应采用式（4-12）计算发热量：

$$Q_{net,ad} = 100K_1 - (K_1 + 25.12)(M_{ad} + A_{ad}) - 12.56V_{ad} \quad (kJ/kg)$$

$$V_{daf} = V_{ad} \times \frac{100}{100-(M_{ad}+A_{ad})} = 21\% \times \frac{100}{100-(1.0+23.0)} = 27.63\%$$

由焦渣特征 3 和 $V_{daf}=27.63\%$ 查表 4-13 得 $K_1=339$。

$$Q_{net,ad} = 100\times339-(339+25.12)\times(1+23.0)-12.56\times21.0=24897 \ (kJ/kg)$$

由表 4-15 查得：

$$Q_{net,ar} = (Q_{net,ad}+25M_{ad})\times\frac{100-M_{ar}}{100-M_{ad}}-25M_{ar}$$

$$=(24897+25\times1)\times\frac{100-2}{100-1}-25\times2=24620 \ (kJ/kg)$$

② 过剩空气系数：

$$\alpha = \frac{\varphi(N_2)}{\varphi(N_2)-\left[\varphi(O_2)-\frac{1}{2}\varphi(CO)\right]\times\frac{79}{21}} = \frac{74.65}{74.65-\frac{79}{21}\times\left(1.25-\frac{0.5}{2}\right)} = 1.05$$

$$N_2 = 100-(23.6+1.25+0.5)=74.65$$

③ 煤耗量：

$$B = \frac{热耗}{煤热值} = \frac{4020}{24620} = 0.163 \ (kg 煤/kg 熟料)$$

④ 用近似计算式（4-32）计算助燃空气量：

$$V_a^0 = \frac{0.241Q_{net,ar}}{1000}+0.5$$

$$=\frac{0.241\times24620}{1000}+0.5=6.43 \ (Nm^3/kg 煤)$$

烧成 1kg 熟料需要助燃空气量 V_a'：

$$V_a' = 6.43\times0.163\times1.05=1.10 \ (Nm^3/kg)$$

⑤ 用近似计算式（4-34）计算烟气生成量：

$$V=\frac{0.213Q_{net,ar}}{1000}+1.65+(\alpha-1)V_a^0$$

$$=\frac{0.213\times24620}{1000}+1.65+(1.05-1)\times6.43=7.22\ (Nm^3/kg)$$

烧成 1kg 熟料，燃烧生成烟气量：

$$V'=7.22\times0.163=1.18\ (Nm^3/kg)$$

五、燃烧温度的计算

燃烧温度是窑炉生产中一个十分重要的技术参数，对生产过程及产品产量、质量有重大影响。在窑炉设计时，往往要计算燃烧温度，以判断在一定燃烧条件下，能否满足物料或制品所需达到的温度要求。同时通过对燃烧温度的计算，分析影响燃烧温度的因素，调节和控制窑炉内的温度，从而生产出优质的硅酸盐工业产品。

（一）燃烧过程的物料平衡与热平衡

燃料在窑炉中稳定燃烧时，根据物质不灭定律，加入燃烧室的燃料与空气质量之和必等于排出烟气与灰分质量之和，这就是物料平衡。

在热量方面，根据能量不灭定律，进入窑炉的热量必等于支出的热量，这就是热平衡。如图 4-6 所示，收入的热量主要有：①燃料的发热量（$Q_{net,ar}$）；②燃料带入的物理热（Q_f）；③空气带入的物理热（Q_a）。支出的热量主要有：①排出烟气的物理热（Q_L）；②化学不完全燃烧造成的热损失（Q_c）；③机械不完全燃烧造成的热损失（Q_m）；④向周围散热损失（Q_s）。

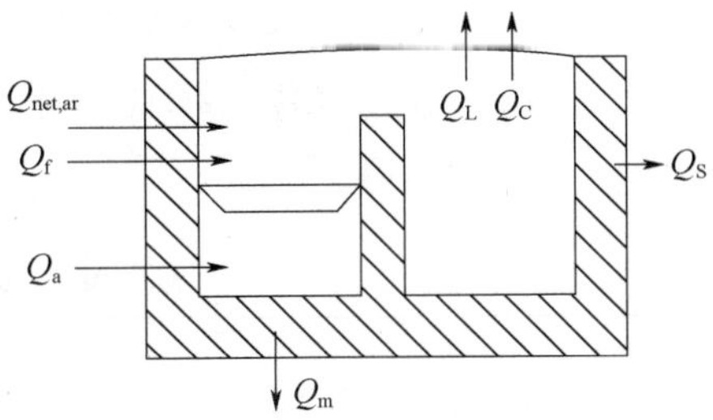

图 4-6　热平衡示意图

热平衡方程式为：

$$Q_{net,ar}+Q_f+Q_a=Q_L+Q_c+Q_m+Q_s \quad (4\text{-}51)$$

式中　$Q_{net,ar}$——收到基燃料的低发热量，kJ/kg 或 kJ/Nm³；

Q_f——燃料的物理热，kJ/kg 或 kJ/Nm³；

Q_a——空气的物理热，kJ/kg 或 kJ/Nm³；

Q_L——烟气的物理热，kJ/kg 或 kJ/Nm³；

Q_c——化学不完全燃烧热损失，kJ/kg 或 kJ/Nm³；

Q_m——机械不完全燃烧热损失，kJ/kg 或 kJ/Nm³；

Q_s——散热损失，kJ/kg 或 kJ/Nm³。

热平衡方程式是能量不灭定律的一种特殊表达形式，可用来计算和分析燃烧温度。

（二）燃烧温度的概念

燃料在稳定燃烧时，其气态燃烧产物（烟气）所能达到的温度称为燃料的燃烧温度。为了便于研究和计算，在热工中建立了两种燃烧温度的概念，即理论燃烧温度和实际燃烧温度。

1. 理论燃烧温度

燃料完全燃烧放出的热量以及燃料和空气带入的物理热全部用于加热烟气，在此情况下达到的烟气温度，称为理论燃烧温度，也就是假定燃料在燃烧过程中没有任何热损失时，烟气所能达到的温度。此时：$Q_c=0$，$Q_m=0$，$Q_s=0$。

热平衡方程式（4-51）可写成为：

$$Q_{net,ar}+Q_f+Q_a=Q_L$$

$$Q_{net,ar}+c_f t_f+\alpha V_a^0 c_a t_a=Vc_L t_L^0 \tag{4-52}$$

所以

$$t_L^0=\frac{Q_{net,ar}+c_f t_f+\alpha V_a^0 c_a t_a}{Vc_L} \tag{4-53}$$

式中 $t_L{}^0$——理论燃烧温度，℃；

t_f——燃料温度，℃；

t_a——空气温度，℃；

c_f——燃料的平均比热，kJ/（kg·℃）或 kJ/（Nm^3·℃）；

c_a——空气的平均比热，kJ/（Nm^3·℃）；

c_L——烟气的平均比热，kJ/（Nm^3·℃）。

烟气的平均比热 c_L 可按下式求得：

$$c_L=0.01\sum x_i c_i$$

式中 x_i——烟气中各气体的体积百分含量；

c_i——烟气中各气体成分的平均比热，各种气体的平均比热可由表 4-20、表 4-21 查得。

表 4-20 各单纯气体成分及干空气的平均比热 [kJ/（Nm^3·℃）]

温度（℃）	CO_2	N_2	O_2	H_2O	干空气	H_2	CO	H_2S	SO_2
0	1.593	1.293	1.305	1.295	1.295	1.277	1.302	1.264	1.733
100	1.713	1.296	1.317	1.506	1.300	1.290	1.302	1.541	1.813
200	1.796	1.300	1.338	1.522	1.308	1.298	1.311	1.574	1.883
300	1.871	1.306	1.357	1.542	1.318	1.302	1.319	1.608	1.959
400	1.938	1.317	1.378	1.565	1.329	1.302	1.331	1.645	2.018
500	1.997	1.329	1.398	1.585	1.343	1.306	1.344	1.683	2.073
600	2.049	1.341	1.417	1.613	1.357	1.311	1.361	1.721	2.114
700	2.097	1.354	1.432	1.641	1.371	1.315	1.373	1.759	2.152
800	2.140	1.367	1.450	1.668	1.385	1.319	1.390	1.796	2.186
900	2.179	1.380	1.456	1.696	1.398	1.323	1.403	1.830	2.215
1000	2.214	1.392	1.478	1.722	1.410	1.327	1.415	1.863	2.240
1100	2.245	1.404	1.490	1.750	1.422	1.336	1.428	1.892	2.261
1200	2.275	1.415	1.501	1.777	1.433	1.344	1.440	1.922	2.278
1300	2.301	1.426	1.511	1.803	1.444	1.352	1.449	1.947	
1400	2.325	1.436	1.520	1.824	1.454	1.361	1.461	1.972	
1500	2.345	1.446	1.529	1.853	1.463	1.369	1.465	1.977	
1600	2.368	1.454	1.538	1.877	1.472	1.378	1.470		
1700	2.387	1.458	1.546	1.900	1.480	1.386	1.478		
1800	2.405	1.470	1.554	1.922	1.487	1.394	1.486		
1900	2.422	1.478	1.562	1.943	1.495	1.398	1.495		
2000	2.437	1.484	1.569	1.963	1.501	1.407	1.507		
2100	2.451	1.491	1.575	1.983	1.508	1.415	1.511		
2200	2.465	1.496	1.583	2.001	1.514	1.424	1.520		
2300	2.478	1.502	1.589	2.019	1.520	1.432	1.524		
2400	2.490	1.508	1.595	2.037	1.526	1.440	1.528		
2500	2.501	1.513	1.602	2.053	1.531	1.449	1.537		

表 4-21　常用气体燃料及不同燃烧产物的平均比热　[kJ/（Nm^3·℃)]

温度（℃）	天然气	发生炉煤气	焦炉煤气	燃烧产物			
				煤	重油	发生炉煤气	焦炉煤气
0	1.55	1.32	1.41	1.36	1.36	1.36	1.36
200	1.76	1.35	1.46	1.41	1.41	1.41	1.39
400	2.01	1.38	1.55	1.45	1.44	1.45	1.43
600	2.26	1.41	1.63	1.49	1.47	1.49	1.46
800	2.51	1.45	1.70	1.53	1.52	1.53	1.50
1000	2.72	1.49	1.78	1.56	1.55	1.56	1.54
1200	2.89	1.53	1.87	1.59	1.59	1.60	1.57
1400	3.01	1.57	1.96	1.62	1.62	1.62	1.60
1600	—	—	—	1.65	1.63	1.65	1.62
1800	—	—	—	1.68	1.65	1.68	1.64
2000	—	—	—	1.69	1.67	1.69	1.66
2200	—	—	—	1.70	1.69	1.70	1.68
2400	—	—	—	1.72	1.71	1.72	1.70

$$c_L = (V_{CO_2}c_{CO_2} + V_{O_2}c_{o_2} + V_{H_2O}c_{H_2O} + V_{N_2}c_{N_2} + V_{SO_2}c_{so_2}) \times \frac{1}{100} \quad (4\text{-}54)$$

式中　V_{CO_2}、V_{O_2}、V_{H_2O}…——烟气中各成分的体积百分数，%；

c_{CO_2}、c_{O_2}、c_{H_2O}…——烟气中各成分在 t_L 温度下的平均比热，kJ/（m^3·℃）。

2. 实际燃烧温度

燃料在实际燃烧过程中必有各种热损失，如化学、机械不完全燃烧以及散热损失等。因此，按照实际情况考虑到各种热损失时，燃料燃烧生成的烟气所能达到的温度，称为实际燃烧温度。由此可见，实际燃烧温度必低于理论燃烧温度。

根据热平衡方程式（4-51），可得实际燃烧温度的方程式：

$$t_L = \frac{Q_{net,ar} + Q_f + Q_a - (Q_c + Q_m + Q_s)}{Vc_L} \quad (℃) \quad (4\text{-}55)$$

实际燃烧温度计算式的各项相热损失数据较难获得，但在实际生产的窑炉中，实际燃烧温度较易测定。故此，一般可以从不同窑炉的实际操作情况中，总结出实际燃烧温度（t_L）与理论燃烧温度（t_L^0）的比值 η，η 称为窑炉的高温系数。

$$\eta = \frac{实际燃烧温度}{理论燃烧温度} = \frac{t_L}{t_L^0} \quad (4\text{-}56)$$

故

$$t_L = \eta t_L^0 \quad (4\text{-}57)$$

η 值与窑炉型式、结构、燃料的种类和燃烧方式、加工制品的种类、操作条件、机械化程度等许多因素有关。表 4-22 为各种硅酸盐工业窑炉的高温系数 η。

表 4-22　各种硅酸盐工业窑炉的高温系数 η

窑炉类型	使用燃料	η 值
水泥回转窑	煤粉	0.70～0.80
水泥立窑	无烟煤	0.52～0.62
玻璃池窑	气体或液体燃料	0.65～0.75（窑体未保温）
玻璃坩埚窑	固体或液体燃料	0.60～0.70（窑体保温）
陶瓷隧道窑	气体或液体燃料	0.78～0.83
陶瓷倒焰窑	固体燃料 气体燃料	0.66～0.70 0.73～0.78
一般燃烧室		0.80～0.90

（三）燃烧温度的计算方法

由式（4-55）可知，首先根据式（4-53）计算出理论燃烧温度，再选取适当的高温系数，可求得实际燃烧温度。

应用式（4-52）计算理论燃烧温度时，可改写为：

$$t_L^0 c_L V = Q_{net,ar} + c_f t_f + \alpha V_a^0 c_a t_a = Q \tag{4-58}$$

式中的 Q 为一定值，可以计算出来，烟气量 V 也是已知数，但烟气的平均比热（c_L）随温度（t_L）的升高而增大，为方便起见，可采用试算内插法来计算，其方法如下：首先初步估计一个 c_L 值，代入式（4-58），可计算出对应的 t_L' 值，再假设 t_{L1} 和 t_{L2} 在 t_L' 的上下，二者相差 100℃，代入上式则得：

$$Q_1 = t_{L1} c_{L1} V$$

$$Q_2 = t_{L2} c_{L2} V$$

若 $Q_2 > Q > Q_1$，就说明真正的燃烧温度 t_L 一定在 t_{L1} 与 t_{L2} 之间，即：

$$t_{L2} > t_L > t_{L1}$$

根据以上关系作图，利用内插法即可求得真正的 t_L。在直角坐标系上取一定比例作 t_{L1}、t_{L2} 及 Q_1、Q_2，求出点 A、B。根据上面假设，即在温度变化不大的范围内可以认为热量的变化与温度变化成直线关系，故把 A、B 两点连成直线，在横坐标上取 Q 值，在纵坐标上就可求得 t_L。

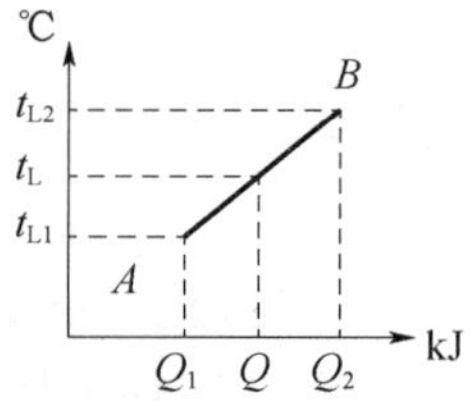

图 4-7　图解法求 t_L 值

根据图 4-7 可查得如下关系：

$$\frac{t_L - t_{L1}}{t_{L2} - t_{L1}} = \frac{Q - Q_1}{Q_2 - Q_1}$$

故

$$t_L = t_{L1} + \frac{(Q - Q_1)(t_{L2} - t_{L1})}{Q_2 - Q_1} \tag{4-59}$$

【例 4-12】 已知某地煤的收到基组成为：

成分	$\omega_{ar}(C)$	$\omega_{ar}(H)$	$\omega_{ar}(O)$	$\omega_{ar}(N)$	$\omega_{ar}(S)$	A_{ar}	M_{ar}
体积分数（%）	71.00	8.84	7.55	1.23	0.30	5.08	10.00

煤的温度 t_f=20℃，比热 c_f=1.256 kJ/（kg·℃）；煤的低位发热量 $Q_{net,ar}$=28022kJ/kg；空气温度 t_a=20℃，比热 c_a=1.296kJ/（Nm³·℃）。当过剩空气系数 α=1.2 时，计算得：理论空气量 V_a^0=7.36 Nm³/kg，烟气量 V=9.28 Nm³/kg。高温系数 η=0.9。

烟气组成：	$\varphi(CO_2)$	$\varphi(H_2O)$	$\varphi(SO_2)$	$\varphi(O_2)$	$\varphi(N_2)$
体积分数（%）：	14.55	8.15	0.03	4.08	73.19

试计算理论燃烧温度 t_L^0 和燃烧室实际燃烧温度 t_L。

解：根据式（4-58）得：

$$\begin{aligned} Q &= V c_L t_L = Q_{net,ar} + c_f t_f + \alpha V_a^0 c_a t_a \\ &= 28022 + 1.256 \times 20 + 1.2 \times 7.36 \times 1.296 \times 20 \\ &= 28276\ (kJ/kg) \end{aligned}$$

先估计 C_L'=1.65kJ/（Nm³·℃），则：

$$t_L' = \frac{Q}{c_L V} = \frac{28276}{1.65 \times 9.28} \approx 1850\ (℃)$$

可认为 t_L 在 1800～1900℃之间。

设 t_{L1}＝1800℃，查表 4-20 并由式（4-54）得：

$$c_{L1}=\frac{1}{100}(V_{CO_2}c_{CO_2}+V_{H_2O}c_{H_2O}+V_{O_2}c_{O_2}+V_{SO_2}c_{SO_2}+V_{N_2}c_{N_2})$$

$$=\frac{1}{100}\times(14.55\times2.405+8.15\times1.922+4.08\times1.554+0.03\times2.3+73.19\times1.47)$$

$$=1.647\ [\mathrm{kJ/(Nm^3\cdot ℃)}]$$

则：
$$Q_1=Vc_{L1}t_{L1}=9.28\times1.647\times1800=27512\ (\mathrm{kJ/kg})$$

再设 t_{L2}＝1900℃，同理得：

$$c_{L2}=\frac{1}{100}\times(14.55\times2.422+8.15\times1.943+4.08\times1.562+0.03\times2.3+73.19\times1.478)$$

$$=1.657\ [\mathrm{kJ/(Nm^3\cdot ℃)}]$$

则：
$$Q_2=Vc_{L2}t_{L2}=9.28\times1.657\times1900=29216\ (\mathrm{kJ/kg})$$

由上可知 $Q_2>Q>Q_1$，因此，t_L 必定在 1800～1900℃之间，用式（4-59）得：

$$t_L^0=t_{L1}+(t_{L2}-t_{L1})\frac{Q-Q_1}{Q_2-Q_1}$$

$$=1800+(1900-1800)\times\frac{28276-27512}{29216-27512}$$

$$=1845\ (℃)$$

则得实际燃烧温度为：

$$t_L=\eta t_L{}^0=0.9\times1845=1661\ (℃)$$

（四）空气预热温度的计算

当实际燃烧温度达不到工艺要求时，则须采取措施提高，一般采取预热助燃空气的办法来满足要求，具体计算方法见例 4-13。

【例 4-13】 在例 4-7 中设高温系数 η＝0.75，已知煤气温度为 400℃，要求实际燃烧温度为 1650℃，求空气至少应预热到多少？

解：① 煤气低位发热量可按式（4-16）计算：

$$Q_{net}=126\varphi(CO)+108\varphi(H_2)+358\varphi(CH_4)+590\varphi(C_2H_4)+637\varphi(C_2H_6)+$$
$$806\varphi(C_3H_6)+912\varphi(C_3H_8)+1187\varphi(C_4H_{10})+1460\varphi(C_5H_{12})+232\varphi(H_2S)$$
$$=126\times28.7+108\times13.8+358\times1.9+590\times0.4+232\times0.3$$
$$=6092\ (\mathrm{kJ/Nm^3})$$

② 由上例可知，理论空气量 V_a^0＝1.21（$\mathrm{Nm^3/Nm^3}$），实际烟气量 V＝2.25（$\mathrm{Nm^3/Nm^3}$）。

③ 要求理论燃烧温度应为：

$$t_L^0=\frac{t_L}{\eta}=\frac{1650}{0.75}=2200\ (℃)$$

④ 查表 4-21 得发生炉煤气在 400℃的比热 c_f＝1.38 kJ/(Nm³·℃)，其燃烧产物在 2200℃时的比热为 1.70kJ/(Nm³·℃)。

$$Vc_Lt_L{}^0=Q_{net}+c_ft_f+V_ac_at_a$$

$$2.25\times1.70\times2200=6092+1.38\times400+1.2\times1.21c_at_a$$

即：$1.45c_at_a=1771$。

设 $t_{a1}=800$℃，查表 4-20 得 $c_{a1}=1.385$，则：

$$1.45\times1.385\times800=1607<1771$$

再设 $t_{a2}=900$℃，查表 4-20 得 $c_{a2}=1.398$，则：

$$1.45\times1.398\times900=1824>1771$$

所以有：

$$\frac{900-t_a}{900-800}=\frac{1824-1771}{1824-1607}$$

解得：$t_a=876$℃。

因此，为使实际燃烧温度达 1650℃，必须将空气预热到 876℃以上。

六、提高实际燃烧温度的措施

（一）影响实际燃烧温度的因素

（1）燃料完全燃烧的程度。燃料完全燃烧的条件是：①空气条件；②温度条件；③时间条件；④燃烧与空气的混合条件。

（2）燃料发热量的高低。

（3）热损失的大小。①排烟热损失。热损失为 6～12%。②不完全燃烧热损失。化学不完全燃烧、机械不完全燃烧。③散热损失。由于设备管道温度高于周围空气温度造成热损失。

（二）提高实际燃烧温度的途径

对于很多燃烧装置来说，达到较高的温度是一个重要的性能指标。为获得较高的实际燃烧温度，需要做到以下几个方面：

（1）适量的空气供给即选用适当过剩空气系数。适当的过剩空气系数，能保证较快的燃烧速度及较高的燃烧温度。如果燃烧所用的空气不足，燃烧速度会降低，并产生化学不完全燃烧，造成热量损失 Q_c，降低燃烧温度，并可能给工艺操作带来危险。如果过剩空气系数过大，过剩的空气进入烟气，使得烟气体积增大，也会降低燃烧温度及热效率。所以应在保证燃料完全燃烧的条件下，尽量使过剩空气系数接近于 1。

（2）提高燃料和空气的温度。如果将燃料和空气加以预热，提高反应物的温度，产物的温度自然也越高，对提高燃烧温度有很好的效果。不过对固体燃料的预先加热不甚方便，对液体和大分子气体燃料的预热温度过高，容易造成离解，因此在实际应用上通常主要采取空气预热，而对某些燃料只进行适当加热。如在水泥回转窑系统中，将助燃空气先通入冷却机冷却熟料，空气本身则被预热 800℃以上，这对提高燃烧速度、燃烧温度及节约燃料，均起到良好作用。

（3）保证必要的燃烧时间及燃料与空气的充分混合。燃料在燃烧设备中的停留时间应超过燃料燃烧所需时间。燃料与空气中氧的充分混合和扰动是有效燃烧的基本条件。

（4）选用高发热量的燃料。发热量 $Q_{net,ar}$ 愈高，燃烧温度愈高，燃料的发热量是一个主要因素。然而，一般燃料的发热量愈高，烟气的体积也愈大，所以，燃料发热量对燃烧温度的影响要看 $Q_{net,ar}/(Vc_L)$ 的比值而定。此比值又称燃料的产热度。产热度愈大，燃烧温度愈高。硅酸盐工业中常用燃料的产热度如下：烟煤为 2000～2100℃；天然气约为 2020℃；发生炉煤气为 1700～1790℃。

（5）减少各种热损失。实际燃烧温度低于理论燃烧温度的主要原因是由于燃烧过程的热损失。减少燃烧系统的热损失是保证烟气温度较高的一个重要方面，这包括减少燃烧装置的

散热损失 Q_s、不完全燃烧损失 Q_c 和 Q_m。减少散热损失的基本措施是改进设备壁面的绝热性能，加强燃烧室或窑炉的保温。不完全燃烧损失包括机械和化学两方面，研究燃烧技术的主要目标之一就是解决不完全燃烧问题。

(6) 烟气的体积 V。对于烟气而言，减小其体积 V 可保证其温度的升高。从上述产热度可见，烟气体积愈大，燃烧温度愈低。烟气量主要取决于燃烧空气量的多少，α 过大将造成空气严重过量，而这些过量空气只能起到稀释燃烧产物的作用。因此应当在保证完全燃烧的情况下使 α 尽量接近 1。此外，使用正常空气作为氧化剂势必带入相当多的氮气，而氮气在燃烧中基本上是稀释剂。使用富氧空气或纯氧助燃可大大提高燃烧温度。

燃料中的灰分对烟气体积无影响，但燃料中的水分在燃烧时不但吸收汽化潜热，还增大烟气体积，降低燃烧温度。

单元三　燃料的燃烧技术

一、燃料燃烧过程

燃料的种类依状态来分，有固体、液体及气体燃料三种。从燃烧角度，各种不同燃料均可归纳为两种基本组成：一种是可燃气体如 H_2、CO 及 C_mH_n 等，另一种是固定碳。例如：气体燃烧，即可燃气体的燃烧；液体燃料，由于加热，首先汽化形成气态烃类，以后在高温缺氧时，有一部分烃类裂解生成固态碳粒后燃烧；而固体燃料在受热时逸出挥发分，余下的可燃物是固定碳，因此固体燃料的燃烧，实质上亦是可燃气体及固态碳的燃烧。燃料燃烧过程分为两种基本燃烧过程：气相可燃物燃烧过程及固相碳的燃烧过程。

燃烧是指燃料中的可燃物与空气产生剧烈的氧化反应，产生大量的热量并伴随着强烈的发光现象。燃烧必须满足三个条件，即燃料、空气（或氧气）及达到燃烧的最低温度——着火温度。

（一）着火温度

燃料受热时，温度逐渐升高，氧化及放热反应速度逐渐增大，当温度升高到某一温度时，燃料只靠本身氧化放出的热量，而不再需要外面加热便能持续地进行燃烧。此时的温度称为燃料的着火温度或着火点。

燃料的着火温度并不是一个定值。它与燃料的组成、空气用量、受热速度及氧气浓度、周围温度、燃烧室的结构等诸多因素有关。当氧化放热反应速度或散热速度变化时，均能使着火温度改变。因此对某种燃料一般只能给出一个着火温度范围或最低着火温度，某些燃料在 latm 下在空气中的着火温度范围或最低着火温度见表 4-23。

表 4-23　某些燃料的着火温度范围或最低着火温度

燃料种类	着火温度（℃）	燃料种类	着火温度（℃）
H	530～590	天然气	530
CO	610～658	石油	360～400
CH_4	537～680	重油	300～350
C_2H_6	530～594	烟煤	400～500
C_2H_2	335～500	无烟煤	600～700
焦炉煤气	500	褐煤	250～450
发生炉煤气	530		

（二）着火浓度范围

研究表明，当气体燃料与空气的比例在一定的范围内时，不管混合物是否达到着火温度，只要其遇到明火就能开始燃烧，这一范围称着火浓度范围。

可燃气体与空气在容器内混合均匀，在着火浓度范围以内，当有火花或明火存在时，由于瞬时产生了温度很高的燃烧产物，压力急剧增加，可产生爆炸现象，故着火浓度范围又称爆炸极限。

混合气体中可燃气体的含量低于着火浓度范围下限或高于上限时均不能着火燃烧。低于下限或高于上限时，由于可燃气体量太少或氧气量太少，局部点燃时，其氧化反应所产生的热量不足以使邻近层气体加热至着火温度以上而燃烧，不能使燃烧传播，所以燃烧不能继续进行。当煤气与空气的混合物喷入高温炉中时，由于混合物的温度能很快加热到着火温度，则不受此着火浓度范围的限制。

气体燃料在空气中的着火浓度范围见表 4-24。掌握气体燃料的着火温度和着火浓度范围，对窑炉的正常操作管理及防爆、防火有重要的意义。天然气及石油气的着火浓度范围较窄，必须保证它们的含量在此范围内才能够着火燃烧。另外，天然气、石油气在空气中浓度达到 3%～4%时就有爆炸的危险，因此输送气体的管道、测量仪表及燃气装置等必须封闭严密，不能漏气。在气体燃料的储存和输送管道附近决不允许明火或高温热源存在。

表 4-24　气体燃料在空气中的着火浓度范围　（%）

燃料种类	着火浓度范围		燃料种类	着火浓度范围	
	下限	上限		下限	上限
H_2	4.0	75	焦炉煤气	5.6	31
CO	12.5	75	发生炉煤气	21	74
CH_4	5	15	天然气	4	15
C_2H_6	3.2	12.5	石油气	3	13

（三）火焰传播速度

在可燃气体与空气的混合物中，当某一局部地区着火燃烧，在燃烧处就形成了燃烧焰面。由于燃烧产生大量的热，使该处温度提高并传给邻近一层的气体，使其达到着火温度以上而燃烧，并形成新的燃烧焰面，这种焰面不断向未燃气体方向移动的现象称为火焰的传播（扩散）现象，传播的速度称为火焰传播（扩散）速度。其方向与焰面垂直，故又称法向火焰传播速度（m/s）。

当气体燃料与空气的混合物经烧嘴喷入窑内，气体流速逐渐降低，同时由于接受窑内燃烧产物传给的热量，温度逐渐升高至着火温度以上而燃烧。若在点燃处气体的流速大于其火焰传播速度，则火焰根部不断向前移动，最后火焰根部将稳定于两者速度相等处；若气体喷出速度比火焰传播速度小很多，则火焰根部将移至烧嘴中，发生“回火”现象而有爆炸的危险；若气体喷出速度比火焰传播速度大很多，则火焰根部将远离烧嘴，使气体混合物喷出后不能预热至着火温度以上而燃烧，产生“脱火”现象，火焰可能被吹灭。因此，火焰传播速度是决定可燃气体与空气混合物的最合适的喷射速度的必要参数。

由几种可燃气体组成的煤气，其最大法向火焰传播速度可由式（4-60）计算：

$$W_{n,f}=\frac{\sum \frac{X_i}{c_i}W_i}{\sum \frac{X_i}{c_i}} \tag{4-60}$$

式中　$W_{n,f}$——最大法向火焰传播速度，m/s；

X_i——不含惰性气体的煤气中单一气体的体积分数，%；

c_i——某单一气体相应于 W_i 时的燃气浓度，%；

W_i——单一气体的最大法向火焰传播速度，m/s，见表 4-25。

表 4-25　单一气体的最大法向火焰传播速度

气体种类	最大法向火焰传播速度 W_i（m/s）	最大速度下燃气浓度 c_i（%）	气体种类	最大法向火焰传播速度 W_i（m/s）	最大速度下燃气浓度 c_i（%）
H_2	4.83	38.5	C_3H_8	0.82	4.6
CO	1.25	45.0	C_4H_{10}	0.82	3.6
CH_4	0.67	9.8	C_2H_4	1.42	7.1
C_2H_6	0.85	6.5			

（1）当煤气中含有惰性气体 CO_2 及 N_2 时，其火焰传播速度应做如下修正：

$$W'_{n,f}=W_{n,f}\ [1.0-0.01\varphi(N_2)\ -0.012\varphi(CO_2)] \tag{4-61}$$

式中　$\varphi(CO_2)$、$\varphi(N_2)$——煤气中 CO_2 及 N_2 所占的体积分数，%。

（2）气体混合物的温度对火焰传播速度的影响：

$$W^t_{n,f}=W_{n,f}\left(\frac{273+t}{273}\right)^2 \tag{4-62}$$

（3）管径对火焰传播速度的影响：根据图 4-8 可查得校正系数 m 值。

$$W^d_{n,f}=mW_{n,f} \tag{4-63}$$

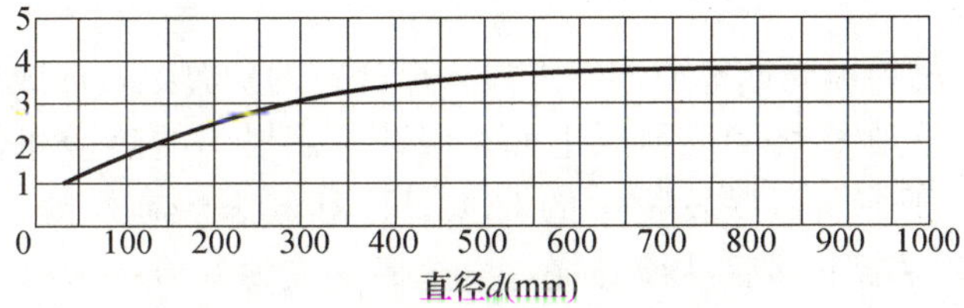

图 4-8　管径对火焰传播速度的校正系数 m

二、固体燃料的燃烧技术

（一）固体燃料的燃烧过程

准备阶段包括燃料的干燥、预热和干馏。当固体燃料受热后，首先是其中所含水分蒸发，为 110～150℃，物理水分全部逸出，干燥结束。显然，水分越多，干燥消耗的热量越多，所需要的时间也越长。燃料干燥后，继续受热，当温度上升到一定程度，燃料开始分解，放出挥发物，最后剩下固体焦炭，这一过程又称作干馏。燃料挥发分越多，开始放出挥发物的温度就低。如褐煤大约在 130℃开始放出挥发物；无烟煤温度最高，约 400℃；烟煤介于两者之间。在准备阶段，由于燃烧反应尚未开始，基本上不需要空气，但燃料干燥、预热、干馏等过程都是吸热过程，需要大量热量。热量的来源是燃烧室内灼热火焰、烟气、炉墙以及邻近已经燃着的燃料。一般希望这个阶段所需的时间越短越好，而影响它的主要因素除煤的性质和水分含量之外，还有燃烧室内温度和燃烧室的结构等。

燃烧阶段包括挥发物燃烧和焦炭的燃烧。挥发物中主要是碳氢化合物，比焦炭容易着火，因此当逸出的挥发物达到一定温度和浓度时，它将先于焦炭着火燃烧。通常把挥发物着火燃烧的温度看作固体燃料的着火温度。挥发分多的燃料，着火温度低；挥发分较少的燃料，着火温度较高。通常所说的着火温度只是固体燃料着火的最低温度条件，在该温度下燃料虽能着火，但燃烧速度较低。实际生产中，为了保证燃烧过程稳定，加快燃烧速度，往往要求把燃料加热到较高的温度，例如褐煤要加热到 500～600℃，烟煤 750～800℃，无烟煤 900～950℃。对煤来说，焦炭的发热量一般占总发热量的一半以上，是煤燃烧过程中放出热量的主要来源；而且，焦炭燃烧所需的时间比挥发物长得多，由于焦炭的燃烧是多相反应，完全的燃烧也要比挥发物困难。因此，如何保证焦炭迅速完全的燃烧，是组织燃烧过程的关键之一。为此要保证较高的温度条件，供给充足的空气，并且要使空气和燃料很好地混合。

当焦炭将烧完时，由于焦炭的外壳上面包了一层较厚的灰渣，使空气难以渗入里面进行燃烧，从而使燃烧进行缓慢，尤其是高灰分燃料更难燃尽。这个阶段的放热量不大，所需的空气量也小，但仍然需保持较高温度，并给予一定时间，尽量使灰渣中的可燃物完全燃烧。

硅酸盐工业用的固体燃料主要是煤，采用的燃烧方法主要有层状燃烧、喷流燃烧和沸腾燃烧。层状燃烧，就是把块煤放在炉箅上铺成一定厚度的煤层进行燃烧。而喷流燃烧则是先把原煤经过破碎、烘干和粉磨，制成一定细度的煤粉，然后用空气喷射到燃烧室或窑内进行悬浮燃烧。沸腾燃烧是处于层状燃烧与喷流燃烧之间的一种燃烧方式。它是原煤破碎成 8mm 以下（多数为 2～3mm）的碎粒，喂入沸腾燃烧室中，燃烧空气用风压较高的鼓风机由炉底向上鼓入，使燃料在沸腾状态下进行燃烧。燃烧方法不同，燃烧过程也各有特点。

（二）块煤的层状燃烧（层燃）

块煤在层燃时，燃料被周期地或连续地投入燃烧室的炉箅上，形成层状堆积，如图 4-9 所示。新的燃料被投到正在燃烧的燃料层上面，吸收下层燃料的热量和燃烧室内壁的辐射热量而进行干燥和干馏。干馏所得挥发物中的 CO、H_2 和气态烃在燃烧室空间与二次空气混合后燃烧，余下的焦炭逐渐下移后继续燃烧，直至燃尽成为灰渣。炉箅上的一部分灰渣通过炉箅的空隙掉入灰坑被周期或连续地清除。炉箅上的灰渣保留一定的厚度以保护炉箅，并起预热一次空气和使空气分布均匀的作用。从炉箅下进入燃料层的空气称为一次空气，一次空气主要供焦炭燃烧之用。根据燃料层的厚度及一次空气量的比例不同，块煤的层燃有以下三种方式。

1. 完全燃烧式

完全燃烧式又称直火式，其特征是炉箅上的燃料层比较薄（烟煤为 100～200mm，无烟煤为 60～150mm），一次空气量充足，在燃料层中基本上是下列氧化放热反应：

$$C+O_2 \longrightarrow CO_2+\text{热量}$$

$$2C+O_2 \longrightarrow 2CO+\text{热量}$$

$$2CO+O_2 \longrightarrow 2CO_2+\text{热量}$$

这就是说燃料层基本上只有氧化层，层内燃烧温度可达 1300℃以上，燃烧后的产物主要是 CO_2，几乎没有其他可燃气体。直接进入燃烧室空间的空气称为二次空气，二次空气供给煤的挥发分燃烧。挥发分与二次空气在燃烧室空间混合并燃烧，其燃烧产物与从燃料层内逸出的燃烧产物混合后排出燃烧室。

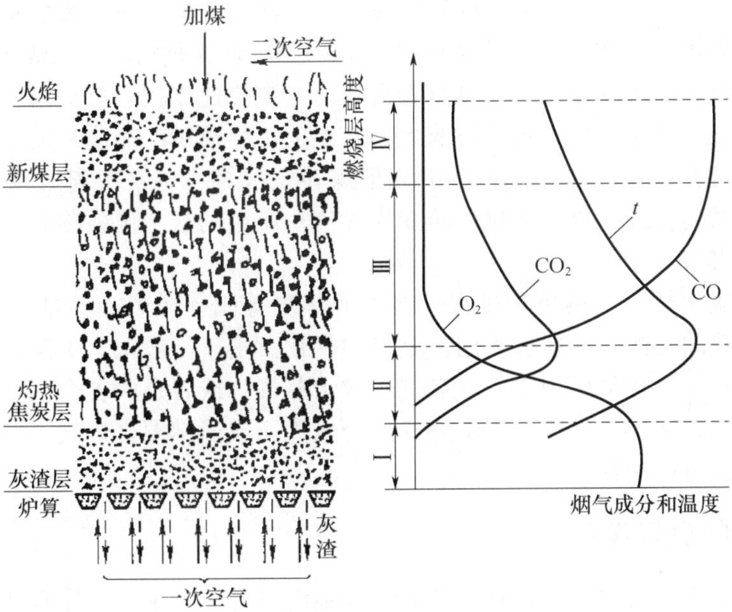

图 4-9　人工操作燃烧室的燃烧层结构

Ⅰ—灰渣层；Ⅱ—氧化层；Ⅲ—还原层；Ⅳ—新燃料层

2. 半煤气式

在炉箅上燃料层的厚度为直火式的 2～3 倍，一次空气量不足，称为半煤气式层燃。一次空气中的氧气在燃料底层的 100～200mm 厚范围内已基本消耗完。这一层与直火式的氧化层相同，主要是放热的氧化反应。氧化层中产生的 CO_2 向上通过灼热的焦炭层时，发生吸热的还原反应：

$$CO_2+C \longrightarrow 2CO-163kJ/mol$$

发生还原反应的焦炭层称为还原层。还原层中 CO_2 不断减少，而 CO 则不断增加。还原反应是吸热过程，气体温度逐渐降低，随着温度的降低，还原反应也逐渐减慢，以致最后停止。气流再往上，进入新煤层，一方面把煤加热使之干燥、干馏，另一方面把燃料放出的水汽、挥发物等带离煤层进入炉膛空间。半煤气式层燃的燃烧产物中含有较多的可燃气体，可燃气体的含量和成分与燃料的性质、燃料层的厚度等因素有关，用烟煤时，半煤气的成分和热值为：CO 7％～20％；H_2 5％～12％；CH_4 0～2％；N_2 50％～60％；CO_2 10％～15％；低热值 2500～4000kJ/m^3。

在燃烧室中的半煤气根据需要可在燃烧室中或在窑炉内与二次空气混合并燃烧。图 4-9 是半煤气层燃时，燃料层中烟气的成分与温度的变化情况。

半煤气层燃的特点是：

(1) 燃料层比较厚，一次空气量不足，二次空气量较直火式大，占空气总量的 30％～60％。

(2) 由于有还原层的吸热反应，燃料层的温度比直火式低。

(3) 大多数半煤气燃烧室所产生的半煤气并不在燃烧室内燃烧，而是在窑炉内与二次空气混合并燃烧，因此半煤气燃烧室的空间比直火式小，燃烧室内的温度也较低。半煤气产物的平均温度为1000～1100℃。

3. 全煤气式

当炉箅上的燃料层厚度为直火式的三倍以上，一次空气量不足，燃烧室中的二次空气为零时，块煤层燃的燃烧产物中，可燃成分占35%～48%，这种情况称为煤的气化。

把煤加以气化，以煤气作燃料，具有着火容易，燃烧速度快，窑炉内火焰温度和气氛便于控制，燃烧完全，燃烧产物中很少有灰尘，基本上不会沾污产品或半成品等优点，具有较高的经济效益和社会效益。硅酸盐工业中为把煤转化成煤气，常把煤放在一个专用的设备中，使煤经过一系列物理、化学变化而转变为煤气。所用的这个设备称为煤气发生炉，所得煤气称为发生炉煤气。

固体燃料的气化是一个热化学过程。将煤或焦炭等固体燃料，通过高温在气化剂作用下，制成气体燃料的方法，一般称为固体燃料的气化。由于一般工厂中是用煤进行气化，故常简称为煤的气化。气化剂可用空气（氧气）或水蒸气，或者是两者合用，所制得的煤气就分别称为空气煤气、水煤气和空气—水蒸气混合煤气，或简称混合煤气。将在情境五固体燃料的气化过程及设备中详细介绍。

（三）块煤的燃烧设备

在层燃燃烧室中，块煤是在具有炉箅的燃烧室内进行的，主要操作有加煤、拨火和除灰渣三项。

机械化的燃烧室种类很多，有回转炉箅、振动炉箅及倾斜推动炉箅等几种。

1. 倾斜推动炉箅机械燃烧室

如图4-10所示，倾斜推动炉箅机械燃烧室借助炉箅的推动作用进行加煤、拨火和除渣的操作。这种燃烧室的炉箅由板状活动炉条和固定梁状炉条两部分组成，均为铸铁制成，前者倾斜安装在一个框架上，由传动机构带动可做往复运动。倾斜的角度小于燃料的自然休止角，因此炉条上的燃料层可较厚，梁状炉条组成水平炉箅，供灰渣燃尽之用。

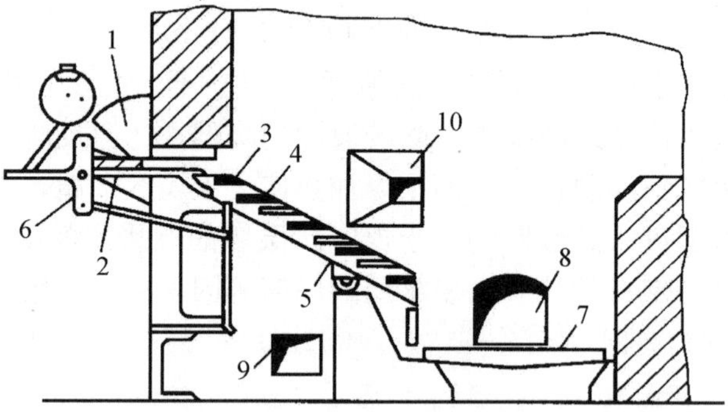

图4-10　倾斜推动炉箅机械燃烧室

1—煤斗；2—推煤板；3—活动箅条；4—固定箅条；5—活动箅条框架；
6—传动机构；7—水平炉箅；8—清灰门；9—鼓风口；10—看火孔

燃烧操作时，煤由煤斗中喂入，由推煤板推至倾斜炉箅上，加煤量可由推煤板的行程来调节。活动炉条的往复运动，使煤沿着炉箅面缓缓地向炉箅下端移动，在移动过程中依次进行干燥、预热、燃烧和燃尽，燃尽之后的灰渣从清灰门排除至炉外，空气可以从倾斜炉箅下面鼓入或吸入。

因炉箅与燃料之间有相对运动，它类似耙拨动作，能挤碎焦炭块，剥落包裹在焦炭表面上的灰层，起到拨火的作用，因而改善燃料层的透气性。因此推动炉箅燃烧室能适用燃用有黏结性、高灰分、难以着火的劣质烟煤。此外，它的构造较简单，金属耗量较少，这是它的优点。但燃烧地段的炉箅总是直接与高温煤层接触，容易被烧坏。所以，这种燃烧室的燃烧强度不宜提得太高，使用或操作时必须注意。

2. 回转炉箅机械燃烧室

回转炉箅燃烧室又称为链条炉，是一种使用历史悠久的机械化燃烧室。它的主要结构部分是一条无端的链状炉箅，如图 4-11 所示。如同板式给料机一样，当炉箅自左向右缓缓回转时，便把煤由煤斗下部经过煤闸门带进燃烧室进行燃烧，灰渣由尾部排出。这种构造既是承托燃烧层的装置，又是加煤和除渣设备。燃烧用的一次空气，首先送至装在回转炉箅腹中的风舱，然后自下而上穿过炉箅通风孔隙进入燃烧层中。空气的流动方向与煤层的运动方向互相垂直交叉。

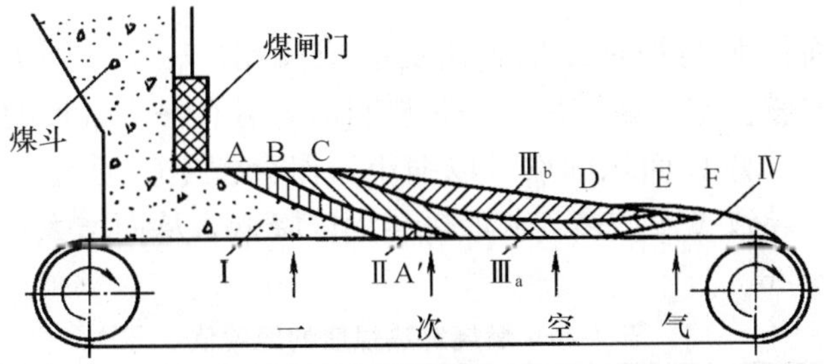

图 4-11　回转炉箅燃烧室中燃料燃烧过程

Ⅰ—干燥预热区；Ⅱ—挥发物逸出、燃烧区；Ⅲ$_a$—焦炭燃烧氧化区；Ⅲ$_b$—焦炭燃烧还原区；Ⅳ—灰渣燃尽区

回转炉箅燃烧室内，燃料的燃烧过程如图 4-11 所示。区域Ⅰ是新燃料区，燃料在这里进行干燥预热。由于该区燃料层底面不存在灼热的焦炭层，而从炉箅下面送来的空气温度一般也不高。因此，煤层干燥预热所需要的热量主要依靠炉内火焰和高温炉墙的辐射热供给，所以，燃料的加热和点燃是从燃料层上表面开始，然后慢慢向下传递，着火条件比人工操作燃烧室差。区域Ⅱ是挥发物逸出、燃烧区。区域Ⅰ和区域Ⅱ的界面 A-A′是挥发物逸出的前沿，它的斜度取决于炉箅的移动速度和由上而下燃烧的传播速度。燃烧层的导热性很差，因此燃烧的传播速度仅 0.2～0.5m/h，只相当于炉箅移动速度的几十分之一。界面 A-A′也几乎是燃料着火的前沿。从点 A 向右，挥发物逸出层的厚度逐渐增大，至点 B 开始进入焦炭燃烧氧化区Ⅲ$_a$。从点 B 向右，达到 C 点时，超过了氧化层的厚度（燃料颗粒直径的 3～5 倍），便进入焦炭燃烧还原区Ⅲ$_b$。到点 D 时，上表面的燃料首先燃尽形成灰渣，这是由于燃料是从上部点燃的缘故，同时由于大部分空气是从燃料下部供入，故紧靠炉箅面上的燃料也比它上面的燃料先形成灰渣。到点 E，还原层厚度为零，而氧化层仍存在，直至点 F 才全部燃尽，在灰渣燃烧区，焦炭的燃尽是夹在上、下灰渣层中间进行的，这对多灰分燃料的燃尽非常不利。

综上所述，在回转炉箅燃烧室中，燃料是在随炉箅不断运动过程中依次进行干燥、预热、着火、燃烧、燃尽等过程的，沿炉箅长度方向上，各区段的燃烧层结构和逸出的气体成分各不相同。

3. 层燃燃烧室主要尺寸计算

层燃燃烧室计算主要有燃烧室的容积、炉箅面积及炉膛高度。计算时须引用生产实践中总结出来的燃烧室热强度的数据。

（1）燃烧室的热强度

热强度也称热力强度。一般用炉箅面积热强度 q_F 和炉膛容积热强度 q_V 两个指标表示。

炉箅面积热强度 q_F 是指单位面积炉箅在单位时间内燃烧燃料所放出的热量，即：

$$q_F = \frac{BQ_{net,ar}}{3600F} \tag{4-64}$$

式中 q_F——炉箅面积热强度，kW/m²；

B——每小时进入燃烧室的燃料量，kg/h；

$Q_{net,ar}$——燃料的低发热量，kJ/kg；

F——炉箅面积（包括炉条及通风孔隙面积在内，并按其在水平面上的投影面积计算），m²。

可以看出，炉箅面积 F 与炉箅面积热强度 q_F 成反比。q_F 小，则 F 大；q_F 大，则 F 小。但是，对于一定形式的燃烧室，在燃用某一种燃料时，q_F 有一个合理的数值范围。如果过分提高炉箅面积热强度 q_F，炉箅面积固然可以缩小，但会使空气通过燃烧层时流速过高，并使燃料燃烧时间缩短，导致飞灰增多，灰渣燃尽程度降低，从而增大不完全燃烧损失。各种燃烧室的经验值见表 4-26。

表 4-26 燃烧室热强度的经验值

燃烧室型式	炉箅面积热强度（kW/m²）		炉膛容积热强度（kW/m³）	燃烧室热效率
	炉箅下鼓风	炉箅不鼓风		
人工加煤	810	580	340	0.80
倾斜推动炉箅	930	520	340	0.85
煤粉燃烧室			190	0.90

炉膛容积热强度 q_V 是指单位炉膛空间容积在单位时间内燃料燃烧所放出的热量，即：

$$q_V = \frac{BQ_{net,ar}}{3600V} \tag{4-65}$$

式中 q_V——炉膛面积热强度，kW/m³；

V——炉膛空间容积，m³。

同样，过分提高炉膛面积热强度 q_V，也会导致不完全燃烧损失的增加。因而它也有一个合理的数值范围，见表 4-26。

（2）燃烧室的计算步骤

① 根据窑或烘干机每小时需要供给多少热量，并考虑燃烧室热效率，确定燃烧室需要发出多少热量或燃煤量。

② 根据工艺要求选择燃烧室的型式。一般燃煤量小于 200kg/h 的可以采用人工操作燃烧室。燃煤量大于 200kg/h 的则应尽量采用机械化燃烧室。

③ 计算炉箅面积（m²）

$$F = \frac{BQ_{net,ar}}{3600q_F} \tag{4-66}$$

定出炉箅面积后，即可进一步确定炉箅的宽度和深度。对于人工操作燃烧室，炉箅宽度不宜超过 1.2m，以便于操作，需要较宽炉箅时，则应每隔 1.0～1.2m 设一个炉门，深度不宜大于 2m。机械化燃烧室炉箅的尺寸应尽量符合国家定型产品的尺寸。

④ 计算炉膛容积及高度

$$V=\frac{BQ_{\mathrm{net,ar}}}{3600q_{\mathrm{V}}} \tag{4-67}$$

炉膛容积 V 是指燃料层以上炉墙所围成的空间。炉膛容积 V 求出后，除以炉箅面积 F，即可估算炉膛的高度 H（m）。

$$H=\frac{V}{F} \tag{4-68}$$

煤层上自由空间的高度，自然通风时一般不应小于 0.3～1.0m，机械通风时还要大些，以免大量燃料细屑被烟气带出燃烧室。

【例 4-14】 某回转烘干机用烟煤作为燃料，机械通风、人工操作，采用水平炉箅燃烧室。已知烟煤耗量 180kg/h（已考虑了该燃烧室的热效率），烟煤的发热量为 26000kJ/kg。试确定燃烧室的主要尺寸。

解： 取 $q_{\mathrm{V}}=340\mathrm{kW/m^3}$，$q_{\mathrm{F}}=810\mathrm{kW/m^2}$。

燃烧室空间容积：　$V=\frac{BQ_{\mathrm{net,ar}}}{3600q_{\mathrm{V}}}=\frac{180\times2600}{3600\times340}=3.829$（$\mathrm{m^3}$）

炉箅面积：　$F=\frac{BQ_{\mathrm{net,ar}}}{3600q_{\mathrm{F}}}=\frac{180\times26000}{3600\times810}=1.60$（$\mathrm{m^3}$）

考虑到操作方面，炉膛深度取 1.50m，则宽为 1.10m。

燃烧室的高度：　$H=\frac{V}{F}=\frac{3.82}{1.60}=2.40$（$\mathrm{m^3}$）

（四）煤粉的燃烧过程

将块煤磨成煤粉进行喷燃，使煤粉在悬浮态进行燃烧，具有燃烧速度快、效率高、煤耗低、温度高、调节方便等优点。水泥回转窑常用煤粉作燃料，不少硅酸盐工厂的燃烧室也采用煤粉进行喷燃。

硅酸盐工厂的煤粉制备一般采用钢球磨或立式磨作粉磨设备。钢球磨的结构简单，操作可靠，对煤种的适应性较好；立式磨单位电耗低，设备体型小，系统简单，噪声小，但不宜粉磨硬质煤。因此，对于易磨系数 $K_{\mathrm{B}}<1.2$ 的硬质煤或煤矸石等杂质多的煤，宜选用钢球磨；立式磨则适用于粉磨 $K_{\mathrm{B}}\geqslant1.2$ 的烟煤、贫煤和瘦煤。硅酸盐工厂煤粉制备通常采用烘干兼粉磨的工艺流程。

煤粉采用喷流燃烧法进行燃烧。煤粉随空气喷入窑炉后，呈悬浮状态，一边随气流继续流动，一边依次进行干燥、预热、分解、挥发物燃烧及焦炭燃烧等过程。煤粉煅烧所需的空气通常分为两部分：一部分吹送煤粉入炉，称一次空气（或一次风）；另一部分另外单独进入窑炉，称为二次空气（或二次风）。

（五）煤粉的燃烧设备

煤粉的燃烧设备主要有煤粉烧嘴（喷煤嘴）及煤粉燃烧室。煤粉烧嘴可以分为旋流式和直流式两大类。

1. 旋流式烧嘴

旋流式烧嘴内设置有旋流叶片，使空气喷出时产生强烈的旋转。有的是一次风或二次风单独旋转，有的是一次风与二次风同时旋转。

图 4-12 为一种可调的轴向叶片旋流式烧嘴。由于它的一次风壳 1 的出口处装有蘑菇形式的扩散锥，当一次风携带煤粉流经一次风壳进入炉膛时便向四周扩散，二次风壳 3 的锥体内装有二次风叶轮 4，它使二次风流过时产生强烈的旋转。叶轮的位置可以通过拉杆 2 进行调整。当叶轮拉出时，叶轮和二次风壳的圆锥形壳壁之间出现了间隙，一部分二次风就从间隙里直流而过，因而它就不旋转。这股直流二次风和从叶轮中流出来的旋转二次风混合在一起，使其旋转强度有所减弱。因此，通过调节叶轮位置，可以调节二次风的旋转强度。喷油嘴 5 供燃烧室点火用。二次风旋转流股出了烧嘴后，就带动一次风一起流动，由于气流转动的离心力作用，流股便迅速扩张形成圆锥面，如图 4-13 所示。旋转流股的扩展，使火焰在炉膛中充满程度好。另外，流股的内缘和外缘都会带动周围气流一起向前流动，形成卷吸现象。由于卷吸作用，就在烧嘴中心线附近造成了负压区，于是离烧嘴远处的高温气体便回流到煤粉气流根部来，促使煤粉着火燃烧，旋转流股由于卷吸了气体，其轴向速度迅速减慢，切向速度也由于流股的扩展使转动半径加大而减慢，因而它的射程较短。这种旋流式烧嘴的旋流强度易于调节，有利于燃烧的调整，较适于煤粉燃烧室使用。

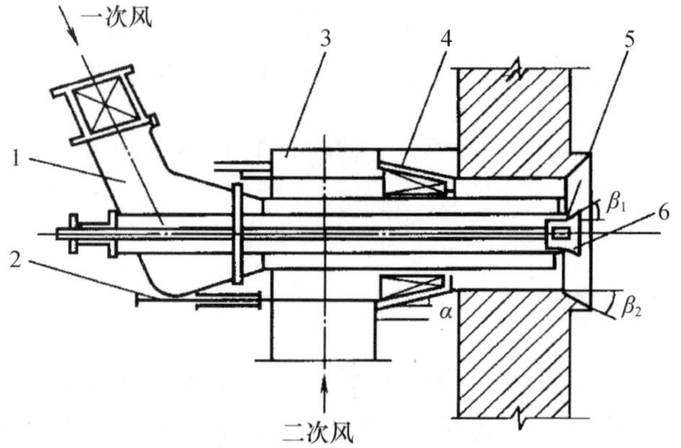

图 4-12　可调旋流式烧嘴

1—风壳；2—拉杆；3—二次风壳；4—二次风叶轮；5—喷油嘴；6—扩散锥

2. 直流式烧嘴（喷煤嘴）

直流式喷嘴的助燃空气在喷出时不产生强烈的旋转，一般形成比较瘦长的火焰。其二次风管可与一次风管做成同心套管，用二次风外包一次风供入燃烧室，也可将其分别从两处供入。水泥回转窑的烧嘴中只有一次风携带煤粉喷入窑内，称之为喷煤嘴；二次风一般经熟料冷却机预热后，从回转窑与冷却机的接口处供入。

喷煤嘴的构造如图 4-14 所示。目前国内外常用以下几种形式。

（1）直筒式。其出口风速较小，风煤混合较差，形成黑火头较长而火焰较短，适用于燃烧速度较慢的煤。

（2）拨哨式。其出口缩小，因而喷出速度较大，由于喷射流股的作用，一、二次风与煤粉的混合较好，燃烧速度较快，火焰形状较短粗，不大规则，有时会损伤窑皮及衬料。

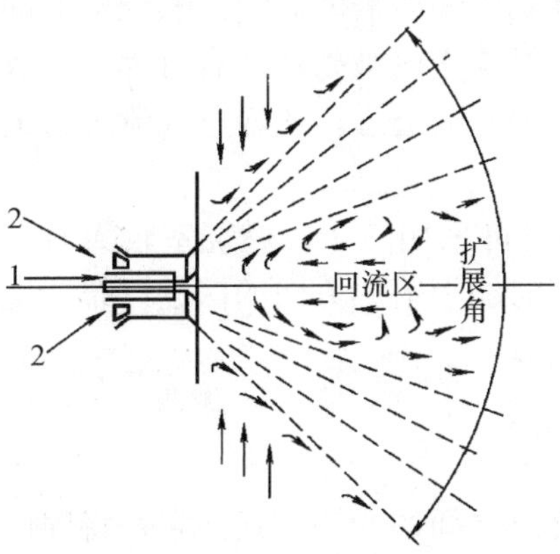

图 4-13　旋流式烧嘴的空气动力工况

1—一次风；2—二次风点上

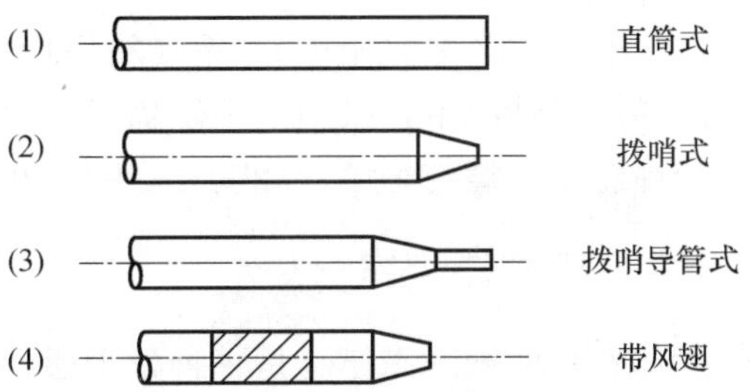

图 4-14　直流式喷煤嘴的形式

（3）拨哨导管式。即在拨哨式喷嘴前加整流导管，使喷出的风煤整流，因而火焰比较规则且加长。

（4）带风翅的喷煤嘴。前面三种喷嘴喷出的煤粉流缺少旋流扰动，因而煤粉与二次风间的相对运动较少，不利于煤粉的燃烧。为克服上述缺点，在喷煤嘴的内部装上一定角度的风翅，使喷出的风煤旋转。它吸取了旋流式烧嘴的优点，可增强风煤与二次风的混合，有利于燃烧。它的缺点是火焰往往短粗而刷窑衬，使水泥回转窑窑皮温度过高而损伤。

（5）多风道喷嘴。近年来国内外逐渐在水泥回转窑上采用多风道喷煤嘴，它有三风道及四风道之分。

3. 煤粉燃烧室

一般煤粉燃烧室可分为立式和卧式两种。燃料由燃烧室顶部喷入时为立式（图 4-15），由侧壁喷入时为卧式（图 4-16）。卧式占地较大，但散热面积比立式小。

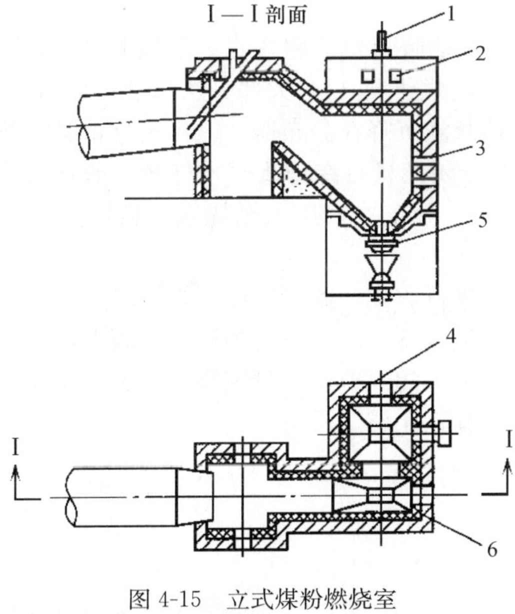

图 4-15　立式煤粉燃烧室

1—煤粉烧嘴；2—防爆阀；3—风量调节器；

4—炉门；5—除灰门；6—混合室

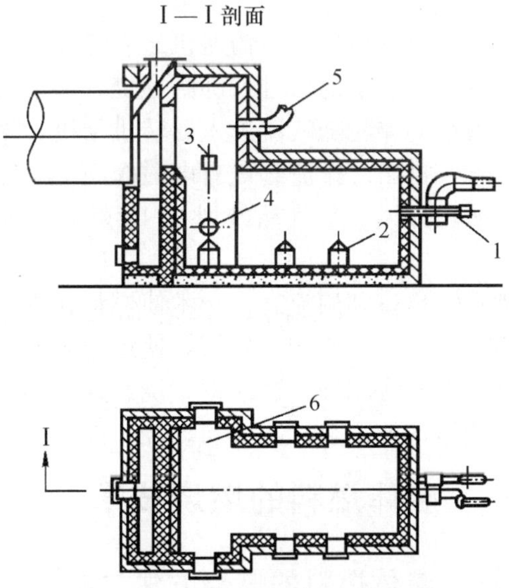

图 4-16　卧式煤粉燃烧室

1—煤粉烧嘴；2—除灰门；3—防爆阀；

4—风量调节器；5—热风管；6—混合室

煤粉燃烧室装有风量调节装置，可把热烟气的温度降到干燥所需的温度。燃烧室上部装有防爆阀，当发生爆炸时，高压气流可以由此排出，以防燃烧室内被破坏。有时为了有效利用热量并降低燃烧室周围环境的温度，还在燃烧室的砖墙内砌有通道，使冷空气流过通道预热后再经风机送入喷煤管。

煤粉燃烧室一般采用1～2个煤粉烧嘴，燃烧室较小时可采用一个；燃烧室较大时，在同样的燃煤量情况下，采用2个烧嘴可以比采用1个烧嘴时缩短喷燃方向的深度。布置烧嘴时，应注意使烧嘴与炉墙、烧嘴与烧嘴之间保持一定距离。

（六）沸腾燃烧室

固体燃料的沸腾态燃烧是一种处于层状燃烧与喷射燃烧之间的燃烧方式。它是将固体燃料特别是劣质固体燃料，用破碎机破碎成8mm以下（多数为2～3mm）的碎粒，喂入沸腾燃烧室中。燃烧空气用风压较高的鼓风机，由炉底向上经过气体分布器，穿过燃料层，供给燃料燃烧。燃料层中的气流速度，应达到能使燃料颗粒翻腾而又不吹出燃烧室，使燃料在沸腾状态下进行燃烧。沸腾燃烧室的结构如图4-17所示。

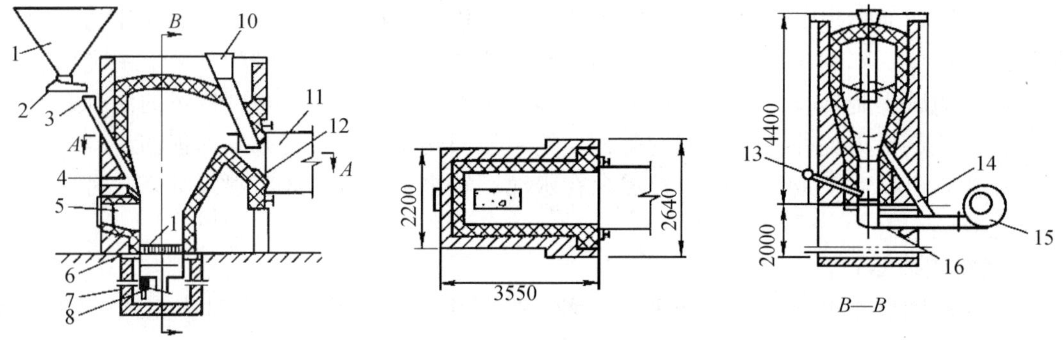

图4-17　沸腾燃烧室的结构

经过破碎的煤块，用输送机送入煤斗1，用电磁振动喂煤机2将煤送入下煤管3。通过下煤管进入燃烧室的煤进行沸腾燃烧，热烟气进入回转烘干机11。大部分灰渣从溢流管14排出，细小的颗粒随气流进入回转烘干机，结成块的灰渣沉降在分布器9上，从分布器中部的排渣管8排出。排渣管口有电磁阀门7，人工控制开闭，只有在排渣时才打开，平时经常关闭，防止漏风。空气从鼓风机15鼓入，经风室16、分布器9进入燃烧室，料层阻力为4～5kPa。

沸腾燃烧室利用流态化技术使燃料在沸腾状态下进行燃烧，此时煤粒与煤粒之间的相对运动十分剧烈。它们相互碰撞，使煤粒表面的灰层产生脱落，露出新的燃烧层；而煤粒与空气的混合也非常充分，这使得燃烧速度极其迅速。新加入的煤粒被大量燃烧着的炙热煤粒所包围，能迅速地预热、着火与燃烧，沸腾燃烧室是一种强化燃烧设备。

三、液体燃料的燃烧技术

（一）液体燃料的燃烧方法与燃烧过程

由于液体燃料的运输、贮存方便，发热量最高，操作控制方便，污染较少等，因而广泛用于交通运输、化工、冶金和动力等工业部门。

液体燃料燃烧方法通常有汽化燃烧和雾化燃烧两种。对容易蒸发的液体燃料，例如汽油，在燃烧前燃料先汽化，与空气混合后着火燃烧，这种燃烧接近于均相燃烧。对难于蒸发的液体燃料，例如柴油和重油，一般采用雾化燃烧，在燃烧室中边雾化，边蒸发，边着火燃烧，这种燃烧属于非均相燃烧。

液体燃料燃烧过程经历雾化、蒸发、混合、着火和燃烧等几个阶段。

由于液体燃料的沸点比着火温度低得多，在着火前燃料已经蒸发汽化，因此，液体燃料的燃烧速率决定于蒸发速率。然而，提高蒸发速率的关键又在于扩大单位质量燃料的蒸发表面积。雾化颗粒越细，单位质量燃料的蒸发表面积越大，燃烧速率也越大，因而，雾化好坏，对燃烧过程起着决定性的作用。

液体燃料雾化是为了增加单位质量燃料的表面积，以加快蒸发速率，并使雾化流朝适当的方向分散，加速与周围空气的混合，从而提高燃烧室的容积热强度和燃烧的完全程度。

目前硅酸盐工业中主要采用雾化燃烧法与汽化燃烧法。雾化燃烧法是将重油喷成细小雾滴，再与空气混合燃烧。雾化的目的是为了增大油滴与空气的接触面积。经估算，$1cm^3$ 的油分散成直径为 $40\mu m$ 的雾滴时，其表面积将增加 250 倍，这样重油就容易受热蒸发及与空气混合，使燃烧迅速、完全。

燃油喷进炉膛后，如果未能及时供给空气，就会分解为炭粒或重碳氢化合物，较难燃烧，常常没有烧完就离开炉膛从烟囱飞出去，形成浓黑的烟；如果空气供给得适当，油滴又雾化得很细，油进入炉膛后，就可以与空气很好地混合，这样，油就会迅速蒸发、氧化而很少分解为重碳氢化合物。因此，使油良好燃烧的另一个重要条件，就是供给适量的空气，并使油雾与空气很好地混合。

所以，保证重油雾化燃烧过程强化和稳定的三个关键是：①改善雾化质量；②保证燃烧室内的高温，以加快蒸发、热分解和着火燃烧；③供给足够的空气，强化混合过程。

汽化燃烧法是将重油加热蒸发、高温裂化成油气，再按煤气那样来燃烧。汽化燃烧法需另建一个车间，设置一整套设备，制气过程中还要损失不少热量，所以只在某些制品的加工工序中当缺乏净化煤气时采用。如果改用汽油或柴油，过程可以简化，设备也少得多，但因价格昂贵，极少采用。

（二）重油的雾化

1. 硅酸盐工业窑炉对重油的雾化要求

（1）雾滴要细。经实验最合适的雾滴（即雾状油滴）直径为 $50\mu m$ 或比 $50\mu m$ 稍细些，这样大小的雾滴已能达到受热面积大、受热量多、汽化迅速、燃烧均匀的目的，过细并无必要，反而会耗掉较多的能量。

（2）油流股中各雾滴直径要均匀。按现用的雾化方法，得到的是直径为 $10\sim100\mu m$ 的雾滴群。在此雾滴群中要求直径为 $50\mu m$ 或小于 $50\mu m$ 的雾滴占 85%以上。

（3）油流股断面上雾滴的分布要均匀。不希望出现边缘密集、中间空心的现象。

2. 雾化机理及雾化方法

当油流或油滴在气体介质中高速运动时，会受到外界空气动力（包括阻力、拉伸力）和液体燃料内力（表面张力和黏性力）的相互作用。空气动力使油流或池滴扭曲变形，在紊流扰动下，油流或油滴表面的凸出部分会脱离油滴主体，并分裂成小油滴，液体燃料的内力则力图抵抗扭曲变形，并保持油流或油滴表面的完整性，以阻止分裂。当空气动力超过油流或油摘内力的作用时，油流或油滴就会分裂，一直分裂到各油滴的内力与外力达到平衡时为止。重油喷进炉膛后，重油的黏度和表面张力等内力保持油流股表面状态不被破坏，只有当施加的外力超过此内力时，才能使油流股分散。当剩余的外力仍大于分散后油流股的内力时，油流股能继续变细成雾。直至外力等于内力，达到相对平衡，油流股才不再变细，形成大量具有一定直径的雾滴。

根据雾化机理，目前采用两类雾化方式：机械雾化（间接法）和介质雾化（直接法）。

（1）机械雾化。机械雾化是将重油加以高压（一般为1～3.5MPa），以较大的速度并以旋转运动的方式从小孔喷入气体空间使油雾化。由于是依靠油本身的高压，故称油压雾化。

这种方式造成雾化的作用有：高压下油流股内部的波形振动；高压旋转运动产生离心力；油流股通过气体空间时遇到的摩擦力；由气穴现象产生的局部汽化和沸腾。

由于以上各力，使喷出的油流形成薄膜增长到顶峰时破裂，很快收敛成为韧带状的液条，再破裂为液滴。机械雾化的雾滴较粗（直径为100～200μm），喷出的火焰较瘦长（长为2～3m，扩散角为45°～50°），刚性较好，喷油量大，设备简单紧凑，动力消耗低，在可调范围内调节方便，运转时无噪声，适用于水泥回转窑。

（2）介质雾化。介质雾化是利用以一定角度高速喷出的雾化介质（或称雾化剂），使油流股分散成细雾。这种方式造成雾化是由于雾化介质对油流股的机械作用，当摩擦力或冲击力大于油的表面张力时，油流先分散成夹有空隙气泡的细流，继而破裂成细带或细线，后者又在油本身表面张力作用下形成雾滴。

在一定范围内油黏度与雾滴细度成反比关系，油黏度愈大，破裂成的油带、油线愈粗，形成的雾滴愈大。由于重油的黏度随温度变化而改变，所以在操作时应正确确定油温并严格保持不变。

油流股在力的作用下被破裂的程度与表面张力有关。若表面张力大，则细带在其尚未伸展、达到所需薄的程度之前就折断，分离出来的雾滴就粗。若表面张力小，产生的雾滴就细。不同牌号的重油的表面张力相差不大，且其随温度的变化又很小，所以表面张力的影响是有限的。

（三）重油的乳化与磁化

1. 乳化油技术

部分水以1～3gm的微粒均匀分散于重油中，形成的乳白色液体称为乳化油。乳化油有三种类型：一是油包水型，即1～3gm的水微粒外包有一层油膜；二是水包油型；三是多重型，即水相中有油珠，而此油珠中又包有水膜。目前所得乳化油主要是油包水型。

油包水型的乳化油喷入窑内后，由于水比油的沸点低得多，骤然受热后，水先汽化，体积膨胀，发生爆炸，使外围的油膜进一步分裂为更小的颗粒，形成二次雾化，从而增大燃烧表面，使燃烧更完全。

采用乳化油燃烧技术的效果有：①节油。目前掺水率达13%～15%，节油率为8%～10%。②火焰变短发亮，刚性增强，火焰的温度稍有增高。③基本消除了化学不完全燃烧。烟气内只有微量的CO存在，而烟囱冒黑烟的现象也可大为减轻。④减轻公害，如烟气内烟尘和NO_x等含量的减少以及噪声的降低。

2. 磁化油技术

将重油在可控强磁场的N极、S极中间流过时，在磁力线的作用下，重油分子中的碳氢键、碳氧键会产生变形，使得分子内结合能下降，分子间凝聚力减弱，从而降低了重油的黏度与表面张力，为提高重油的雾化质量创造了条件，燃烧速度与燃烧温度都有所提高。

（四）燃油喷嘴

1. 硅酸盐工业窑炉对燃油喷嘴的要求

（1）喷出的雾滴细而均一，黑区尽量短，不沾污制品或物料，油流股断面上不能有空心，雾化介质用量要少。

（2）形成的火焰要符合工艺要求，能够方便地调节控制。

（3）结构简单，便于控制同心度和扩散角，便于制造、拆装、清洗和检修，并要坚固、耐用、不漏油、不堵塞、不结焦。

2. 喷嘴分类

与雾化方式相对应，燃油喷嘴分为机械雾化喷嘴、低压雾化喷嘴、中压雾化喷嘴和高压雾化喷嘴四类。

低压和高压喷嘴又可按下列特征分类：

（1）按油流与雾化介质相对流向分成直流式（接近平行相遇）、涡流式（切线方向相遇）和交流式（以一定角度相遇）。

（2）按雾化级数分成一级、二级和多级雾化。

（3）按油流与雾化介质形成混合物的位置分成外混式（在喷嘴外面混合）和内混式（在喷嘴内部混合）。

3. 几种喷嘴的结构及特征

（1）机械雾化喷嘴

1）S_2 型机械喷嘴如图 4-18 所示。它由旋流室和喷嘴两部分构成。在旋流室周围设有 3～5 条可调节开度的切向进油槽。具有压力的油从进油管通过切向进油槽进入圆柱形旋流

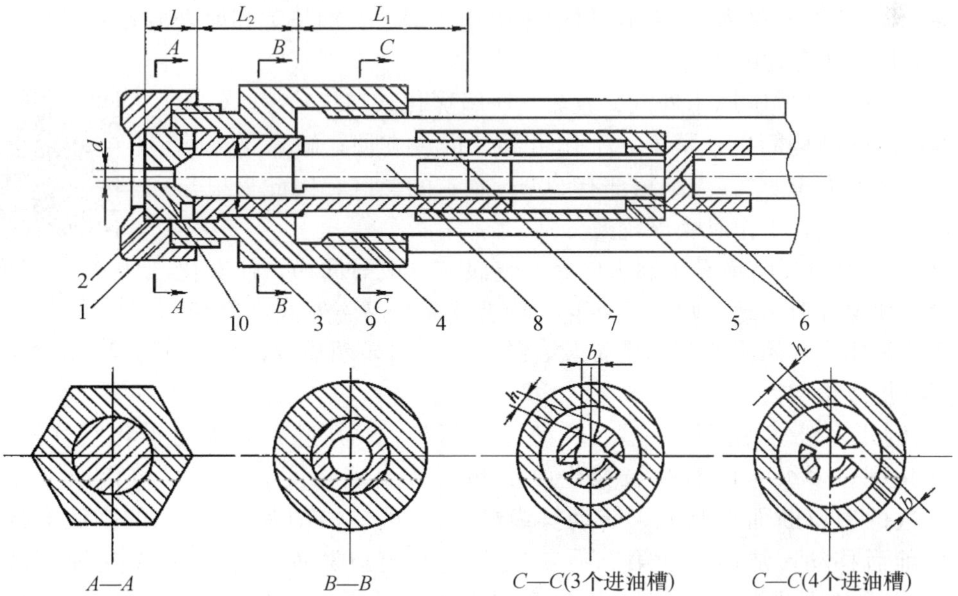

图 4-18　S_2 型机械喷嘴

1—固定套；2—喷嘴；3—切向进油管；4—接头；5—调节套；6—塞杆；7—切向槽；8—旋流室 1；9—旋流室 2；10—喷出管

室。油在旋流室内成回转运动，按旋转和轴向两个方向迅速前进，然后经喷油嘴喷出。调节切向槽开度可以调节喷油量和扩散角，改变火焰形状。喷出火焰长 2～3m，扩散角 45°～60°。S_2 型喷嘴结构简单，操作可靠。缺点是调节范围较小。

2）转杯式机械雾化喷嘴，其工作原理如图 4-19 所示。重油通过空心轴 1 从弯管 3 进入转杯 2，转杯固定在空心轴上，空心轴由电机通过传动装置带动，使转杯以 3000～5000r/min 的高速转动，使重油在转杯中变成一层紧贴在杯壁上的薄膜，然后在离心力的作用下，以放射状飞离杯口，并在一、二次空气作用下进一步雾化、混合。

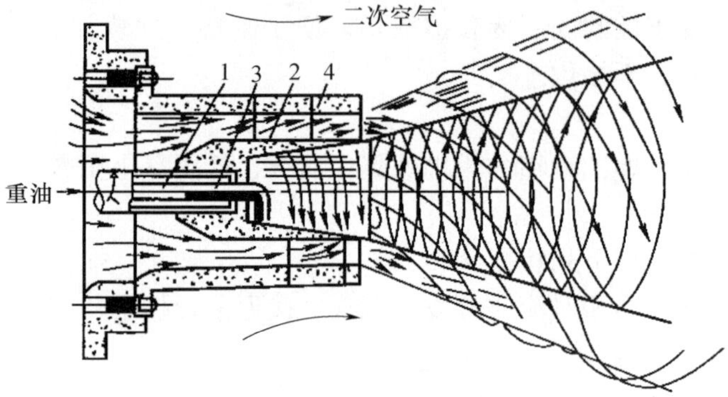

图 4-19　转杯式机械雾化喷嘴的结构

1—空心轴；2—转杯；3—弯管；4—涡流器

这种喷嘴雾化后的油粒径为 30～50μm，且较均匀，油雾流股扩张角为 60°～70°，燃烧能力调节比可达 1∶3。一次空气是由固定在空心轴上的叶轮来供应的，并通过导向叶片而做旋转运动。一次风量占燃烧空气总量的 15%～20%。

这种喷嘴的特点是结构紧凑，机动性较好，可燃用劣质油和高黏度重油，燃烧能力为 30～300kg/h，火焰长度为 2～4m，目前主要用于锅炉、加热炉和退火窑等窑炉上。

（2）高压介质雾化喷嘴

1）GZP 型高压喷嘴属于外混、直流，一级雾化式高压喷嘴。GZP 型喷嘴的特点是结构简单、紧凑，工作可靠，拆装方便；缺点是火焰瘦长，扩张角不大于 30°，火焰根部有 20cm 左右的黑区，因此火根与火梢有较大的温差，工作时噪声较大。

GZP 型外混、直流高压雾化喷嘴

如果在 GZP 直流喷嘴雾化剂出口处安装涡流片或导向槽，使雾化剂出口时呈现螺旋形运动，则直流外混式喷嘴就成为涡流外混式喷嘴。与直流式喷嘴相比，涡流外混式喷嘴火焰根部黑区明显缩短或消失，火根火梢间温差减小，火焰缩短，扩散角增大。

2）比例式多级雾化高压喷嘴。R 型比例调节式高压喷嘴内油与雾化空气相遇三次，属多级雾化型。多级雾化能改善雾化质量和调节火焰长度。空气量可借改变第二次和第三次空气的出口断面来调节。转动操纵杆 23，可使传动套筒 25 上的螺旋导向槽在导向销 9 上前后移动，从而改变第二、三次空气的出口断面。油量借改变旋塞芯 5 上 V 形油槽的可通断面来调节。将空气套管和进油管 8 通过连杆 22 及螺母 19 连接，从而实现油和空气的比例调节。如果将操纵杆与自动调节系统联动，则可实现窑温自动调节。

这种喷嘴雾化质量好，火焰较短（1～2.5m）而清亮，扩张角大，噪声较小，火焰温度较高（1600℃上），分布较均匀，燃烧能力调节倍数大。这种喷嘴的缺点是结构较复杂，加工精度要求高，拆装不便，对油质要求严格，需配置油压调节器及油过滤器，以保证正常操作。

R型比例调节式高压喷嘴

（五）重油的供油系统

供油系统是重油燃烧的重要组成部分，是指在重油进喷嘴之前的一系列处理过程，包括卸油、储油、加热、过滤、输送及加压等，是保证喷嘴正常工作的一个重要前提，也是实现窑炉热工制度稳定和自动调节的重要条件。

1. 供油流程

供油系统的流程布置要根据本厂的规模、工艺要求及重油自身的特点而定，一般分为一段供油和两段供油两种方式，如图 4-20 所示。

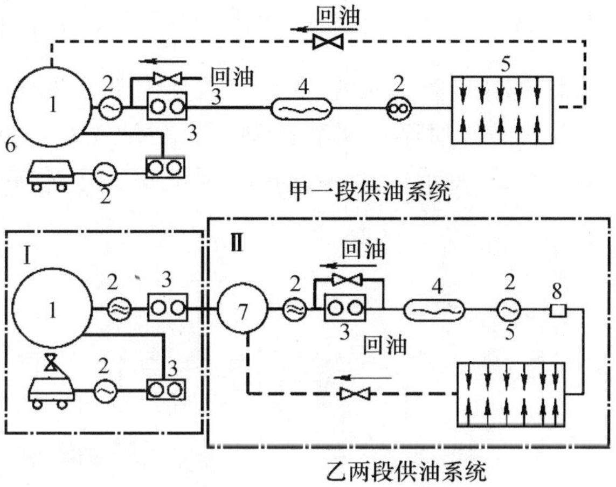

图 4-20　供油系统示意

一段供油的方式适用于规模较小的工厂。它的特点是可以省去专门的工作油罐和油泵，用油泵直接从储油罐中把重油抽出，经过滤、加热而供给喷嘴。

两段供油系统则适用于耗油量大、窑炉多、车间分散或者窑炉距储油罐较远的工厂。这种供油方式是将整个油处理系统分为两部分：第一部分是储油系统，负责卸油、储油和向中间油罐送油；第二部分是供油系统，在炉前设置工作油罐从油泵向喷嘴供油。这种供油方式较好，使储油、供油分开，可以使供油较为稳定，缺点是设备较多，费用大，占地广。

2. 供油主要设备

供油主要设备包括卸油设备、储油设备、工作油罐、油泵、过滤器、加热器和供油管道。

3. 供油系统的回油方式

为使供油稳定和便于调节喷嘴油压，通常使供油量大于用油量，用调节回油量的方法来实现目的。不同情况下的圆油量不同，一般回油量为用油量的 0.5～4 倍，回油量大，对稳定油压有利，但增大了泵送工作量及能耗。

回油方式一般有以下几种：

（1）泵后回油。这种回油方式是在工作油泵进出油管上接一旁路油管，如图 4-21 所示。

回油可以接到泵前，也可接管返回油罐。这种回油方式的管路简单，材料节省，加热器只需要加热喷油耗用的那部分重油，耗热量少，但其供油的稳定性差，总管油压可以靠在回油管上安装溢流阀、安全阀来控制调节。在用油点少、输送距离短、负荷变化较少的窑上采用这种回油方是比较适合的。

(2) 循环回油。这种回油方式是将重油泵送到窑上总管后，从总管引出支管供喷嘴用油，总管内未用完的油，经回流阀和回油管道返回油罐，形成总管大循环系统，如图 4-22 所示。其优点是各喷嘴油压、油量调节比较可靠、稳定，特别是在用油点多（如有几条窑）的情况下，可排除互相干扰的现象；缺点是管路用量多，热耗量大，若回油量多且油温高，还要注意避免油罐冒油。

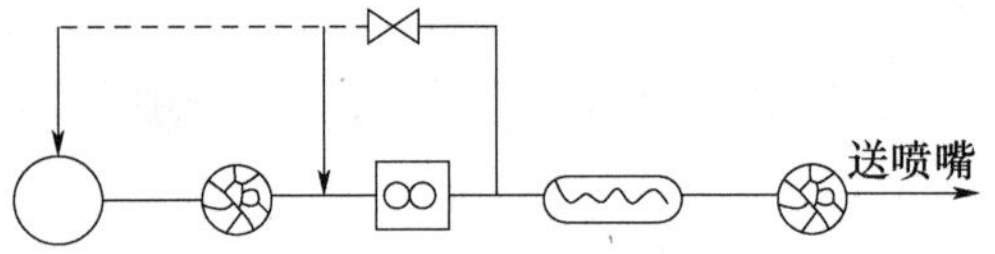

图 4-21　泵后回油

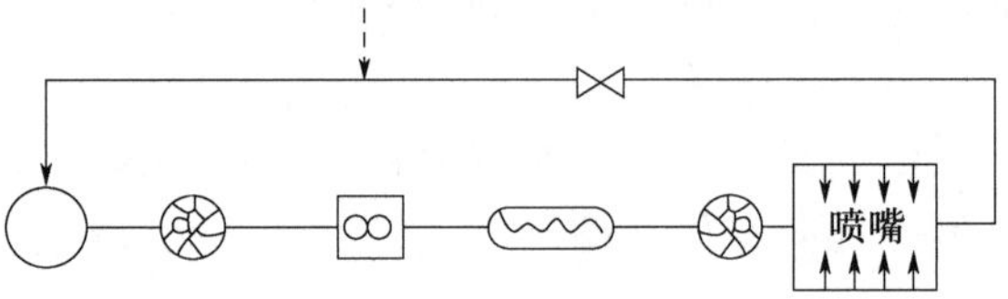

图 4-22　循环回油

(3) 喷嘴后回油。如果使用 B 型、R 型喷嘴，因其内部有回油结构，就可以采用喷嘴后回油方式。未喷燃完的重油经各喷嘴的回油针型阀、回油支管与回油总管返回工作油罐，形成一个大循环系统，如图 4-23 所示。这种方式能保证每一个喷嘴前供油压力稳定，但管道较多，投资较大。

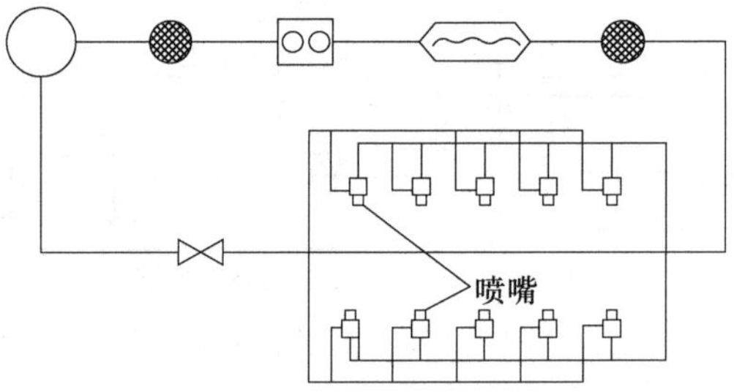

图 4-23　喷嘴后回油

四、气体燃料的燃烧技术

(一) 气体燃料的燃烧过程

气体燃料燃烧一般包括下列三个基本过程：燃料和空气的混合过程；混合气体的升温着火过程；混合气体的燃烧过程。在高温的燃烧室和工业窑炉中，化学反应极化，燃烧过程本身可以看成是瞬间完成的。因此，控制燃烧过程的主要因素是燃料和空气的混合。混合的快慢与好坏将直接影响燃烧速度和火焰长度。

1. 燃烧类型

根据煤气和空气的混合方式，可将燃烧分成两种类型：扩散燃烧和预混燃烧。对应上述两种燃烧方式，在工业应用上则有强制送风的有焰燃烧和靠喷射器引风的无焰燃烧。

(1) 扩散燃烧

① 因为空气和煤气进入燃烧室后才开始混合，边混合边燃烧，所以燃烧速度较慢，火

焰较长，需要较大的燃烧空间。燃烧速度主要取决于混合速度。

② 为减少不完全燃烧损失，要求过剩空气系数较大，一般 α 为 1.15～1.255。

③ 扩散燃烧时，煤气中的重碳氢化合物在高温缺氧的条件下容易裂解，生成炭黑，造成机械不完全燃烧损失。火焰中生成的炭黑，使火焰黑度增加，辐射换热增强。

④ 由于煤气和空气在进入燃烧室前不混合，所以无回火和爆炸的危险。因此可以将煤气和空气分别预热到较高的温度，有利于提高炉温和节约燃料。

⑤ 煤气燃烧所需要的空气由风机供给，所以不需要很高的煤气压力。

⑥ 烧嘴能力大，结构紧凑，容易布置。

（2）预混燃烧

① 因为空气和煤气在燃烧阶段已经均匀混合，所以燃烧速度快、火焰短，燃烧空间小，客积热负荷大，高温区集中。燃烧速度要取决于化学反应速度，即取决于燃烧温度。当供风充分时，几乎没有化学不完全燃烧损失。

② 过剩空气系数 α 为 1.05～1.1，所以燃烧温度高，排烟热损失少。

③ 由于燃烧速度快，煤气中的碳氢化合物来不及分解，火焰中游离碳粒较少，所以火焰黑度小，不发光，为蓝色的透明体。为提高火焰黑眨，增强火焰的辐射能力，有时人为地在某一区域提高煤气浓度，使之裂解，以形成发光火焰，或者喷入可以辐射连续光谱的重油或固体可燃粒子（煤粉、焦末、木炭粉等）。经验证明，当喷入的可燃粒子的发热量为烧嘴供热能力的 15%时，火焰的辐射强度可提高 3 倍。

④ 因为空气和煤气在燃烧前已均匀混合，所以有回火的危险。燃烧时要注意安全，严格控制预热温度。

⑤ 对于喷射式烧嘴，要求煤气有足够的压力，以免引起回火或因引风量不足而出现燃烧不完全现象。煤气的发热量越高，要求煤气的压力越高。

2. 煤气的燃烧方式

根据气体燃料与空气混合的情况不同，煤气的燃烧方式也可分为三种：长焰燃烧、短焰燃烧及无焰燃烧。扩散燃烧时，煤气和空气在进入炉膛前不预先混合，而是分别送入。在燃烧室内边混合边燃烧。这时，火焰很亮，有明显的轮廓，所以，扩散燃烧又称有焰燃烧。预混燃烧时，煤气和空气在烧嘴内已均匀混合，燃烧时火焰透明，火焰无明显的轮廓，所以称为“无焰燃烧”。

（1）长焰燃烧（扩散式燃烧）

煤气在烧嘴内完全不与空气混合，煤气喷出后，外界空气靠扩散作用与之进行混合和燃烧，这种燃烧方式称为扩散式燃烧。它的主要特点是煤气与空气边混合边燃烧，其长度、宽度及火焰内的温度分布，主要决定于煤气与空气的混合条件，如煤气的喷出速度、煤气与空气的相对速度、二者喷出方向的交角及旋流强度等。这种燃烧方式的燃烧速度受到空气与煤气混合速度的限制，因而火焰较长，故又称长焰燃烧。

在长焰燃烧方式中，由于煤气中的部分碳氢化合物不能立即与空气混合而燃烧，使它在高温下受热而裂化，析出微小炭粒，这种炭粒能辐射出可见光波，呈现出明亮的火焰，因此，长焰燃烧又称有焰燃烧。

图 4-24 表示煤气从喷管中喷出，形成扩散式燃烧火焰的情况。图中火焰分成三个区：

① 火焰中心冷核心区。由于未与空气接触，这一区由纯煤气组成（$\alpha=0$），温度最低。

② 煤气和燃烧产物混合内区。这一区位于核心区外层，能和空气混合燃烧，但因空气

不足（$\alpha<1$），所以是由煤气和燃烧产物组成的。

③ 空气和燃烧产物混合外区。这一区位于火焰的最外层，空气过剩（$\alpha>1$），所以是由空气和燃烧产物组成的。

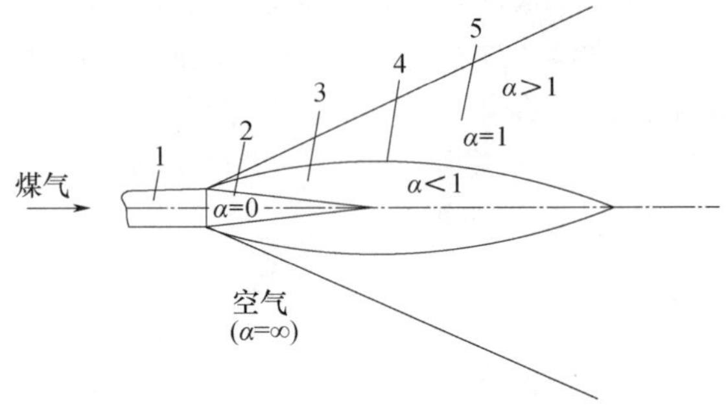

图 4-24　扩散式燃烧火焰

1—单管喷嘴；2—火焰冷核心（纯煤气）；3—煤气与燃烧产物的混合内区（$\alpha<1$）；4—燃烧焰面（$\alpha=1$）；5—空气和燃烧产物混合外区（$\alpha>1$）

在内区和外区的交界面处是 $\alpha=1$ 的火焰燃烧面，它是一层很薄的火焰燃烧层，这一薄层内温度很高，形成发光的火焰，有明显的火焰轮廓。其轮廓形成一个锥体，锥顶到喷口的距离称为火焰长度，用 L_f 表示。

扩散式燃烧火焰的长度 L_f（m）与喷管直径 d_0（m）、煤气密度 ρ（kg/m^3）、空气过剩系数 α 有关，式（4-69）是在窑炉中燃烧的实验式。

$$L_f=7.63\ (0.77\rho+\alpha V_a^0)\ d_0/\rho \tag{4-69}$$

式中　V_a^0——理论空气量，m^3/m^3。

长焰燃烧与其他燃烧方法相比有如下特点。

① 因为煤气和空气是边混合边燃烧，所以燃烧速度较慢，它的燃烧速度主要决定于空气与煤气的混合速度。要求空气过剩系数大（α 为 1.2～1.6），否则容易出现不完全燃烧现象。

② 烧嘴的结构对空气煤气的混合速度起着决定性的作用。因此通过改变烧嘴的结构，就能得到不同的燃烧速度和火焰长度。

③ 火焰较长，沿火焰长度方向的温度分布较均匀，在边混合边燃烧时易析出固体小炭粒，使火焰的黑度和辐射能力提高。

④ 使用煤气的压力不需很高，在一般情况下，只要有 500～3000Pa 即可，所以常把长焰烧嘴称为低压烧嘴。

⑤ 由于空气、煤气不预先混合，所以允许把空气、煤气预热到较高的温度，有利于回收热量和节约燃料。

⑥ 燃烧火焰的稳定性好，不会回火或脱火。

（2）短焰燃烧

煤气和一部分空气在烧嘴内预先混合，喷出后再进一步与空气混合并燃烧，这种燃烧方式产生的火焰较短，称为短焰燃烧。图 4-25 表示短焰燃烧的火焰结构。火焰由内焰与外焰两个锥体组成。内外锥的交界面是预混物的燃烧焰面。因为预混物 $\alpha<1$，在内锥燃烧焰面上没有燃烧的燃料，要靠与外界的空气扩散混合后，才继续燃烧，所以又形成了外锥燃烧

焰面。

与长焰相比，短焰燃烧的特点是：火焰较短，燃烧速度较快，燃烧温度较高，易燃烧完全，空气过剩系数较小，但燃烧的稳定性较差。若气体喷出速度较火焰传播速度小，则火焰根部将移至烧嘴中，发生“回火”现象而有产生爆炸的危险；若气体喷出速度较火焰传播速度大很多，则火焰根部将远离烧嘴，使气体混合物喷出后不能预热至着火温度以上而燃烧，产生“脱火”现象，火焰可能被吹灭。煤气的组成、压力、预热温度等亦均对回火与脱火速度有影响。

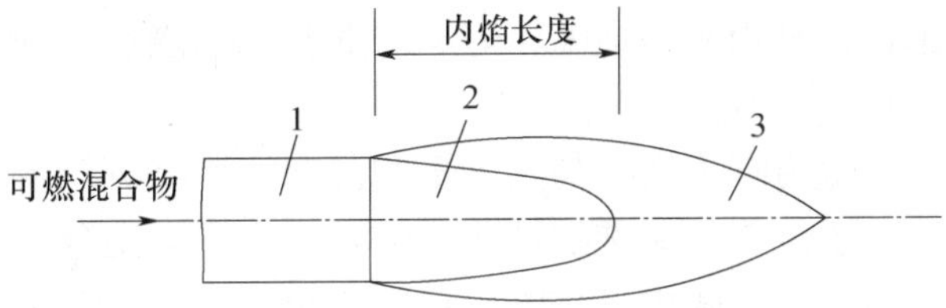

图 4-25　短焰燃烧火焰结构
1—喷嘴；2—内焰；3—外焰

（3）无焰燃烧

将煤气与空气在烧嘴内完全混合（$\alpha \geqslant 1$）喷出后立即燃烧的方式称为无焰燃烧。在无焰燃烧火焰中无内外锥之分，只有一个锥形燃烧焰面，在燃烧焰面上大部分煤气被烧掉，剩余的小部煤气在燃烧焰面后继续燃烧。由于燃烧迅速完成，火焰短而透明，无明显轮廓，因此这种燃烧方式称为无焰燃烧。

无焰燃烧方式 α 值接近 1，最易发生回火现象与脱火现象。一般应控制最高预热温度与最小喷出速度，防止回火。为防止脱火，常设置某种形式的稳燃装置，如燃烧道、挡墙、多孔陶瓷板及金属网等。

无焰燃烧的优点是：空气过剩系数较小（α 为 1.05 左右），燃烧温度高，燃烧热力强度大，不完全燃烧损失很小，但燃烧的稳定性较差。

（二）气体燃料的燃烧设备

气体燃料燃烧设备常应用于冶金工业、建筑材料工业、各种轻工业以及有剩余煤气资源的地区性发电厂和热能供应站。有些地区常有副产的热值很低的高炉煤气，有时候还有其他工艺生产过程中剩余的发生炉煤气、炼焦煤气、炼油裂化煤气、矿区石油气、天然煤气等。还有为了避免直接烧煤引起环境污染，或者由于某些加工工艺过程（例如食品、精细陶瓷等）要求制成品不受沾污，要求燃烧气体燃料。

通常对燃烧设备的基本要求如下：

（1）燃烧稳定和安全。燃烧设备应能保证燃烧稳定和连续，在运行中不发生回火、吹熄等现象，应保证设备和人身的安全。

（2）燃烧效率高和减少对环境的污染。应尽量降低化学不完全燃烧热损失和机械不完全燃烧热损失，提高设备热效率。应尽量减少排放烟气中所含的灰尘和残留的有害气体，尽量减少对环境的污染。

（3）运行方便。燃烧设备应设计得便于点火、调节等运行操作，而且操作机构应灵活、简便，并逐渐发展成自动控制、程序控制和电脑优化控制。

（4）制造成本低。安装和检修方便。

各种燃烧设备应该基本上都能满足上述要求，但是实用中常希望具有某种特别的功能或优越性，因而出现了各种类型的燃烧设备。

气体燃料燃烧设备包括燃烧室、燃烧器和在燃烧器附近的燃料气供应系统。其中起关键作用的是燃烧器，简称烧嘴或喷嘴。根据煤气与空气在烧嘴内的混合情况不同而产生的火焰状态，可分为长焰烧嘴、短焰烧嘴及无焰烧嘴三种类型。

1. 长焰烧嘴

长焰烧嘴中煤气与空气不相混合，燃烧时产生长火焰。因其靠气体分子的扩散作用进行混合、燃烧，故又称扩散式烧嘴，其主要类型分单管式及双管式两种。

（1）单管式煤气烧嘴。单管式煤气烧嘴的结构较简单，如图 4-26 所示。图中煤气烧嘴结构分三种：图中 A 为渐缩形喷嘴；B 为直筒形喷嘴；C 为具有稳流网的扩散式喷嘴，煤气经稳流网被分散成小流股喷出，与空气能较好地混合，因而可以提高燃烧速度及燃烧完全程度。

（2）双管式煤气烧嘴。双管式煤气烧嘴的结构简图如图 4-27 所示。

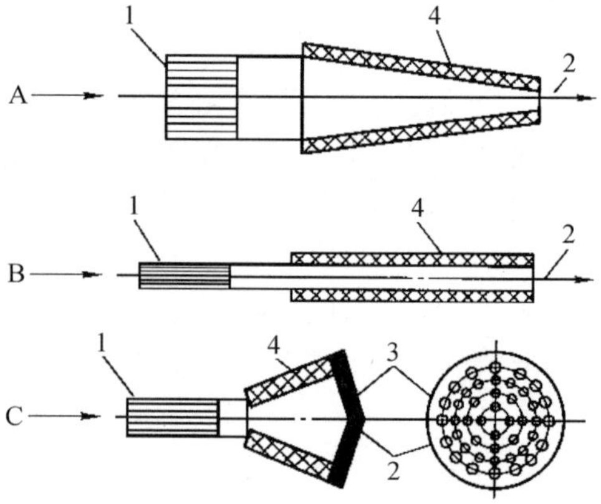

图 4-26　单管式煤气烧嘴

1—煤气入口；2—烧嘴喷出口；3—稳流网；4—隔热层

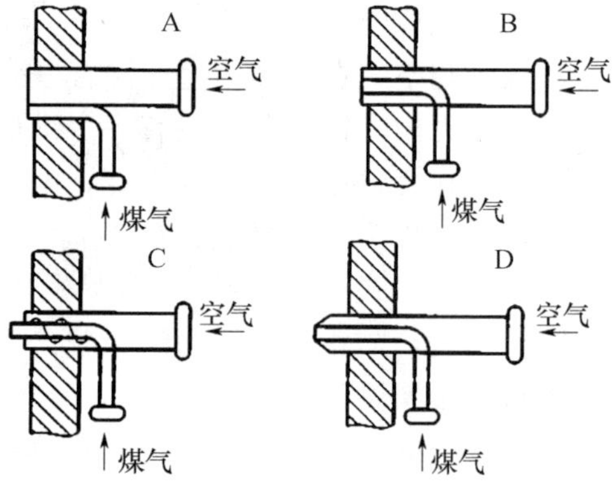

图 4-27　双管式煤气烧嘴

煤气及空气分别从各自的管道中喷出，在窑炉内扩散、混合、燃烧。按空气与煤气的位置及结构的不同，又可将双管式烧嘴分为四种形式。

A 型：煤气与空气分别在圆形或扁平形管内，平行喷入燃烧炉。由于空气的密度略大于煤气，故空气管常设置在煤气管的上方，利于两者的混合。

B 型：煤气管套在空气管内，空气与煤气的混合情况比 A 型好，火焰较前者短。

C 型：煤气管仍套在空气管内，但空气管内设有旋流叶片（又称风翅），使空气形成旋流，可加速煤气与空气的混合过程，使火焰更短些。也可在空气和煤气管内均设旋流叶片。

D 型：煤气与空气流以一定的角度相交，也可加速混合过程，缩短火焰长度。

长焰烧嘴有如下特点。

（1）结构简单，调节方便，工作可靠。

（2）要求煤气和空气的压力较低，一般为 800～1500Pa 即可，混合气体喷出速度为 15～50m/s，火焰较长。

（3）煤气和空气可分别预热到 400℃和 800℃，无回火的危险。

（4）需要较大的燃烧空间及较大的过剩空气系数，因此燃烧温度不高。

长焰煤气嘴通常用于要求火焰长、温度分布均匀、宜于烧热煤气的窑炉，如水泥回转窑、要求还原性气氛烧成的大容积陶瓷倒焰窑及玻璃退火窑等。

2. 短焰烧嘴

煤气与部分空气在烧嘴内预先混合后喷出，燃烧产生的火焰较短的烧嘴称为短焰烧嘴。

硅酸盐工业常用的短焰烧嘴有低压涡流式烧嘴（DW-1 型）、扁缝涡流式烧嘴（DW-2 型）和套管式烧嘴。

（1）低压涡流式烧嘴（DW-1 型）。这种烧嘴适用于烧多种煤气，如烧净化发生炉煤气、混合煤气及焦炉煤气。可以烧冷煤气，亦可以烧预热后煤气。使用煤气的压力可较低（400～800Pa），当烧天然气时，可先将天然气减压。可在煤气喷口前加一涡流叶片，以改进煤气与空气间的混合，便可使用，如图 4-28 所示。

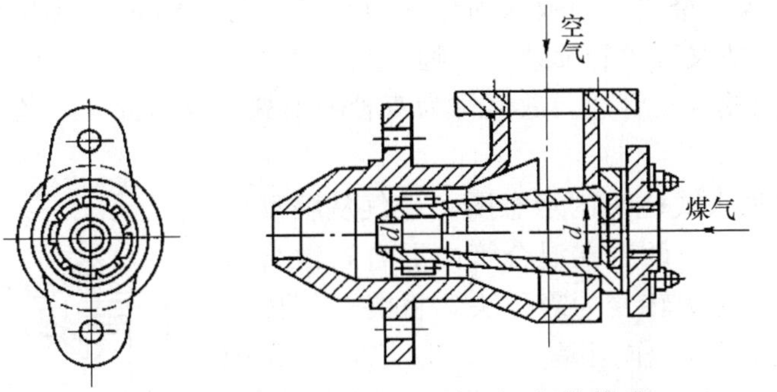

图 4-28　低压涡流式（DW-1 型）短焰烧嘴

（2）扁缝涡流式烧嘴（DW-2 型）。图 4-29 是扁缝涡流式烧嘴的结构图。这种烧嘴是短焰烧嘴中混合最好、火焰最短的一种，适合燃烧热值低的煤气（Q_{net}＝5400～8400kJ/m³），烧嘴能力为 45～1000m³/h，烧嘴前煤气与空气的压力要求在 1500～2000Pa 之间。当混合气体喷出速度为 10～12m/s 时，火焰长度为喷嘴直径的 6～8 倍，如果喷出速度过低，将发生回火，喷速高于 15m/s 时，会产生脱火现象。

（3）套管式烧嘴。其结构如图 4-30 所示。它常用于 62m 隧道窑上燃烧天然气，燃烧能力为 20～30m³/h。套管式烧嘴要求空气及煤气的压力较低（800～1000Pa）。结构较简单，加工较方便。不会产生回火现象。火焰较其他短焰烧嘴为长。煤气与空气混合较差。要求燃烧室的容积较大，适合于要求还原性火焰的场合。

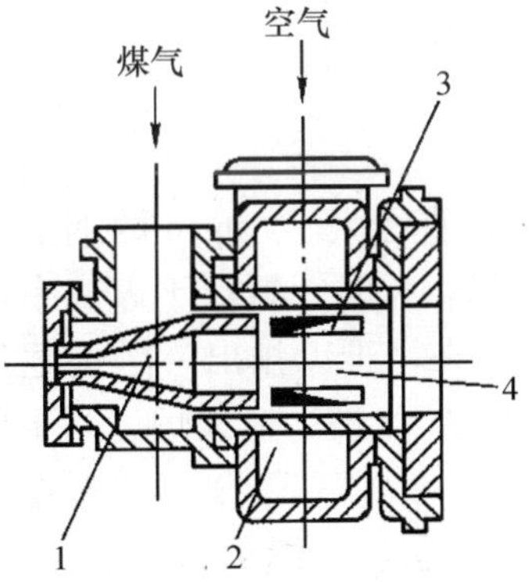

图 4-29　扁缝涡流式烧嘴

1—锥形煤气分流器；2—涡形空气室；3—缝状空气入口；4—混合室

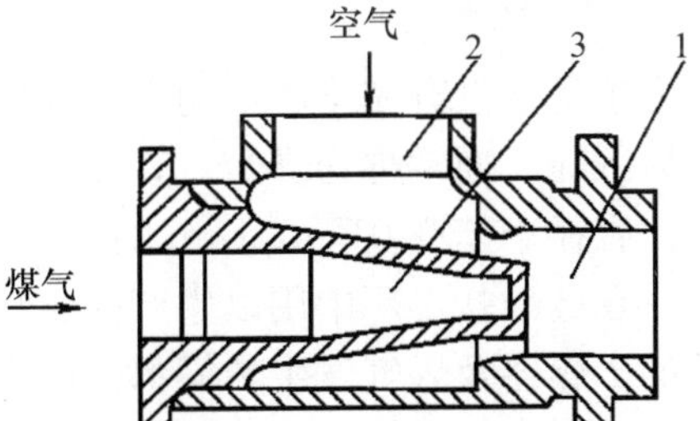

图 4-30　套管式烧嘴

1—混合室；2—空气入口；3—锥形煤气喷嘴

短焰烧嘴有以下两个重要特点：

（1）通过改变烧嘴喷口的形状或尺寸以及调节煤气与空气的配合比，可灵活调节火焰的长度，以适应煅烧工艺的需要。

(2) 煤气与空气的预热温度受到限制。

短焰烧嘴的应用较广，可用于各种玻璃熔窑、锅炉、退火炉等设备。尤其适用于要求严格控制烧成气氛的陶瓷和耐火材料工业窑，如隧道窑、倒焰窑等。

3. 无焰烧嘴

无焰烧嘴是指煤气和空气在烧嘴内完全混合，燃烧时几乎无明亮火焰的烧嘴。常用的无焰烧嘴为喷射式烧嘴，利用煤气喷射时所形成的抽力吸入空气，所用煤气压力较高，约为10^4Pa，故又称高压煤气烧嘴。当吸入的空气为冷空气时，称为冷风吸入式烧嘴，由于不需设置专门空气管道，故又称单管喷射式烧嘴。当吸入的空气为热空气时，称为热风吸入式烧嘴，因设置有专门的热空气管道，故又称为双管喷射式烧嘴。此外，还有利用压缩空气喷射以吸入煤气的喷嘴。

图 4-31 为冷风吸入式烧嘴的示意图。煤气从喷嘴以高速喷出，吸入冷空气，两者在混合管内混合，混合管呈扩散形，使部分动压头转变为静压头，将混合气体压向燃烧通道。燃烧通道的作用是点火、稳焰，形成稳定的高温着火区，保证无焰燃烧。燃烧通道中的缩口是控制混合气体的喷出速度大于火焰传播速度，以防止回火现象。这种烧嘴常用于燃烧热值较低的煤气(Q_{net}<9200kJ/m^3)，煤气可以是经过预热的，也可是冷的。

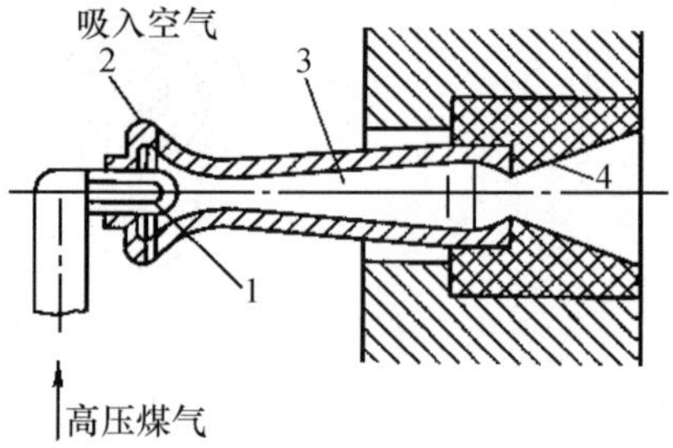

图 4-31　冷风吸入式烧嘴

1—煤气喷嘴；2—空气吸入口；3—混合管；4—燃烧通道

五、燃烧的污染及防治

燃烧过程产生的污染物种类较多，其中对人类环境威胁较大的是烟尘、硫氧化物、氮氧化物、一氧化碳和碳氢化合物等。二氧化碳无毒，但对气候有影响，故归入污染物一类。这些污染排入大气，称为一次污染物。它们在一定条件下，还发生化学变化，形成新的污染物，称为二次污染物，比一次污染物对人类环境的危害和影响更大。因此必须严格控制污染物的排放。

(一) 烟尘

烟尘是指没有完全燃烧的微小炭粒及随废气排出的灰分。直径大于 10μm 的烟尘在大气中容易沉降，通常称为降尘；直径小于 10μm 的烟尘不易沉降，长时间飘浮于大气中，称为飘尘。直径小于 0.01～0.1μm 的烟尘，会在肺的深部沉积下来，难以排出，严重危害人体健康。在硅酸盐工厂中用以生产硅酸盐材料及制品用的窑炉、熔化炉、退火炉，用于原料及制品的干燥器及煤气发生炉等都会产生烟尘。

消除烟尘既要合理地选择燃料，又要组织好燃烧过程。当燃烧气体燃料时烟尘甚少；液体燃料在燃烧不完全时，烟囱冒大量黑烟，造成环境污染，浪费燃料，破坏窑炉的正常热工制度；固体燃料燃烧室在加煤、拨火时易生成大量烟尘，因此，要改进操作和燃烧室结构。

(二) 二氧化硫

大气中的二氧化硫主要是燃烧含硫煤和石油等燃料所产生的。一般煤中含有 5～50kg 硫，石油含有 5～30kg 硫。二氧化硫为无色、有刺激性气体，主要导致呼吸道疾病。大气

中 SO_2 的平均浓度达到 3.5mg/m^3，将诱发气喘、呼吸道感染，引起肺功能的损伤。此外，SO_2 对动植物也会造成损害，对金属、建材都有腐蚀作用。对 SO_2 污染可采取以下防治方法。

（1）提高窑炉热效率，降低燃料消耗。

（2）高烟囱排放，可降低污染源区域的污染物浓度。

（3）燃烧脱硫，即在燃烧过程中脱硫。一般采用沸腾脱硫，即细碎煤沸腾燃烧时加入一定量的脱硫剂（石灰石或白云石），在灼热的沸腾燃料层中边燃烧边脱硫，使 SO_2 与脱硫剂形成 $CaSO_4$ 随灰渣排出。

（4）燃料脱硫，指在燃烧前把燃料的硫除去。如将固体燃料转换为气体燃料，在转换过程中脱硫。还可采用洗煤、重油加氢脱硫等。

（5）排烟脱硫，可用活性炭法。利用活性炭的活性和比表面积大的特点，对烟气中 SO_2 进行吸附，再用水脱吸附回收副产品硫酸。

（三）氮氧化物

由燃烧过程生成的氮氧化物有两类；一类是在高温燃烧下，由空气中的 N_2 和 O_2 反应生成的，由此而生成的 NO_x 称为热 NO_x；另一类是由于燃料中含有 C_6H_5N、$C_{12}H_9N$ 及氨基化合物（RNH_3）等氮化物，在燃烧时分解出的 N_2 和 O_2 形成的，由此生成的 NO_x 称为燃料 NO_x。由燃料生成的 NO_x，主要是 NO。

生成的 NO 量与燃烧温度、燃烧气体中氧的浓度以及气体在高温区停留的时间等有关。根据实验可知，NO 的生成速度随燃烧温度的增高而加快。温度在 300℃以下时，NO 的生成量很少，燃烧温度高于 1500℃，NO 生成量显著增加。为了减少在燃烧过程生成 NO，应尽可能降低燃烧温度，减少过剩空气量（降低燃烧气体中 O_2 的浓度）和缩短气体在高温区的停留时间。

燃料 NO 生成量除取决于燃烧工况外，还取决于燃料的种类和含氮化合物的量。在燃料重油中，一般含有 0.1%～0.4%的氮化物，燃烧转换率为 30%～50%。

在一般情况下，NO_x 排放率按煤—重油—煤气顺序而减小。

NO_x 对人体和牲畜有较大危害。NO 对人体和动物体内的血色素有强烈的亲和力，比 CO 大 1000 倍，人和动物吸入 NO，会引起血液严重缺氧，损坏中枢神经系统，引起麻痹症状。NO_2 对人体有强烈的刺激作用。NO_2 的浓度为 1mg/m^3 时，连续吸入 4h，肺细胞组织将发生变化。NO_2 的浓度达 100mg/m^3 时，1min 内人的呼吸发生异常。浓度达 200～300mg/m^3 时，人在 0.5～1.0h 内就会死亡。大气中 NO_2 的最高允许浓度为 0.15mg/m^3。

据统计，大气中 NO_2 的含量有 50%是燃烧产物排放的。要减少燃烧时 NO_x 的生成量可采用控制燃烧的方法，特别是在保证燃料完全燃烧的前提下，采用低的空气消耗系数时，由于氧几乎全部与燃料化合，使得氮没有和氧结合的机会，从而达到降低 NO_x 的目的。例如，在水泥回转窑系统，排出废气中的 NO_2 主要是在窑内燃烧的高温环境下产生。因此，在预分解窑中，窑内所用燃料比越大，生成的 NO_x 浓度越高。而炉气对窑气中 NO_x 有稀释作用，故分解炉内燃料比越大，系统排出的废气中 NO_2 浓度越低。此外，DD 炉等由于设有脱氧燃料喷嘴，使一部分燃料首先在缺氧状态下燃烧，可使窑气中部分 NO_x 脱氧还原，对于降低系统的 NO_2 排放浓度是有利的。

（四）废水

把煤加以气化，以煤气作燃料，能减少烟气中二氧化硫和烟尘的排放。但在煤气的净化过程中，洗涤水中酚的含量会比较高，这些有毒废水如果直接外排，就会污染水源，危害人体健康，危害渔业、农业等。

酚类属于有较高毒性的有机化合物，主要破坏细胞原浆，低浓度酚使蛋白质变性，高浓度酚使蛋白质沉淀，对各种细胞有直接损害，对皮肤、黏膜有强烈的腐蚀作用。长期饮用含酚污染的水，可能引起头昏、贫血、皮疹和各种神经系统症状。

含酚废水的处理较难解决，工厂的发生炉废水处理一般采用废水完全封闭循环，即使用竖管冷却器，洗涤塔的用水要封闭循环使用，不让其外流污染环境。要做到废水完全封闭循环，可以采取下列措施：

（1）严格清污分流。将煤气洗涤冷却用水与生活污水、煤气设备冷却水和蒸汽冷凝水严格分开。前者纳入循环水系统，后者外排。

（2）厂区和站区的煤气管道及设备冷凝下来的煤气中的水，应定期集中，纳入循环水系统。

（3）防止雨水或其他用水进入循环系统。

（4）设置循环水调节池，作为清理池内污物和特殊情况的备用池，防止废水外泄。

（五）热污染

热污染多发生在城市、工厂、火电站等人口稠密和能源消耗大的地区。当前世界各国能源消费正在不断增加，由此而引起的热污染问题也日趋严重，对地球上的生物将会产生直接或潜在的威胁。

1. 大气中二氧化碳的温室效应

随着消费能源量的增加，尤其是大量石油、煤等化石燃料的燃烧，向大气中释放出大量的二氧化碳，使大气中的二氧化碳浓度增大。

大气中的二氧化碳不仅能选择性地吸收太阳的辐射能，还能大量吸收地球表面辐射出的红外线，使大气升温。吸热后的二氧化碳再将能量逆辐射到地面。因此，大气中的二氧化碳就像是个防止把热散射到宇宙的盖子，增强了近地层的热效应，如同在冬季农村所建的温室一样，所以把大气中二氧化碳对环境的效应称为“温室效应”。

2. “热岛”效应

由于城市（特别大城市）消耗大量的燃料，在燃烧过程中产生的能量一部分转变成废热，另一部分转变为有用功，最终也成为废热向环境散发，使城市的气温升高。市区与郊区的气温差显著增大，市中心区温度最高，往市郊逐渐减低，农村的温度最低。据一些城市监测结果表明，在数百万人口的大城市，市内外气温差5℃以上，数十万人口的中等城市气温差在4～5℃。“热岛效应”对环境产生污染效应，并使城市上空云雾和降水量有所增加。

3. 水体的热污染

向水体排放废热水及其他形式的“废热”，使水体温度升高，影响水生生物的生存，破坏原有的生态平衡，使水质恶化，影响人类生产和生活的使用，称为水体的热污染。

如一些鱼类仅适应于在较低水温中生长，水温超过其产卵和孵化的温度，使鱼类繁殖率降低。此外，水温提高后，水中溶解氧减少，影响鱼类生长和其他生物生存。水温增高可使一些藻类繁殖，加速水体的“富营养化”过程，影响水体利用。

水温升高，会使水的蒸发速度加快，使空气中的水蒸气和二氧化碳大量增加而加剧温室效应，使地表和大气下层温度升高，影响大气循环，以致气候异常。热污染和气候异常又能助长病原体的繁殖和迁移，引起疾病蔓延，危害人体健康。

4. 热污染的防治

(1) 减少能源消耗量。与国外先进技术相比，我国工业企业的能源消耗明显偏高。硅酸盐工业正处在新老工艺技术交替、新老并存的阶段，如水泥工业中的立窑、湿法回转窑与新型干法回转窑；陶瓷工业的倒焰窑、隧道窑与辊道窑；玻璃工业的坩埚窑与池窑。不论是节约能源还是保护环境，都必须积极采用新工艺、新技术来降低能源的消耗量。这也是从根本上减少热污染的产生。

(2) 加强废热的综合利用。充分利用工业的余热，是减少热污染的最主要措施。生产过程中产生的余热种类繁多，有高温烟气余热、高温产品余热、冷却介质余热和废气废水余热等。这些余热都是可以利用的二次能源。我国每年可利用的工业余热相当于 5×10^7 t 标准煤的发热量。在冶金、发电、化工、建材等行业，通过热交换器利用余热来预热空气、原燃料、干燥产品、生产蒸汽、供应热水等。对于压力高、温度高的废气，要通过汽轮机等动力机械直接将热能转为机械能，如新型干法水泥厂利用余热发电。

利用温排水冷却技术减少温排水。电力等工业系统的温排水，主要来自工艺系统的冷却水。对这种温水，可通过冷却的方法使其降温，降温后的冷水可以返回到冷却系统中重新使用。应用冷却回用的方法，节约了水资源，减少了温热水排放，减轻了热污染的危害。

(3) 加强隔热保温，防止热损失。在工业生产中，有些窑体要加强保温、隔热措施，以降低热损失，如水泥窑筒体用硅酸铝毡、珍珠岩等高效保温材料，既减少热散失，又降低水泥熟料热耗。

(4) 寻找新能源。利用水能、风能、地能、潮汐能和太阳能等新能源，既解决了污染物，又是防止和减少热污染的重要途径。

六、燃料燃烧的节能

(一) 合理组织燃烧

1. 合理组织炉内燃料燃烧

不同的硅酸盐制品有不同的加热工艺，有的要求高温加热（如各种硅酸盐窑炉内制品的煅烧）；有的要求中、低温加热（如水泥窑分解炉、干燥设备等）；有的炉子既有高温区，又有中温区；有的炉子要求短火焰加热；有的炉子要求温度分布均匀。同时还要求在满足加热工艺的条件下使用燃料燃烧放出的热量最大限度地传给被加热物料。所以，各种窑炉都要根据工艺要求合理组织燃烧过程。

(1) 采用合理的调节风量，来实现燃料燃烧时的氧气供应。燃料在炉内燃烧，燃烧过程不同，燃烧情况也不同。例如：燃料在链条炉排的炉中燃烧，随炉排的转动而依次着火，燃烧是沿炉排长度方向分区进行的。在炉排的前部和尾部需要空气量减少，而在炉排中部的燃烧区需要大量的空气。根据这一现象，合理调节送风量，使燃料在燃烧区充分燃烧，对提高炉的热效率，达到节能的目的是很重要的。

(2) 采用二次回风系统，促进燃料完全燃烧。二次回风能在炉内形成烟气漩涡，这一方面增加了悬浮煤粉在炉膛内停留的时间，而使燃料充分燃烧，另一方面能使炉膛内的温度梯度降低，提高了炉膛内受热面的利用率，所以采用二次回风系统是改善燃烧条件的重要手段。利用二次回风系统效果十分显著。据测算，利用二次回风系统的炉热效率可提高5%～10%。

（3）加强窑炉及供热系统的维护，防止和减少热损失。窑炉运行时，由于维护不当，对热效率影响也很大。为提高炉系统热效率，减少热损失，在运行时应着重注意以下几个问题：

1）随时清除炉内的积灰，减少热损失。积灰对提高炉热效率十分有害，当炉有效散热面积灰1mm厚时，热效率就要下降4%～5%。因此及时清除炉受热面的积灰是提高炉热效率的有效措施。目前清除炉积灰主要有机械及化学方法，而以化学方法应用较广。化学清灰剂是用硝酸钾、硫黄混合粉末组成，使用时用高压空气喷入炉膛与烟灰起化学反应，使灰垢变得松散而脱落。

2）加强维护保养，防止和减少热量损失。由于炉及供热系统温度比环境温度高得多，使炉本体及供热系统向周围放热而产生损失在所难免。为了减少热损失，必须加强维护，对炉本体及管道要做好保温层，减少热损失尤为重要。热力管网及阀门等漏水也是热损失一个不可忽视的环节，热力管路的绝热保护必须妥善处理。对使用热水管道集汽罐排气时，尽量使用自动排气阀或密闭关锁阀门。另外，经常检查供热系统中阀门、接头及散热气，随时消除漏水现象。

3）加强管理，提高节能意识。加强管理包括技术管理及成本管理两方面。在技术管理方面，应根据具体情况尽可能设置完善的管理系统。如燃烧中应该有取样装置、各种计量装置及仪表。设置水质化验室，以适应煤的工业分析、烟气分析和会查含碳量分析等需要。在成本管理方面，燃料管理是十分重要的工作。煤场的煤应按差别分别堆放。做好防风雨措施，减少自然损耗。蒸汽和热水是炉房的产品，产量要有计划，分析要有计量。炉设备维修管理也是十分重要的，停炉时要有检查制度，并派专人维修，对操作人员要加强节能意识的教育，形成一个人人讲节能，人人关心节能的局面。

2. 合理选用燃料

节能，不能单纯理解为降低产品的能耗，我国煤炭资源丰富，以煤代油，以劣质燃料代优质燃料，也是节能的重要方面。但燃料的选用要满足不同产品的工艺要求。如我国水泥工业各种窑炉及干燥器均采用煤为燃料，而在沸腾燃烧室和水泥窑外分解炉中往往采用劣质燃料，甚至工业废料（如日本用废轮胎切成碎屑掺入煤粉中燃烧）。但煤的燃烧在火焰性能、热能利用、产品质量和环境污染方面均不如气体、液体燃料优越。一些发达国家已很少采用直接燃煤的方式，而是将煤转化为煤气燃烧。如陶瓷隧道窑采用煤气作燃料可为明焰裸烧创造好的条件；在玻璃熔窑中，因玻璃不能受煤灰污染，一般采用煤气或重油作燃料。

（二）改进燃烧技术，提高燃烧效率

燃烧效率是燃料燃烧的质量指标，用以评价燃烧质量与能源利用的合理性。

1. 合理选择燃烧设备

燃烧设备是指为使燃料着火燃烧并将其化学能转化为热能释放出来的设备。工业锅炉的燃烧设备通常布置在锅炉本身的前方，它的作用是投放燃料、燃烧放热和排除灰渣。其型式多种多样，有以烧煤为主的层燃炉，如手烧炉、链条炉、抛煤机炉、往复推动炉排炉等，还

有可以燃用劣质煤的沸腾炉，燃料在炉腔中处于悬浮状态燃烧的悬燃炉，以及各种加热炉、干燥炉、焚烧炉等。各种燃烧设备都应满足燃烧能及时、连续、稳定地着火，热效率高，燃烧热负荷高，运行安全可靠，以及对环境产生的污染少等基本要求。

一个性能良好的燃烧设备，应具有良好的空气与燃料的混合条件和较低的空气消耗系数，燃烧火焰稳定，易于调节，安全可靠，污染小，故生产企业应淘汰耗能高的设备，采用新型节能燃烧设备。

例如，玻璃熔窑上使用的重油烧嘴，以前多采用苏霍夫式喷枪，这种喷枪存在雾化质量差、火焰覆盖面小、燃烧不完全、噪声大等明显特点。近年来国内采用GNB-Ⅲ型和GNB-Ⅳ型高压内混扁平火焰烧嘴。扁平火焰比圆锥形火焰的传热量大6.3%～8.9%，雾化质量高，热效率高，火焰刚性强且明亮，烟气中N含量少，可节约燃料2%～5%。又如，随着水泥工业向新型干法技术发展，回转窑炉产量加大，原用单通道式喷煤管已由多通道喷煤管代替，这种新型喷煤管可灵活调节火焰形状和强度以满足煅烧熟料温度分布的要求，使燃料燃烧效率得以提高。

2. 保持助燃空气与燃料的恰当比例

燃料完全燃烧必需供给一定量的助燃空气，但不同的燃料所需助燃空气的量是不同的，在保证各种燃料完全燃烧的前提下，过剩空气量应控制在最小，以减少烟气量，从而减少烟气带的热量，提高燃烧温度，节约燃料消耗。据测定，当炉膛内过剩空气量增加1%时，就要多耗燃料3%。

3. 采用燃烧新技术

（1）重油乳化燃烧技术。重油掺水乳化燃烧是水在燃烧中起二次雾化作用，可减小空气消耗系数，节约燃料消耗。据报道，国外某些国家采用此项技术可节约燃料22%～33%，且减少对环境的污染。我国目前掺水率可达13%～15%，节油率达8%～10%。

（2）磁化油技术。将重油在0.14～0.15T的磁场中流过，进行磁化处理后能改善雾化质量，提高燃烧效率，达到节油目的，一般节油率为3%～5%。

（3）富氧燃烧。在助燃空气中增加氧气的含量，可节约燃料或增加产量。助燃空气里含氧达30%，就可节约燃料10%～15%。

（4）沸腾燃烧法。沸腾燃烧法能使煤粒与空气之间充分混合，当空气消耗系数达1.1时就能得到充分的氧气供应，且燃烧反应速度极其迅速，使燃烧得到强化。各种煤种（包括劣质煤及某些工业废渣）均可在沸腾燃烧室得到稳定燃烧，料层温度均匀。

4. 预热助燃空气

提高助燃空气温度，一般有利于提高燃料的燃烧温度，加快燃烧速度，稳定燃烧过程，并可提高燃烧效率，促进完全燃烧，从而达到节约燃料的目的。如水泥窑二次空气温度可预热到600～1000℃。

（三）提高操作与管理水平，实现全面能源管理

为了更好地节约能源，除了实施各项节能技术外，全面加强能源管理也是非常重要的。其主要内容是：建立健全能源管理机构，对企业用能情况进行全面调查和分析，有计划地开展企业热平衡工作，对重点耗能设备进行测试，发现问题，分析问题，找出解决的方法。对各种设备的操作要反映节能的要求。硅酸盐工厂通常采取如下措施。

（1）对燃烧设备制定合理的温度制度。在生产过程中应控制窑炉的最高温度，使窑炉保

持在热耗最低的高效率区内生产，并根据生产情况（如加入窑炉内物料数量、规格、品种改变或设备事故等）及时调整供热量，对间歇式窑炉，应在最佳热负荷条件下制定升温速度。

（2）配备必要的热工参数检测及控制仪表。实现燃烧过程的自动控制，如自动调节空气与燃料的比例，就可实现低空气消耗系数燃烧。

（3）控制炉膛压力。一般控制窑炉底部为零压，实现微正压操作，以防止大量热气体外溢或吸入冷空气，防止热量损失。

（四）硅酸盐工厂余热的回收利用

任何品种、任何形式的能源消费，都不可能百分之百被利用，总有一些能量损失于周围环境中。但是它们中的部分能量还是可以回收利用的，即使已被利用的有效能量中，其品位较高、数量较大的部分也还可重复、多次利用。因此，通常把从生产过程中排出的具有一定温度的气态（如高温烟气）、液态（如冷却水）、固态（如高温水泥熟料、高温陶瓷制品）物质所载有的，并能回收利用的热量称为余热。

硅酸盐工业窑炉的余热利用主要是指排出的燃烧产物的显热与加热制品带走的显热的利用。这些显热所带走的热量数量较大，如果能很好地加以利用，其经济效益、社会效益都是显著的。在硅酸盐工厂，余热来源是多方面的，但主要是各种窑炉所产生的高温烟气，据热平衡分析，烟气所带走的热占总热量的1/3以上，回收这部分余热是节能的重要措施。通常应根据窑炉排出烟气的温度水平分级回收利用，即在满足窑炉自身用热（如加热物料、燃料或空气）的前提下，拟定工艺—动力综合余热回收利用系统，主要是利用余热锅炉和热交换器，用以发电、生产蒸汽和热水等。

硅酸盐工业余热回收主要用于：生料粉或生坯的预热；煤气、燃油及助燃空气的预热；余热发电；其他供热。回收余热的方式：在窑炉内直接加以利用，如回转窑及隧道窑的预热带；采用通用的换热设备，如换热器、蓄热器、热管等回收热量；采用专用的预热器、冷却机等设备加以回收。

余热回收利用是节约能源，提高能源利用率的重要手段，是综合反映工业生产中能源利用水平的重要方面。

本情境小结

本情境主要讲述了燃料的分类、性质、组成、燃料发热量、燃料燃烧的计算、固体燃料的燃烧技术、液体燃料的燃烧技术、气体燃料的燃烧技术、燃料燃烧污染与防治和燃料燃烧的节能等内容。通过对上述内容的掌握，为今后学习《硅酸盐工业热工设备》等专业课打下了良好的理论基础，同时也为硅酸盐工业产品达到优质高产、节能降耗、环保生产奠定了理论基础。

思考题

1. 为了合理、有效地利用燃料资源，硅酸盐工业在选择使用燃料时，应遵循哪些原则？
2. 常用固体燃料有哪几种？它们的性能和特点各如何？

3. 提倡使用固体劣质燃料有何意义?

4. 固体、液体燃料由哪些元素组成?它们对燃料性质有何影响?

5. 固体燃料和液体燃料的组成为什么要用四种基准表示?它们如何换算?它们各适用于哪些场合?

6. 燃料的高位热值与低位热值有何区别?为什么工程上常用低位热值?

7. 根据煤的元素分析或工业分析，如何计算煤的发热量、燃烧需要空气量及烟气生成量?

8. 烟煤有哪些特性?它与无烟煤有何区别?

9. 硅酸盐工业常用液体燃料是什么?重油的主要质量指标有哪几项?

10. 什么是标准煤?它有何意义?

11. 什么是过剩空气系数?它与火焰气氛的性质有何关系?

12. 燃料燃烧空气量及烟气量的近似计算公式的依据是什么?

13. 如何根据烟气成分计算过剩空气系数 α?如何根据 α 判断窑炉内通风的大小?

14. 实际燃烧温度的高低受哪些因素的影响?

15. 燃料的发热量与燃烧温度有何关系?为什么?

16. 有人认为燃料发热量越高，其理论与实际燃烧温度也越高。分析该说法是否正确并说明原因。

17. 煤粉的喷燃燃烧与块煤的层燃比较有何特点?

18. 多风道喷煤嘴有何优点?

19. 沸腾燃烧室有何特点及优点?

20. 气体燃料的长焰燃烧、短焰燃烧、无焰燃烧各有何特点?

21. 气体燃料长焰烧嘴、短焰烧嘴、无焰烧嘴各有何特点?

22. 重油的燃烧过程分哪几个阶段?

23. 对重油的雾化有什么要求?

24. 简述重油雾化的机理及方法。

25. 简述各种燃油喷嘴的分类及特性。

26. 重油燃烧的供油设备主要由哪些部分组成?各有何用处?

27. 热污染是什么?它的主要来源和危害有哪些?

28. 燃料燃烧节能的措施有哪些?

习　题

1. 已知煤的组成(%)为:

$\omega_{ar}(C)$	$\omega_{ar}(H)$	$\omega_{ar}(O)$	$\omega_{ar}(N)$	$\omega_{ar}(S)$	A_{ar}	M_{ar}
74.1	4.3	3.5	1.9	3.2	6.2	6.8

求:(1) 当烘干后的水分为1.0%时，烘干后煤的百分组成;

(2) 煤的干燥基百分组成。

参考答案:	C	H	O	N	S	M	A
(1)	78.2	4.54	3.69	2.00	3.38	1.0	7.17
(2)	78.99	4.58	3.73	2.03	3.41	0	7.25

2. 已知煤的干燥无灰基组成（%）为：

$\omega_{daf}(C)$	$\omega_{daf}(H)$	$\omega_{daf}(O)$	$\omega_{daf}(N)$	$\omega_{daf}(S)$
83.1	6.5	9.4	1.9	0.5

测得空气干燥基水分 M_{ad}=2.0%，灰分 A_{ad}=14.0%，收到基水分 M_{ar}=6.0%。

求：(1) 1kg 干燥无灰基煤折合为空气干燥基、收到基煤各多少？

(2) 收到基煤的百分组成。

参考答案：(1) 折合空气干燥基煤 1.19kg，收到基煤 1.25kg。

(2) 煤的收到基组成：

$\omega_{ar}(C)$	$\omega_{ar}(H)$	$\omega_{ar}(O)$	$\omega_{ar}(N)$	$\omega_{ar}(S)$	A_{ar}	M_{ar}
66.98	5.24	7.58	1.53	0.403	13.43	6.0

3. 已知烟煤的组成（%）为：

$\omega_{ar}(C)$	$\omega_{ar}(H)$	$\omega_{ar}(O)$	$\omega_{ar}(N)$	$\omega_{ar}(S)$	A_{ar}	M_{ar}
66.03	5.16	7.47	1.51	0.40	14.54	6.0

求：(1) 煤的低位热值 $Q_{net,ar}$；

(2) 燃烧理论空气量 V_a^0 及实际空气量 V_a (α=1.15)；

(3) 烟气生成量 V；

(4) 烟气成分及标况密度 ρ_0；

(5) 理论燃烧温度 t_L^0 及实际燃烧温度 t_L（已知高温系数 η=0.80，煤及空气温度均为 20℃）

参考答案：(1) $Q_{net,ar}$ = 26778kJ/kg；(2) V_a^0 = 7.02Nm³/kg，V_a = 8.07Nm³/kg；(3) V=8.49Nm³/kg；(4) CO_2=13.44%；H_2O=7.12%；SO_2=0.03%；N_2=69.73%；O_2=2.41%；ρ_0=1.23 kg/Nm³；(5) t_L^0=1924℃，t_L=1539℃。

4. 某窑炉用发生炉煤气作燃料，其成分（%）为：

$\varphi(CO_2)$	$\varphi(CO)$	$\varphi(H_2)$	$\varphi(CH_4)$	$\varphi(C_2H_4)$	$\varphi(O_2)$	$\varphi(N_2)$	$\varphi(H_2S)$	$\varphi(H_2O)$
4.3	26.2	13.4	2.3	0.4	0.3	47.3	1.3	4.5

燃烧时 α=1.15。

求：(1) 低位发热量 Q_{net}；

(2) 燃烧时需实际空气量；

(3) 实际生成湿烟气量；

(4) 干烟气及湿烟气的百分组成；

(5) 高温系数 η=0.8，空气、煤气均为 30℃时的实际燃烧温度；若将空气预热到 1000℃时，实际燃烧温度为多少？

参考答案：(1) Q_{net}=6109kJ/kg；(2) V_a^0=1.298Nm³/Nm³；V_a=1.493Nm³/Nm³；(3) V=2.29Nm³/Nm³；

(4)

烟气成分	$\varphi(CO_2)$	$\varphi(SO_2)$	$\varphi(N_2)$	$\varphi(O_2)$	$\varphi(H_2O)$
湿成分	14.67	0.56	72.15	1.79	10.74
干成分	16.43	0.63	80.81	2.01	0

(5) t_L^0=1648℃；t_L=1318℃；空气预热至 1000℃时，t_L=2000℃。

5. 已知重油组分（%）为：

$\omega_{ar}(C)$　$\omega_{ar}(H)$　$\omega_{ar}(O)$　$\omega_{ar}(N)$　$\omega_{ar}(S)$　A_{ar}　M_{ar}

87.5	11.0	0.1	0.7	0.6	0.06	0.04

设某窑炉在燃烧时过剩空气系数 $\alpha=1.15$，用油量为 200kg/h。

求：(1) 重油的低位热值；

(2) 每小时实际空气用量（Nm^3/h）；

(3) 每小时实际烟气生成量（Nm^3/h）。

参考答案：(1) $Q_{net}=41046kJ/kg$；(2) $2470Nm^3/h$；(3) $2486\ Nm^3/h$。

6. 已知某烧煤炉出窑烟气的成分（%）为：

$\varphi(CO_2)$	$\varphi(CO)$	$\varphi(O_2)$	$\varphi(N_2)$
11.2	1.0	7.5	80.3

求过剩空气系数 α。

参考答案：$\alpha=1.48$ 。

7. 已知煤的工业分析（%）为：

M_{ar}	V_{ar}	A_{ar}	$\omega_{ar}(FC)$	M_{ad}
2.0	29.5	20.7	47.8	1.0

煤渣特性为 7，$\alpha=1.2$。

求：(1) 煤的低热值 $Q_{net,ar}$；

(2) 燃烧空气需要量；

(3) 烟气生成量；

(4) 当空气及煤的温度为 20℃时，理论燃烧温度。

参考答案：(1) $Q_{net,ar}=25732kJ/kg$；(2) $V_a=8.04Nm^3/kg$；(3) $V=8.47Nm^3/kg$；(4) $t_0=1830$℃。

8. 某窑炉以煤为燃料，其收到基组成（%）为：

$\omega_{ar}(C)$	$\omega_{ar}(H)$	$\omega_{ar}(O)$	$\omega_{ar}(N)$	$\omega_{ar}(S)$	A_{ar}	M_{ar}
76.5	4.6	4.2	1.4	0.8	4.8	7.7

实际测定燃烧后的干烟气分析数据如下：

$\varphi(CO_2)$	$\varphi(O_2)$	$\varphi(N_2)$
14	5.8	80.2

煤灰中含碳 25%，灰分 75%。

求：(1) 燃烧所需实际空气量（Nm^3/kg）；

(2) 燃烧生成实际湿烟气量（Nm^3/kg）；

(3) 过剩空气系数 α。

参考答案：(1) 10.00（Nm^3/kg）；(2) 10.44（Nm^3/kg）；(3) 1.37。

单元四　本情境实验

情境四实验

情境五　固体燃料的气化过程及设备

【学习要求】本情境内容在学习过程中需边理解边记忆，注意理论结合实际。通过本情境的学习，应该了解煤气生产的主要气化指标；明确混合发生炉煤气的制造原理、构造和简单操作。

任务目标

【掌握内容】初步掌握煤气发生炉的分类、构造、简单操作。

【理解内容】理解发生炉煤气的气化过程。

【了解内容】了解发生炉煤气的种类；了解煤气生产的主要气化指标。

知识内容

由于硅酸盐工业的生产需要消耗大量的热量，而我国的煤炭资源丰富，所以煤成为硅酸盐工业中经常采用的一种固体燃料。但直接烧煤存在诸多缺点。例如：许多可燃物在燃烧室内不能完全燃烧导致热效率低，造成能源浪费；排放的烟气中含有大量粉尘及有害气体，严重污染环境；火炉的温度和气氛分布不易控制，使产品质量难以稳定和提高；窑炉使用周期短，产量低，工作环境差，劳动强度大，难以实现机械化和自动化等。而气体燃料的燃烧过程和燃烧设备则较为简单，且气体燃料具有着火容易，燃烧速度快，火焰气氛和温度分布容易控制，燃烧产物中很少有灰尘产生，基本上不会对产品或半成品造成污染等优点，这就要求把煤加以气化成为煤气，以满足生产工艺的要求，即采用固体燃料的气化技术。

固体燃料的气化就是将煤或焦炭等固体燃料放在专用设备中，在高温下通入气化剂，固体燃料在其中经过一系列的物理化学反应而制成气体燃料的方法。固体燃料的气化是一个热化学过程。若燃料是煤，就简称为煤的气化，所用的这个设备称为煤气发生炉，产生的煤气称为发生炉煤气。

本情境主要介绍煤的气化过程，以及常压固定床煤气发生炉的结构和操作。

单元一　发生炉煤气的种类

根据气化过程中所使用的气化剂的不同，工业上典型的发生炉煤气有空气煤气、水煤气和混合煤气三种。

一、空气煤气

空气煤气是指以空气为气化剂，利用空气中的氧与煤中碳的反应生成的可燃气体。为了研究方便，通常将纯碳与空气反应使碳全部转化为CO的煤气，称为理想空气煤气。

根据氧气同碳的化学反应与扩散机理，气化反应的最初产物为 CO_2 和 CO，然后 CO_2 再还原成 CO，所以其理想的气化最终产物为 CO。由于在空气中获得 1kmol 的 O_2 的同时也伴随着 3.76kmol 的 N_2，而氮气不参加反应。所以有：

$$C+O_2+3.76N_2 \xlongequal{} CO_2+3.76N_2+408760\ (kJ/kmol\ 碳)$$

$$C+CO_2 \xlongequal{} 2CO-162375\ (kJ/kmol\ 碳)$$

空气煤气的理想气化过程总反应式为：

$$2C+O_2+3.76N_2 \xlongequal{} 2CO+3.76N_2+246388\ (kJ/kmol\ 碳)$$

由此可知，理想空气煤气体积百分组成为：

$$CO(\%)=\frac{2}{2+3.76}\times100\%=34.7\%$$

$$N_2(\%)=\frac{3.76}{2+3.76}\times100\%=65.3\%$$

产率为：　$$V=\frac{(2+3.76)\times22.4}{2\times12}=5.38\ (Nm^3/kg\ 碳)$$

低热值 Q_{net} 为：　$$Q_{net}=0.347\times12640=4386\ (kJ/Nm^3)$$

式中　12640——CO 的低热值，kJ/Nm^3。

气化效率 η_g 为：　$$\eta_g=\frac{5.38\times4386\times12}{408760}\times100\%=69.3\%$$

在实际气化过程中，总有不同程度的热损失，所制得的空气煤气中含有部分 CO_2，因此实际气化效率比理想气化效率要低。用烟煤或无烟煤制取空气煤气时，煤气中除 CO、CO_2 和 N_2 外，还含有一定量的 CH_4 等烷烃，所制得的煤气低热值 Q_{net} 为 4000～4600kJ/Nm^3。

制取空气煤气的过程中，由于炉内不断进行放热反应，使得氧化层温度很高。当该温度超过一定限度时，煤中的灰分会部分熔融结渣，影响正常气化过程的进行。此外，空气煤气还存在发热量较低、气化效率低、出口温度高、带走的热量多等缺点，所以，现在已很少采用。

二、水煤气

水煤气是指以水蒸气为气化剂，利用碳与水蒸气的反应所生成的可燃气体。工业上制造水煤气的方法是将煤或焦炭以固定床形式堆置于煤气发生炉的炉箅上，周期性地分别将空气和水蒸气吹入发生炉内通过燃料层来制造煤气。所以水煤气制造分两个阶段。

1. 吹空气阶段（燃烧阶段）

吹空气阶段的目的是使焦炭层进行完全燃烧反应。

$$C+O_2+3.76N_2 \xlongequal{} CO_2+3.76N_2+408760\ (kJ/kg\ 碳)$$

吹风阶段的燃料层保持 1200℃左右的炽热状态，按上式理想反应，此阶段所得的燃烧产物中仅有 CO_2 和 N_2，称为废气，由发生炉单独排出。

2. 吹蒸汽阶段（水煤气反应阶段）

当整个燃料层的温度已达 1200℃左右时，立即停止鼓风，改为吹入水蒸气，水蒸气通过炽热的焦炭层，在理想条件发生下列水煤气反应。

$$C+H_2O \xleftrightarrow{1200℃} CO+H_2-118800\ (kJ/kmol\ 水蒸气)$$

此阶段又称为制气阶段，所制得的水煤气单独排入贮气柜中。因制气阶段是吸热反应，随着水蒸气的不断通入，燃料层的温度逐渐下降，水蒸气分解反应速度也随之下降。当燃料层温度在900℃以下时，水蒸气分解缓慢，水煤气的质量变差。此时就要停止吹入蒸汽，改为吹风，进入又一个循环。

在理想条件下，氧化反应放出的热量全部消耗于水蒸气分解反应，即1kmol碳燃烧反应所放出的热量可分解水蒸气的量为：

$$\frac{408760}{118800}=3.44\ (\text{kmol})$$

所以，理想制气过程总的方程式可写为：

$$C+O_2+3.76N_2+3.44C+3.44H_2O \xlongequal{} CO_2+3.76O_2+3.44CO+3.44H_2$$

由此可知，理想水煤气体积百分组成为：

$$CO(\%)=50\%$$

$$H_2(\%)=50\%$$

产率为：
$$V_{gas}=\frac{(3.44+3.44)\times 22.4}{(1+3.44)\times 12}=2.893\ (\text{Nm}^3/\text{kg 碳})$$

低热值 Q_{net} 为：$Q_{net}=0.5\times 12640+0.5\times 10800=11720\ (\text{kJ/Nm}^3)$

式中 12640——CO的低热值，kJ/Nm^3；

10800——H_2 的低热值，kJ/Nm^3。

气化效率 η_g 为：
$$\eta_g=\frac{2.893\times 11720\times 12}{408760}\times 100\%\approx 100\%$$

在实际生产过程中，由于碳不可能完全燃烧而生成 CO_2，总有一部分碳生成CO，因而放出的热量比理想状态要少，并且在吹蒸汽阶段，水蒸气也不可能100%地分解，同时在生产过程中总存在着不同程度的热损失（如气体带走的物理热及炉体散热等），因而实际生产过程所制得水煤气的各项指标与前述理想值有着较大的差距。

水煤气虽然发热量较高，但生产时需用优质的无烟煤或焦碳作燃料，而且气化设备、操作管理较复杂，因此硅酸盐工业窑炉中一般不采用。目前水煤气常用于城市煤气的掺合气。

三、混合煤气

空气煤气和水煤气的生产过程都存在一定的缺点。当以空气和蒸汽的混合物作气化剂时，可以在很大程度上克服上述不足之处。一方面利用碳与空气中的氧进行的放热反应使发生炉保持必要的气化温度，而另一方面利用碳与蒸汽间的吸热反应来控制氧化层温度，避免灰渣结块，与此同时产生的CO和 H_2 还能使煤气发热量提高。在这种条件下制得的煤气被称为混合煤气或混合发生炉煤气，简称发生炉煤气。

在理想条件下，生产发生炉煤气的气化反应按下面两个反应进行。

$$2C+O_2+3.76N_2 \xlongequal{} 2CO+3.76N_2+246388\ (\text{kJ/kmol 碳})$$

$$C+H_2O \xleftrightarrow{1200℃} CO+H_2-118800\ (\text{kJ/kmol 水蒸气})$$

由于每2kmol碳与空气中的氧起反应所放出的热量可分解的水蒸气量为：

$$\frac{246380}{118800}=2.07\ (\text{kmol 碳})$$

这样，混合煤气的理想反应总方程式为：

$$4.07C+O_2+3.76N_2+2.07H_2O \xlongequal{} 4.07CO+2.07H_2+3.76N_2$$

由此可知，理想混合煤气体积百分组成为：

$$CO(\%)=\frac{4.07}{4.07+2.07+3.76}\times 100\%=41.1\%$$

$$H_2(\%)=\frac{2.07}{4.07+2.07+3.76}\times 100\%=20.9\%$$

$$N_2(\%)=\frac{3.76}{4.07+2.07+3.76}\times 100\%=38\%$$

产率为：　$$V_{gas}=\frac{(4.07+2.07+3.76)\times 22.4}{4.07\times 12}=4.54\ (Nm^3/kg碳)$$

低热值 Q_{net} 为：$Q_{net}=0.411\times 12640+0.209\times 10800=7452$（$kJ/Nm^3$）

式中　12640——CO 的低热值，kJ/Nm^3；

　　10800——H_2 的低热值，kJ/Nm^3。

气化效率 η_g 为：　$$\eta_g=\frac{4.54\times 7452\times 12}{408760}\times 100\%=99.3\%\approx 100\%$$

实际操作过程中，水蒸气的分解和 CO_2 的还原进行得并不完全，且不可避免会有许多热损失存在，所以实际混合发生炉煤气的组成必然与上述理想条件下的计算值有差异。

在实际气化过程中，由于各种原因，实际煤气的气化成分及热值均与理想有差距，见表 5-1。

表 5-1　三种发生炉煤气的实际气化组成与低热值

煤气名称	气化剂	煤气组成（体积%）							低热值（kJ/Nm^3）
		CO	H_2	CH_4	C_mH_n	CO_2	N_2	O_2	
空气煤气	空气	32～33	0.5～0.9	—	—	0.5～1.5	64～66	—	3765～4395
水煤气	水蒸气	35～40	47～52	0.3～0.6	—	5.0～7.0	2.6～6.0	0.1～0.2	11035～11460
混合煤气	空气＋水蒸气	24～30	12～15	0.5～3.0	0.2～0.4	5.0～7.0	46～55	0.1～0.3	4810～6490

通过表 5-1 中三种煤气的比较，可以看出混合煤气不但能够在一定程度上克服空气煤气和水煤气生产过程的缺点，且其发热量能满足硅酸盐工厂的生产要求，对气化煤的品种适应性也广，所以被广泛应用于硅酸盐工业窑炉的燃料。以下介绍的煤气都指混合煤气。

单元二　煤气的生产过程

一、煤气的气化过程

煤气发生炉的炉体大多呈圆筒形，外壳为薄钢板，壳内用耐火砖砌成炉膛。在发生炉的上方设有加煤口，煤块由此投入炉内，下部用炉箅（风汽帽）支撑整个燃料层。气化剂从炉箅下面送入后，在燃料层进行气化反应而生成煤气，煤气不断向上运动，最后通过燃料层上面的煤气由出口逸出。煤块在发生炉内不断消耗而逐渐下移，成为灰渣落在炉箅上面，最后通过水封盘被逐步清除出去。

在一般的煤气发生炉中，煤是由上而下，而气化剂是由下而上，两者进行逆流运动。它们在炉内发生化学反应和进行热量交换，在炉中形成了几个区域，一般称为“层”。根据煤在发生炉内所发生的变化，发生炉自上而下一般可划分为空层、干燥层、干馏层、还原层、氧化层和灰层，如图 5-1 所示。为便于分析，可将还原层进一步划分为第一还原层和第二还原层，但对实际情况是很难明确区分的。

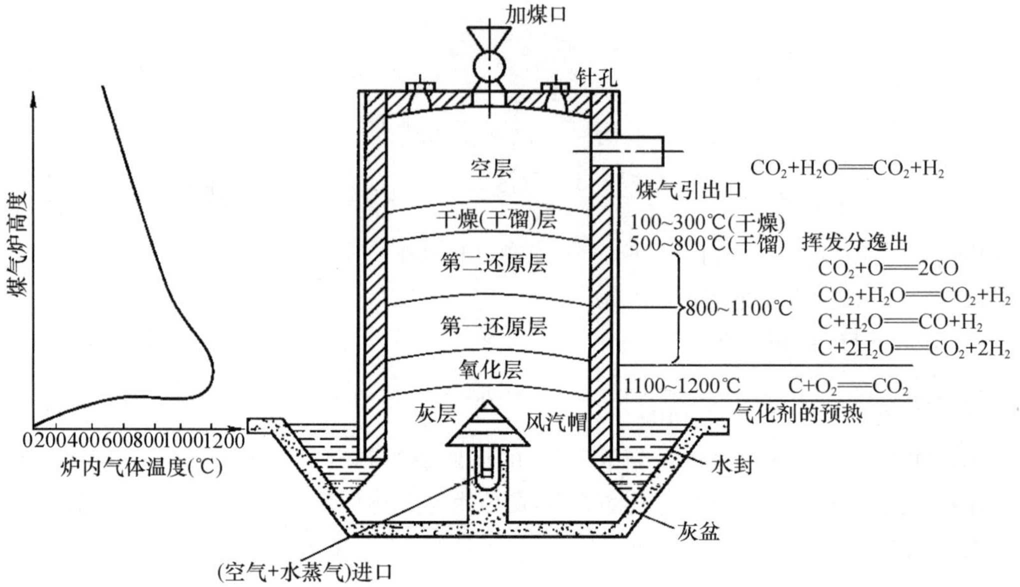

图 5-1　煤气发生炉气化过程示意图

煤气的气化过程：气化剂由发生炉下部送风口入炉后，首先通过炉箅上的灰层。由于灰渣温度较高，气化剂在此受到了预热。然后气化剂继续向上运动进入正在燃烧的氧化层。此时，煤中的碳与气化剂中的氧进行反应生成 CO_2 和少量的 CO。气化剂中的蒸汽与在氧化层生成的 CO_2 等气体一起上升，在还原层中遇到炽热的碳，CO_2 被还原成 CO，蒸汽被还原而生成 H_2。由于氧化层和还原层是燃料气化的主要区域，所以习惯上又统称为气化层或反应层。热气体继续上升，加热上层的燃料，使燃料进行干馏，该层即为干馏层，该层下部的燃料为干馏产物半焦或焦炭。干馏气与上升的热气体相互混合，即为发生炉煤气。煤气经过最上面的干燥层，将燃料预热并干燥后进入空层，从发生炉的煤气出口被引出。干馏层和干燥层又统称为煤料准备层。

（1）灰层。灰层是煤燃烧后产生灰渣，它在发生炉的最下部，覆盖在炉箅子之上，在炉栅顶部以上 100～300mm 范围内。其主要作用为：保护炉箅和风汽帽，使它们不被氧化层的高温烧坏；预热气化剂，一般气化剂能预热达 300～450℃；布风作用，使进入的气化剂在炉膛内尽量均匀分布。

（2）氧化层。也称为燃烧层（火层）。从灰渣中升上来的气化剂中的氧与碳发生剧烈燃烧而生成二氧化碳，并放出大量的热量。它是气化过程中的主要区域之一，氧化层的高度一般为 100～200mm。气化层的温度一般要小于煤的灰熔点，控制在 1100～1200℃。

（3）还原层。在氧化层上方 100～250mm 范围内是还原层。由于还原层位于氧化层之上，从上升的气体中得到大量热量，因此还原层有较高的温度（800～1100℃），这就为需要吸收热量的还原反应提供了条件。而严格地讲，还原层还有第一、第二之分，下半部温度较高，为 950～1100℃，称为第一还原层；上半部温度较低，为 800～950℃，称为第二还原层。在氧化层中生成的 CO_2、CO 及气化剂中的水蒸气上升到第一还原层中，CO_2 与炽热的碳相遇被还原成 CO，水蒸气与碳产生水煤气反应，此外还有下列反应：

$$C+2H_2O═══CO_2+2H_2-84520\ (kJ/kmol)$$
$$CO+H_2O═══CO_2+H_2+4184\ (kJ/kmol)$$

（4）干馏层。干馏层位于还原层的上部，由还原层上升的气体随着热量的被消耗，其温度逐渐下降，故干馏层温度为500～800℃。在此温度下，煤中挥发分发生裂解，产生甲烷、烯烃及焦油等物质，它们受热成为气态，即成为煤气的组成部分，并通过上面干燥层逸出。干馏层的高度随燃料中挥发分含量及煤气炉操作情况而变化，一般大于100mm。

（5）干燥层。干燥层位于干馏层上面，也即是燃料的面层，上升的热煤气与刚入炉的燃料在这层相遇，进行热交换，燃料中的水分受热蒸发。一般认为干燥温度为100～300℃。这一层的高度也随各种不同的操作情况而异，没有相对稳定的层高。

（6）空层。空层的高度指燃料层上表面至炉顶这一段距离，其作用是把生成的煤气集中起来输入管道。也有人认为：煤气在空层停留瞬间，在炉内温度较高时还有一些副反应发生，如CO分解放出一些炭黑等。

在实际生产的发生炉中，分层也不是很严格的，相邻两层往往是相互交错的，各层的温度也是逐步过渡的，很难具体划分。各层中气体成分的变化就更加复杂了，即使在专门的研究中，看法也是有分歧的。

二、煤气气化指标

气化指标是对气化过程的要求，它反映在产量、质量和经济效益三个方面。

1. 产量指标

产量指标就是气化强度。气化强度是指煤气发生炉横截面单位面积上在单位时间内气化的燃料量，单位为kg煤/(m^2·h)。生产能力是指整个发生炉在单位时间（1h或一昼夜）内气化的燃料量，俗称化煤量。气化强度既是对气化过程进行评价的指标，也是一项很重要的操作参数。气化强度与煤气量和发生炉的生产能力有一定的关系。

气化强度直接与设备的效能及煤气质量有关。气化强度大时，设备效能高，相对热损失小，用于提高气化层温度的热量相对增加，从而有利于提高煤气质量。因此，尽可能提高发生炉的气化强度有着重要的意义。

2. 质量指标

质量指标指的是煤气的组成或发热值。通常用煤气组成中可燃气体的含量来衡量煤气质量的好坏，其可燃成分主要指CO、H_2、CH_4、C_mH_n。可燃气体含量高，则其发热量高。一般来说，低热值Q_{net}在6000kJ/Nm^{3}以上的煤气属良好，Q_{net}在4500kJ/Nm^{3}以下的煤气属质量差的煤气。

3. 经济指标

经济指标包括煤气的产率、炉渣中焦炭的含量、气化效率和热效率等。其中气化效率η_g和热效率η_h是主要经济指标。

（1）气化效率

气化效率是指1kg收到基燃料气化所得煤气的热值与燃料本身的热值之比，即化学热的回收率，用公式表示为：

$$\eta_g=\frac{V_{gas}Q_{net,g}}{Q_{net}}\times100\%$$

式中　V_{gas}——干煤气的产率，Nm^3/kg煤；

$Q_{net,g}$——干煤气的低热值，kJ/Nm³；

Q_{net}——燃料（煤）的低热值，kJ/kg。

气化效率与煤的品质、煤气发生炉的结构及操作等因素有关，一般为70%～80%。

（2）热效率

热效率是指被利用的热量总和与进入炉内热量总和之比，用公式表示为：

$$\eta_h=\frac{V_{gas}\ (Q_{net,g}+Q_{gp})+Q_w+Q_{at}}{Q_{net}+Q_p+Q_v+Q_A}\times 100\%$$

式中 Q_{gp}——热煤气的物理热，kJ/Nm³ 干煤气；

Q_w——煤气发生炉冷却水套中的水被加热所需的热量，kJ/kg 燃料；

Q_{at}——煤焦油的物理热和化学热，kJ/kg 燃料；

Q_p——燃料的物理热，kJ/kg 燃料；

Q_v——水蒸气的物理热，kJ/kg 燃料；

Q_A——空气的物理热，kJ/kg 燃料。

热效率与煤的品质、发生炉的型式、自动化程度、操作条件以及余热利用等因素有关，一般约为80%～95%。

三、煤气成分分析及热值计算

煤气的成分是根据化学分析或色谱分析的结果得到的，然后根据煤气中的可燃成分的体积百分比及单一可燃成分的热值，计算出煤气热值。发生炉煤气成分分析及热值计算对煤气发生炉运行炉况的判断有着重要作用。

一般企业中，通常采用奥式气体分析器对发生炉煤气的成分进行分析。这种气体分析装置测定值比较准确，可以满足工业生产和控制要求，而且结构简单，操作方便。其测定原理是：利用煤气中各组分的不同化学吸收特性，依次与相应的液相化学物质在不同的吸收瓶内反复地接触，以达到误差允许的化学平衡，然后做各组分的含量计算。

1. 吸收及测定

抽取气样100mL于采样瓶中，按顺序逐一吸收 CO_2、C_mH_n、O_2、CO，再配以氧爆炸法测定 H_2 和 CH_4 含量。

（1）CO_2 的吸收（KOH溶液）

100mL 气样在吸收后体积减少到 V_1，反应式为：

$$CO_2+2KOH=\!=\!=K_2CO_3+H_2O$$

$$CO_2+KOH=\!=\!=KHCO_3$$

（2）不饱和烃 C_mH_n 的吸收（酸性银镍盐溶液）

吸收后气样的体积由 V_1 减为 V_2，吸收反应为：

$$C_2H_4+H_2S_2O_7=\!=\!=C_2H_5S_2O_7\cdot H\ \text{（磺酸乙烯）}$$

$$C_2H_2+H_2SO_4=\!=\!=C_2H_4SO_4\ \text{（硫酸乙烯）}$$

（3）O_2 的吸收（焦性没食子酸钾溶液）

O_2 的吸收反应如下，吸收后气样体积缩减至 V_3：

$$C_6H_3(OH)_3+3KOH=\!=\!=C_6H_3(OK)_3+3H_2O$$

$$2C_6H_3(OK)_3+\frac{1}{2}O_2=\!=\!=2\ C_6H_2(OK)_3+H_2O$$

(4) CO的络合吸收（铜氨络合液）

络合是CO的吸收特征，反应后气样剩余下V_4：

$$2CO+Cu_2Cl_2 = Cu_2Cl_2 \cdot 2CO$$

$$Cu_2Cl_2 \cdot 2CO+4NH_3+2H_2O = 2NH_4Cl+Cu-COONH_4$$

(5) CH_4 和 H_2 测定

奥氏仪中，CH_4 与 H_2 无特征吸收剂，故采用爆炸燃烧法使之转变为 CO_2 和水，另行冷凝和吸收，推算出它们的量。操作方法是取V_5体积的空气在爆炸瓶内燃烧爆炸，先计冷凝后的体积V_6，以冷凝水量计算 H_2 含量，然后推算 CH_4 的含量。

$$CH_4+2O_2 = CO_2+2H_2O$$

$$2H_2+O_2 = 2H_2O \text{（冷凝水量）}$$

再经KOH吸收后体积减为V_7：

$$KOH+CO_2 = KCO_3+H_2O$$

$$KOH+CO_2 = KHCO_3$$

2. 煤气成分及热值结果计算

根据逐次体积量，按以下方法分别计算煤气中各组分的体积百分比。注意气样V的初始体积为100mL。煤气中各组分的体积百分比为：

$$CO_2(\%)=\frac{V-V_1}{V}\times 100\%$$

$$C_mO_n(\%)=\frac{V_1-V_2}{V}\times 100\%$$

$$O_2(\%)=\frac{V_2-V_3}{V}\times 100\%$$

$$CO(\%)=\frac{V_3-V_4}{V}\times 100\%$$

$$CH_4(\%)=\frac{V_4-V_7}{V}\times 100\%$$

$$H_2(\%)=\frac{\frac{2}{3}[V_4+V_5-V_6-(V_6-V_7)]}{V}\times 100\%$$

$$N_2(\%)=100\%-(CO_2\%+C_mH_n\%+O_2\%+CO\%+CH_4\%+H_2\%)$$

煤气低位发热量$Q_{net,v}$为：

$$Q_{net,v}=C_mH_n\%\times 59846+H_2\%\times 10800+CH_4\%\times 35832+CO\%\times 12640(kJ/Nm^3)$$

单元三　煤气发生炉

一、煤气发生炉的炉型

用于煤炭气化的发生炉有多种类型，根据气固接触的方式，可分为固定床、流化床、夹带床等（其中固定床煤气化发生炉因其高热效率和操作系统简单方便而得到广泛应用）。根据操作压力，固定床煤气化发生炉分为常压、高压、中等压力等。根据排渣方式，常压固定床煤气化发生炉分为固态排渣和液态排渣（对于固态排渣方式，一个很关键的限定条件就是反应器内部温度不能超过煤中灰分的软化温度）。根据煤和气体的流动方式，发生炉又可分为逆流式、共流式和错流式（其中以逆流式方式最为普遍）。

常压固定床煤气化发生炉逆流式的优点：逆流流动使得灰渣中热焓被进口的冷气体所回收；挥发产生的气体增加了气体产物的热值；固体停留时间长，碳转化程度高；热效率高；气化产物中夹带的固体量低；煤气化发生炉尺寸小，投资成本低；可使用劣质煤气化，对煤的热稳定性和机械强度要求较低。

此外，根据煤料在发生炉内进行干馏和气化的部位，固定床发生炉还可以分成一段式发生炉和两段式发生炉。

（一）一段式发生炉

伴随着煤气化研究的不断发展，用于煤气化的常压固定床煤气化发生炉类型也不断增加，前后出现过二十余种不同的炉型。典型的主要是美国设计的 3MT 型（属 Wellman 型）、W-G 型（Wellman-Galusha 型）和前苏联设计的 3M13 型（又称 3Aд-13 型，属 д 型）。它们均为常压固定床，且采用空气-水蒸气混合物作气化剂。

Wellman 炉结构图　　W-G 炉结构图　　д 型煤气发生炉结构图

Wellman 炉的炉身不设水套，全部由耐火砖砌成，运行时炉体转动，灰盘随动，采用湿法排灰。炉内设有搅拌棒，有的还加了扎钎机。W-G 型炉身设有水套，运行时炉体固定，炉箅或灰斗转动，采用干法排灰。该发生炉有两种，一种带搅拌装置的用于气化弱黏结性烟煤，另一种不带搅拌装置的用于气化无烟煤、焦炭等不黏结的燃料。д 型煤气发生炉的炉身设有水套，运行时炉体固定，灰盘转动，采用湿法排灰，炉内有的设搅拌装置（如 3M13 型），有的不设搅拌装置（如 3M21 型）。

三种型式的发生炉除结构上的差异外，还有各自特点：

（1）对煤的要求。一般设有搅拌装置的发生炉可使用弱黏结性的烟煤。Wellman 炉搅拌效果好，煤的粒径可小些（10～20mm），黏结性可大些。W-G 型炉能气化小粒径或细屑煤（13～16mm）及有一定黏度的煤种。

（2）煤气的质量。Wellman 炉的燃料层高度比较低，其煤气发热量比 W-G 型和 д 型低一些。

（3）煤气的生产能力。Wellman 炉搅拌效果好，其气化强度可适当提高，因此其煤气生产能力也较高。W-G 型采用干法排灰，鼓风压力不受水封盆的限制，可以适当提高其鼓风压力，从而提高气化强度，即提高了生产能力。三者相比，д 型炉的生产能力相对小些。

前苏联的 д 型煤气发生炉在气化无烟煤时有较大的优势，至今仍有很大的市场。其主要缺点就是重质焦油、煤气携灰和水的污染问题。为了解决这个问题，一些研究者着重对两段炉进行了深入的研究。

（二）两段式发生炉

较常见的两段式发生炉有英国的 Wellman 式、意大利的 IGI 式、法国的 LGI 式以及美国的 F. W-Stoic 两段式发生炉。

两段式发生炉与一段式发生炉在结构上的主要区别是：两段式发生炉的干燥层和干馏层较长。发生炉炉膛可分为两个区域，位于上段的为干馏段，位于下段的为气化段。气化过程中，煤的干馏和气化是分开进行的。

干馏段采用钢板作外壳，内衬耐火材料，衬砖构成环形空间。干馏段内用空心耐火砖在径向砌 2～5 道隔墙，砖内中空部分构成气化段热煤气的竖向通道，隔墙分隔的干馏室成为煤料进入气化段的通路。由气化段产生的热煤气，一部分流经砖内通道，将显热间接传进给煤料后从下段出口引出；一部分热煤气流经干馏室，与煤料直接进行热交换，进行干燥脱水和干馏。

IGI 两段式发生炉结构图

煤料从顶部加入后即进入干燥干馏段。由于从气化段进入干燥干馏段的热煤气量是可以调节的，这样就能控制干馏和干燥温度，调整煤气组成和发热量。煤料在下降过程中被缓慢地加热，到达温度为 500～600℃的干馏段即进行低温分解，析出发热量约为 29400kJ/Nm^3 的干馏气和分子量较低的轻质烃类蒸气。干馏气和轻质烃类蒸气与进入干馏段的热煤气混合后，从上段出口引出，称为上段煤气。轻质烃类蒸气经冷凝后变为轻质焦油，在静电除焦油器中很容易与煤气分离。干馏段的另一部分产物——含重质烃的半焦落入温度为 900 ～1200℃的气化段。半焦中含有的重质烃在气化段内高温裂解，基本上避免了重质焦油的产生。生成的煤气组成主要为 CO、H_2、CO_2 和 CH_4，由于不含有焦油，故被称为“净化煤气”。净化煤气从下段出口引出，所以又被称为下段煤气。下段煤气经简单除尘后即可使用。

上段煤气约占总煤气量的 40％，出口温度为 120～200℃，发热量约为 7560kJ/Nm^3；下段煤气约占总煤气量的 60％，出口温度为 600～700℃，发热量约为 6090kJ/Nm^3。

在生产热煤气时，两段炉和一段炉各有其优势和劣势，在炉型选择上，各企业可结合炉型特点、产品对燃料要求、地方环保政策、企业长期运行成本等方面因素，综合考察进行选择。

1. 两段式发生炉的优势

（1）使用的燃料范围较广。可用含水分、灰分较高的褐煤、烟煤作气化燃料，尤其适合于含焦油多的烟煤。

（2）所产煤气发热量高，质量好。两段式发生炉煤气比一段式发生炉煤气热值高出 10％～15％。

（3）单炉产气量大。与同等规格的一段式发生炉相比，两段式发生炉单炉产气量比一段式发生炉大 5％～8％。

（4）操作简单。一段式发生炉操作需严格控制料层高度，保持适当空层；而两段式发生炉为满料层操作，只需根据煤种不同调整好上下段煤气比例即可，无需控制料层高度。

（5）可以制取不同发热量、不同用途的煤气。两段式发生炉上段与下段煤气分开使用，可以满足多种用户需要，尤其适合于既有集中使用热煤气，又需要中等发热量煤气的场合，例如玻璃工厂。必要时也可将上段与下段煤气混合后再使用。

（6）需要处理的含酚废水少。两段式发生炉在全部净化系统中没有外来水分的加入，只有煤气所含水分被冷凝，这部分冷凝水的数量较少。

（7）煤气携灰少。正常情况下，两段式发生炉煤气携尘仅为一段炉煤气的1/3～1/4，既节约了煤炭资源，又减轻了煤气处理强度。

（8）煤气净化程度高。两段式发生炉煤气站煤气净化根据上下段煤气性质不同，分别进行净化最后汇总。上段煤气先进行预除焦后，再进行深度静电除焦，净化后的上段煤气洁净程度很高。下段煤气自身基本不含焦油，经过旋风除尘器除去大颗粒粉尘后，与上段净化后的煤气汇总输送至用户。两段式发生炉热煤气净化程度远高于一段式发生炉。

（9）煤气输送距离远。一般情况下，一段式发生炉允许输送距离小于30m，而两段式发生炉热煤气最大输送距离可达50m。

（10）在煤炭价格相同的情况下，两段式发生炉热煤气站比一段式发生炉热煤气站节省煤气生产成本19％～20％。

2. 两段式发生炉的劣势

（1）两段式发生炉对煤料的粒径要求比较严格，使得大量粉煤未能被利用。

（2）与一段式发生炉相比，两段炉在设备及建筑投资、动力消耗等方面也存在一些劣势。

综上所述，企业在资金状况允许的前提下，选择两段式发生炉热煤气发生站，可以最大限度降低生产运行成本，并且炉型操作简单，输送距离较远。

现在国内一些经济实力雄厚和对环保要求高的企业，一般选择两段式发生炉作为热煤气站的炉型。而对于大多数企业来讲，两段式发生炉的价格偏高，使得在选择炉型时不得不选择价格低廉的一段式发生炉热煤气站。纵观国内投产的热煤气站，两段式发生炉只占了极少数的一部分。对于一些诸如陶瓷、高岭土等对燃料洁净度要求较高的行业，多选择常压固定床煤气发生炉冷煤气站。现阶段，由于能源的紧缺和企业环保意识的加强，节能环保型煤气站成为了冷煤气站的主要发展方向。

二、煤气发生炉的构造

根据所气化的煤种及工艺上对煤气的要求，发生炉有着各自的构造形式。但其基本构件都包括炉身、加煤装置、搅拌装置、炉箅（风汽帽）和排灰装置。

1. 炉身

除某些简易发生炉的炉身做成矩形截面外，大多数发生炉均为圆筒形，炉身用6～10mm厚的钢板焊接或铆接，内衬有200～250mm的黏土质耐火砖，中间有10～20mm的石棉灰填料，炉膛内径一般为3m。有些炉型在气化层炉身上设有水套，可产生部分蒸汽作为气化剂。也有的简易发生炉基本上只由耐火砖砌筑而成。

2. 加煤装置

在气化过程中，对加煤装置的要求是：保证煤在炉身断面上均匀分布，并尽量减少偏心，加煤时，必须把发生炉内部与周围大气隔绝，即不泄漏煤气；在加煤过程中不致将煤块弄碎；加煤操作要简便可靠。加煤装置可分成人工加煤装置和机械加煤装置。

人工加煤的特点是加煤的间歇性，加煤周期为15～30min。加煤前，先依靠平衡锤的作用使锥形钟罩压紧底座。然后打开箱盖，加入块煤，待煤加满后再将箱盖关住并压紧。此后，缓慢放下锥形钟罩，最初煤落在炉子中部较多，当锥形钟罩下降很多时，煤块流向四周的就较多，通过这一方法来控制煤块在发生炉横截面上的均匀分布。

人工加煤器的缺点是只能间歇加煤，加煤操作过程需花费较大的体力劳动。由于加煤的间歇性，煤气的成分和温度经常变动，影响了煤气质量，尤其当煤中的水分和挥发分含量较高时更为显著。这种加煤器常用于简易煤气发生炉。

采用机械加煤器不仅能减轻操作人员的劳动强度，而且能将煤连续地加入发生炉，保证气化过程连续而稳定地进行。

3. 搅拌装置

搅拌的作用主要是使煤块在发生炉横截面上均匀分布。气化弱黏结性煤时，可把上部表面形成的黏结性煤壳打碎并将顶层煤料搅松，一般分为人工搅拌和机械搅拌。人工搅拌用铁钎通过炉顶的搅动孔（看火孔）来操作，常称为扎炉。通过扎炉，能耙平和松动煤层，能破除燃料层内的焦拱和灰渣块，还能用钎子测量各燃料层高度。搅动孔有环形蒸汽幕，防止煤气逸出。机械搅拌装置有搅拌棒和搅拌耙两种。Wellman 炉用的搅拌棒是一根空心钢钎，内部通冷却水，靠传动设备进行工作。3M13 型炉用的是厚壁钢管制成的 T 形搅拌耙，内部通以冷却水。当连续回转时，耙齿把表面煤层耙平，打碎黏结壳。搅拌耙还能在垂直方向移动，沉入煤层深度 200～350mm，一般根据煤种及气化过程来改变深度。

4. 炉箅（风汽帽）

炉箅是发生炉的重要构件之一，回转炉箅具有分配气化剂、打碎灰渣和连续而均匀地排灰的作用。3M13 型炉使用偏心的鱼鳞状炉箅，又称 д 型炉箅。它固定在灰盘上，随灰盘一起转动。炉箅是由突出的鳞状片组成的锥体，共有五层。鳞状片相叠而成阶梯状，与发生炉中心线不同心安装。旋转时，由于锥体形状不对称而产生偏心转动，所以能将灰渣破碎并将其排除到灰盘中。气化剂则沿锥体的间隙进入炉内。Wellman 炉采用中央吹风的炉箅，由两层环形炉条和一个帽盖构成，设有破碎炉渣的构件。

5. 排灰装置

对排灰装置的要求是能够连续均匀地排灰，保证气化过程的稳定进行。发生炉的炉渣被回转炉箅排挤到灰盘中后，随着灰盘的转动，被固定安装的灰刀陆续刮出。为了在灰盘和炉身之间保证发生炉的气密性，灰盘中应保持一定深度的水封。д 型炉和 Wellman 炉都用这种湿法排灰。W-G 炉的回转炉箅下面是锥型储灰斗和下灰斗，无湿式灰盘，是干法排灰。由于它没有水封高度的限制，所以可以适当提高鼓风压强，提高气化强度。

本情境小结

本情境主要介绍了固体燃料的气化过程及设备，需重点掌握的内容有发生炉煤气的气化过程、混合发生炉煤气的制造原理、煤气发生炉构造和简单操作，需了解的内容有发生炉煤气的种类、煤气生产的主要气化指标。

思 考 题

1. 硅酸盐工业生产中，有的工厂为什么需将固体或液体燃料气化？
2. 试述目前硅酸盐工厂都使用混合煤气的原因。
3. 简述发生炉煤气的气化过程。
4. 气化过程的指标及影响因素有哪些？
5. 煤的性质对气化过程有何影响？
6. 发生炉有哪些主要部件？3M13 型和 W-G 型炉在构造上有何差别？

情境六　干燥过程与设备

【学习要求】 掌握湿空气的基本性质及 $I—x$ 图的构成和应用；了解干燥的物理过程，掌握在硅酸盐工业生产中常用干燥设备的种类及其相应的干燥过程，以达到在实际中对干燥技术熟练运用的目的。

任务目标

【掌握内容】 掌握干燥的概念，湿空气的湿度，湿空气的密度，湿空气的干、湿球温度及露点，湿空气的热含量，湿空气的 $I—x$ 图的构成及应用。

【了解内容】 了解干燥的方法、干燥在硅酸盐工业中的应用以及物料在干燥过程中的干燥机理、干燥速度。

知识内容

单元一　概　　述

在硅酸盐工业中，有些固体原料、半成品和成品常含有水分。为了便于加工、运输、贮存和使用，均需要进行干燥。

一、干燥定义

干燥就是从固体物料中用蒸发的方法除去部分物理水分的过程。在干燥过程中，湿物料接受外界传给的热量，使其水分汽化，则物料表面的水蒸气就会向空气中扩散，物料内部的水分向表面扩散。因此，干燥过程既有热量传递过程，又有质量传递过程，两过程同时进行，相互影响，相互制约。

二、干燥方法

物料的干燥方法有自然干燥和人工干燥两种。

1. 自然干燥

自然干燥就是将湿物料堆置于露天或室内场地上，借风吹和日晒的自然条件使物料脱水。这种方法的特点是不需专门设备，也不消耗动力和燃料，操作简单。但其干燥速度慢，产量低，劳动强度高，且受气候条件的影响大。

2. 人工干燥

人工干燥是指将湿物料放在专用设备——干燥器中进行加热，使物料干燥。其特点是干燥速度快，产量高，劳动强度低，不受气候条件的影响，但要消耗动力，需专人看管。

以物料的受热特征来分，人工干燥加热有外热源法和内热源法两种类型。外热源法是指在物料外部对物料表面进行加热，其方式有以下三种：

（1）对流加热通常用热空气或热烟气作介质，以对流方式对物料表面进行加热。

（2）辐射加热利用红外灯、灼热金属或高温陶瓷表面产生的红外线，对物料表面进行辐射加热。

（3）对流—辐射加热是上述两种加热方式的综合，既有对流加热，又有辐射加热。

外热源法的特点是物料表面温度高于内部，因此在物料内部，热量传递的方向与水分内扩散的方向相反。

内热源法是指将湿物料放在交变电磁场中，使物料本身的分子产生剧烈的热运动而发热或使交变电流通过物料而产生焦耳效应。内热源法的特点是物料的内部温度高于表面，因此在物料内部，热量传递的方向与水分内扩散的方向是一致的，这就能够增加水分的内扩散速率。

在具体选用各种干燥方法时应根据被干燥物料的特点、产品的工艺要求及经济效益等各方面综合考虑。在硅酸盐工业中，使用最多的是对流干燥，通常将载热的热空气或热烟气称为干燥介质。不同的物料，因其性质各异，干燥制度和干燥设备差别很大。

三、干燥制度和干燥设备

1. 干燥制度

（1）砂子和石灰石：要求较高的温度及较高的干燥速度。

（2）黏土：干燥温度≤400℃，否则高岭土分解而失去塑性。

（3）煤：干燥温度＜150℃，否则会引起碳氢化合物挥发。

（4）陶瓷、耐火材料的制品：干燥温度和干燥速度应严格控制，否则产品将变形或开裂。

2. 干燥设备

（1）颗粒状物料：回转烘干机。

（2）制品：室式干燥器。

（3）大型的耐火材料半成品：自然干燥或通电干燥。

（4）陶瓷泥浆：喷雾干燥设备。

四、干燥系统的组成

硅酸盐工业中常采用的对流式干燥系统通常由以下几部分组成：

（1）干燥器。干燥器提供湿物料与干燥介质充分接触的空间，使物料受热，水分蒸发而被干燥，水汽被干燥介质带走。

（2）空气预热器或燃烧室。预热空气或产生高温烟气作干燥介质用。

（3）通风设备。有风机、管道、烟囱等，供给燃烧室空气，促使干燥介质流动并排出废气。

（4）其他辅助设备。如喂料、输送、收尘等设备。

五、干燥技术在硅酸盐工业中的应用

干燥过程被广泛应用于硅酸盐工业中，例如在水泥生产过程中，干法粉磨的物料、原料、燃料、混合材等入磨前都必须经过烘干，使其水分降低到允许的范围。如：石灰石小于0.5%～1.0%，黏土小于1.5%，铁粉小于5%，矿渣小于2.0%及煤小于3.0%等，否则会影响磨机效率，甚至无法生产。玻璃厂用的天然石英砂及用湿法加工的砂岩粉等原料需经干燥后入库，再配料，否则不仅输送困难，还会影响配料的准确性。陶瓷、耐火材料等的半成品必须经干燥后才能入窑烧成，否则会因强度不够而损坏或变形开裂。

干燥作业还可以和破碎及粉磨、选料过程同时进行，这样可以简化工艺流程，减少热量消耗。这种流程一般只适合水分较低的物料，水分较高的物料仍需另设烘干机进行烘干。

单元二　湿空气的性质

硅酸盐工业通常采用热空气或热烟气作干燥介质进行对流加热。自然界的空气不是绝对干燥的，总会或多或少地带有一些水蒸气，这种干空气和水蒸气的混合物称为湿空气。

以空气为干燥介质，那么干燥过程就与湿空气的性质有关，因此在研究干燥过程之前，必须先明确湿空气的基本性质。烟气的干燥性能与空气十分相近，所以对空气性质研究的结果也适用于烟气。

湿空气的干燥性能主要取决于它的温度、湿度等状态参数。下面分别介绍它们的意义和相互关系。

一、湿空气的湿度

湿空气中所含水蒸气的量称为空气的湿度。空气的湿度常用三种方式表示：绝对湿度、相对湿度、湿含量。

1. 绝对湿度

单位体积（$1m^3$）湿空气中含有水蒸气的质量称为空气的绝对湿度，用ρ_{ah}表示，单位为kg/m^3。根据道尔顿分压定律，湿空气中水蒸气的体积等于湿空气的体积，而水蒸气的分压等于它独占湿空气体积时的压力。

由定义可知：湿空气的绝对湿度ρ_{ah}在数值上就等于在湿空气温度及水蒸气分压下的水蒸气密度ρ_w。现将水蒸气视为理想气体（在压力不大时是允许的），根据理想气体状态方程：

$$p_w V=\frac{m_w}{M_w}RT \tag{6-1}$$

$$\rho_w=\frac{m_w}{V}=\frac{p_w M_w}{RT} \tag{6-2}$$

式中　p_w——水蒸气分压，Pa；

V——湿空气体积，m^3；

ρ_w——水蒸气密度，kg/m^3

m_w——水蒸气的质量，kg；

M_w——水蒸气的千摩尔质量，$M_w=18kg/kmol$；

T——湿空气的温度，K；

R——气体常数，$R=8314J/(kmol \cdot K)$。

将有关数值代入式（6-2）：

$$\rho_{ah}=p_w=2.16\times10^{-3}\frac{p_w}{T} \tag{6-3}$$

由式（6-3）可以看出，湿空气绝对湿度的大小与湿空气的温度、水蒸气分压有关。在一定的温度和压力下，湿空气中所能包含的水蒸气量有一定的限度，超过这一限度，水蒸气将凝结为液态水。当空气被水蒸气饱和时，湿空气中水蒸气分压等于同温度下水的饱和蒸汽压 p_{sw}，这时湿空气的绝对湿度称为饱和绝对湿度，用符号 ρ_{ah}^{s} 表示，即在该温度下，湿空气所能达到的最大湿度。

$$\rho_{ah}^{s}=2.16\times10^{-3}\frac{p_{sw}}{T} \tag{6-4}$$

饱和绝对湿度仅与湿空气的温度 T 有关。各种温度下饱和空气的绝对湿度和饱和水蒸气分压，可由实验测得，数据见表 6-1。由表中数据可知，饱和空气的绝对湿度和水蒸气分压随空气温度升高而增大。

2. 相对湿度

湿空气的绝对湿度 ρ_{ah} 与在同温度、同总压下饱和空气的绝对湿度 ρ_{ah}^{s} 之比，称为湿空气的相对湿度，用 φ 表示。

$$\varphi=\frac{\rho_{ah}}{\rho_{ah}^{s}}\times100\%=\frac{p_w}{p_{sw}}\times100\% \tag{6-5}$$

因此，湿空气的相对湿度，也就是湿空气中水蒸气分压与同温度下饱和空气中水蒸气分压之比。相对湿度是表示空气被水蒸气饱和的程度，即反映了空气的干湿程度。相对湿度 φ 是一个无因次数，用百分比表示，它表示空气被水蒸气饱和的程度。绝对干燥空气 $\varphi=0\%$，饱和空气 $\varphi=100\%$。相对湿度越大的空气，其吸湿能力越小，在 $\varphi=100\%$ 的饱和空气中，湿物料已不能被干燥。

表 6-1　饱和空气的绝对湿度及其水蒸气分压

饱和温度（℃）	绝对湿度 ρ_{ah}^{s}（kg/m³）	饱和水蒸气分压 p_{sw}（kPa）	饱和温度（℃）	绝对湿度 ρ_{ah}^{s}（kg/m³）	饱和水蒸气分压 p_{sw}（kPa）
−15	0.00139	0.1652	45	0.06524	9.5840
−10	0.00214	0.2599	50	0.08294	12.3338
−5	0.00324	0.4012	55	0.10428	15.7377
0	0.00484	0.6106	60	0.13009	19.9163
5	0.00680	0.8724	65	0.16105	25.0050
10	0.00940	1.2278	70	0.19795	31.1567
15	0.01282	1.7032	75	0.24165	38.5160
20	0.01720	2.3379	80	0.29299	47.3465
25	0.02303	3.1674	85	0.35323	57.8102
30	0.03036	4.2430	90	0.42307	70.0970
35	0.03959	5.6231	95	0.50411	84.5335
40	0.05113	7.3764	99.4	0.58625	99.3214

3. 湿含量

在湿空气中，每千克干空气所含的水蒸气的质量称为湿含量，用 x 表示，单位为 kg 水蒸气/kg 干空气。因为以湿空气作为干燥介质，其水蒸气不断变化，不便于计算。所以，在干燥过程中，利用 1kg 干空气作为计算基准是比较方便的。

根据湿含量的定义：

$$x=\frac{m_w}{m_a}=\frac{\dfrac{p_wVM_w}{RT}}{\dfrac{p_aVM_a}{RT}}=\frac{p_wM_w}{(P-p_w)\ M_a}=0.622\ \frac{p_w}{P-p_w}=0.622\ \frac{\varphi p_{sw}}{P-\varphi p_{sw}} \tag{6-6}$$

式中　P——湿空气的总压，Pa；

m_w、m_a——湿空气中水蒸气和干空气的质量，kg；

p_w、p_a——湿空气中水蒸气和干空气的分压，Pa

M_a——空气的千摩尔质量，$M_a=28.9$kg/kmol。

式（6-6）称为空气的湿含量方程。它表明，当总压一定时，空气的湿含量只与水蒸气分压有关，即 $x=f\ (p_w)$ 或空气的湿含量是温度和相对湿度 φ 的函数，即 $x=f\ (t,\ \varphi)$。

空气湿度的三种表达方式都代表空气中水蒸气含量的多少，可在不同场合下使用。一般来讲，在实测空气中水蒸气的含量时，用绝对湿度比较方便；在说明空气的干燥能力时，用相对湿度比较方便；在进行干燥计算时，用湿含量表示湿度能使计算工作简便。上述三种湿度可以互相换算。

二、湿空气的密度和比容

1. 湿空气的密度

单位体积湿空气所具有的质量，称为湿空气的密度，用 ρ_s 表示，单位为 kg/m³。

根据质量平衡、理想气体状态方程及式（6-6）可得：

$$\rho_s=\rho_a+\rho_w=\frac{p_am_a}{RT}+\frac{p_wm_w}{RT}=2.16\times10^3\ \frac{p\ (1+x)}{(0.622+x)\ T} \tag{6-7}$$

2. 湿空气的比容

含有 1kg 绝干空气的湿空气在工作温度和压力下所具有的体积称为湿空气的比容，用 v 表示，单位为 m³/kg 干空气。湿空气的容积为在总压及湿空气温度下干空气的容积与水蒸气容积之和。

干空气的比容：
$$v_a=\frac{22.4}{M_a}\times\frac{101325}{p}\times\frac{273+t}{273}$$

水蒸气的比容：
$$v_w=\frac{22.4}{M_w}\times\frac{101325}{p}\times\frac{273+t}{273}$$

故湿空气的比容为：

$$v=v_a+v_wx=\left(\frac{1}{M_a}+\frac{x}{M_w}\right)\times22.4\times\frac{101325}{p}\times\frac{273+t}{273}$$

$$=(0.773+1.244x)\times\frac{101325}{p}\times\frac{273+t}{273} \tag{6-8}$$

在常压下，$p=101325$Pa，$M_a=28.9$kg/kmol，$M_w=18$kg/kmol，则：

$$v=(0.773+1.244x)\ \frac{273+t}{273} \tag{6-9}$$

由式（6-9）可知，湿空气的比容随其含量和温度的增长而增大。根据湿空气的比容数值，可以将干空气的质量换算成湿空气的体积。

三、湿空气的热含量

湿空气的热含量是湿空气中干空气和水蒸气的热含量之和，用 I 表示，单位为 kJ/kg 干空气。在干燥过程中，干燥介质中的干空气质量是不变的。因此，为了方便起见，湿空气的热含量以 1kg 干空气、0℃为计算基准。

设湿空气的湿含量为 $x$kg/kg 干空气，则：

干空气热含量：　$I_a=c_at$

水蒸气热含量：　$I_w=c_wt+2490$

故湿空气的热含量为：

$$I=I_a+I_wx=c_at+(c_wt+2490)x=(c_a+c_wx)t+2490x \tag{6-10}$$

式中　c_a、c_w——干空气和水蒸气的质量平均比热容，kJ/(kg·℃)，见表 6-2；

2490——水在 0℃时的汽化潜热，kJ/kg 水。

式（6-10）称为湿空气的热含量方程。它说明湿空气的热含量随湿度和湿含量的变换而变化。式中（c_a+c_{wx})t 一项为湿空气的显热，2490x 一项为水蒸气的潜热。在干燥过程中可以利用的仅为湿空气的显热部分。

表 6-2　水蒸气和干空气的平均比热容　［kJ/kg·℃］

温度（℃）	水蒸气	干空气	温度（℃）	水蒸气	干空气
0	1.8575	1.0015	1100	2.1759	1.0996
100	1.8719	1.0057	1200	2.0292	1.1080
200	1.8299	1.0112	1300	2.2418	1.1165
300	1.9177	1.0196	1400	2.2733	1.1243
400	1.9463	1.0281	1500	2.3039	1.1314
500	1.9760	1.0384	1600	2.3331	1.1382
600	2.0072	1.0495	1700	2.3617	1.1443
700	2.0406	1.0650	1800	2.3893	1.1502
800	2.0744	1.0708	1900	2.4156	1.1560
900	2.1082	1.0809	2000	2.4409	1.1612
1000	2.1421	1.0903			

四、湿空气的温度参数

恒量湿空气温度的三个参数是干球温度、湿球温度和露点。

1. 干球温度

干球温度是空气的实际温度，用 t 表示。可用普通玻璃液体温度计测量。

2. 湿球温度

当大量的不饱和空气流过一定量的水时，液面的水蒸气分压等于在此温度下水的饱和蒸汽压 p_{sw}，而空气中的水蒸气实际分压 $p<p_{sw}$，由于水蒸气压力差（$p_{sw}-p_w$）作用，液面的水便不断汽化成水蒸气逸入空气中。由于水的汽化，液面温度降低，空气与液面之间出现温

差，在温差的影响下，空气以对流的方式向液面传热。当空气传给液面的热量等于液面的水分汽化所需热量时，两者达到热平衡状态，液面的温度就保持一定的数值，这个温度称为湿球温度，用 t_{wb} 表示。

空气的湿球温度可用湿球温度计来测定。方法是在一支玻璃液体温度计的温包上裹以清洁纱布，纱布的一端浸入水中，平衡时温度计上的读数即为空气的湿球温度。如果同时配一支刻度完全相同的温度计测空气的干球温度，就组成了干湿球温度计，如图 6-1 所示。

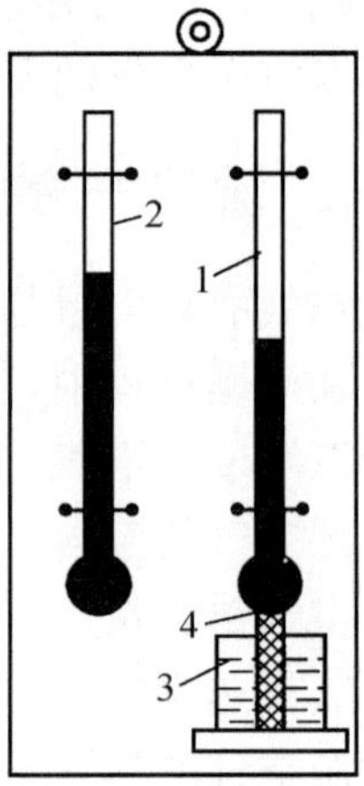

图 6-1　干湿球温度计

1—湿球温度计；2—干球温度计；3—盛水容器；4—纱布

根据干、湿球温差及干球温度，可从附录 6 中查出湿空气的相对湿度。通常在干湿球温度计上标有相对湿度值，可直接读出。

湿球温度不是空气的真实温度，而是表示空气状态和性质的一个物理量。它只决定于湿空气的温度和湿度。当空气温度一定时，湿度越小，水分越易蒸发。湿球表面水温下降越多，即（$t-t_{wb}$）越大。反之，湿度越高，则（$t-t_{wb}$）值越小。对不饱和空气，$t>t_{wb}$；当空气饱和时，$t=t_{wb}$。

另有一种情况，当一定量的不饱和空气与大量的水接触，在绝热的情况下，水向空气中汽化所需的潜热只能取自空气的显热。随着水的不断汽化，空气的温度逐渐降低，空气中的水蒸气逐渐增加直至饱和。当 $\varphi=100\%$时，湿空气的温度不再降低而等于水的温度，系统达到平衡状态，这时，湿空气的温度就称为绝热饱和温度，用 t_{ac}表示。

绝热饱和温度与湿球温度在物理意义上截然不同，但实验表明，在空气－水系统中，空气的绝热饱和温度在数值上近似等于其湿球温度，即 $t_{wb}=t_{ac}$。这一关系给求湿空气的状态参数带来了很大方便。

3. 露点

未饱和的湿空气，在湿含量（x）不变的情况下，冷却达到饱和（$\varphi=100\%$）状态时的温度称为露点，用 t_d 表示。当空气的温度低于露点时，空气中的水蒸气就会凝结成水析出。该冷却过程的特点是湿含量不变，但热含量不断下降。空气的温度若低于露点，空气中的水蒸气就会冷凝成水而析出。

设 p_d 为相应于露点时空气中的饱和水蒸气分压，根据式（6-6），得：

$$p_d=\frac{xp}{0.622+x} \tag{6-11}$$

由式（6-11）可见，湿空气的总压 p 一定时，露点的饱和水蒸气分压 p_d 只与湿含量 x 有关。即当 p、x 已知，可求得 p_d，并在表 6-1 中查得相应的露点 t_d。

在不饱和空气中，$t>t_{wb}>t_d$；当空气饱和时，$t=t_{wb}=t_d$。

在干燥过程中，干燥介质的温度比湿物料温度高得越多，其干燥能力越大。而干燥器排出废气的温度则至少要比露点高 10～20℃，以防在排气、收尘系统中结露。需要特别注意的是，若用烟气作干燥介质，因燃料中一般都含有硫分，燃烧后成为 SO_2，当烟气中含有少量 SO_2 时，烟气的露点将急剧上升，一旦温度降至露点以下，烟气中析出的水滴就会溶入 SO_2 形成酸雾，造成排风机和管道等金属构件的腐蚀（低温腐蚀）。

湿空气的状态参数 φ、I、x、t 等是相互联系的，只要知道任何两个彼此独立的参数，便可以通过式（6-3）、式（6-5）、式（6-6）、式（6-10）等求出其他参数。

【例 6-1】 已知空气的干球温度 $t=30℃$，湿球温度 $t_{wb}=25℃$，大气压强 $p=99.32\text{kPa}$，求空气的绝对湿度 ρ_{ah}、相对湿度 φ、水蒸气分压 p_w、湿含量 x、热含量 I、露点 t_d 及比容 v。

解：由表 6-1，查得空气在 30℃时的饱和水蒸气分压为 $p_{sw}=4.243\text{kPa}$，饱和绝对湿度 $\rho_{ah}^{s}=0.03036\text{kg/m}^3$，由附录 6 查得相对湿度 $\varphi=66\%$，则：

空气的绝对湿度：　$\rho_{ah}=\varphi\rho_{ah}^{s}=0.66\times0.03036=0.020$（$\text{kg/m}^3$）

水蒸气分压：　　　$p_w=\varphi p_{sw}=0.66\times4.243=2.80$（kPa）

空气的湿含量：

$$x=0.622\frac{p_w}{p-p_w}=0.622\times\frac{2.80}{99.325-2.80}=0.018\ (\text{kg/kg 干空气})$$

空气的热含量：

$$I=(c_a+c_w x)t+2490x=(1.0028+1.8618\times0.018)\times30+2490\times0.018=75.91(\text{kJ/kg 干空气})$$

由表 6-1 用内插法得相应的饱和温度，即露点 $t_d=22.7℃$。

湿空气的比容为：

$$v=(0.773+1.244x)\times\frac{101.325}{p}\times\frac{273+t}{273}$$

$$=(0.773+1.244\times0.018)\times\frac{101.325}{99.325}\times\frac{273+30}{273}=0.901\ (\text{m}^3/\text{kg 干空气})$$

单元三　湿空气的 *I*—*x* 图及其应用

用分析法计算空气的状态参数及干燥过程是相当烦琐的。为简化计算，可按数学式制成湿度图，借助湿度图可使计算大为简化。工程上广泛应用的湿度图是湿空气的焓—湿图（I—x 图）。

一、*I*—*x* 图的组成

（一）构成

1. 坐标系

I—x 图以热含量 I 为纵坐标，湿含量 x 为横坐标。为了使各种图线能较好地分布，不致因图线过多聚集在一起而看不清楚，采用夹角为 135°的斜坐标系，如图 6-2（a）所示的 IOx'。因斜坐标使用不方便，另外作辅助轴 Ox 与纵轴正交，而将斜横轴 Ox' 上的数值投影在 Ox 轴上，所以在实际使用时仍使用正交直角坐标系 IOx，如图 6-2（b）所示，斜坐标系仅为构图时采用。

2. 图线

I—x 图上主要有六组线：等湿含量线（简称等 x 线）、等热含量线（简称等 I 线）、等干球温度线（简称等 t 线）、等湿球温度线（亦称绝热饱和线）、等相对湿度线（简称等 φ 线）和水蒸气分压线。参见附录 7 及附录 8。

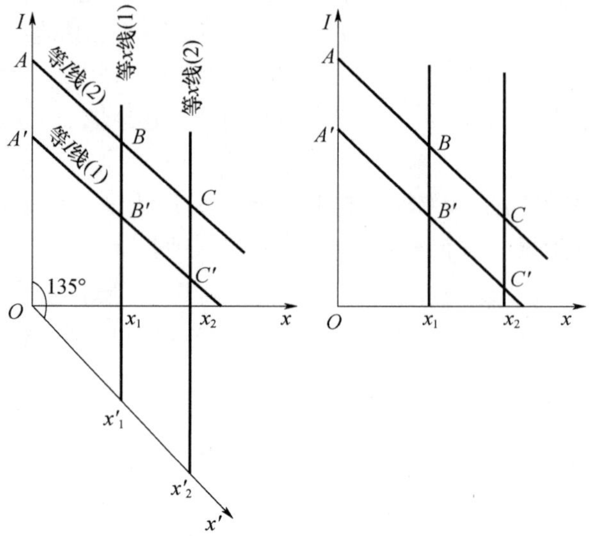

图 6-2　I—x 图的构成

(a) 夹角为 135°的斜坐标系；(b) 正交直角坐标系

（二）I—x 图各线簇的做法及特征

1. 等湿含量线（等 x 线）

等湿含量线是一束平行于纵轴的直线，如图 6-2 中的$\overline{Bx_1}$和$\overline{Cx_2}$所示。其特征是：在同一条湿含量线上，所有空气状态点的湿含量是相等的，即 x=常数。湿含量越大的等湿含量线越在右边。

若令横坐标的比例尺为 Rx，则线段$\overline{Ox_1}$代表的湿含量值为 $x_1=Rx\cdot\overline{Ox_1}$（kg/kg 干空气），其中$\overline{Ox_1}$以 mm 计。比例尺 Rx 的大小在 I—x 图中有注明。

2. 等热含量线（等 I 线）

等热含量线是一束平行于斜横轴 Ox'（与正交横轴 Ox 成 45°角）的直线，如图 6-2 中的$\overline{AC}$和$\overline{A'C'}$所示。其特征是：在同一条热含量线上，所有空气状态点的热含量都相等，即I=常数。热含量越大的等热含量线越在上边。

若令纵坐标的比例尺为 Ri，则等 I 线（2）上所有的热含量值为 $I=Ri\cdot\overline{OA}$，其中$\overline{OA}$以 mm 计。比例尺 Ri 的大小在 I—x 图中有注明。

3. 等干球温度线（等温线或等 t 线）

做法：利用湿空气的热含量公式做出，即：

$$I=c_at+(2490+c_wt)x \quad \text{(kJ/kg 干空气)}$$

c_a、c_w 均为已知数，当温度 t 为定值时，热含量 I 与湿含量 x 成直线关系。所以作图时先固定一个温度 t，然后代入两个不同的 x（其中一点通常取 $x=0$），求得相应的两个 I 值，在 I—x 图上可以得到一条直线，即等 t 线。同法可得到很多条不同温度的等 t 线。

其特征是：等干球温度线是一束从左向右上方倾斜的直线；在每根直线上的所有空气状态点的温度都相等；温度不同时，直线的截距和斜率均不相同，直线在纵轴上的截距为 c_at，斜率为（$2490+c_wt$），温度越高，位置越靠上，且其斜率越大，如图 6-3 所示。

4. 等相对湿度线（等 φ 线）

做法：根据公式 $x=0.622\cdot\frac{\varphi P_{sw}}{P-\varphi P_{sw}}$ 做出。I—x 图都是按一定的总压 P 绘制的，故 P 为定值。先确定一个 φ 值，然后给出不同的温度 t，从相关表中可查出相应的 P_{sw}（饱和蒸汽压）值，代入上式可求出一组相应的 x 值，在图上将这些 t 和 x 值的交点连起来就成一条等 φ 线。用同法可求得其他的等 φ 线，如图 6-4 所示。

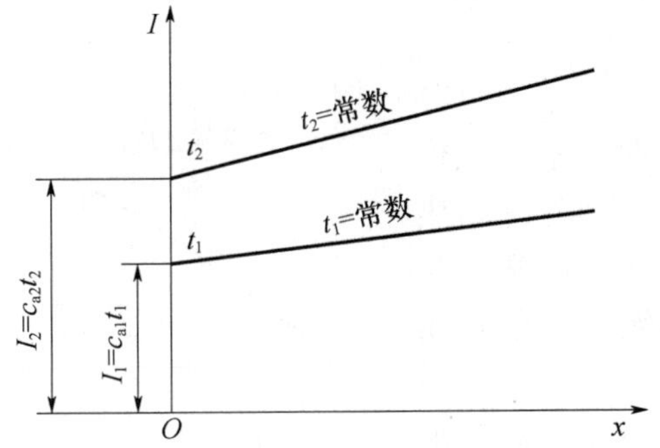

图 6-3　等温线的做法

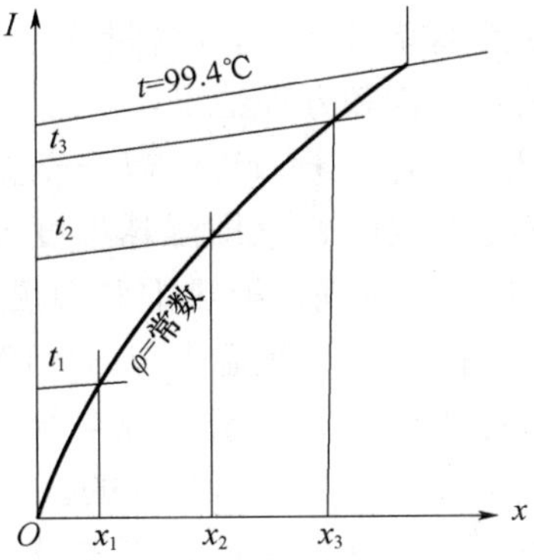

图 6-4　等相对湿度线的做法

当湿空气的温度上升至 99.4℃（总压为 99.321kPa 时水的沸点），饱和蒸汽压 P_{sw} 达到湿空气的总 P，此时 $P_{sw}=P$，温度再升高时 P_{sw} 也不再增高了，温度的增加只能使其呈过热状态（P_{sw}＝常数）。此时：

$$x=0.622\frac{\varphi}{1-\varphi} \tag{6-12}$$

式（6-12）说明了湿空气温度超过了沸点，其相对湿度只和湿含量 x 有关，即在 I—x 图上等 φ 线的温度超过了沸点就垂直向上。

其特征是：等相对湿度线是从左下角开始，逐渐向上向右弯曲延伸（似抛物线状），与 $t=99.4$℃的等温线相交后，垂直向上的一束曲折线。$\varphi=100\%$ 时的等 φ 线称为湿空气的饱和线，饱和线以上的区域是未饱和区，饱和线以下的区域，空气处于不稳定的过饱和状态，湿空气已成雾状，不仅没有干燥能力，还可能有水分凝结出来，这部分湿空气在干燥计算中是没有用处的。相对湿度越小的区域离饱和线越远。

在 I—x 图上通常标有作图时的空气总压 P 值，当实际大气压 P' 与图上的大气压值有较大偏差时，应将图中查得的 φ 值用式（6-13）进行修正。

$$\varphi'=\varphi\frac{P'}{P} \tag{6-13}$$

式中　φ'——对应于实际大气压 P' 时的相对湿度。

5. 水蒸气分压线

水蒸气分压线表示水蒸气分压与湿含量之间的关系。

做法：根据公式
$$x=0.622\times\frac{P_w}{P-P_w}$$

可推出：
$$P_w=\varphi P_{sw}=\frac{Px}{0.622+x}\ (\text{Pa}) \tag{6-14}$$

空气的总压 P（99.321kPa）已知时，水蒸气的分压 P_w 只是湿含量 x 的函数。将不同的 x 值代入，可求得相应的 P_x。在 I—x 图上以 P_w 为右纵坐标，在图上标出 P_w、x 的交点，将这些点用光滑的曲线连接起来，就是水蒸气分压线。

其特征是：水蒸气分压线是一条从原点开始，自左至右微向上凸起的曲线，如图 6-5 所示。

6. 绝热饱和线（亦为等湿球温度线、等 t_{wb} 线）

如前所述，湿空气的湿球温度 t_{wb} 近似等于绝热饱和温度 t_{ac}，故湿球温度 t_{wb} 与湿含量 x 及热含量 I 之间的关系可由空气的绝热饱和方程给出：

$$I=I_{ac}-(x_{ac}-x)\ ct_{ac}=(I_{ac}-x_{ac}ct_{ac})+ct_{ac}x \qquad (6\text{-}15)$$

绝热饱和温度 t_{ac}（即湿球温度 t_{wb}）给定时，水的比热 c 为已知数，湿空气在绝热饱和温度 t_{ac} 下的湿含量 x_{ac} 和热含量 I_{ac} 可由 $t=t_{ac}$ 的等温线与 $\varphi=100\%$ 的等 φ 线的交点获得，因而亦为已知数，于是湿空气在绝热增湿过程中其热焓 I 与湿含量 x 的关系是线性的。

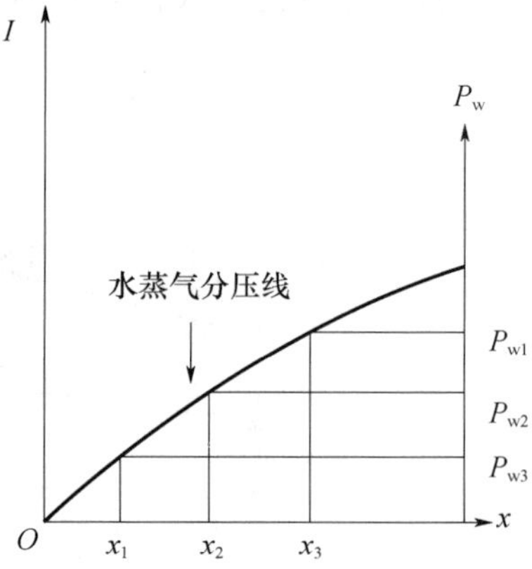

图 6-5　水蒸气分压线的做法

其特征可以这样理解：等湿球温度线是一簇近似于平行的绝热饱和线簇。在 I—x 图上，它们通常用虚线表示，如附录 7 及附录 8 中的虚线所示。

若空气的温度较低或计算要求不高时，可用等热含量线近似替代等湿球温度线。

二、*I*—*x* 图的应用

（一）湿空气状态参数的图解法

湿空气的状态参数有：湿含量（x）、热含量（I）、干球温度（t）、湿球温度 t_{wb}、相对湿度 φ、水蒸气分压 P_w、饱和水蒸气分压 P_{sw}、露点温度 t_d。只要知道彼此独立的任意两个参数，就可以通过图形查出其他状态参数。图解方法是：

（1）确定状态点（任意两个已知的、彼此独立的状态参数的交点）；

（2）通过状态点，在 I—x 图中查找其他状态参数（由各状态参数的特征进行查找）。

在实际生产过程中常用热烟气作为干燥介质，热烟气的性质与热空气相近。干燥介质的各种状态参数求法与湿空气状态参数的求法可认为是一致的。

【例 6-2】 已知空气的湿含量 $x=0.014$kg 水汽/kg 干空气，干球温度 $t=47$℃。求此空气的其余状态参数。

解：（1）先确定空气的状态点 A：在附录 7 的 I—x 图上，用 $x=0.014$kg 水汽/kg 干空气的等湿含量线和 $t=47$℃ 的等温线相交，其交点即为空气的状态 A，如图 6-6 所示。

（2）由状态参数的特征，通过状态点 A 确定其他状态参数：

① 从 A 点引平行于等 I 线的直线和纵坐标轴相交，可查出 $I=84$kJ/kg 干空气。

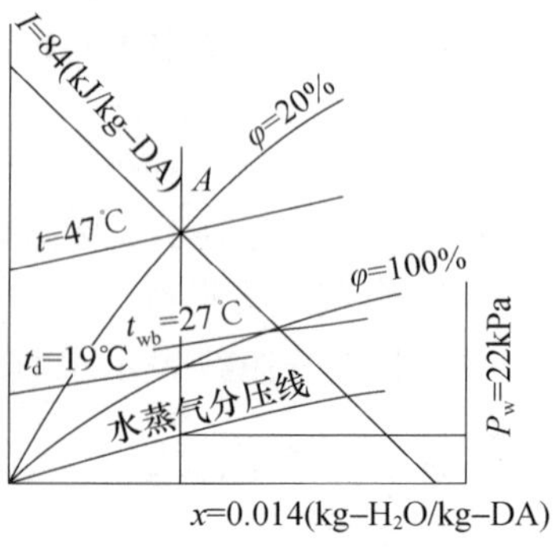

图 6-6　I—x 图的用法之一

② 从 A 点可读出 $\varphi=20\%$。

③ 从 A 点沿等湿含量线向下，和 $\varphi=100\%$的等相对湿度线相交，由交点可查出露点温度 $t_d=19℃$（未饱和湿空气冷却至露点的特征是：湿含量不变，热含量不断下降，直至 $\varphi=100\%$ 的饱和状态）。

④ 从 A 点沿垂直线向下和水蒸气分压线相交，再从此点引一条水平线，和右面下部坐标轴相交，即可查出 $P_w=22kPa$。

⑤ 从 A 点沿等热含量线向下，与 $\varphi=100\%$的等相对湿度线相交，此交点的温度即为空气的绝热饱和温度 t_{as}，它在数值上近似等于湿球温度，故可查 $t_{as}=t_{wb}=27℃$（空气在某一状态时等湿球温度的特征是：按绝热饱和温度的定义，湿空气的热含量不变，湿含量下降且要达到 $\varphi=100\%$的饱和状态）。

⑥ 过 A 点的等温线与 $\varphi=100\%$的等相对湿度线的交点，垂直向下作直线与水蒸气分压线相交，再从其交点引一水平线，和右面下部坐标轴相交，即可查出 $P_{sw}=10.53kPa$（空气在某一状态时饱和水蒸气的特征是：除与在同一状态时水蒸气分压的特征有相同处外，还要考虑到“饱和状态”即 $\varphi=100\%$这一条件是与其他条件共存的）。

【例 6-3】 已知干球温度 t_1，湿球温度 t_{wb}，试确定该空气的状态点。

解： 由干球温度与湿球温度的定义及特征，在附录 7 的 $I—x$ 图上首先找到$t=t_{wb}$的等温线及其与 $\varphi=100\%$的曲线的交点 A，然后由点 A 沿等 t_{wb}的方向引直线与等温线 $t=t_1$ 相交于 B 点，则 B 点即为所求空气的状态点，如图 6-7 所示。

【例 6-4】 已知干球温度 t_A，相对湿度 φ_A，试求该空气的水蒸气分压和饱和水蒸气压。

解：（1）确定状态点：在附录 7 的 $I—x$ 图上 $t=t_A$ 的等温线与 $\varphi=\varphi_A$ 的等相对湿度线的交点 A，即为所求的空气状态点。

（2）由空气状态点确定其他状态参数：过 A 点的等 x 线与水蒸气分压线交于点 B，过 B 点作水平线即可在右边轴上读出水蒸气分压 P_w。

$t=t_A$ 的等温线与 $\varphi=100\%$的曲线相交于点 C，过点 C 的等 x 线与水蒸气分压线相交于点 D，过 D 点作水平线即可在右边轴上读出饱和蒸气压 P_{sw}，如图 6-8 所示。

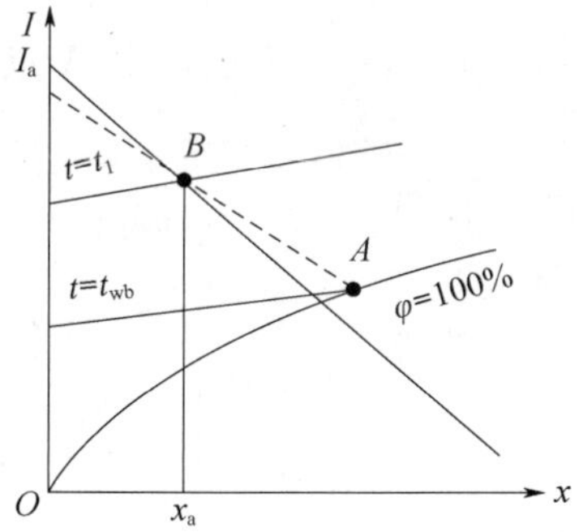

图 6-7　$I—x$ 图的用法之二

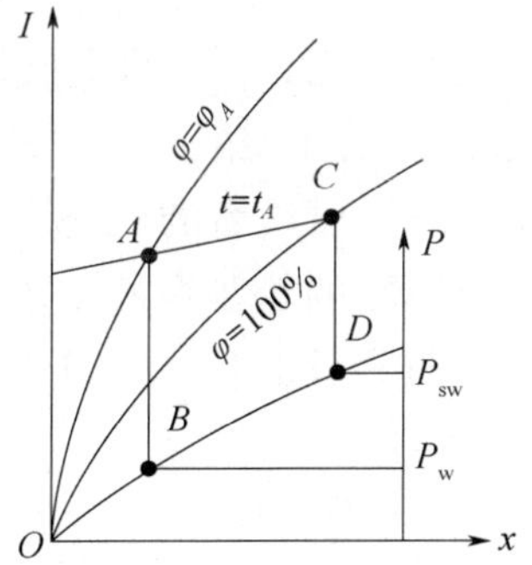

图 6-8　$I—x$ 图的用法之三

（二）空气预热（冷却）后的状态参数图解法

1. 冷空气由温度 t_0 预热至温度 t_1（$t_1>t_0$）的图解方法

（1）由空气的状态参数确定其状态点 A。

（2）求预热后空气的状态点 B：空气预热的特征是湿含量不变，所以 $x_1=x_0$，由 x_0 等

湿含量线与 t_1 等温线的交点即可得到 B。

（3）由状态点 B 求出其各种状态参数，如图 6-9 所示。

2. 热空气由温度 t_1 冷却至温度 t_0（$t_1>t_0$）的图解方法

当 $t_0>t_d$ 时，其图解法为上述冷空气预热过程的逆过程；当 $t_0<t_d$ 时，分两步进行：

（1）湿空气在初始状态点 A 的等 x_1 线与 $\varphi=100\%$ 的等相对湿度线的交点 B 处，开始达到饱和状态并析出露水。

（2）确定冷却后的状态点 C：$\varphi=100\%$ 的等相对湿度线与 t_0 等温线的交点 C 即是。

（3）由状态点 C 确定空气冷却后的各状态参数，如图 6-10 所示。

在本过程中，当 $t_0<t_d$ 时，其冷却过程的两步之一是等湿含量降温过程，之二是析出露水的过程；其分界点为等 x_0 线与 $\varphi=100\%$ 等相对湿度线的交点。

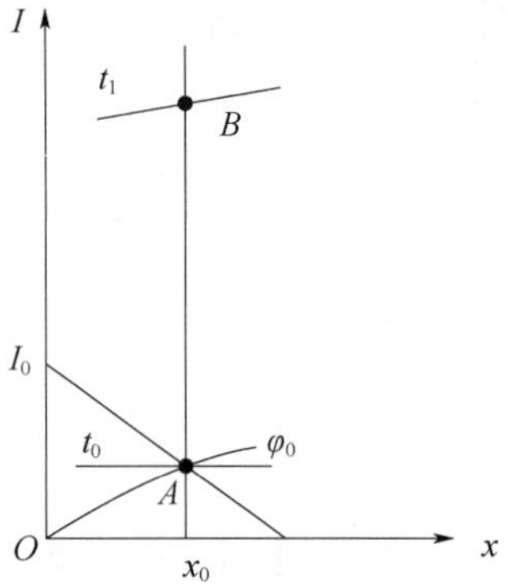

图 6-9　空气预热后的状态参数图解

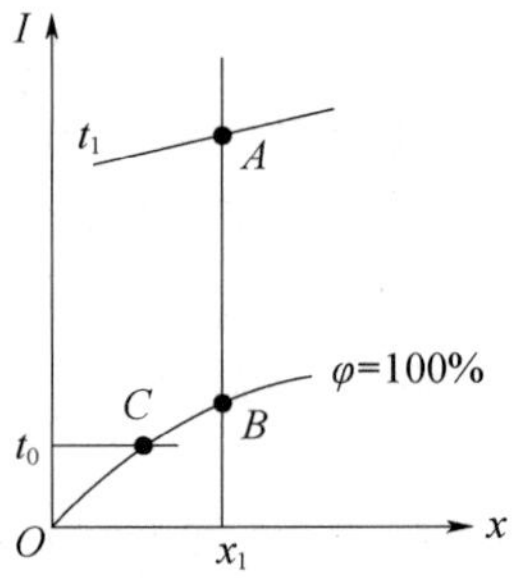

图 6-10　热空气冷却后的状态参数图解

【例 6-5】 将 $t_0=20℃$，$\varphi=60\%$ 的空气经加热器预热到 $t_1=95℃$。求：

（1）空气进加热器前的湿含量 x_0 和热含量 I_0；

（2）空气加热后的状态参数点及从加热器中获得的热量。

解：（1）确定空气初始状态点及其状态参数：在附录 7 的 $I—x$ 图上由 $t_0=20℃$ 的等 t 线和 $\varphi=60\%$ 的等 φ 线得到的交点即为初始状态点 A，如图 6-11 所示，由 A 点可得 $x_0=0.009$kg 水蒸气/kg 干空气；$I_0=42$kJ/kg 干空气。

（2）确定空气预热后的状态点及其状态参数：$x_1=x_0$ 的等 x 线与 $t_1=95℃$ 的等 t 线的交点 B 即是。由 B 点知：$I_1=120$kJ/kg 干空气。1kg 干空气即（$1+x$）kg 湿空气从加热器中获得的热量为：

$$q=I_1-I_0=120-42=78 \text{（kJ/kg 干空气）}$$

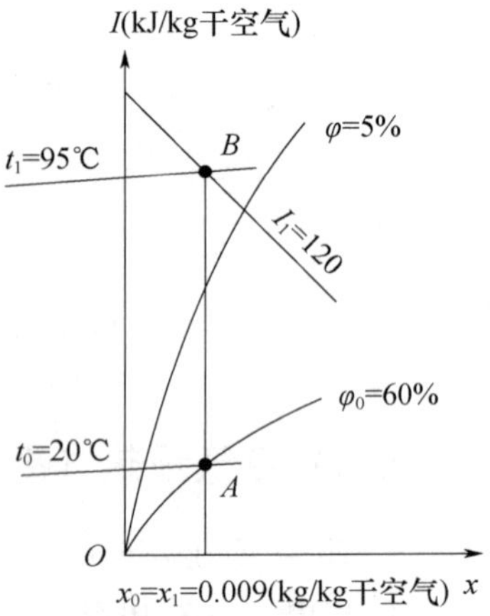

图 6-11　$I—x$ 图应用

3. 热烟气与冷空气混合后状态参数的图解法

硅酸盐工厂常用专设的燃烧室所产生的燃烧产物作为干燥介质，因燃烧产物的温度通常在 1000℃以上，需掺入适量的冷空气以符合干燥工艺的要求。

（1）热烟气状态参数的确定

热烟气的实际燃烧温度 t_{fl}、湿含量 x_{fl}、热含量 I_{fl} 可根据燃料燃烧计算获得。

① 燃烧固体或液体燃料

令 ω_{ar}（H）、M_{ar}、A_{ar}代表燃料收到基氢元素、水及灰分的质量百分组成，V_a^0 为燃料燃烧时理论空气需用量（Nm^3/kg 燃料），α 为过剩空气系数，空气的湿含量和热含量分别为 x_0 和 I_0，则 1kg 燃料完全燃烧时：

生成的干烟气量为：$1.293\alpha V_a^0+1-\dfrac{A_{ar}+9\omega_{ar}(H)+M_{ar}}{100}$（kg 干烟气/kg 燃料）。

由空气带入及燃烧生成的水蒸气总量为：$1.293\alpha V_a^0 x_0+\dfrac{9\omega_{ar}(H)+M_{ar}}{100}$（kg）。

故 1kg 燃料完全燃烧后燃烧产物的湿含量为：

$$x_{fl}=\frac{1.293\alpha V_a^0 x_0+\dfrac{9\omega_{ar}(H)+M_{ar}}{100}}{1.293\alpha V_a^0+1-\dfrac{A_{ar}+9\omega_{ar}(H)+M_{ar}}{100}}\quad (\text{kg/kg 干烟气}) \tag{6-16}$$

根据燃烧室的热平衡，即进入燃烧室的热量总和应等于离开燃烧室的热量总和，由前面讨论可知：1kg 燃料的物理热为 $C_f t_f$（kJ），燃料的化学热为 $\eta Q_{net,ar}$（kJ），空气带入的物理热为 $1.293\alpha V_a^0 I_0$（kJ），干烟气质量为 $1.293\alpha V_a^0+1-\dfrac{A_{ar}+9w_{ar}(H)+M_{ar}}{100}$（kg），则 1kg 干烟气的热含量为：

$$I_{fl}=\frac{C_f t_f+\eta Q_{net,ar}+1.293\alpha V_a^0 I_0}{1.293\alpha V_a^0+1-\dfrac{A_{ar}+9w_{ar}(H)+M_{ar}}{100}}\quad (\text{kJ/kg 干烟气}) \tag{6-17}$$

式中　C_f——燃料的比热，kJ/(kg·℃)；

t_f——燃料的温度，℃；

$Q_{net,ar}$——燃料的收到基的低位发热量，kJ/kg；

η——考虑炉体散热等因素的燃烧热效率，一般为 0.75～0.85。

② 燃烧气体燃料

$$x_{fl}=\frac{1.293\alpha V_a^0 x_0+\Sigma\dfrac{0.09y}{12x+y}C_xH_y}{1.293\alpha V_a^0+1-\Sigma\dfrac{0.09y}{12x+y}C_xH_y} \tag{6-18}$$

$$I_{fl}=\frac{\eta Q_{gr}+C_f t_f+1.293\alpha V_a^0 I_0}{1.293\alpha V_a^0+1-\Sigma\dfrac{0.09y}{12x+y}C_xH_y} \tag{6-19}$$

式中　C_xH_y——气体燃料中碳氢化合物的质量百分组成，其中 x 为碳原子数，y 为氢原子数。

通常气体燃料的组成是用体积百分数 a_i%给出的。已知体积百分组成 a_i 时，质量百分组成 g_i 可用式（6-20）求得：

$$g_i=\frac{a_i M_i}{\Sigma a_i M_i} \tag{6-20}$$

式中　M_i——气体燃料中某成分的分子量。

知道烟气的两个状态参数后，可以在 I—x 图上定出其状态点并求出其他参数。

如前所述，I—x 图是根据空气的状态参数绘制的。烟气的性质虽与空气有差异，但工程计算中，利用 $I-x$ 图来进行干燥过程中烟气的状态参数的确定，其精确度已足够了。

（2）热烟气与冷空气混后的状态参数的确定

在烟气中掺入冷空气的目的是为了降低烟气的温度。通常，烟气的状态参数（t_{fl}、x_{fl}、I_{fl}）和空气的状态参数（t_0、x_0、φ_0、I_0）是已知的，它们在 $I—x$ 图上的状态点用 F 和 A 表示，如图 6-12 所示。烟气与冷空气混合后的温度 t_{mi} 通常由干燥工艺要求而定，作为已知参数给定。欲求的是冷空气的掺入量及混合气体的状态参数 x_{mi}、I_{mi} 等。

设 1kg 高温干烟气需与 $n$kg 干冷空气混合，n 称为混合比。混合前后水蒸气量及热含量的平衡有：

$$x_{fl}+nx_0=(1+n)\ x_{mi} \tag{6-21}$$

$$I_{fl}+nI_0=(1+n)\ I_{mi} \tag{6-22}$$

由上述两式的联立解可得：$n=\dfrac{x_{fl}-x_{mi}}{x_{ml}-x_0}=\dfrac{I_{fl}-I_{mi}}{I_{ml}-I_0}$ （kg 干空气/kg 干热烟气） （6-23）

式（6-23）是一个通过已知点 A（t_0，I_0）和 F（x_{fl}，I_{fl}）的直线方程，它表明混合气体的状态点 M 是直线 AF 的内分点。M 点的位置由 t_{mi} 的等干球温度线与 AF 线的交点定出，如图 6-12 所示。

从图 6-12 可看出 ΔAMC 和 ΔMFB 相似，根据相似三角形对应边成比例关系代入式（6-23）得：

$$n=\frac{I_{fl}-I_{mi}}{I_{mi}-I_0}=\frac{\overline{FB}}{\overline{MC}}=\frac{\overline{FM}}{\overline{MA}} \tag{6-24}$$

【例 6-6】 某烘干机用煤作燃料，煤的成分如下：

元素组成	ω_{ar}(C)	ω_{ar}(H)	ω_{ar}(O)	ω_{ar}(N)	ω_{ar}(S)	M_{ar}	A_{ar}
(%)	59.7	5.0	8.3	1.5	0.5	2.0	23.0

煤的比热 $C_f=1.26$kg/(kg·℃)，煤进炉温度 $t_f=14$℃，过剩空气系数 $\alpha=1.35$，空气温度 $t_0=14$℃，相对湿度 $\varphi_0=70\%$，燃烧室热效率为 $\eta=0.84$，要求进入干燥设备混合气体的温度 $t_{mi}=800$℃。求混合比 n 及混合气体的其余状态参数。

解：图解过程如图 6-13 所示。

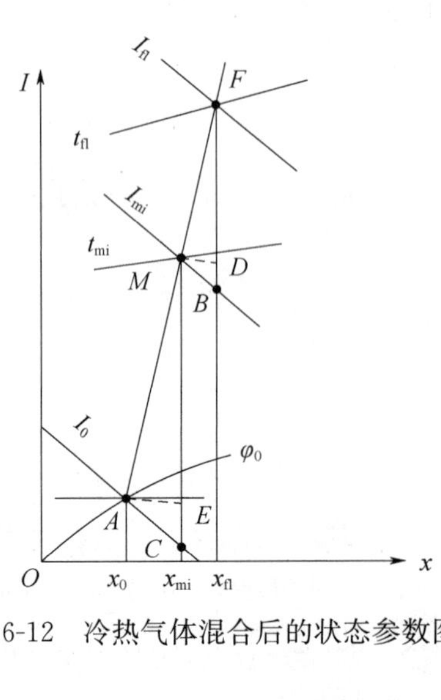

图 6-12 冷热气体混合后的状态参数图解

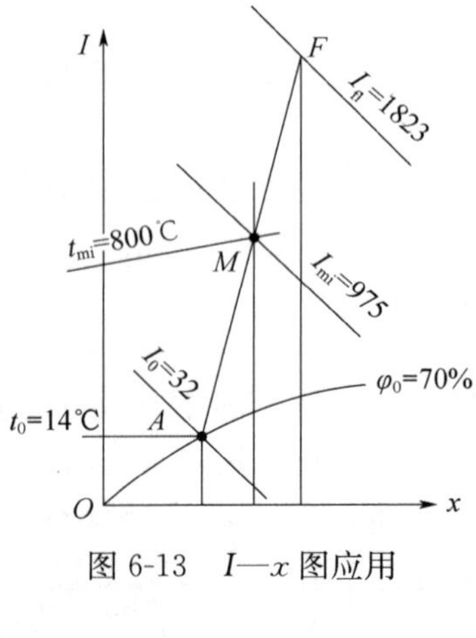

图 6-13 $I—x$ 图应用

（1）煤的收到基低位发热量为：

$Q_{net,ar}=339\omega_{ar}(C)+1030\omega_{ar}(H)-109[\omega_{ar}(O)-\omega_{ar}(S)]-25M_{ar}$

$=339\times59.7+1030\times5.0-109\times(8.3-0.5)-25\times2.0=24488$（kJ/kg）

（2）理论空气需要量为：

$V_{a0}=0.089\omega_{ar}(C)+0.267\omega_{ar}(H)+0.033[\omega_{ar}(S)-\omega_{ar}(O)]$

$=0.089\times59.7+0.267\times5.0+0.033\times(0.5-8.3)=6.39$（$Bm^3$/kg）

（3）根据 $t_0=14℃$，$\varphi_0=70\%$，在 I—x 图上可查得 $x_0=0.007$kg/kg 干空气，$I_0=32$kJ/kg 干空气。

（4）烟气的湿含量和热含量为：

$$x_{fl}=\frac{1.293\alpha V_a{}^0x_0+\dfrac{9\omega_{ar}(H)+M_{ar}}{100}}{1.293\alpha V_a{}^0+1-\dfrac{A_{ar}+9\omega_{ar}(H)+M_{ar}}{100}}$$

$$=\frac{1.293\times1.35\times6.39\times0.007+\dfrac{9\times5+2}{100}}{1.293\times1.35\times6.39+1-\dfrac{23+9\times5+2}{100}}$$

$=0.048$（kg/kg 干烟气）

$$I_{fl}=\frac{C_ft_f+\eta Q_{net,ar}+1.293\alpha V_a{}^0I_0}{1.293\alpha V_a{}^0+1-\dfrac{A_{ar}+9\omega_{ar}(H)+M_{ar}}{100}}$$

$$=\frac{1.26\times14+24488\times0.84+1.293\times1.35\times6.39\times32}{1.293\times1.35\times6.39+1-\dfrac{23+9\times5+2}{100}}$$

$=1823$（kJ/kg 干烟气）

（5）在 I—x 图上由 $t_0=14℃$，$\varphi_0=70\%$，可查得冷空气状态点 A；由 $x_{fl}=0.048$kg/kg 干烟气和 $I_{fl}=1823$kJ/kg 干烟气可得热烟气状态点 F。连接 A、F 两点得 $\overline{AF}$ 直线与 $t_{mi}=800℃$ 等温线交于 M 点，此点即为混合气体进干燥器前的状态点，由此得：$x_{mi}=0.0285$kg/kg 干烟气，$I_{mi}=975$kJ/kg 干烟气。

干烟气与干空气的混合比为：$n=\dfrac{x_{fl}-x_{mi}}{x_{mi}-x_0}=\dfrac{0.48-0.0285}{0.0285-0.007}=0.90$。

也可用图解法，在 I—x 图上量得 $\overline{MF}=201$mm，$\overline{AM}=223$mm，$n=\dfrac{\overline{MF}}{\overline{AM}}=\dfrac{201}{223}=0.90$。

单元四　干燥过程的计算

一、干燥计算的目的

干燥计算指对干燥过程进行物料平衡和热平衡计算。计算的目的：一是设计烘干设备时，根据被干燥物料的产量和含水率，确定干燥器中小时水分蒸发量、干燥介质消耗量及热耗等技术经济指标，为干燥设备选型提供依据；二是对运转的干燥设备进行热工标定时，通过两平衡计算结果，可以分析评价干燥设备的结构及各项操作参数的合理性，评价干燥设备的优劣势。

二、干燥过程的物料平衡

（一）干燥流程

硅酸盐工厂中对物料或半成品的干燥所用的干燥介质有三种，即空气、燃烧产物以及窑炉中排出的废烟气。空气用于对清洁度要求较高的物料或半成品的烘干，如陶瓷坯件等。在大多数情况下，采用专用的燃烧室产生的热烟气再掺入部分冷空气，达到工艺上要求的温度，然后进入烘干机对物料进行烘干，废气由排风机引出，再通过烟囱排入大气。其干燥流程如图 6-14 所示。

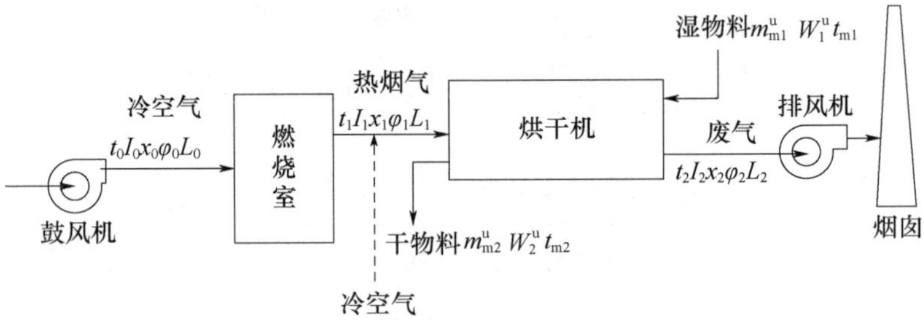

图 6-14 烟气与冷空气的混合气体作干燥介质的干燥流程示意图

角标“1”—进入干燥器；角标“2”—离开干燥器；m—物料质量，kg/h；

W—物料中水的含量，%；L—干气体的质量，kg/h

（二）湿物料中水分表示方法

被干燥的物料由绝对干燥的物料和水分组成，湿物料的总质量等于干物料质量与水分质量之和。在干燥过程中绝对干物料的质量是不变的，减少的是物料中的水分。

湿物料中的水分有两种表示方法：干基水分、湿基水分。

1. 干基水分

干基水分是指物料中所含水的质量与绝对干物料质量之比，用W^d表示：

$$W^d=\frac{\text{物料所含水的质量}}{\text{绝对干物料的质量}}\times 100\% \tag{6-25}$$

2. 湿基水分

湿基水分是指物料中的水分与湿物料质量之比，用W^w表示：

$$W^w=\frac{\text{物料所含水的质量}}{\text{湿物料的质量}}\times 100\%=\frac{\text{物料所含水的质量}}{\text{绝对干物料的质量}+\text{物料所含水的质量}}\times 100\% \tag{6-26}$$

3. 干基水分W^d与湿基水分W^w的关系

如设湿物料的量为 100，则湿物料中水量为W^w，绝对干物料量为$100-W^w$，代入式（6-25）得：

$$W^d=\frac{100W^w}{100-W^w}\quad (\%) \tag{6-27}$$

如设湿物料中绝对干燥物料量为 100，其中含水量为W^d，则湿物料量为$100+W^d$，则：

$$W^w=\frac{100W^d}{100+W^d}\quad (\%) \tag{6-28}$$

通常生产中用湿基水分，因为物料总是与大气相接触，而环境空气不是绝对干燥的。物料的干燥程度最多干燥到与大气的湿度相平衡。在实际干燥过程中，没有必要也不可能将物料干燥到绝对干燥的程度。被干燥的物料或多或少总含有一定的水分，用湿基水分对物料做含水率分析较方便。在运算过程中用干基水分，在干燥过程中绝对干燥物料的量是不变的，在运算过程中用干基水分可以直接加减，比较方便。

（三）物料平衡

物料平衡界面取在干燥器进口和出口处。物料平衡包括干燥过程中水分蒸发量的计算和干燥介质消耗量的计算。

1. 干燥过程中水分蒸发量的计算（小时水分蒸发量）

计算时不计干燥过程中的物料飞损

（1）用干基水分计算

蒸发水量＝进干燥器物料中的水分－出干燥器物料中的水分：

$$m_w = m_m^d \frac{\omega_1^d}{100} - m_m^d \frac{\omega_2^d}{100} = m_m^d \frac{\omega_1^d - \omega_2^d}{100} \tag{6-29}$$

式中　m_w——干燥器中物料蒸发的水量，kg/h；

m_m^d——进出干燥器绝对干燥物料量，kg/h；

w_1^d、w_2^d——进、出干燥器物料的干基水分，%。

（2）用湿基水分计算

蒸发水量＝进干燥器湿物料的质量－出干燥器干物料的质量

$$m_w = m_{m1}^w - m_{m2}^w \tag{6-30}$$

因为干燥前后绝对干燥物料量不变，故有：

$$m_m^d = m_{m1}^w\left(1-\frac{\omega_1^w}{100}\right) = m_{m2}^w\left(1-\frac{\omega_2^w}{100}\right)$$

$$= m_{m1}^w\left(\frac{100-\omega_1^w}{100}\right) = m_{m2}^w\left(\frac{100-\omega_2^w}{100}\right) \tag{6-31}$$

$$\frac{m_{m2}^w}{m_{m1}^w} = \frac{100-\omega_1^w}{100-\omega_2^w} \tag{6-32}$$

$$\frac{m_{m1}^w}{m_{m2}^w} = \frac{100-\omega_2^w}{100-\omega_1^w} \tag{6-33}$$

将式（6-32）或式（6-33）分别代入式（6-30）有：

$$m_w = m_{m1}^w \frac{\omega_1^w - \omega_2^w}{100-\omega_2^w} = m_{m2}^w \frac{\omega_1^w - \omega_2^w}{100-\omega_1^w} \tag{6-34}$$

式中　m_{m1}^w——进干燥器的湿物料量，kg/h；

m_{m2}^w——出干燥器的干物料量，kg/h；

ω_1^w、ω_2^w——进、出干燥器物料的湿基水分，%。

【例 6-7】　石灰石进烘干机前的湿基水分为 8%，出烘干机时的湿基水分现设为 0.5%，烘干机出料量为 25t/h，求烘干机内每小时水的蒸发量。

解：已知 m_{m2}^w＝25t/h＝25000kg/h，ω_1^w＝8%，ω_2^w＝0.5%。

由式（6-34）得：$m_w = m_{m2}^w \frac{\omega_1^w - \omega_2^w}{100-\omega_1^w} = 25000 \times \frac{8-0.5}{100-8} = 2038$（kg/h）

即烘干机每小时蒸发 2038kg 水。

2. 干燥介质消耗量的计算（蒸发 1kg 水所需要的干燥介质量）

设干燥介质通过干燥器时既无泄漏，也无额外补充，则绝对干燥的干燥介质量进入和离开干燥器时应相等，但湿含量是不断增加的，干燥时水分蒸发量等于干燥介质湿含量的增量。

（1）用空气作干燥介质时

设干燥介质通过干燥器的绝干空气量为 L（kg 干空气/h），根据水分的平衡，则有：

$$m_w = L(x_2 - x_1) = L(x_2 - x_0)$$

即

$$L = \frac{m_w}{x_2 - x_1} = \frac{m_w}{x_2 - x_0} \quad \text{(kg 干空气/h)} \tag{6-35}$$

令蒸发 1kg 水需用的干空气量为 l（kg 干空气/水），则有：

$$l = \frac{L}{m_w} = \frac{1}{x_2 - x_0} \quad (\text{kg/kgH}_2\text{O}) \tag{6-36}$$

式中 x_0、x_1、x_2——湿空气预热前（冷空气）、进干燥器、出干燥器时的湿含量，%。

折算成湿含量为 x_0 的冷空气量为：

$$L_0 = L + x_0 L = L(1 + x_0) \quad \text{(kg 空气/h)} \tag{6-37}$$

（2）用高温烟气与冷空气的混合气体作干燥介质时

① 蒸发 1kg 水干混合气体的用量 l_{mi}

$$l_{mi} = \frac{L_{mi}}{m_w} = \frac{1}{x_s - x_{mi}} \quad (\text{kg 干混合气/kgH}_2\text{O}) \tag{6-38}$$

式中 L_{mi}——干混合气消耗量，kg 干混合气/h；

x_s、x_{mi}——离开（废气）及进入干燥器的混合气体湿含量，kg 水汽/kg 干混合气。

② 蒸发 1kg 水时高温烟气（燃烧产物）用量 l_{fe}

$$l_{fe} = \frac{l_{mi}}{1+n} \quad (\text{kg 高温烟气/kgH}_2\text{O}) \tag{6-39}$$

③ 令蒸发 1kg 水时干冷空气（混合用）用量 l_a：

$$l_a = n l_{fl} \quad (\text{kg 冷空气/kgH}_2\text{O}) \tag{6-40}$$

三、干燥过程的热量平衡

（一）热量平衡项目

干燥过程的热量平衡计算，通常以物料蒸发 1kg 水分、温度 0℃为基准来计算，以干燥器进出口为平衡界面，如图 6-15 所示。

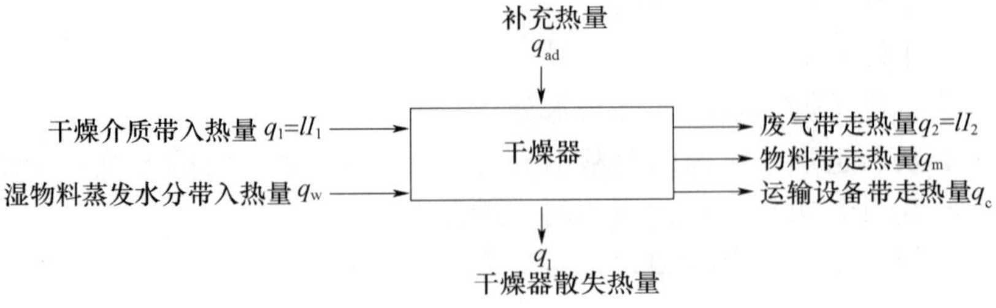

图 6-15　干燥器的热平衡示意图

1. 收入的热量（kJ/kgH_2O）

（1）干燥介质带入的热量 q_1

$$q_1 = lI_1 \tag{6-41}$$

式中　l——蒸发 1kg 水时干燥介质的用量，kg/kgH_2O；

I_1——干燥介质进入干燥器时的热含量，kJ/kg。

（2）湿物料中蒸发部分水所带入的热量 q_w

$$q_w = C_w t_{m1} \tag{6-42}$$

式中　C_w——水的比热，近似可用 4.19kJ/(kg·℃)；

t_{m1}——物料进干燥器时的温度，℃。

（3）干燥器中补充的热量 q_{ad}（如专设的电加热、蒸汽加热或烘干兼粉磨系统中，研磨体摩檫、撞击产生的热量）

$$q_{ad} = \frac{Q_{ad}}{m_w} \tag{6-43}$$

式中　Q_{ad}——单位时间补充的热量，kJ/h；

m_w——每小时蒸发水量，kg/h。

2. 支出的热量（kJ/kgH_2O）

（1）加热干燥物料时所需热量 q_m

$$q_m = \frac{m_{m2}^w}{m_w} c_m^w \ (t_{m2} - t_{m1}) \tag{6-44}$$

由式（6-34）可知：$$\frac{m_{m2}^w}{m_w} = \frac{100 - \omega_1^w}{\omega_1^w - \omega_2^w}$$

出烘干机物料的比热：$C_m{}^w = C_m \dfrac{100 - \omega_2^w}{100} + C_w \dfrac{\omega_2^w}{100}$

代入式（6-44）可得：

$$q_m = \frac{100 - \omega_1^w}{\omega_1^w - \omega_2^w}\left(c_m \frac{100 - \omega_2^w}{100} + c_w \frac{\omega_2^w}{100}\right) (t_{m2} - t_{m1}) \tag{6-45}$$

式中　C_m——绝对值干燥物料的比热，kJ/(kg·℃)，石灰石取 0.92，煤取 1.26，矿渣取 0.84。

（2）废气带走的热量 q_2

$$q_2 = lI_2 \tag{6-46}$$

（3）运输设备在干燥器中吸收的热量 q_c

$$q_c = \frac{G_c}{m_w} c_c \ (t_{c2} - t_{c1}) \tag{6-47}$$

式中　G_c——运输设备的质量，kg/h；

c_c——运输设备的平均比热，kJ/（kg·℃）；

t_{c1}、t_{c2}——运输设备进入及离开干燥器的温度，℃。

（4）干燥器表面散失热量 q_l

$$q_l = 3.6 \frac{KF\Delta t}{m_w} \tag{6-48}$$

式中　K——干燥器表面与环境之间的传热系数，W/(m^2·℃)，对回转烘干机可参照表 6-3 选用；

Δt——干燥器表面与周围环境的温差，℃；

F——干燥器外表面面积，m^2；

m_w——每小时蒸发的水量，kg/h。

表 6-3 回转烘干机筒体表面传热系数 K [W/(m^2·℃)]

Δt (℃)	不同外界风速下的表面传热系数				
	0 (m/s)	2 (m/s)	4 (m/s)	6 (m/s)	8 (m/s)
40	9.78	20.93	26.75	31.63	36.05
50	10.47	22.56	27.56	32.45	36.98
100	13.96	25.59	31.87	36.75	41.17
150	17.45	29.42	36.29	41.17	45.47
200	20.93	33.61	40.71	—	—
250	24.54	—	—	—	—

(二) 干燥器的热量平衡

由上述平衡项目，根据能量守恒原理，可以写出干燥器蒸发 1kg 水分的热平衡方程式：

收入热量＝支出热量

即
$$q_1+q_w+q_{ad}=q_m+q_2+q_l \quad (6\text{-}49)$$

上式整理可得：
$$l\ (I_2-I_1)\ =(q_{ad}+q_w)\ -(q_m+q_l) \quad (6\text{-}50)$$

令蒸发 1kg 水分增补的热量（$q_{ad}+q_w$）与总热损失（q_m+q_l）之差用“Δ”表示：

$$(q_{ad}+q_w)\ -(q_m+q_l)\ =\Delta \quad (6\text{-}51)$$

则
$$l\ (I_2-I_1)\ =\Delta \quad (6\text{-}52)$$

(三) 干燥过程

按 Δ 值不同，干燥过程可分三种情况：

(1) Δ＝0 理论干燥过程。Δ＝0 时，表示在干燥器增补的热量等于散失的总热量，称为理论干燥过程。在一般的干燥过程中，干燥器内没有增补的热量，即 $q_{ad}=0$，物料带入的热量是很微小的，可以忽略。所以，$\Delta=-(q_l+q_{m2})$，即 Δ 就是热损失总和。Δ＝0，就意味着没有热损失。所以理论干燥过程也可以看作没有热损失的理想干燥过程。在理论干燥过程中，$I_1=I_2$，即等热含量过程。在此过程中干燥介质的温度虽然降低了，但湿含量增大了，所以热含量不变。这种情况在干燥作业中是不可能的。

(2) Δ＞0 实际干燥过程。Δ＞0 时，表示在干燥器中补充的热量大于热量损失之和，此时干燥介质离开干燥器时的热量大于进入干燥器时的热量，即 $I_1>I_2$。这种情况在实际生产中一般也是少见的。

(3) Δ＜0 实际干燥过程。Δ＜0 时，表示干燥过程中干燥器的所有热损失之和大于补充热量，或干燥器无补充热量。大多数实际干燥过程属于这种情况。此时干燥介质离开干燥器时的终态热含量 I_2 小于进入干燥器时的初态值 I_1。

(四) 干燥过程热耗及煤耗的计算

1. 蒸发 1kg 水的热耗计算

(1) 用空气作干燥介质时

$$q=l\ (I_1-I_0)\ =l\ (I_2-I_0)+\Delta \quad (kJ/kgH_2O) \quad (6\text{-}53)$$

（2）用高温烟气与冷空气的混合气体作干燥介质时

$$q=m_f Q_{net,ar}=\frac{l_{mi}Q_{net,ar}}{\left[1.293\alpha V_a^0+1-\frac{A_{ar}+9\omega_{ar}(H)+M_{ar}}{100}\right](1+n)}\quad (kJ/kgH_2O) \tag{6-54}$$

式中　m_f——蒸发1kg水的燃料消耗量，kg/kg。

蒸发1kg水分所需空气量（包括供燃烧室燃烧用空气与混合室的空气）近似和进入干燥器的干混合气体量相等，燃料带入的显热也是极弱的，可以忽略。所以蒸发1kg水分热量消耗可用式（6-54）近似计算：

$$q=l_{mi}(I_{mi}-I_0)=\frac{I_{mi}-I_0}{x_s-x_{mi}}\quad (kJ/kgH_2O) \tag{6-55}$$

式中　l_{mi}——蒸发1kg水所需消耗的绝对干混合气体量，kg/kgH_2O；

x_s，x_{mi}——废气、进干燥器干燥介质的湿含量，kg/kg；

I_{mi}——进干燥器前混合气体的热含量，kJ/kg干烟气；

I_0——空气的热含量，kJ/kg干空气。

2. 煤耗计算

小时耗煤量为：

$$m_c=\frac{qm_w}{Q_{net,ar}\eta}\quad (kg/h) \tag{6-56}$$

式中　$Q_{net,ar}$——煤的收到基低位发热量，kJ/kg；

η——燃烧室热效率，人工喂煤取0.8，煤粉燃烧室取0.9。

单元五　干燥的物理过程

前面所讨论的干燥过程的物料平衡和热平衡仅说明在静态条件下，干燥系统的初态与终态之间的关系，并不涉及干燥速度等问题。在实际工业生产中，干燥介质与物料是相对运动的，接触的时间较短，彼此间的物理参数处于连续变化的状态。了解动态条件下干燥系统的质量和能量之间的关系及影响干燥速率的因素，对指导生产有着重要意义。本节将讨论在动态条件下干燥系统的干燥速率等问题。

一、物料中水分的性质

关于物料中水分的性质的分类，包括水在物料中存在的形式、水与物料结合的强弱、物料在干燥过程中水分排除的难易和限度等。分类的方法、内容和名称等在一些著作中不尽相同，常用的有以下几种。

（一）机械结合水、物理化学结合水与化学结合水

按水和物料结合的方式分类，可分为如下三种。

1. 机械结合水

机械结合水包括物料表面的润湿水、孔隙中的水及粗孔（半径大于10^{-5}cm）毛细管水等。这类水是由于物料直接与水接触而吸收的，基本上与物料呈机械结合状态，结合的牢固性最弱，在干燥过程中首先被排除。机械结合水在蒸发时，物料表面的水蒸气分压等于同温度下纯水的饱和蒸气压，即湿物料在干燥过程的初始阶段，物料表面水分的蒸发与物料表面温度（湿球温度）下自由液面上水的蒸发一样，因此，极易用加热蒸发的方法除去。

机械结合水中的孔隙水和粗毛细管水排除后，物料颗粒相互靠拢，体积收缩，产生收缩应力，如干燥过急，会使制品变形或开裂。如陶瓷和耐火材料等黏土质制品在干燥的初始期阶段，若干燥速率过大时，会产生较大的收缩应力而变形或开裂。

2. 物理化学结合水

物理化学结合水包括吸附水、渗透水、微孔（半径小于 10^{-5}cm）毛细管水及结构水等。物料表面吸附作用形成的水膜及水与物料颗粒形成的多分子和单分子吸附层水膜，统称为吸附水；通过细胞半透壁的水称为渗透水，渗透水是由物料组织壁内外间水分浓度差产生的渗透压造成的，如纤维皮壁所含的水分；结构水存在于物料组织内部，如胶体中的水。

这些水与物料呈物化方式结合，结合力很强，所此产生的蒸汽压小于同温度下自由液面的饱和蒸汽压。它在干燥时较难除去，故又称结合水。陶瓷制品在干燥过程中排除物理化学结合水阶段，基本上不产生收缩，不产生应力，其干燥速度可以尽可能提高，不会发生变形和开裂。

3. 化学结合水

化学结合水通常以结晶水的形式包括在物料的矿物分子组成中，如高岭土（$Al_2O_3 \cdot 2SiO_2 \cdot 2H_2O$）中的结晶水等。化学结合水与物料结合得最牢固，一般需要在较高的温度下才能排除，如高岭土中的结晶水需在 400～500℃时才能被分解出来，并导致晶体的破坏。这类水在干燥时不能排除，不属于干燥范围。

物料中含水形式的种类与物料的性质和结构有关。有的物料如黏土等，上述三种形式的水都存在。而有些物料，如砂土、石灰石等，仅含一种或两种形式的水分。

（二）平衡水分和自由水分

按物料在一定干燥条件下，物料中水分能否用干燥方法排除分类，可分为平衡水分和自由水分。

1. 平衡水分

当物料与一定温度和湿度的空气接触时，将排除水分或吸收水分，直到物料表面所产生的水蒸气压与空气中的水蒸气气压相等，此刻达到平衡，物料中所含的水分达到一个定值，不再蒸发，这个水分就称为平衡水分。平衡水分的意义在于它代表在一定的温度、相对湿度下，干燥介质可以干燥除去的物料水分的限度。

影响平衡水分的因素很多，如干燥介质的温度愈高，蒸发能力就愈强，则平衡水分就愈小；干燥介质的相对湿度愈小，蒸发能力也就愈强，平衡水分也愈小。此外，还与湿物料的性质有关。一般来说，多孔吸湿性强的物料（如木材）的平衡水分较高，而不吸湿的物料（如砂子）的平衡水分较低，甚至接近零。

物料在干燥过程中因受时间的限制，不可能达到平衡水分，更不可能要求在该条件下物料的最终水分低于平衡水分。

2. 自由水分

物料中所含的大于平衡水分的那一部分水就称为自由水分，自由水分在干燥过程中是可以除去的水分。所以，物料中所含的总水分是平衡水分和自由水分之和。

（三）结合水分和非结合水分

按物料中水分除去的难易程度分类，可分为结合水和非结合水。

1. 结合水

结合水包括化学结合水、物化结合水。这些水分与物料的结合力较强，不易通过干燥排除。如水泥原料中，黏土主要含结合水，因此不易干燥。

2. 非结合水

非结合水即机械结合水，这类水分很容易干燥除去。有些物料只含非结合水（如砂子），因此很容易干燥，有些物料含非结合水的比重比较大（如石灰石、煤、矿渣等），也很容易干燥。

对一定的物料，平衡水分 W_b为空气的温度 t 和相对湿度 φ 的函数。

$$W_b=f(t,\ \varphi) \tag{6-57}$$

当空气温度 t 一定时：
$$W_b=f(\varphi) \tag{6-58}$$

将平衡水分与空气的相对湿度的关系曲线称为平衡水分曲线。上述各种水分之间的关系，可用平衡水分曲线来表示。

图 6-16 为某黏土的平衡水分曲线。延长该曲线使之与 $\varphi=100\%$的轴相交，则小于此交点的水分（图 6-16 上所示为 8%）皆为结合水分，而大于此点的水分则为非结合水分。

图 6-16 中，当 $\varphi=60\%$时，该黏土的平衡水分为 3%，于是水分高于 3%的黏土在此干燥介质中能被干燥。如要使黏土平衡水分低于 3%，则在同温度下必须降低干燥介质的相对湿度，即相对湿度应低于 60%。由此可知，当干燥介质状态一定时，物料中的平衡水分就是干燥可能达到的最低水分。

二、物料干燥过程机理

当固体物料中的水分高于平衡水分而与干燥介质接触时，由于物料表面水分的水蒸气分压高于干燥介质的水蒸气分压，物料表面的水分蒸发并从干燥介质中吸收热量，然后热量由表面向内部传送。由于表面水分逐渐减少，使物料内部与表面之间形成水分含量差，于是物料内部水分源源不断向表面扩散（称内扩散）并在表面气化，再由干燥介质连续不断地将气化的水分带走，从而达到物料干燥的目的。

由此可见，固体物料的干燥包含热量传递和质量传递两个过程，只有这两个过程同时发生，干燥才能进行下去。前者促进后者，即干燥介质向物料传热（传热过程），使水分蒸发而产生传质过程。传质过程包括物料表面的水蒸气向干燥介质中移动的气相传质，和物料内部的水分向蒸发表面扩散移动的固体内部的传质，如图 6-17 所示。

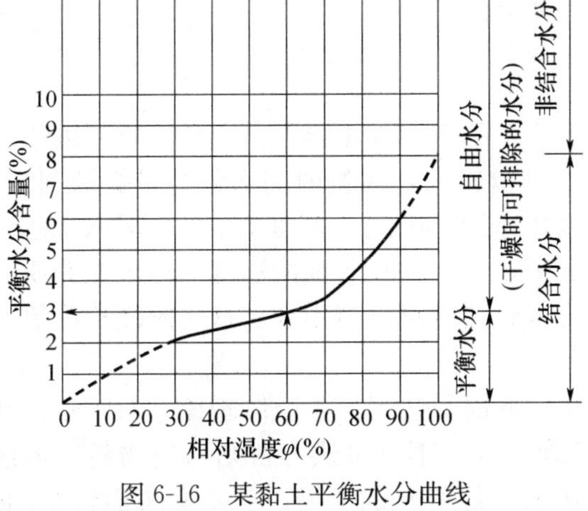

图 6-16　某黏土平衡水分曲线

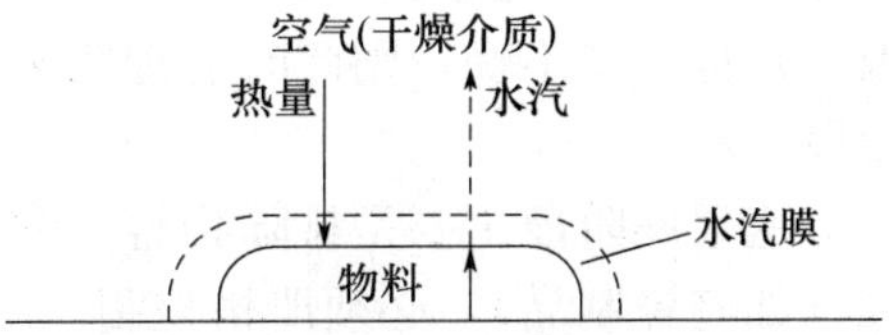

图 6-17　干燥示意

三、干燥速率及干燥过程

物料的干燥过程是由内扩散和外扩散组成并伴随传热的传质过程。假定物料在干燥过程中不发生化学变化，且干燥介质具有特定的温度和相对湿度，则物料的干燥速率[kg/(m^2・h)]、蒸发水分量（kg/h）及表面温度随时间的变化关系如图 6-18 所示。整个干燥过程可以分为如下几个阶段。

1. 加热阶段

物料原来的温度较低，与热干燥介质接触时，热干燥介质就会传热给物料表面。此时，由于单位时间内传给物料表面的热量远大于表面水分蒸发所需要的热量，故物料表面的温度迅速上升，直至达到干燥介质的湿球温度，此时单位时间内热干燥介质传给物料表面的热量与物料表面水分蒸发所消耗的热量刚好相等，达到图 6-18 中 A 点所示的平衡状态。在这一阶段中，物料表面被加热，温度升高，水分开始蒸发，水分量开始减少，干燥速率也不断增加，但在这一阶段总的时间很短，排除的水分量不多。

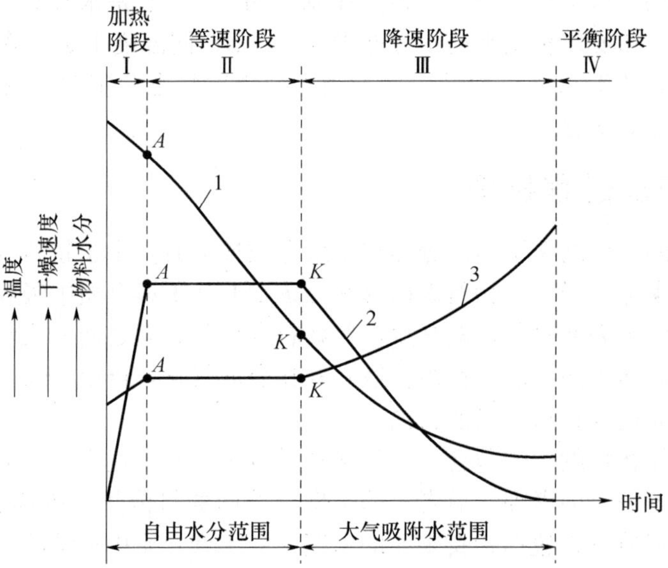

图 6-18　干燥过程曲线

曲线 1—物料中水分随时间变化关系；曲线 2—干燥速度与时间关系；
曲线 3—物料表面温度与时间关系

2. 等速干燥阶段

当物料的表面温度等于干燥介质的湿球温度后，物料温度不再上升，传给物料的热量完全用来蒸发水分。在此阶段中，由于物料中含水分量较大，物料内部水分容易扩散到表面，而物料内部水分移动速度能适应物料表面水分汽化速度。因此，表面总是维持湿润状态。若干燥介质的湿度、温度、速度及与物料接触情况恒定，而物料表面的温度（即干燥介质的湿球温度）也维持不变，则此时的传热速率及水分汽化速度可维持不变。这一阶段称为等速干燥阶段。

等速干燥阶段主要是排除物料中的非结合水。此时，物料产生收缩现象。对于塑性高的制品（如陶瓷制品），必须严格控制此阶段的干燥速度，不宜过快，否则易使物料变形或开裂。但对于水泥生产原料（如黏土、石灰石、矿渣、煤等）的干燥，就不必考虑这个问题。

它对工艺要求无影响，相反地，提高干燥速度，会缩短所需的时间而提高产量。

3. 降速干燥阶段

待物料所含水分低于某一限度时，内部向表面传递的水分少，表面蒸发的水分多，表面不再维持湿润，向外界蒸发的水分也逐渐减少，干燥速率逐渐下降，这一阶段称为降速干燥阶段。

由等速干燥阶段转入降速干燥阶段时经历一个转折点，这个转折点称为临界点。物料在此点时所含的水分称为临界水分。达到临界点的物料表面开始产生干涸现象，干燥速度开始下降。在降速阶段中，由于物料内部水分移动速度赶不上物料表面水分汽化速度，物料表面（尤其突出部分）将变干，物料表面温度逐渐上升，热量向内部传递，至表面全部干涸后，则蒸发表面移向内部，水分在内部汽化成水蒸气后移向表面而逸出。由于物料中水分量越来越少，而水分移动时所遇到的阻力越来越大，故后期干燥速度下降甚剧，直至最后物料中的水分与热干燥介质的湿度成平衡，即物料的水分含量已达到在一定干燥条件下的平衡水分时，干燥即停止进行。在平衡水分时，干燥速率等于零。

此阶段主要是排除吸附水，干燥过程不再产生收缩，仅增加制品的孔隙。降速干燥阶段结束时，物料所含水分称为最终水分。如果物料出干燥器的最终水分低于物料在外界空气中的平衡水分，物料在空气中不久就会由空气中吸收水汽达到平衡水分。

上面所说的临界水分是指，在等速干燥阶段终了时物料整体中所含的平均水分，其数值并不是固定不变的，它与干燥速度、物料厚度及物料内水分移动（内扩散）的难易有关。干燥速率大、物料厚、物料内水分移动困难（阻力大），均能使表面较早地达到不完全润湿状态，亦即临界水分的含量越高。

四、影响干燥速率的因素

由前可知，物料的干燥过程，主要是依靠干燥介质的传热和物料中的水变为蒸汽向干燥介质扩散两个过程来实现的。这两个过程进行的速度越快，则干燥速度就越大。因此，影响干燥速度的因素实质上是影响传热速度与扩散速度的因素。

（1）干燥介质的温度。干燥介质的温度越高，干燥速度越大。因为干燥介质与物料温差越大，传热速度越大。若使用高温烟气直接干燥，则可以获得更好的传热效果。因此，只要物料的工艺性质及干燥设备允许，就应尽量采用高温烟气。

（2）干燥介质的相对湿度。相对湿度越低，水分汽化越快，干燥速度就会越大。如用烟气作干燥介质，则其湿度与空气的湿度和燃烧时燃料的水分及含氢量有关。增大排风量可以及时排除由于干燥后湿度增大的干燥介质，更换成湿度较低的干燥介质。

（3）干燥介质的流速。干燥介质的流速越高，对流传热量越大；同时干燥介质的流速越高，则可以减薄物料表面层流底层的厚度（它是传热及蒸汽扩散的主要阻力），对传热和传质都有好处，可以强化干燥速度。但是流速过大，粉状物料易飞扬，而且流体阻力会增加，从而加大能量消耗。回转烘干机出筒体风速一般控制在 1.5～3m/s 为宜。流速的大小主要决定于排风机的排风。

（4）干燥介质与物料的接触面。干燥介质与物料的接触面越大，干燥速度越高。故在干燥时将固体物料破碎（可以增大表面积，还可以缩短内部扩散的途径，降低扩散阻力），或使物料在悬浮状态下干燥，或在回转烘干机内增加扬料板或格板，都能增加干燥介质与物料的接触面积，提高干燥速度，缩短干燥时间。

（5）物料的性质、结构。物料的性质、结构不同，它的化学组成与水分结合的方式就不同。有的物料以非结合水为主，有的物料以结合水为主。很明显，结合水越高，干燥时间越长（因结合水的蒸汽压较低，同时内部水的扩散阻力也较大）。另外，物料的性质、结构不同，在同样条件下干燥，其干燥速度也不一样。水泥工业中，矿渣比黏土易干燥；而同为黏土，塑性较大的黏土就比疏松结构的黏土难于干燥。

（6）物料的水分量。物料的最初水分、最终水分（干燥要求的）以及临界水分，决定着等速干燥阶段及降速干燥阶段的长短，因此影响到干燥时间。由于等速阶段的干燥速度大于降速阶段的干燥速度，因此，临界水分太高以及要求的最终水分过低，都会增大降速阶段的时间，使总的干燥时间增长。

（7）干燥机的构造。合理的尺寸、结构型式、良好的密封和操作情况，以及适当提高回转烘干机的转速，将有利于提高干燥速度，缩短干燥时间。

本情境小结

1. 湿空气的性质。

2. I—x 图上共有六组图线：等 x 线、等 I 线、等 t 线、等 t_{wb}线、等 φ 线和水蒸气分压线。

3. I—x 图的应用，确定状态点及其状态参数，包括湿空气状态点的确定；冷空气预热后状态点的确定；烟气状态点的确定；冷、热气体混合后状态点的确定。

4. 干燥介质消耗量及小时水分蒸发量的计算；热耗及煤耗的计算。

5. 物料干燥的物理过程，包括物料所含水分的性质、干燥机理、干燥速度曲线、影响干燥速度的因素。

思考题

1. 什么是湿空气的 I—x 图？为什么要用 I—x 图来确定湿空气的状态参数？

2. 试根据物料的干燥机理谈如何提高物料的干燥速率。

3. 分析比较等速干燥阶段与降速干燥阶段的干燥机理有何不同。

习　题

1. 用干湿球温度计测得湿空气的干、湿球温度分别为 30℃及 25℃，用 I—x 图求出该空气的其他状态参数。

2. 在预热器内将温度为 24℃，相对湿度为 70％的空气加热到 90℃，试求加热后空气的其他状态参数。

3. 已知空气的温度为 20℃，相对湿度为 30％；烟气的温度为 1200℃，湿含量为 0.04kg/kg 干烟气，若要求混合其体的温度为 90℃，求空气与烟气的混合比。

4. 用烘干机将湿基初水分为 22％的矿渣烘干到湿基终水分为 1％，烘干机喂料量为 30t/h，求烘干机的产量及小时水分蒸发量。

5. 初温为 20℃，相对湿度为 60％的空气，经预热到 110℃后进入干燥器，废气离开干燥器的温度为 60℃。试求当：(1) $\Delta=0$；(2) $\Delta=-1200kJ/kgH_2O$ 时蒸发 1kg 水所需的干空气量及热耗。(已知大气压为 750mmHg)

6. 用燃烧室产生的高温烟气掺入冷空气作为干燥介质，每小时蒸发量 300kg 水。空气的初温为 20℃，相对湿度为 50%，干燥介质进干燥器的温度为 160℃，出干燥器的温度为 60℃，$\Delta=-900kJ/kgH_2O$。燃烧室的热效率 $\eta=0.82$，燃料的比热 $c_f=2.0kJ/(kg·℃)$。过剩空气系数 $\alpha=1.40$。煤的收到基成分如下（%）：

$\omega_{ar}(C)$	$\omega_{ar}(H)$	$\omega_{ar}(O)$	$\omega_{ar}(N)$	$\omega_{ar}(S)$	M_{ar}	A_{ar}
36.7	2.70	11.1	0.70	3.20	20.60	25.0

求：(1) 每小时干混合气的消耗量；(2) 每小时干空气的用量；(3) 每小时的煤耗量。

附录1　国际制、工程制单位换算表

物理量名称	工程制单位		国际制单位			换算关系
	单位	代号	单位	代号	因次式	
长度	米	m	米	m	L	
质量	$\frac{公斤力 \cdot 秒^2}{米}$	$\frac{kgf \cdot s^2}{m}$	公斤 （或千克）	kg	M	$1kg \cdot s^2/m=9.80665kg$ $1kg=0.101972kgf \cdot s^2/m$
力	公斤力	kgf	牛顿	N	LMT^{-2}	1kgf=9.80665 1N=0.101972kgf
时间	秒	s	秒	s	T	
压力（压强）	公斤力/米^2 公斤力/厘米^2 标准大气压 毫米水柱 毫米汞柱	kgf/m^2 kgf/cm^2 atm mmH_2O mmHg	帕斯卡	Pa	$L^{-1}MT^{-2}$	$1kgf/m^2=1mmH_2O=9.80665Pa$ $1kgf/cm^2$（工程大气压）=98.0665kPa 1atm=101.325kPa 1mmHg=133.332Pa
密度	$\frac{公斤力 \cdot 秒^2}{米^4}$	$\frac{kgf \cdot s^2}{m^4}$	公斤/米^3	kg/m^3	$L^{-3}M$	$1kgf \cdot s^2/m^4=9.80665Pa \cdot s$ $1kg/m^2=0.101972kgf \cdot s/m^4$
速度	米/秒	m/s	米/秒	m/s	LT^{-1}	
动力黏度	$\frac{公斤力 \cdot 秒}{米^2}$	$\frac{kgf \cdot s^2}{m^4}$	帕·秒	Pa·s	L^2M^{-2}	$1kgf \cdot s/m^2=9.80665Pa \cdot s$ $1Pa \cdot s=0.101972kgf \cdot s/m^2$
运动黏度	米/秒	m/s	米/秒	m/s	LT^{-1}	
工、能、热	公斤力·米 千卡 千瓦·小时	kgf·m kcal kW·h	焦耳	W	L^2MT^{-2}	1kgf·m=9.80665J 1kcal=4186.8J=4.1868kJ 1kW·h=3600kJ
功率热流	公斤力·米/秒 千卡/时 马力	kgf·m/s kcal/h HP	瓦	W	L^2MT^{-3}	1kgf·m/s=9.80665W 1W=0.101972kgf·m/s 1kW=1.359HP 1HP=0.7355kW 1kcal/h=1.163W
温度	度	℃	开尔文	K	θ	温差1=1K
比热	千卡/ （公斤力·度）	kcal/ （kgf·℃）	焦/ （公斤·开）	J/ （kg·K）	$L^2T^{-2}\theta^{-1}$	1kcal/（kgf·℃）=4.1868kJ/（kg·K） 1kg/（kg·K）=0.239kcal/（kgf·℃）
导热系数	千卡/ （米·时·度）	kcal/ （m·h·℃）	瓦/ （米^2·开）	W/ （m·K）	$LMT^{-3}\theta^{-1}$	1kcal/（m·h·℃）=1.163W/（m·K） 1W/（m·K）=0.8598kcal/（m·h·℃）
传热系数	千卡/ （米^2·时·度）	kcal/ （m^2·h·℃）	瓦/ （米^2·开）	W/ （m^2·K）	$MT^{-3}\theta^{-1}$	1kcal/（m^2·h·℃）=1.163W/（m^2·K） 1W/（m^2·K）=0.8598kcal/（m^2·h·℃）

注：将m、kg、s、K代入因次式中的L、M、T、θ就是国际单位制用基本量表示的关系式。

附录 2　常用材料物理参数

（一）耐火材料的物理参数

材料名称	密度 ρ（kg/m³）	最高使用温度（℃）	平均比热容 c_p [kJ/(kg·℃)]	导热系数 λ [W/(m·℃)]
黏土砖	2070	1300～1400	$0.84+0.26\times10^{-3}t$	$0.835+0.58\times10^{-3}t$
硅砖	1600～1900	1850～1950	$0.79+0.29\times10^{-3}t$	$0.92+0.7\times10^{-3}t$
高铝砖	2200～2500	1500～1600	$0.84+0.23\times10^{-3}t$	$1.52+0.18\times10^{-3}t$
镁砖	2800	2000	$0.94+0.25\times10^{-3}t$	$4.3-0.51\times10^{-3}t$
滑石砖	2100～2200	—	1.25（300)℃时	$0.69+0.63\times10^{-3}t$
莫来石砖（烧结）	2200～2400	1600～1700	$0.84+0.25\times10^{-3}t$	$1.68+0.23\times10^{-3}t$
铁矾土砖	2000～2350	1550～1800		1.3（1200 时）
刚玉砖（烧结）	2600～2900	1650～1800	$0.79+0.42\times10^{-3}t$	$2.1+1.85\times10^{-3}t$
莫来石砖（电融）	2850	1600		$2.33+0.163\times10^{-3}t$
煅烧白云石砖	2600	1700	1.07（20℃～760℃）	3.23（2000℃时）
镁橄榄石砖	2700	1600～1700	1.13	8.7（400℃时）
熔融镁砖	2700～2800	—		$4.63+5.75\times10^{-3}t$
铬砖	3000～3200	—	$1.05+0.29\times10^{-3}t$	$1.2+0.41\times10^{-3}t$
铬镁砖	2800	1750	$0.71+0.39\times10^{-3}t$	1.97
碳化硅砖甲/乙	>2650 >2500	1700～1800	$0.96+0.146\times10^{-3}t$	9～10（1000℃时） 7～8（1000 时）
碳素砖	1350～1500	2000	0.837	$23+34.7\times10^{-3}t$
石墨砖	1600	2000	0.837	$162-40.5\times10^{-3}t$
锆英石砖	3300	1900	$0.54+0.125\times10^{-3}t$	$1.3+0.64\times10^{-3}t$

（二）隔热材料的物理参数

材料名称	密度 ρ (kg/m³)	允许使用温度 (℃)	平均比热容 c_p [kJ/(kg·℃)]	导热系数 λ [W/(m·℃)]
轻质黏土砖	1300 1000 800 400	1400 1300 1250 1150	$0.84+0.26\times10^{-3}t$	$0.41+0.35\times10^{-3}t$ $0.29+0.26\times10^{-3}t$ $0.26+0.23\times10^{-3}t$ $0.092+0.16\times10^{-3}t$
轻质高铝砖	770 1020 1330 1500	1250 1400 1450 1500	$0.84+0.26\times10^{-3}t$	$0.66+0.08\times10^{-3}t$
轻质硅砖	1200	1500	$0.22+0.93\times10^{-3}t$	$0.58+0.43\times10^{-3}t$

续表

材料名称	密度 ρ (kg/m^3)	允许使用温度 (℃)	平均比热容 c_p [kJ/(kg·℃)]	导热系数 λ [W/(m·℃)]
硅藻土砖	450 650	900	$0.113+0.23\times10^{-3}t$	$0.063+0.14\times10^{-3}t$ $0.10+0.228\times10^{-3}t$
膨胀蛭石 水玻璃蛭石	60～280 400～450	1100 800	0.66	$0.058+0.256\times10^{-3}t$ $0.093+0.256\times10^{-3}t$
硅藻土石棉粉 石棉绳 石棉板	450 800 1150	300 600	0.82	$0.07+0.31\times10^{-3}t$ $0.073+0.31\times10^{-3}t$ $0.16+0.17\times10^{-3}t$
矿渣棉 矿渣棉砖	150～180 350～450	400～500 750～800	0.75	$0.058+0.16\times10^{-3}t$ $0.07+0.51\times10^{-3}t$
红砖	1750～2100	500～700	$0.80+0.31\times10^{-3}t$	$0.47+0.51\times10^{-3}t$
珍珠岩制品	220	1000		$0.052+0.029\times10^{-3}t$
粉煤灰泡沫混凝土 水泥泡沫混凝土	500 450	300 250		$0.099+0.198\times10^{-3}t$ $0.10+0.198\times10^{-3}t$

（三）建筑材料的物理参数

材料名称	密度 ρ (kg/m^3)	比热容 c_p [kJ/(kg·℃)]	导热系数 λ [W/(m·℃)]
干土	1500	—	0.138
湿土	1700	2.01	0.69
鹅卵石	1840	—	0.36
干砂	1500	0.795	0.32
湿砂	1650	2.05	1.13
混凝土	2300	0.88	1.28
轻质混凝土	800～1000	0.75	0.41
钢筋混凝土	2200～2500	0.837	$1.55+2.9\times10^{-3}t$
块石砌体	1800～7000	0.88	1.28
地沥青	2110	2.09	0.7
石膏	1650	—	0.29
玻璃	2500	—	0.7～1.04
干木板	250	—	0.06～0.21

注：表中除钢筋混凝土的热导率是温度的函数外，其他均为20℃时的参数。

附录3　干空气的物理参数（常压下空气的物理参数）

μ、λ、c_p 和 Pr 的数值同压力的关系不大，因而可在相当广泛的压力范围内应用。

T (K)	ρ (kg/m^3)	c_p [kJ/(kg·℃)]	$\mu\times10^5$ (Pa·s)	$v\times10^6$ (m^2/s)	λ [W/(m·℃)]	$a\times10^4$ (m^2/s)	Pr
100	3.6010	1.0266	0.6924	1.923	0.009246	0.02501	0.779
150	2.3675	1.0099	1.0293	4.343	0.101375	0.05745	0.753
200	1.7684	1.0061	1.3289	7.49	0.01809	0.10165	0.739
250	1.4128	1.0053	1.488	9.49	0.02227	0.13161	0.722
300	1.1774	1.0057	1.983	15.68	0.02624	0.2216	0.708
350	0.9980	1.0090	2.075	20.76	0.03003	0.2983	0.697
400	0.8826	1.0140	2.286	25.90	0.03365	0.3760	0.689
450	0.7883	1.0207	2.484	28.86	0.03707	0.4222	0.683
500	0.7048	1.0295	2.671	37.90	0.04038	0.5564	0.680
550	0.6423	1.0392	2.848	44.34	0.04360	0.6532	0.680
600	0.5879	1.0551	3.018	51.34	0.04659	0.7512	0.680
650	0.5430	1.0635	3.177	58.51	0.04953	0.8578	0.682
700	0.5030	1.0572	3.332	66.25	0.04953	0.9672	0.684
750	0.4709	1.0856	3.481	73.91	0.05230	1.0774	0.686
800	0.4405	1.0978	3.625	82.29	0.05509	1.1951	0.689
850	0.4149	1.1095	3.765	90.75	0.06028	1.3097	0.692
900	0.3925	1.1212	3.899	99.3	0.06279	1.4271	0.696
950	0.3716	1.1321	4.023	108.2	0.06525	1.5510	0.699
1000	0.3524	1.1417	4.152	117.8	0.06752	1.6779	0.702
1100	0.3204	1.160	4.44	138.6	0.0732	1.969	0.704
1200	0.2947	1.179	4.69	159.1	0.0782	2.251	0.707
1300	0.2707	1.197	4.93	182.1	0.0837	2.583	0.705
1400	0.2515	1.214	5.17	206.5	0.0891	2.290	0.705
1500	0.2355	1.230	5.40	229.1	0.0946	3.262	0.705
1600	0.2211	1.248	5.63	254.5	0.100	3.609	0.705
1700	0.2082	1.267	5.85	280.5	0.105	3.977	0.705
1800	0.1970	1.287	6.07	308.1	0.111	4.379	0.704
1900	0.1858	1.309	6.29	338.5	0.117	4.811	0.704
2000	0.1762	1.338	6.50	369.0	0.124	6.260	0.702
2100	0.1682	1.372	6.72	399.6	0.131	6.715	0.700
2200	0.1602	1.419	6.93	423.6	0.139	6.120	0.707
2300	0.1538	1.482	7.14	464.0	0.149	6.540	0.710
2400	0.1458	1.574	7.35	504.0	0.161	7.020	0.718
2500	0.1394	1.688	7.57	543.5	0.175	7.441	0.730

附录 4　烟气的物理参数

t (℃)	ρ (kg/m³)	c_p [kJ/(kg·℃)]	$\lambda \times 10^3$ [W/(m·℃)]	$a \times 10^{-6}$ (m²/s)	$\mu \times 10^{-6}$ (Pa·s)	$v \times 10^{-4}$ (m²/s)	Pr
0	1.295	1.042	2.28	16.9	15.8	12.20	0.72
100	0.950	1.068	3.13	30.8	20.4	21.54	0.69
200	0.748	1.097	4.01	48.9	24.5	32.80	0.67
300	0.617	1.112	4.84	59.9	28.2	45.81	0.65
400	0.525	1.151	5.70	94.3	31.7	60.38	0.64
500	0.457	1.185	6.55	121.1	34.8	76.30	0.63
600	0.405	1.214	7.42	160.9	37.9	93.61	0.62
700	0.363	1.293	8.27	183.8	40.7	112.1	0.61
800	0.330	1.264	9.15	219.7	43.4	131.8	0.60
900	0.301	1.290	10.00	258.0	45.9	152.5	0.59
1000	0.275	1.306	10.00	303.4	48.4	174.3	0.58
1100	0.257	1.323	11.75	345.5	50.7	197.1	0.57
1200	0.240	1.340	12.62	392.4	53.0	221.0	0.56

注：本表是指烟气在压力等于 101325Pa（760mmHg）时的物性参数。烟气中各气体的体积成分为：$V_{CO_2}=13\%$，$V_{H_2O}=11\%$，$V_{N_2}=76\%$。

附录 5　热工设备不同温差、不同风速的散热系数

（一）转动设备

散热系数 α [kJ/(m² · h · ℃)] ／ 风速 (m/s) ／ 温差 Δt (℃)	0	0.24	0.48	0.69	0.90	1.20	1.50	1.75	2.0
40	45.16	50.60	56.03	61.47	66.92	75.69	84.47	93.25	102.03
50	47.67	53.11	58.54	63.98	69.42	78.61	87.40	96.18	104.54
60	50.18	56.03	61.47	66.91	71.92	81.42	89.90	98.69	107.47
70	52.69	58.54	64.40	69.83	74.85	84.05	92.83	101.61	110.39
80	54.78	61.05	66.91	72.34	77.36	86.56	95.34	104.12	112.90
90	57.29	63.56	69.83	74.85	79.87	89.07	97.85	106.63	115.83
100	59.80	66.07	72.34	77.78	82.80	92.00	100.78	109.56	118.34
110	62.31	68.58	74.85	80.29	85.31	94.50	103.29	112.07	120.85
120	64.82	71.09	77.36	82.80	88.23	97.43	106.21	114.69	123.30
130	67.32	74.01	80.29	85.70	90.74	99.94	109.14	117.50	124.19
140	70.25	76.52	82.80	88.23	93.25	102.45	111.23	120.01	124.61
150	72.34	79.03	85.72	91.16	96.18	105.38	114.58	120.85	125.45
160	74.85	81.54	88.23	93.67	99.10	108.30	115.83	121.27	125.87
170	76.94	84.05	91.16	96.60	101.61	110.81	116.25	121.69	126.28
180	79.45	86.56	93.67	99.10	104.54	111.23	116.67	122.10	126.70
190	82.00	89.07	96.18	101.61	106.63	112.07	117.09	122.52	127.12
200	84.47	92.00	99.10	104.12	107.05	112.90	117.92	122.94	127.54
210	86.98	94.50	101.61	104.54	107.89	113.32	118.34	123.36	127.90
220	89.49	97.01	102.03	105.38	108.72	114.16	118.76	123.78	128.30
230	92.00	97.85	102.49	105.79	109.14	114.58	119.18	124.19	128.79
240	94.50	98.69	102.37	106.21	109.56	114.99	119.56	124.61	129.63

（二）不转动设备

散热系数 α [kJ/(m^2·h·℃)] \ 风速（m/s） / 温差 Δt（℃）	0	2.0	4.0	6.0	8.0
40	35.13	75.27	96.18	113.74	129.67
50	37.63	78.20	99.10	116.67	132.98
60	40.14	81.12	102.03	119.18	135.48
70	42.65	83.63	104.96	122.52	138.83
80	45.16	86.14	108.30	125.45	142.17
90	47.67	89.49	111.23	128.79	145.10
100	50.18	92.00	111.58	132.14	148.03
110	52.69	94.92	117.92	135.07	151.79
120	55.20	97.85	120.85	138.41	155.14
130	57.71	100.78	124.19	141.34	158.06
140	60.22	103.70	127.12	144.68	160.99
150	62.72	105.79	130.47	148.03	164.76
160	65.23	109.56	133.81		
170	67.74	112.49	136.74		
180	70.25	115.41	140.08		
190	72.76	117.92	143.01		
200	75.27	120.85	146.36		
210	77.78				
220	80.29				
230	82.80				
240	85.31				
250	87.81				

附录6 湿空气的相对湿度（%）

干球温度（℃）	干湿球温度计的温度差（℃）																					
	0.6	1.1	1.7	2.2	2.8	3.3	3.9	4.4	5.0	6.1	6.7	7.2	7.8	8.3	8.9	9.4	10.0	10.6	11.1	11.7	12.2	12.8
23.9	96	91	87	82	78	74	70	66	63	59	55	51	48	44	41	34	31	28	25	22	—	—
24.4	96	91	87	83	78	74	70	67	63	59	55	52	48	45	42	35	32	29	26	23	—	—
25.0	96	91	87	83	79	75	71	67	63	60	56	52	49	46	42	36	33	30	27	24	—	—
25.6	96	91	87	83	89	75	71	67	64	60	57	53	49	46	43	37	34	31	28	25	—	—
26.1	96	91	87	83	79	75	71	68	64	60	57	54	50	47	44	37	34	31	29	26	—	—
27.7	96	91	87	83	79	76	72	68	64	61	57	54	51	47	44	38	35	32	29	27	24	21
27.8	96	92	88	84	80	76	72	69	65	62	58	55	52	49	46	40	37	34	31	28	25	23
28.9	96	92	88	84	80	77	73	70	66	63	59	56	53	50	47	41	38	35	32	30	27	23
30.0	96	92	88	85	81	77	73	70	66	63	60	57	54	51	48	42	39	37	34	31	29	23
31.1	96	92	88	85	81	78	74	71	69	64	61	58	55	52	48	43	41	38	35	32	39	23
32.2	96	92	89	85	81	78	75	71	68	65	62	59	56	53	50	44	42	39	37	34	32	29
33.3	96	92	89	85	82	78	75	72	69	65	62	59	57	54	51	45	43	40	38	35	33	30
34.4	96	93	89	86	82	79	75	72	60	66	63	60	57	54	52	40	44	41	39	36	34	32
35.6	96	93	89	86	82	79	76	73	70	67	64	61	58	55	53	47	45	42	49	37	35	33
36.7	96	93	89	86	83	79	76	73	70	67	64	61	59	56	53	48	46	43	41	39	36	34
37.8	96	93	90	86	83	80	77	74	71	68	65	62	59	57	54	59	47	44	42	40	37	35
38.9	96	93	90	86	83	80	77	74	71	68	66	63	60	57	55	50	47	45	43	41	38	36
40.1	96	93	90	86	84	80	77	74	72	69	66	63	61	58	56	51	48	46	44	41	39	37
41.1	96	93	90	87	84	81	78	75	72	69	66	64	61	59	56	51	49	47	45	42	40	38
42.2	96	93	90	87	84	81	78	75	72	70	67	64	62	59	57	52	50	47	45	43	41	39
43.3	97	94	90	87	84	81	78	76	73	70	67	65	62	60	57	52	50	43	46	44	42	40
44.4	97	94	90	87	84	82	79	76	73	70	68	66	63	60	58	53	51	49	47	45	43	41
45.6	97	94	91	88	85	82	79	76	74	71	68	66	63	61	59	54	52	50	48	45	43	41
46.7	97	94	91	88	85	82	79	77	74	71	69	66	64	61	59	55	52	50	48	46	44	42
47.8	97	94	91	88	85	82	79	77	74	72	69	67	64	61	60	55	53	51	49	47	47	43
48.9	97	94	91	88	85	82	80	77	74	72	69	67	65	62	60	56	54	51	49	47	47	44
50.0	97	94	91	88	85	83	80	77	75	72	70	67	65	63	61	56	54	52	50	48	48	44
51.1	97	94	91	88	86	83	80	78	75	73	70	68	65	63	61	57	55	53	51	49	48	45
52.2	97	94	91	89	86	85	81	78	75	73	71	68	66	64	62	57	55	53	51	49	47	46
53.3	97	94	91	89	86	86	81	78	76	73	71	69	66	64	62	58	56	54	52	50	48	46
54.3	97	94	92	89	86	84	81	78	76	74	71	69	67	65	63	58	56	54	52	50	49	47
55.6	97	94	92	89	86	84	81	79	76	74	72	69	67	65	63	59	57	55	53	51	49	47
56.7	97	94	92	89	86	84	81	79	76	74	72	70	67	66	63	59	57	55	53	51	50	48
57.8	97	94	92	89	87	84	82	79	77	74	73	70	68	66	64	59	58	56	54	52	50	49
58.9	97	94	92	89	87	84	82	79	77	75	73	70	68	66	64	60	58	56	55	52	51	49
60.0	97	94	92	89	87	84	82	79	77	75	73	70	68	66	64	60	58	56	55	52	51	49

附录 7　湿空气的 *I*—*x* 图

（p＝99.3kPa，t＝－10～200℃）

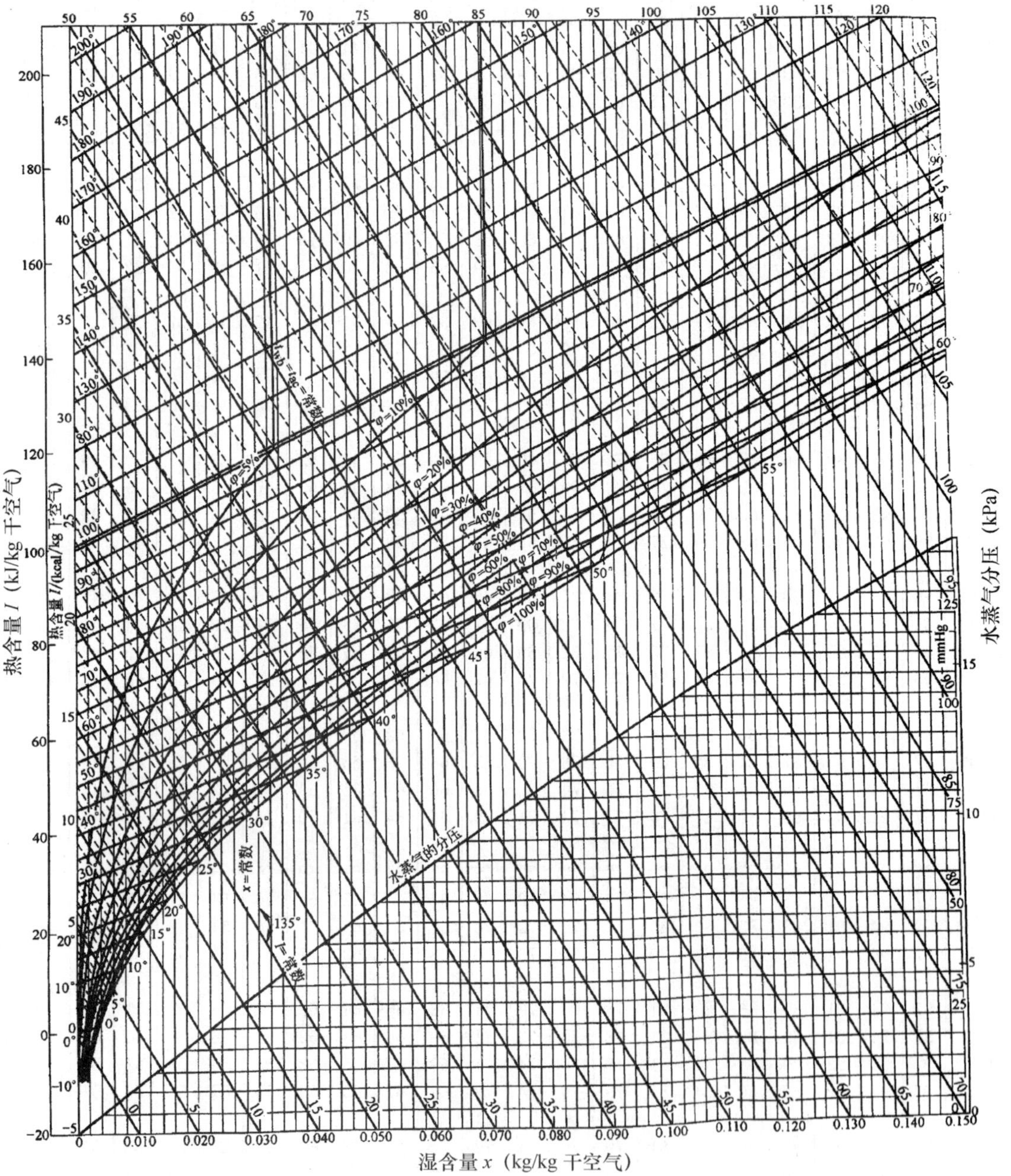

附录 8　湿空气的 $I—x$ 图

（p＝99.3kPa，t＝0～1450℃）

附录 9　常用局部阻力系数及综合阻力系数

附录 10　在饱和线上水的物理参数

附录 11　在饱和线上水蒸气的物理参数

附录 12　某些材料在法线方向上的黑度

参考文献

[1] 隋良志．硅酸盐工业热工基础［M］．北京：化学工业出版社，2006.
[2] 孙晋涛．硅酸盐工业热工基础［M］．武汉：武汉理工大学出版社，1992.
[3] 霍然．工程燃烧概论［M］．北京：中国科学技术大学出版社，2001.
[4] 路春美．工煤燃烧理论与技术［M］．北京：地震出版社，2001.
[5] 顾恒祥．燃料与燃烧［M］．西安：西北工业大学出版社，1993.
[6] 柴诚敬．化工流体流动与传热［M］．北京：化学工业出版社，1996.
[7] 姚玉英．化工原理［M］．天津：天津大学出版社，1996.
[8] 宋长超．流体力学基础、风机及泵［M］．武汉：武汉理工大学出版社，1990.
[9] 许玉望．流体力学泵与风机［M］．北京：中国建筑工业出版社，1995.
[10] 李志明，樊德琴．硅酸盐工业热工基础［M］．北京：中国建筑工业出版社，1986.
[11] 蔡悦民．硅酸盐工业热工技术［M］．武汉：武汉理工大学出版社，1997.
[12] 刘述祖．硅酸盐工业热工基础［M］．武汉：武汉工业大学出版社，1994.
[13] 王培铭．无机非金属材料学［M］．上海：同济大学出版社，1999.
[14] 朱银惠．煤化学［M］．北京：化学工业出版社，2005.
[15] 虞继舜．煤化学［M］．北京：冶金工业出版社，2000.
[16] 吴宗鑫，陈文颖．以煤为主多元化的清洁能源战略［M］．北京：清华大学出版社，2001.
[17] 隋良志，王兆国．水泥工业耐火材料［M］．北京：中国建材工业出版社，2005.
[18] 周达飞．材料概论［M］．北京：化学工业出版社，2001.
[19] 左明杨．硅酸盐工业热工基础［M］．武汉：武汉工业大学出版社，2006.
[20] 朱明．硅酸盐工业热工基础实验［M］．武汉：武汉理工大学出版社，1996.
[21] 钟秦．化工原理［M］．北京：国防工业出版社，2007.
[22] 陈全德，陈静．水泥预分解技术与热工系统工程［M］．北京：中国建材工业出版社，1998.